普通高等院校土木专业"十三五"规划精品教材

画法几何与土木工程制图

（第四版）

Descriptive Geometry and Civil Engineering Drawing

丛书审定委员会

王思敬　彭少民　石永久　白国良

李　杰　姜忻良　吴瑞麟　张智慧

本书主审　王桂梅

本书主编　刘继海

本书副主编　潘　睿　柳春红

本书编写委员会

刘继海　潘　睿　柳春红　魏　丽

张津涛　袁胜佳　曹立辉　张裕媛

U0345233

华中科技大学出版社

中国·武汉

内 容 简 介

本书主要内容包括：投影的概念和分类；点、直线、平面的投影；直线与平面及两平面的相对位置；投影变换；曲线、曲面；立体的截切；两立体相贯；透视投影；轴测投影；标高投影；透视投影；组合体；剖面图、断面图；制图基本知识与基本规定；建筑、结构、给水排水、采暖、电气照明、道路桥梁涵洞等工程图以及计算机绘图等。

本书特点如下：保证画法几何基本理论占有足够的篇幅；专业工程图的内容比较全，能满足较多的专业需要；专业图的内容密切结合当前工程实践，有时代特色；编入比较精炼的计算机绘图的内容，教材的内容体系能满足不同学校、不同专业特色教学的需要；有配套的课件，方便教师教学和学生学习。

本书除可以供普通高等院校土木工程类一般本科使用外，还可以供专科、高职土木工程类专业使用，也可以供有关技术人员参考。

图书在版编目(CIP)数据

画法几何与土木工程制图/刘继海主编. —4 版. —武汉：华中科技大学出版社，2017.7

普通高等院校土木专业"十三五"规划精品教材

ISBN 978-7-5680-2844-8

Ⅰ.①画… Ⅱ.①刘… Ⅲ.①画法几何-高等学校-教材 ②土木工程-建筑制图-高等学校-教材 Ⅳ.①TU204.2

中国版本图书馆 CIP 数据核字(2017)第 108290 号

画法几何与土木工程制图(第四版)　　　　　　　　　　　　　　　　刘继海　主编

Huafa Jihe yu Tumu Gongcheng Zhitu(Di-si Ban)

责任编辑：简晓思

封面设计：张　璐

责任校对：刘　竣

责任监印：朱　玢

出版发行：华中科技大学出版社(中国·武汉)　　　电话：(027)81321913

　　　　　武汉市东湖新技术开发区华工科技园　　　邮编：430223

录　　排：华中科技大学惠友文印中心

印　　刷：武汉华工鑫宏印务有限公司

开　　本：850mm×1065mm　1/16

印　　张：26

字　　数：553 千字

版　　次：2019 年 8 月第 4 版第 2 次印刷

定　　价：69.80 元

本书若有印装质量问题，请向出版社营销中心调换

全国免费服务热线：400-6679-118　竭诚为您服务

版权所有　侵权必究

普通高等院校土木专业"十三五"规划精品教材

总　序

　　教育可理解为教书与育人。所谓教书,不外乎是教给学生科学知识、技术方法和运作技能等,教学生以安身之本。所谓育人,则要教给学生做人的道理,提升学生的人文素质和科学精神,教学生以立命之本。我们教育工作者应该从中华民族振兴的历史使命出发,来从事教书与育人工作。作为教育本源之一的教材,必然要承载教书和育人的双重责任,体现两者的高度结合。

　　中国经济建设高速持续发展,国家对各类建筑人才需求日增,对高校土建类高素质人才培养提出了新的要求,从而对土建类教材建设也提出了新的要求。这套教材正是为了适应当今时代对高层次建设人才培养的需求而编写的。

　　一部好的教材应该把人文素质和科学精神的培养放在重要位置。教材中不仅要从内容上体现人文素质教育和科学精神教育,而且还要从科学严谨性、法规权威性、工程技术创新性来启发和促进学生科学世界观的形成。简而言之,这套教材有以下特点。

　　一方面,从指导思想来讲,这套教材注意到"六个面向",即面向社会需求、面向建筑实践、面向人才市场、面向教学改革、面向学生现状、面向新兴技术。

　　二方面,教材编写体系有所创新。结合具有土建类学科特色的教学理论、教学方法和教学模式,这套教材进行了许多新的教学方式的探索,如引入案例式教学、研讨式教学等。

　　三方面,这套教材适应现在教学改革发展的要求,提倡所谓"宽口径、少学时"的人才培养模式。在教学体系、教材编写内容和数量等方面也做了相应改变,而且教学起点也可随着学生水平做相应调整。同时,在这套教材编写中,特别重视人才的能力培养和基本技能培养,适应土建专业特别强调实践性的要求。

　　我们希望这套教材能有助于培养适应社会发展需要的、素质全面的新型工程建设人才。我们也相信这套教材能达到这个目标,从形式到内容都成为精品,为教师和学生,以及专业人士所喜爱。

中国工程院院士　王思敬

2006 年 6 月于北京

第四版前言

　　《画法几何与土木工程制图（第三版）》出版后，受到了教师和同学的欢迎，为了更好地为读者服务，不辜负读者的厚爱，编者决定对教材进行修订。

　　本次修订，考虑到教材的框架结构和内容体系得到了读者的认可，不做改变，即继续保持基本理论的系统性和完整性，坚持教材较大适应性的特点，继续保留建筑、结构、给水排水、采暖、建筑电气、道路工程等专业工程图的内容，能满足土木工程类各专业的图学课程教学需要。本次修订仅对教材正文和插图中存在的一些错误进行修正，页面的排版设置做些调整，专业工程图结合教学实际做一些修改，教材整体上仍保持原来的风貌。

　　考虑为了便于修订者及时研究修订中的问题，提高工作效率，缩短修订周期，由天津城建大学刘继海、张裕媛、魏丽负责修订。

　　本教材第四版仍由天津大学王桂梅教授主审，在此，修订小组表示衷心感谢。

　　限于编者水平所限，教材中难免还存在错误和疏漏之处，热忱欢迎广大读者批评、指正。

编者

2017 年 8 月

目　　录

绪　　论

1）本课程的性质和任务

工程制图是研究工程图样表达与绘制的理论、方法与技术的一门学科。工程图样是工程界进行技术交流的语言，是指导生产、施工管理等必不可少的技术文件。为此，工程制图历来是高等工科各专业的一门经典课程，在高等院校土建类各专业的教学计划中都设置了土木工程制图这门学科，并且都是以主干基础课的形式出现的。

本课程主要学习绘制和阅读工程图样的理论与方法，培养学生的空间想象能力和绘制工程图样的技能，并为学习后续专业课程打下一定的基础，为生产实习、课程设计、毕业设计等学习实践做好准备。

本课程的主要内容包括画法几何、制图基础、专业图和计算机绘图四部分，其中以正投影原理为主要内容的画法几何是工程制图的主要理论基础；以介绍、贯彻国家有关制图标准为主要内容的制图基础是学习工程制图基本知识和技能的重要一环；专业图部分是投影原理和国家制图标准在各专业的具体运用，介绍各专业图样的表达方法和规定，可培养阅读和绘制专业工程图样的基本能力；计算机绘图部分可培养在工程制图方面的计算机应用能力。

本课程的主要任务如下。

① 学习投影法的基本理论及其应用。

② 培养空间想象能力、空间逻辑思维能力和图解分析能力。

③ 学习、贯彻工程制图的有关国家标准，培养绘制和阅读本专业工程图样的基本能力。

④ 培养用计算机绘制土建工程图样的初步能力。

此外，在学习过程中必须注意培养从事工程技术工作所必需的重要素质，即自学能力、分析问题和解决问题的能力、认真负责的工作态度以及严谨细致的工作作风。

2）本课程的特点和学习方法

画法几何研究图示和图解空间几何问题的理论和方法，讨论空间形体与平面图形之间的对应关系，所以学习时要下功夫培养空间思维能力，能根据实物、模型或立体图画出该物体的一组二维平面图形（投影图），并且学会由该物体的投影图想象它的空间形状，由浅入深，逐步理解三维空间物体和二维平面图形（投影图）之间的对应关系，并要坚持反复练习。

本课程是一门实践性较强的课程，学习中除了要认真听课，用心理解课堂内容并及时复习、巩固外，认真独立地完成作业是很重要的一环。在解空间几何问题时，要先对问题作空间分析，研究找出解题方法，而后再利用所掌握的投影理论，研究找出在投影图上解决问题的方法以及作图步骤。分析空间问题时,可以利用身边的笔、尺、书本等物件摆出空间模型,来帮助分析和理解问题。本课程的作业基本上都是动手的作业,画图或图解作图时,读者应认真地用三角板、圆规、铅笔来完成,且作图要准确、规范;绘图与读图是相辅相成的,练习专业图的绘图时,只有认真、仔细地绘图、读图,才能深入、细致地弄清图样表达的内容;在提高绘图能力的同时也积累了相关专业知识,提高了读图能力。

本课程又是一门培养"遵纪守法"意识的课程,要逐步培养自己遵守国家制图标准来绘制图样的习惯,小到一条线、一个尺寸,大到图样的表达,都要严格按制图标准中所规定的"法"来绘制,绝对不能随心所欲,想怎样画就怎样画。只有按制图标准来绘制图样,图样才能成为工程界技术交流的语言。

本课程也是一门培养学生严谨、细致学风的课程。土木工程是百年大计,关系到人民生命财产的安全,高度负责、严谨细致是工程技术人员的必备素质。工程图纸是施工的依据,图纸上一条线的疏忽或一个数字的差错,往往差之毫厘,谬之千里,会造成严重的返工、浪费,甚至导致重大工程事故。所以,从初学制图开始,就应严格要求自己,培养自己认真负责的工作态度和严谨细致的良好学风,一丝不苟,力求所绘制的图样投影正确无误,尺寸齐全合理,表达完善清晰,符合国家标准和施工要求。

3) 工程制图发展概述

有史以来,人类就试图用图形来表达和交流思想,从远古洞穴中的石刻可以看出,在没有语言、文字前,图形就是一种有效的交流工具。考古发现,早在公元前2600年,就出现了可以成为工程图样的图,那是一幅刻在泥板上的神庙地图。直到公元16世纪文艺复兴时期,才出现将平面图和其他多面图画在同一幅画面上的设计图。1795年,法国著名科学家加斯帕·蒙日将各种表达方法进行归纳,发表了《画法几何》著作。加斯帕·蒙日所说明的画法是以互相垂直的两个平面作为投影面的正投影法。蒙日方法对世界各国科学技术的发展产生了巨大影响,并在科技界,尤其在工程界得到广泛的应用和发展。

我国在两千年前就有了用正投影法表达的工程图样,1977年在河北省平山县出土的公元前323—前309年的战国中山王墓中,发现了在青铜板上用金银线条和文字制成的建筑平面图,这也是世界上最早的工程图样。该图用1∶500的正投影绘制并标注有尺寸。中国古代传统的工程制图技术与造纸术一起,于唐代(公元751年后)传到西方。公元1100年,宋代李诫所著的雕版印刷的《营造法式》一书中有各种方法画出的约570幅图,是宋代一部关于建筑制图的国家标准、施工规范和培训教材。

此外,宋代天文学家、药学家苏颂所著的《新仪象法要》,元代农学家王祯撰写的《农书》,明代科学家宋应星所著的《天工开物》等书中都有大量为制造仪器和工农业生产所需要的器具和设备的插图。清代和民国时期,我国在工程制图方面也有了一定的发展。

1949 年之后,随着社会主义建设的蓬勃发展和对外交流的日益增加,工程制图学科得到飞速发展,学术活动频繁,画法几何、投影几何、透视投影等理论的研究得到进一步深入,并广泛与生产、科研相结合。与此同时,由于生产建设的迫切需要,由国家相关职能部门批准颁布了一系列制图标准,如技术制图标准、机械制图标准、建筑制图标准、道路工程制图标准、水利水电工程制图标准等。

20 世纪 70 年代,计算机图形学(CG)、计算机辅助设计(CAD)与计算机辅助制造(CAM)在我国得到迅猛发展,除了国外一批先进的图形、图像软件,如 AutoCAD、CADkey、Pro/E 等得到广泛使用外,我国自主开发的一批国产绘图软件,如天正CAD、高华 CAD、开目 CAD、凯图 CAD 等也在设计、教学、科研生产单位得到了广泛使用。随着我国现代化建设的迫切需要,计算机技术将进一步与工程制图相结合,计算机绘图和智能 CAD 将进一步得到深入发展。因此,有志于从事工程建设的青年学子,一定要学好制图课,为工程建设其他学科的学习打下良好的基础。

第1章 制图基础

1.1 制图的基本规定

国家有关行政主管部门于 2010 年颁布了重新修订的国家标准《房屋建筑制图统一标准》(GB/T 50001—2010),其内容有图幅、图线、字体、比例、符号、定位轴线、常用建筑材料图例、图样画法、尺寸标注、计算机制图等。为了做到工程图样的基本统一,便于交流技术思想,满足设计、施工、管理等要求,工程制图必须遵守国家标准。

1.1.1 图幅、图标及会签栏

1) 图幅、图框

图幅即图纸幅面,它是指图纸本身的规格大小。为了满足图纸现代化管理的要求,方便图纸的装订、查阅和保存,土木工程图纸的幅面和图框尺寸应该符合表 1-1 所示的规定,表中数字是裁边以后的尺寸,尺寸代号的含义如图 1-1 所示。

表 1-1 幅面及图框尺寸　　　　　　　　　　　单位:mm

尺寸代号	幅面代号				
	A0	A1	A2	A3	A4
$b \times l$	841×1189	594×841	420×594	297×420	210×297
c	10			5	
a	25				

从表 1-1 中可以看出,A1 幅面是 A0 幅面的对裁,A2 幅面是 A1 幅面的对裁,以下类推。幅面的 $l:b=\sqrt{2}$。A0 图纸的面积为 1 m²,长边为 1189 mm,短边为 841 mm。上一号图幅的短边是下一号图幅的长边。

一项工程、一个专业所用的图纸,选用幅面时宜以一种规格为主,不宜多于两种幅面,应尽量避免大小图幅掺杂使用,一般目录及表格所采用的 A4 幅面,可不在此限。

在特殊情况下,允许 A0～A3 号图幅按表 1-2 的规定加长图纸的长边。图纸的短边一般不应加长,长边可加长,但应符合表 1-2 的规定。

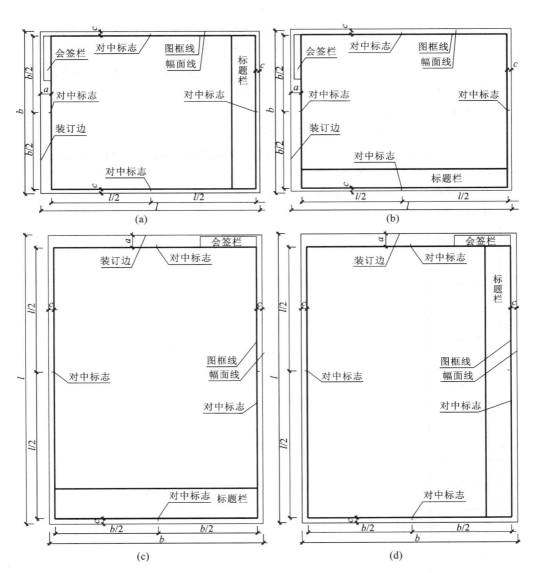

图 1-1　图幅格式

(a)A0～A3 横式图幅(一);(b)A0～A3 横式图幅(二);(c)A0～A4 立式图幅(一);(d)A0～A4 立式图幅(二)

表 1-2　图纸长边加长尺寸　　　　　　单位:mm

幅面代号	长边尺寸	长边加长后尺寸
A0	1189	1486、1635、1783、1932、2080、2230、2378
A1	841	1051、1261、1471、1682、1892、2102
A2	594	743、891、1041、1189、1338、1486、1635、1783、1932、2080
A3	420	630、841、1051、1261、1471、1682、1892

注:有特殊需要的图纸,可采用 $b \times l$ 为 841 mm×891 mm 与 1189 mm×1261 mm 的幅面。

图纸通常有横式和立式两种形式。图纸以短边作为竖直边的称为横式,以短边作为水平边的称为立式,一般 A0~ A3 图纸宜横式使用,必要时,也可立式使用。如图 1-1 所示,图纸上必须用粗实线画出图框,图框是由图纸上所供绘图范围的边线组成的,图框线与图幅线的间隔 a 和 c 应符合表 1-1 的规定。

2)标题栏与会签栏

图纸的标题栏、会签栏及装订边的位置,应按图 1-1 布置。

标题栏的大小及格式如图 1-2 所示,根据工程需要选择其尺寸、格式及分区。签字区应包含实名列和签名列。涉外工程的标题栏内,各项主要内容的中文下方应附有译文,设计单位的上方或左方,应加"中华人民共和国"字样。

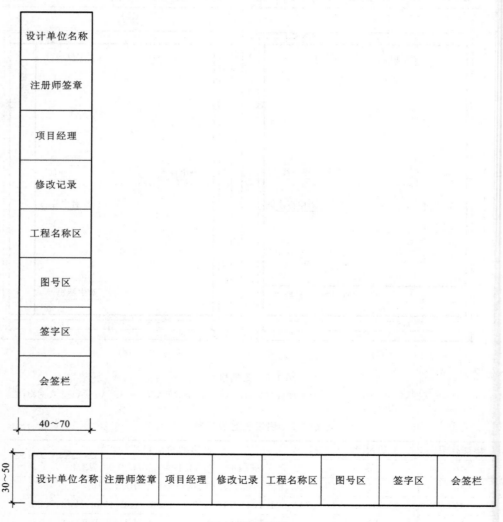

图 1-2 标题栏

　　会签栏应按图 1-3 所示的格式绘制,其尺寸应为 100 mm×20 mm,栏内应填写会签人员所代表的专业、姓名、日期(年、月、日);一个会签栏不够时,可另加一个,两个会签栏应并列;不需会签的图纸可不设会签栏。

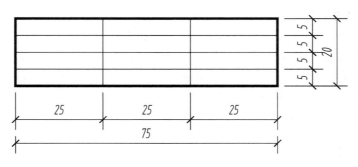

图 1-3　会签栏

　　学生制图作业用标题栏推荐采用图 1-4 所示的格式。

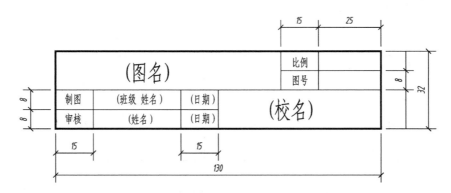

图 1-4　学生制图作业用标题栏推荐的格式

1.1.2　线型

1) 图线的种类和用途

　　建筑图样都是用图线绘制成的,熟悉图线的类型及用途、掌握各类图线的画法是建筑制图最基本的技能之一。在土木工程制图中,应根据所绘制的不同内容,选用不同的线型和不同宽度的图线。土木工程图样使用的线型有实线、虚线、单点长画线、双点长画线、折断线、波浪线等。除了折断线、波浪线外,其他每种线型又有粗、中粗、中、细四种不同的宽度,如表 1-3 所示。

表 1-3　图线的种类及用途

名称		线型	线宽	一般用途
实线	粗	——————	b	主要可见轮廓线
	中粗	——————	$0.7b$	可见轮廓线
	中	——————	$0.5b$	可见轮廓线、尺寸线、变更云线
	细	——————	$0.25b$	图例填充线、家具线
虚线	粗	- - - - - -	b	见各有关专业制图标准
	中粗	- - - - - -	$0.7b$	不可见轮廓线
	中	- - - - - -	$0.5b$	不可见轮廓线、图例线
	细	- - - - - -	$0.25b$	图例填充线、家具线
单点长画线	粗	— · — · —	b	见各有关专业制图标准
	中	— · — · —	$0.5b$	见各有关专业制图标准
	细	— · — · —	$0.25b$	中心线、对称线、轴线等
双点长画线	粗	— · · — · · —	b	见各有关专业制图标准
	中	— · · — · · —	$0.5b$	见各有关专业制图标准
	细	— · · — · · —	$0.25b$	假想轮廓线、成型前原始轮廓线
折断线	细	～/～	$0.25b$	断开界线
波浪线	细	～～～	$0.25b$	断开界线

　　绘图时,应根据所绘图样的复杂程度与比例大小,先选定基本线宽 b,再选用表 1-4 中相应的线宽组。

表 1-4　线宽组

线宽比	线宽组/mm			
b	1.4	1.0	0.7	0.5
$0.7b$	1.0	0.7	0.5	0.35
$0.5b$	0.7	0.5	0.35	0.25
$0.25b$	0.35	0.25	0.18	0.13

　　注:①需要缩微的图纸,不宜采用 0.18 mm 线宽及更细的线宽。
　　②同一张图纸内,各不同线宽组中的细线,可统一采用较细的线宽组的细线。

当粗线的宽度 b 确定以后,则和 b 相关联的中线、细线也随之确定。同一张图纸内,相同比例的各图样应选用相同的线宽组。虚线、单点长画线及双点长画线的线段长度和间隔,应根据图样的复杂程度和图线的长短来确定,宜各自均匀一致,表 1-3 中所示线段的长度和间隔尺寸可作参考。

图纸的图框和标题栏线,可采用表 1-5 所示的线宽。

表 1-5　图框线、标题栏线的宽度　　　　单位:mm

幅面代号	图框线	标题栏外框线	标题栏分格线
A0、A1	b	0.5b	0.25b
A2、A3、A4	b	0.7b	0.35b

2）图线的画法及注意事项

①各种图线的画法如表 1-3 所示。

②相互平行的图例线,其净间隙或线中间隙不宜小于 0.2 mm。

③虚线线段长 3～6 mm,间距约 1 mm;单点长画线或双点长画线的每一线段长度应相等,长画线长度 15～20 mm,短画线长度约 1 mm,间距约 1 mm。

④单点长画线或双点长画线,当在较小的图形中绘制有困难时,可用细实线代替。

⑤单点长画线或双点长画线的两端,不应是点;点画线与点画线交接或点画线与其他图线交接时,应是线段交接;虚线与虚线交接或虚线与其他图线交接时,应是线段交接;虚线为实线的延长线时,不得与实线连接(见图 1-5)。

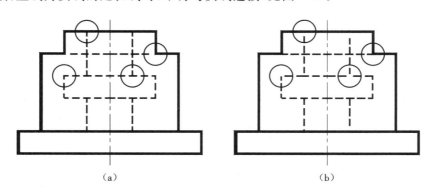

图 1-5　虚线交接的画法
(a)正确;(b)错误

⑥图线不得与文字、数字或符号重叠、混淆,不可避免时,应首先保证文字等的清晰。

1.1.3 字体

对于建筑工程图,图形要画得正确、标准,同时还要用不同字体进行各种说明和标注。制图中常用的字体有汉字、阿拉伯数字和拉丁字母等,有时也用罗马数字、希腊字母等。国家制图标准规定:图纸上所需书写的文字、数字或符号等,均应笔画清晰、字体端正、排列整齐、间隔均匀;标点符号应清楚、正确。如果字迹潦草,难以辨认,则容易发生误解,甚至酿成工程事故。

图样及说明中的汉字应写成长仿宋体(矢量字体)或黑体,大标题、图册封面、地形图等的汉字,也可以写成其他字体,但应易于辨认。汉字的简化书写,必须符合国务院公布的《汉字简化方案》和有关规定。

长仿宋体字示例如下。

制图国家标准字体工整笔画清楚结构均匀填满方格工业民用厂
房建筑建筑设计结构施工水暖电设备平立剖详图说明比例尺寸
长宽高厚标准年月日说明砖瓦木石土砂浆水泥钢筋混凝土梁板
柱楼梯门窗墙基础地层散水编号道桥截面校核侧浴标号轴材料
节点东南西北审核日期一二三四五六七八九十走廊过道盥洗室
层数壁橱踢脚阳台水沟窗格强度办宅宿舍公寓卧室厨房厕所贮
藏浴室食堂饭厅冷饮公从餐馆百货店菜场邮局旅客站

1) 长仿宋体

工程制图的汉字应用长仿宋体。写仿宋字(长仿宋体)的基本要求,可概括为"横平竖直、注意起落、结构匀称、填满方格"。

(1) 字体格式

要使字写得大小一致、排列整齐,书写之前应事先用铅笔淡淡地打好字格,然后再进行书写。字格的高宽比例通常为3:2。行距应大于字距,一般字距约为字高的 $\frac{1}{4}$,行距约为字高的 $\frac{1}{3}$,如图1-6所示。

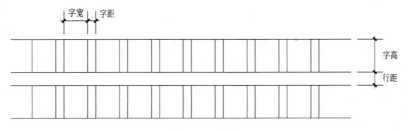

图1-6 字格

　　字的大小用字号来表示,字的号数即字的高度,各号字的高度与宽度的关系如表
1-6 所示。

表 1-6　各号字的高宽关系　　　　　　　　　单位:mm

字　　号	20	14	10	7	5	3.5
字　　高	20	14	10	7	5	3.5
字　　宽	14	10	7	5	3.5	2.5

　　图纸中常用的为 10、7、5 三个字号的字。如书写比 20 号更大的字,其高度应按
$\sqrt{2}$ 的比值递增。汉字的字高应不小于 3.5 mm。

　　(2) 字体的笔画

　　仿宋字的笔画要横平竖直,注意起落,现介绍常用笔画的写法及特征(见表1-7)。

表 1-7　长仿宋体的基本笔画

名称	横	竖	撇	捺	钩	挑	点
形状	一	丨	丿	乀	亅乚	✓	丷
笔法	一	丨	丿	乀	亅乚	✓	丷

　　① 横画基本要平,可略向上自然倾斜,运笔起落略顿一下笔,使末端形成小三
角,但应一笔完成。

　　② 竖画要铅直,笔画要刚劲有力,运笔同横画。

　　③ 撇的起笔同竖,但是随斜向逐渐变细,运笔由重到轻。

　　④ 捺的运笔与撇笔相反,起笔轻而落笔重,终端稍顿笔再向右尖挑。

　　⑤ 挑画是起笔重,落笔尖细如针。

　　⑥ 点的位置不同,其写法亦不同,多数的点是起笔轻而落笔重,形成上尖下圆的
光滑形象。

　　⑦ 竖钩的竖同竖画,但要挺直,稍顿后向左上尖挑。

　　⑧ 横钩由两笔组成,横同横画,末笔应起重落轻,钩尖如针。

　　⑨ 弯钩有竖弯钩、斜弯钩和包钩三种,竖弯钩起笔同竖画,由直转弯过渡要圆
滑,斜弯钩的运笔由轻到重再到轻,转变要圆滑,包钩由横画和竖钩组成,转折要勾
棱,竖钩的竖画有时可向左略斜。

（3）字体结构

形成一个结构完善的字的关键是各个笔画的相互位置要正确,各部分的大小、长短、间隔要符合比例,上下左右要匀称,笔画疏密要合适。为此,书写时应注意如下几点。

① 撑格、满格和缩格。

每个字最长笔画的棱角要顶到字格的边线。绝大多数的字,都应写满字格,这样可使单个的字显得大方,使成行的字显得均匀、整齐。然而,有一些字写满字格,就会感到肥硕,它们置身于均匀、整齐的字列当中,将有损于行款的美观,这些字就必须缩格。如"口、日"两字四周都要缩格,"工、四"两字上下要缩格,"目、月"两字左右要略微缩格,等等。同时,须注意"口、日、内、同、曲、图"等带框的字下方应略微收分。

② 长短和间隔。

字的笔画有繁简,如"翻"字和"山"字。字的笔画又有长短,像"非、曲、作、业"等字的两竖画左短右长,"土、于、夫"等字的两横画上短下长。又如"三"字、"川"字第一笔长,第二笔短,第三笔最长。因此,必须熟悉字的长短变化,匀称地安排其间隔,字态才能清秀。

③ 缀合比例。

缀合字在汉字中所占比重甚大,对其缀合比例的分析研究,也是写好仿宋字的重要一环。缀合部分有对称或三等分的,如横向缀合的"明、林、辨、衍"等字,如纵向缀合的"辈、昌、意、器"等字;偏旁、部首与其缀合部分约为一与二之比的如"制、程、筑、堡"等字。

横、竖是仿宋字中的骨干笔画,书写时必须挺直不弯。否则,就失去仿宋字挺拔刚劲的特征。横画要平直,但并非完全水平,而是沿运笔方向稍上斜,这样字形不显死板,而且也适于手写的笔势。

仿宋字横、竖粗细一致,字形爽目。它区别于宋体的横画细、竖画粗,与楷体字笔画的粗细变化亦有不同。

横画与竖画的起笔和收笔、撇的起笔、钩的转角等都要顿一下笔,形成小三角形,给人以锋颖挺劲的感觉。

2）拉丁字母、阿拉伯数字及罗马数字

拉丁字母、阿拉伯数字及罗马数字的书写应符合表 1-8 的规定。

拉丁字母、阿拉伯数字或罗马数字都可以根据需要写成直体或斜体。如需写成斜体字,其倾斜度是从字的底线逆时针向上倾斜 75°,斜体字的宽度和高度应与相应的直体字相等。当数字与汉字同行书写时,其大小应比汉字小一号,并宜写直体。拉丁字母、阿拉伯数字及罗马数字的字高,应不小于 2.5 mm。拉丁字母、阿拉伯数字及罗马数字分一般字体和窄体字两类。

表 1-8　拉丁字母、阿拉伯数字、罗马数字书写规则

书写格式	一般字体	窄字体
大写字母高度	h	h
小写字母高度（上下均无延伸）	$7/10h$	$10/14h$
小写字母伸出的头部和尾部	$3/10h$	$4/14h$
笔画宽度	$1/10h$	$1/14h$
字母间距	$2/10h$	$2/14h$
上下行基准线最小间距	$15/10h$	$21/14h$
词间距	$6/10h$	$6/14h$

注：① 小写拉丁字母 a、c、m、n 等上下均无延伸，j 上下均有延伸；

　　② 字母的间隔，如需排列紧凑，可按表中字母的最小间隔减少一半处理。

拉丁字母示例如下。

斜体

ABCDEFGHIJKLMN

OPQRSTUVWXYZ

直体

ABCDEFGHIJKLMN

OPQRSTUVWXYZ

阿拉伯数字示例如下。

斜体

0123456789

直体

0123456789

罗马数字示例如下。

斜体

I II III IV V VI VII VIII IX X

直体

I II III IV V VI VII VIII IX X

其运笔顺序和字例如下。

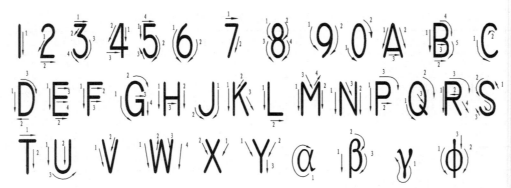

字体书写练习要持之以恒,多看、多练、多写,严格认真、反复刻苦地练习,自然熟能生巧。

1.1.4 尺寸标注

在建筑施工图中,图样除了要画出建筑物及其各部分的形状外,建筑物各部分的大小和各构成部分的相互位置关系也必须通过尺寸标注来表达,作为施工的依据。下面介绍建筑制图国家标准中常用的尺寸标注方法。标注尺寸时,应力求做到正确、完整、清晰、合理。

1)尺寸的组成

建筑图样上的尺寸一般应由尺寸界线、尺寸线、尺寸起止符号和尺寸数字四部分组成,如图 1-7 所示。

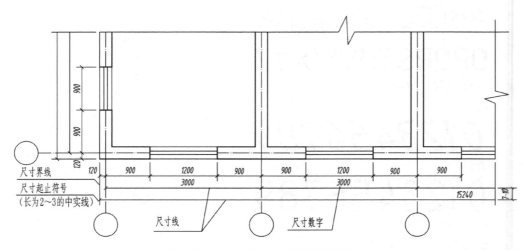

图 1-7 尺寸的组成和平行排列的尺寸

（1）尺寸界线

尺寸界线是控制所注尺寸范围的线,应用细实线绘制,一般应与被注长度垂直;其一端应离开图样轮廓线不小于 2 mm,另一端宜超出尺寸线 2~3 mm。必要时,图样的轮廓线、轴线或中心线可用作尺寸界线(见图 1-8)。

（2）尺寸线

尺寸线是用来注写尺寸的,应用细实线绘制,应与所标注的线段平行,与尺寸界线垂直相交,相交处尺寸线不宜超过尺寸界线,图样本身的任何图线或其延长线均不得用作尺寸线。

（3）尺寸起止符号

尺寸起止符号一般应用中粗斜短线绘制,其倾斜方向应与尺寸界线顺时针成45°,长度宜为 2～3 mm。半径、直径、角度和弧长的尺寸起止符号,宜用箭头表示(见图 1-9)。

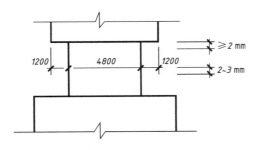
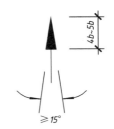

图 1-8　轮廓线用作尺寸界线　　　　　图 1-9　箭头的画法

（4）尺寸数字

图样上的尺寸数字是建筑施工的主要依据,建筑物各部分的真实大小应以图样上所注写的尺寸数字为准,不得从图上直接量取。尺寸数字是形体的实际尺寸,与画图比例无关。尺寸数字一律用阿拉伯数字书写。国家标准规定,图样上的尺寸,除标高及总平面图以米为单位外,其余一律以毫米为单位。因此,图样上的尺寸都不用注写单位。本书后面文字及插图中表示尺寸的数字,如无特殊说明,均遵守上述规定。

尺寸数字一般应依据其方向注写在靠近尺寸线中部上方 1 mm 的位置上。水平方向的尺寸,尺寸数字要写在尺寸线的上面,字头朝上;竖直方向的尺寸,尺寸数字要写在尺寸线的左侧,字头朝左;倾斜方向的尺寸,尺寸数字的方向应按图 1-10(a)所示的规定注写。若尺寸数字在 30°斜线区内,则宜按图 1-10(b)所示的形式注写。

尺寸数字应依据其读数方向注写在靠近尺寸线的上方中部,如没有足够的注写位置,最外边的尺寸数字可注写在尺寸界线的外侧,中间相邻的尺寸数字可错开注写,也可引出注写,如图 1-11 所示。

2）常用尺寸的排列、布置及注写方法

尺寸宜标注在图样轮廓线以外,不宜与图线、文字及符号等相交,若图线穿过尺寸数字时,应将图线断开,如图 1-12 所示。互相平行的尺寸线,应沿被注写的图样轮廓线由近向远整齐排列,较小尺寸应离轮廓线较近,较大尺寸应离轮廓线较远。图样轮廓线以外的尺寸线,距图样最外轮廓线之间的距离,不宜小于 10 mm。平行尺寸

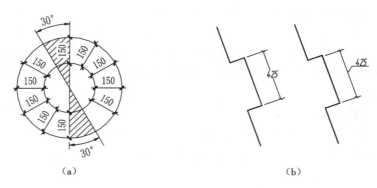

（a）　　　　　　　　　　　　　　　（b）

图 1-10　尺寸数字的注写方向

图 1-11　尺寸数字的注写位置

线的间距,宜为 7～10 mm。总尺寸的尺寸界线,应靠近所指部位,中间分尺寸的尺寸界线可稍短,但其长度应相等(见图 1-7)。

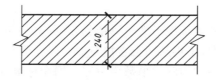

图 1-12　尺寸数字处图线应断开

3) 半径、直径、球的尺寸标注

　　一般情况下,对于半圆和小于半圆的圆弧应标注其半径。半径的尺寸线一端应从圆心开始,另一端画箭头指向圆弧。半径数字前应加注半径符号"*R*",如图 1-13 所示。

　　较小圆弧的半径,可按图 1-14 所示的形式标注。

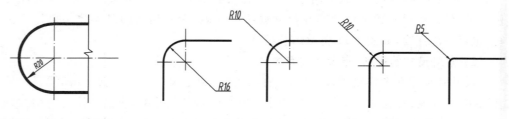

图 1-13　半径的标注
方法　　　　　　　　**图 1-14　小圆弧半径的标注方法**

较大圆弧的半径,可按图 1-15 所示的形式标注。

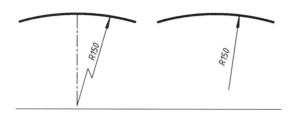

图 1-15　大圆弧半径的标注方法

一般大于半圆的圆弧或圆应标注直径。标注圆的直径尺寸时,若在圆内标注,直径数字前应加直径符号"ϕ"。在圆内标注的尺寸线应通过圆心,两端画箭头指至圆弧(见图 1-16)。

较小圆的直径尺寸,可标注在圆外(见图 1-17)

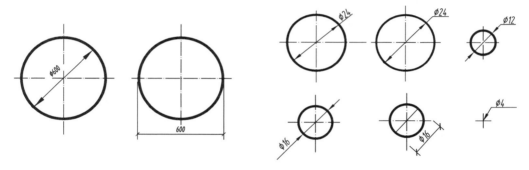

图 1-16　直径的标注方法　　　　**图 1-17　小圆直径的标注方法**

标注球的半径尺寸时,应在尺寸前加注符号"SR";标注球的直径尺寸时,应在尺寸数字前加注符号"$S\phi$"。注写方法与圆弧半径和圆直径的尺寸标注方法相同。

4)角度、弧度、弧长的标注

角度的尺寸线应以细线圆弧表示,该圆弧的圆心应是该角的顶点,角的两条边为尺寸界线。起止符号应以箭头表示,如没有足够位置画箭头,可用圆点代替,角度数字应按水平方向注写(见图 1-18)。

标注圆弧的弧长时,尺寸线应以与该圆弧同心的细线圆弧线表示,尺寸界线应垂直于该圆弧的弦,起止符号用箭头表示,弧长数字上方应加注圆弧符号"⌒"(见图 1-19)。

标注圆弧的弦长时,尺寸线应以平行于该弦的细直线表示,尺寸界线应垂直于该弦,起止符号用中粗斜短线表示(见图 1-20)。

5)薄板厚度、正方形、坡度、非圆曲线等尺寸标注

在薄板板面标注板厚尺寸时,应在厚度数字前加厚度符号"t"(见图 1-21)。

标注正方形的尺寸时,可采用"边长×边长"的形式,也可在边长数字前加正方形符号"□"(见图 1-22)。

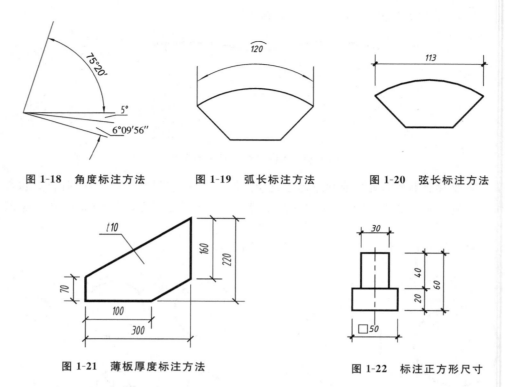

图 1-18　角度标注方法　　　图 1-19　弧长标注方法　　　图 1-20　弦长标注方法

图 1-21　薄板厚度标注方法　　　　　　图 1-22　标注正方形尺寸

标注坡度时,应加注坡度符号[见图 1-23(a)、(b)],该符号为单面箭头,箭头应指向下坡方向。

坡度也可用直角三角形的形式标注[见图 1-23(c)]。

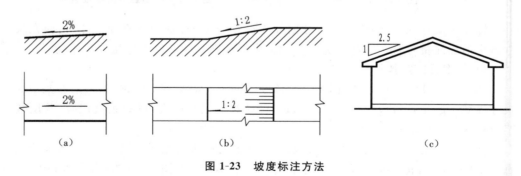

(a)　　　　　　　　　　　(b)　　　　　　　　　　　(c)

图 1-23　坡度标注方法

对于外形为非圆曲线的构件,可用坐标形式标注其尺寸(见图 1-24)。

对于复杂的图形,可用网格形式标注尺寸(见图 1-25)。

6) 尺寸的简化标注

① 杆件或管线的长度,在单线图(桁架简图、钢筋简图、管线简图)上,可直接将尺寸数字沿杆件或管线的一侧注写(见图 1-26)。

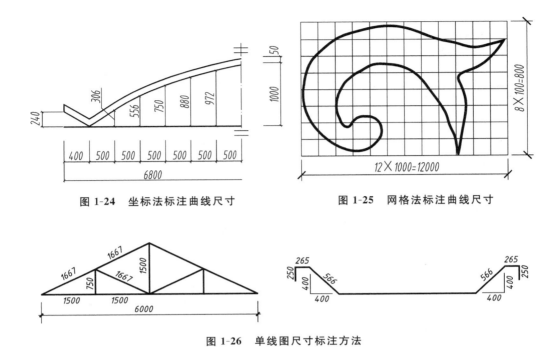

图 1-24　坐标法标注曲线尺寸　　　　图 1-25　网格法标注曲线尺寸

图 1-26　单线图尺寸标注方法

② 连续排列的等长尺寸,可用"个数×等长尺寸=总长"的形式标注(见图 1-27)。

③ 构配件内的构造要素(如孔、槽等)如相同,可仅标注其中一个要素的尺寸(见图 1-28)。

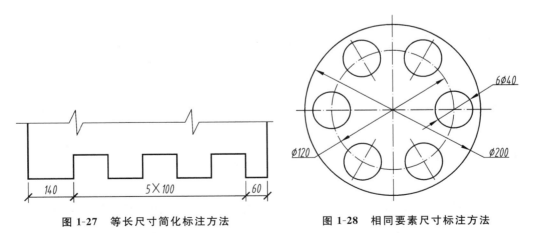

图 1-27　等长尺寸简化标注方法　　　　图 1-28　相同要素尺寸标注方法

④ 对称构配件采用对称省略画法时,该对称构配件的尺寸线应略超过对称符号,仅在尺寸线的一端画尺寸起止符号,尺寸数字应按整体全尺寸注写,其注写位置宜与对称符号对直(见图 1-29)。

⑤ 两个构配件,如仅个别尺寸数字不同,可在同一图样中,将其中一个构配件的不同尺寸数字注写在括号内,该构配件的名称也应注写在相应的括号内(见图1-30)。

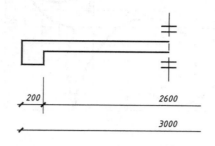

图 1-29 对称构件尺寸数字标注方法

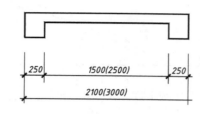

图 1-30 相似构件尺寸数字标注方法

⑥ 数个构配件,如仅某些尺寸不同,这些有变化的尺寸数字可用拉丁字母注写在同一图样中,另列表格写明其具体尺寸(见图1-31)。

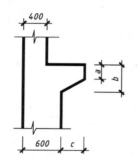

构件编号	a	b	c
z-1	200	400	200
z-2	250	450	200
z-3	200	450	250

图 1-31 某些尺寸不同的多个构件尺寸数字标注方法

1.2 制图工具及使用方法

为了保证绘图质量,提高绘图的准确性和效率,必须了解各种绘图工具和仪器的特点,掌握其使用方法。常用的绘图工具有图板、丁字尺、三角板、圆规、分规、曲线板和铅笔等。本节主要介绍常用的绘图工具和仪器的使用方法。

1.2.1 绘图板、丁字尺、三角板

1)绘图板

绘图板是绘图时用来铺放图纸的长方形案板,板面一般用平整的胶合板制作,四边镶有木制边框。绘图板的板面要求光滑平整,四周工作边要平直,如图1-32所示。绘图板的规格一般有 0 号(900 mm×1200 mm)、1 号(600 mm×900 mm)和 2 号(400 mm×600 mm)三种规格,可根据需要选定。0 号图板适用于画 A0 号图纸,1 号图板适用于画 A1 号图纸,四周还略有宽余。图板放在桌面上时,板身宜与水平桌面

成 10°～15°倾角。图板不可用水刷洗,也不可在日光下曝晒。制图作业通常选用 1 号绘图板。图板的导边要求平直,丁字尺的工作边才可在其任何位置保持平衡。

2）丁字尺

丁字尺由尺头和尺身两部分构成。尺头与尺身互相垂直,尺身带有刻度(见图 1-33)。尺身要牢固地连接在尺头上,尺头的内侧面必须平直,用时应紧靠图板左侧的导边。在画同一张图纸时,尺头不可以在图板的其他边滑动,以避免图板各边不成直角时,画出的线不准确。丁字尺的尺身工作边必须平直光滑,不可用丁字尺击物以及用刀片沿尺身工作边裁纸。丁字尺用完后,宜竖直挂起来,以避免尺身弯曲变形或折断。

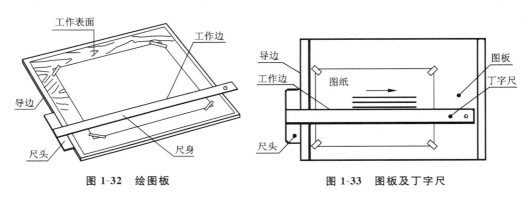

图 1-32　绘图板　　　　　　　　图 1-33　图板及丁字尺

丁字尺主要用于画水平线,使用时左手握住尺头,使尺头内侧紧靠图板的左侧边,上下移动到位后,用左手按住尺身,即可沿丁字尺的工作边自左向右画出一系列水平线(见图 1-33)。画较长的水平线时,可把左手滑过来按住尺身,以防止尺尾翘起和尺身摆动(见图 1-34)。

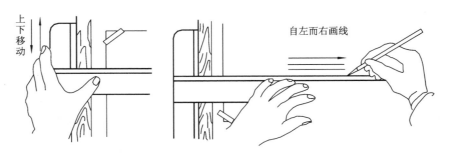

图 1-34　上下移动丁字尺及画水平线的手势

3）三角板

三角板由两块组成一副,其中一块是两锐角都等于 45°的直角三角形,另一块是两锐角分别为 30°和 60°的直角三角形。前者的斜边等于后者的长直角边。三角板除了直接用来画直线外,还可以与丁字尺配合使用,画出铅垂线及 15°、30°、45°、60°、

75°等倾斜直线，以及它们的平行线，如图1-35(a)所示。画铅垂线时，先将丁字尺移动到所绘图线的下方，把三角板放在应画线的右方，并使一直角边紧靠丁字尺的工作边，然后移动三角板，直到另一直角边对准要画线的地方，再用左手按住丁字尺和三角板，自下而上画线，如图1-35(b)所示。

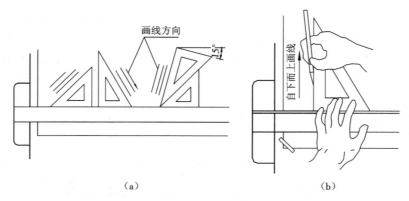

图1-35　用三角板和丁字尺配合画铅垂线和各种斜线

1.2.2　圆规

圆规是画圆和圆弧的专用仪器。为了扩大圆规的功能，圆规一般配有铅笔插腿（画铅笔线圆用）、直线笔插腿（画墨线圆用）、钢针插腿（代替分规用）三种插腿。画大圆时可在圆规上接一个延伸杆，以扩大圆的半径，如图1-36所示。画图时应先检查两脚是否等长，当针尖插入图板后，留在外面的部分应与铅芯尖端平（画墨线时，应与鸭嘴笔脚平）[见图1-36(a)]。铅芯可磨成约65°的斜截圆柱状，斜面向外，也可磨成圆锥状。

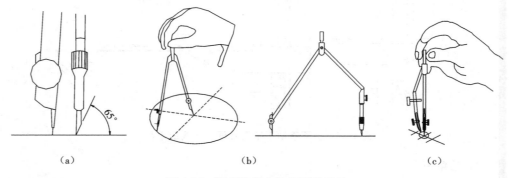

图1-36　圆规的针尖和画圆的姿势

画圆时，首先调整铅芯与针尖的距离，使之等于所画圆的半径，再用左手食指将针尖移到圆心上轻轻插住，尽量不使圆心扩大，并使笔尖与纸面的角度接近垂直；然后右手转动圆规手柄,转动时,圆规应向画线方向略为倾斜,速度要均匀,沿顺时针方向画圆,整个圆一笔画完。在绘制较大的圆时,可将圆规两插杆弯曲,使它们仍然保持与纸面垂直[见图 1-36(b)]。直径在 10 mm 以下的圆,一般用点圆规来画。使用时,右手食指按顶部,大拇指和中指按顺时针方向迅速地旋动套管手柄,画出小圆(见图 1-36(c))。需要注意的是,画圆时必须保持针尖垂直于纸面,画出圆后,要先提起套管,然后拿开圆规。画实线圆、圆弧或多个同心圆时,圆规针腿有平面端的大头应向下,以防止圆心扩大,保证画圆的准确度。

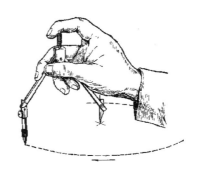

图 1-37　虚线圆的画法

画铅笔线圆或圆弧时,所用铅芯的型号要比画同类直线的铅笔软一号。例如,画直线时用 B 号铅芯,而画圆时则用 2B 号铅芯。使用圆规时需要注意,圆规的两条腿应该垂直于纸面。画虚线圆或圆弧的动作要领如图 1-37 所示。

1.2.3　分规

分规是用来量取线段的长度和分割线段、圆弧的工具。它的两条腿必须等长,两针尖合拢时应汇合成一点[见图 1-38(a)]。用分规等分线段的方法[见图 1-38(b)]:例如四分线段时,先凭目测估计,将两针尖张开大致等于 $\frac{1}{4}AB$ 的距离,然后交替两针尖划弧,在该线段上截取 1、2、3、4 等分点;假设点 4 落在点 B 以内,距差为 e,这时可将分规再开 $\frac{1}{4}e$,再次试分,若仍有差额(也可能超出 AB 线外),则照样再调整两针尖距离(或加或减),直到恰好等分为止。等分圆弧的方法类似于等分线段的方法。

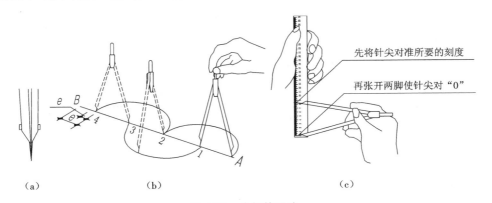

先将针尖对准所要的刻度

再张开两脚使针尖对"0"

(a)　　　　　　　　(b)　　　　　　　　(c)

图 1-38　分规的用法

(a)针尖应对齐;(b)用分规等分线段;(c)用分规截取长度

1.2.4 比例尺

比例尺是绘图时用于放大或缩小实际尺寸的一种常用尺子,在尺身上刻有不同的比例刻度。常用的百分比例尺有 1:100、1:200、1:500,常用的千分比例尺有 1:1000、1:2000、1:5000。

比例尺 1:100 就是指比例尺上的尺寸比实际尺寸缩小了 99%。例如,从该比例尺的刻度 0 量到刻度 1 m,就表示实际尺寸是 1 m。但是,这段比例尺的长度只有 10 mm,即缩小了 99%。因此,用 1:100 的比例尺画出来的图的大小只有物体实际大小的 1%。

1.2.5 曲线板

曲线板是描绘各种曲线的专用工具,如图 1-39 所示。曲线板的轮廓线是以各种平面数学曲线(椭圆、抛物线、双曲线、螺旋线等)相互连接而成的光滑曲线。描绘曲线时,先徒手用铅笔把曲线上一系列的点顺次地连接起来,然后选择曲线板上曲率合适的部分与徒手连接的曲线贴合。每次连接应通过曲线上三个点,并注意每画一段线,都要比曲线板边与曲线贴合的部分稍短一些,这样才能使所画的曲线光滑地过渡。

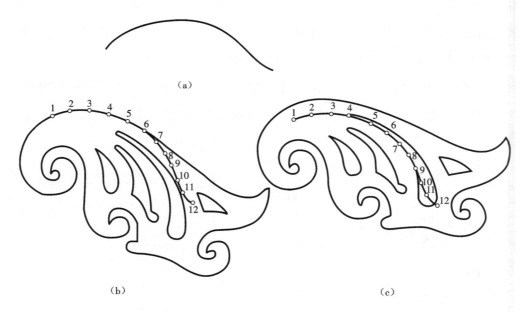

图 1-39 曲线板的用法
(a)被绘曲线;(b)描绘前几个点的曲线;(c)描绘中间几个点的曲线

1.2.6　绘图用笔

1）铅笔

绘图所用铅笔以铅芯的软硬程度分类，"B"表示软，"H"表示硬，"B"或"H"都有
6 种型号，其前面的数字越大则表示该铅笔的铅芯越软或越硬。"HB"铅笔介于软硬
之间，属于中等。画铅笔图时，图线的粗细不同，所用的铅笔型号及铅芯削磨的形状
也不同。通常用 H～2H 铅笔画底稿，用 HB 铅笔写字、画箭头以及加黑细实线，用
B～2B 加粗实线，砂纸板用来磨铅笔。

加深圆弧用的铅芯，一般比粗实线的铅芯软一些。

加深图线时，用于加深粗实线的铅芯磨成铲形，其余线型的铅芯磨成圆锥形，如
图 1-40 所示。

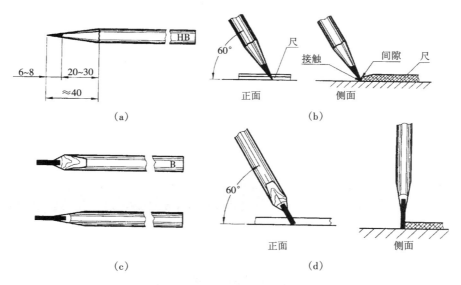

图 1-40　绘图铅笔及其使用

(a)画细线铅笔削磨形状；(b)画细线时铅笔使用方式；
(c)画粗线铅笔削磨形状；(d)画粗线时铅笔使用方式

2）直线笔

直线笔又称鸭嘴笔，是传统的上墨、描图仪器，如图 1-41 所示。

画线前，根据所画线条的粗细，旋转螺钉调好两叶片的间距，用吸墨管把墨汁注
入两叶片之间，墨汁高度以 5～6 mm 为宜。画线时，执笔不能内外倾斜，上墨不能过
多，入笔不要太重，行笔要流畅、匀速，不能停顿、偏转和晃动，否则会影响图线质量。
直线笔装在圆规上可画出墨线圆或圆弧。

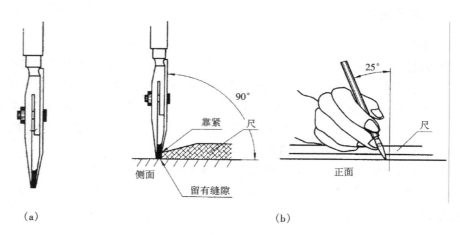

图 1-41 直线笔及使用方式

(a)直线笔；(b)直线笔的使用方式

3) 针管绘图笔

针管绘图笔是上墨、描图所用的新型绘图笔，如图 1-42 所示。针管绘图笔的头新装有带通针的不锈钢针管，针管的内孔直径从 0.1～1.2 mm 分成多种型号，选用不同型号的针管绘图笔可画出不同线宽的墨线。把针管绘图笔装在专用的圆规夹上还可画出墨线圆或圆弧。

图 1-42 针管绘图笔

针管绘图笔需使用碳素墨水，用后要反复吸水把针管冲洗干净，防止堵塞，以备再用。

1.2.7 建筑模板

建筑模板主要用来画各种建筑标准图例和常用符号，如柱、墙、门开启线、大便器、污水盆、详图索引符号、轴线圆圈等。模板上刻有可以画出各种不同图例或符号的孔(见图 1-43)，其大小已符合一定的比例，只要用笔沿孔内画一周，图例就画出来了。

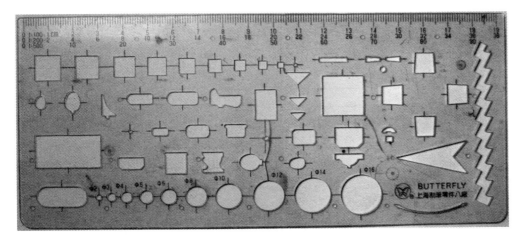

图 1-43　建筑模板

1.3　几何作图

利用几何工具进行几何作图,是绘制各种平面图形的基础,也是绘制工程图样的基础。下面介绍一些常用的几何作图方法。

工程图样上的图形是由各种几何图形组成的。正确地使用绘图工具,快速而准确地作出各种平面几何图形,是学习本课程的基础之一。本节的主要内容有斜度、锥度、圆弧连接和平面图形的作图方法及其尺寸标注等内容。

1.3.1　等分线段

如图 1-44 所示,将已知线段 AB 分成五等分,作图步骤如下。

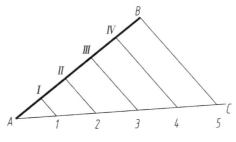

图 1-44　等分线段

① 过点 A 任意作一条线段 AC,从点 A 起在线段 AC 上截取(任取)$A1 = 12 = 23 = 34 = 45$,得到等分点 1、2、3、4、5。

② 连接 $5B$,并分别过 1、2、3、4 各等分点作直线 $5B$ 的平行线,这些平行线与 AB 直线的交点 $Ⅰ$、$Ⅱ$、$Ⅲ$、$Ⅳ$ 即为所求的等分点。

1.3.2　等分两平行线间的距离

如图 1-45 所示,将两平行线 AB 与 CD 之间的距离分成四等分。

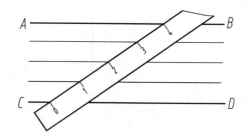

图 1-45　等分平行线间距离

作图步骤如下。

① 将直尺放在直线 AB 与 CD 之间进行调整,让直尺的刻度 0 与 4 恰好位于直线 AB 与 CD 的位置上。

② 分别过直尺的刻度点 1、2、3 作直线 AB 或者 CD 的平行线,即可完成等分。

1.3.3　作圆的切线

1)自圆外一点作圆的切线

如图 1-46 所示,过圆外一点 A,向圆 O 作切线。

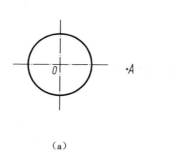

（a）

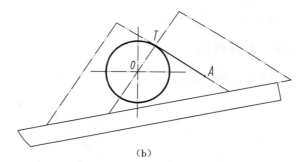

（b）

图 1-46　作圆的切线

(a)已知;(b)作图

作图方法如下。

使三角板的一个直角边过点 A 并且与圆 O 相切,使丁字尺(或另一块三角板)与三角板的斜边靠紧,然后移动三角板,使其另一直角边通过圆心 O 并与圆周相交于切点 T,连接 AT 即为所求切线。

2)作两圆的外公切线

如图 1-47 所示,作圆 O_1 和圆 O_2 的外公切线。

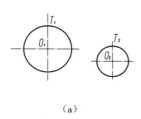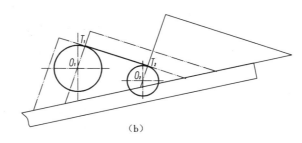

图 1-47　作两圆的外公切线

(a)已知；(b)作图

作图方法如下。

使三角板的一个直角边与两圆外切，将丁字尺（或另一块三角板）与三角板的斜边靠紧，然后移动三角板，使其另一直角边先后通过两圆心 O_1 和 O_2，在两圆周上分别找到两切点 T_1 和 T_2，连接 T_1T_2 即为所求公切线。

1. 3. 4　正多边形的画法

1）正五边形的画法

如图 1-48 所示，作已知圆的内接正五边形。

作图步骤如下。

① 求出半径 OG 的中点 H。

② 以 H 为圆心，以 HA 为半径作圆弧交 OF 于点 I，线段 AI 即为五边形的边长。

③ 以 AI 长为单位分别在圆周上截得各等分点 B、C、D、E，顺次连接各点即得正五边形 $ABCDE$。

2）正六边形的画法

如图 1-49 所示，作已知圆的内接正六边形。

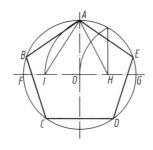　　　　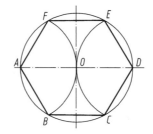

图 1-48　作圆的内接正五边形　　　　**图 1-49　作圆内接正六边形**

作图步骤如下。

① 分别以 A、D 为圆心，以 $OA=OD$ 为半径作圆弧交圆周于 B、F、C、E 等分点。

② 顺次连接圆周上六个等分点,即得正六边形 *ABCDEF*。

3）任意正多边形的画法(以正七边形为例)

已知圆 *O*,作圆内接正七边形,其方法如图 1-50 所示。

作图步骤如下。

① 将直径 *AB* 七等分。

② 以 *B* 为圆心,*BA* 长为半径作圆弧交水平直径的延长线于 *C*、*D* 两点。

③ 从 *C*、*D* 两点分别与各偶数点(2、4、6)连线并延长与圆周相交,然后用直线依次连接各交点即得所作正七边形。

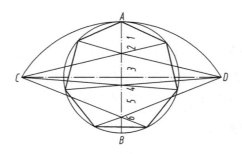

图 1-50　圆内接七边形的近似画法

1.3.5　椭圆的画法

椭圆常用的画法有两种:一是准确的画法——同心圆法;另一种是近似的画法——四心扁圆法。

1）同心圆法

已知长轴 *AB*、短轴 *CD*,中心点 *O*,作椭圆,如图 1-51 所示。

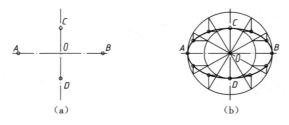

图 1-51　同心圆法画椭圆

(a)已知;(b)作图

作图步骤如下。

① 以 *O* 为圆心,以 *OA* 和 *OC* 为半径,作出两个同心圆。

② 过中心 *O* 作等分圆周的辐射线,图中作了 12 条线。

③ 过辐射线与大圆的交点向内画竖直线,过辐射线与小圆的交点向外画水平线,则竖直线与水平线的相应交点即为椭圆上的点。

④ 用曲线板将上述各点依次光滑地连接起来。

2）四心扁圆法

已知长轴 AB、短轴 CD、中心点 O，作椭圆，如图 1-52(a)所示。

作图步骤如下。

① 连接 AC，在 AC 上截取一点 E，使 $CE = OA - OC$，如图 1-52 所示。

② 作 AE 线段的中垂线并与短轴交于点 O_1，与长轴交于点 O_2，如图 1-52(b)所示。

③ 在 CD 上和 AB 上分别找到 O_1、O_2 的对称点 O_3、O_4，则 O_1、O_2、O_3、O_4 即为四段圆弧的四个圆心，如图 1-52(c)所示。

④ 将四个圆心点两两相连，作出四条连心线，如图 1-52(d)所示。

⑤ 以 O_1、O_3 为圆心，以 $O_1C = O_3D$ 为半径，分别画圆弧，两圆弧的端点分别落在四条连心线上，如图 1-52(e)所示。

⑥ 以 O_2、O_4 为圆心，$O_2A = O_4B$ 为半径，分别画圆弧，完成所作的椭圆，如图 1-52(f)所示。这是个近似的椭圆，它由四段圆弧组成，T_1、T_2、T_3、T_4 为四段圆弧的连接点，也是四段圆弧相切（内切）的切点。

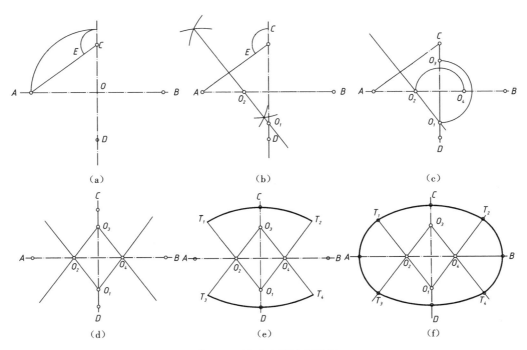

图 1-52　四心扁圆法画椭圆

1.3.6　圆弧连接

绘制平面图形时，经常需要用圆弧将两条直线、一圆弧与一直线或两个圆弧光滑地连接起来,这种连接称为圆弧连接。圆弧连接的要求就是光滑、自然,而要做到光滑就必须使所作的圆弧与已知直线或已知圆弧相切,并且在切点处准确地连接,切点即是连接点。圆弧连接的作图过程是:先找连接圆弧的圆心,再找连接点(切点),最后作出连接圆弧。

下面介绍圆弧连接的几种典型作图。

1)用圆弧连接两直线

如图 1-53 所示,已知直线 L_1 和 L_2,连接圆弧半径 R,求作连接圆弧。

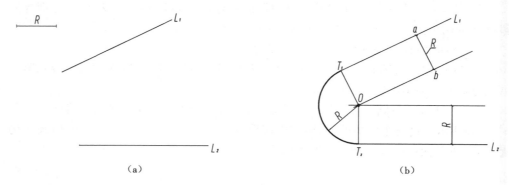

图 1-53　用圆弧连接两直线

(a)已知;(b)作图

作图步骤如下。

① 过直线 L_1 上一点 a 作该直线的垂线,在垂线上截取 $ab=R$,再过点 b 作直线 L_1 的平行线。

② 用同样方法作出与直线 L_2 距离等于 R 的平行线。

③ 找到两平行线的交点 O,则点 O 即为连接圆弧的圆心。

④ 自点 O 分别向直线 L_1 和 L_2 作垂线,得到的垂足 T_1、T_2 即为连接圆弧的连接点(切点)。

⑤ 以 O 为圆心、R 为半径作弧,完成连接作图。

2)用圆弧连接两圆弧

(1)与两个圆弧均外切

如图 1-54 所示,已知连接圆弧半径 R,被连接的两个圆弧圆心分别为 O_1、O_2,半径分别为 R_1、R_2,求作连接圆弧。

作图步骤如下。

① 以 O_1 为圆心、$R+R_1$ 为半径作一圆弧,再以 O_2 为圆心、$R+R_2$ 为半径作另一圆弧,两圆弧的交点 O 即为连接圆弧的圆心。

② 作连心线 OO_1,找到它与圆弧 O_1 的交点 T_1;再作连心线 OO_2,找到它与圆弧 O_2 的交点 T_2,则 T_1、T_2 即为连接圆弧的连接点(外切的切点)。

③ 以 O 为圆心、R 为半径作圆弧 T_1T_2,完成连接作图。

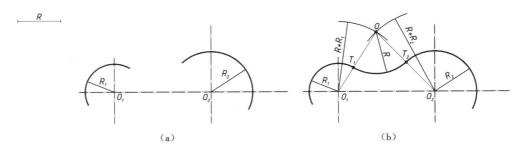

图 1-54 用圆弧连接两圆弧(外切)

(a)已知;(b)作图

(2) 与两个圆弧均内切

如图 1-55 所示,已知连接圆弧的半径为 R,被连接的两个圆弧圆心分别为 O_1、O_2,半径分别为 R_1、R_2,求作连接圆弧。

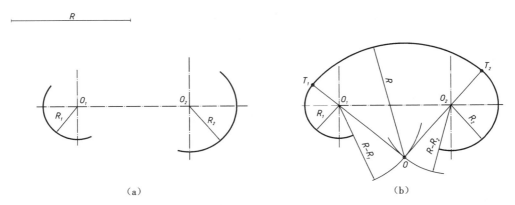

图 1-55 用圆弧连接两圆弧(内切)

(a)已知;(b)作图

作图步骤如下。

① 以 O_1 为圆心、$R-R_1$ 为半径作一圆弧,再以 O_2 为圆心、$R-R_2$ 为半径作另一圆弧,两圆弧的交点 O 即为连接圆弧的圆心。

② 作连心线 OO_1,找到它与圆弧 O_1 的交点 T_1;再作连心线 OO_2,找到它与圆弧 O_2 的交点 T_2,则 T_1、T_2 即为连接圆弧的连接点(内切的切点)。

③ 以 O 为圆心、R 为半径,作圆弧 T_1T_2,完成连接作图。

(3) 与一个圆弧外切、与另一个圆弧内切

如图 1-56 所示,已知连接圆弧半径为 R,被连接的两个圆弧圆心分别为 O_1、O_2,半径分别为 R_1、R_2,求作连接圆弧(要求与圆弧 O_1 外切、与圆弧 O_2 内切)。

作图步骤如下。

① 分别以 O_1、O_2 为圆心,$R+R_1$、$R-R_2$ 为半径作两个圆弧,则两圆弧的交点 O

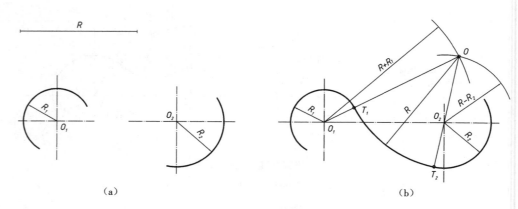

图 1-56 用圆弧连接两圆弧(一外切、一内切)

(a)已知;(b)作图

即为连接圆弧的圆心。

② 作连心线 OO_1,找到它与圆弧 O_1 的交点 T_1;再作连心线 OO_2,找到它与圆弧 O_2 的交点 T_2,则 T_1、T_2 即为连接圆弧的连接点(前者为外切切点、后者为内切切点)。

③ 以 O 为圆心、R 为半径作圆弧 T_1T_2,完成连接作图。

3)用圆弧连接一直线和一圆弧

如图 1-57 所示,已知连接圆弧的半径为 R,被连接圆弧的圆心为 O_1,半径为 R_1,以及直线 L,求作连接圆弧(要求与已知圆弧外切)。

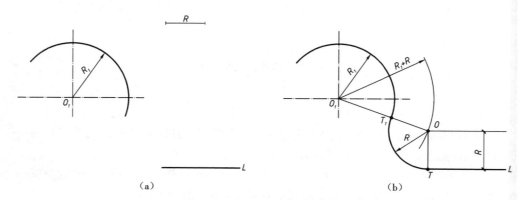

图 1-57 用圆弧连接一直线和一圆弧

(a)已知;(b)作图

作图步骤如下。

① 作已知直线 L 的平行线使其间距为 R,再以 O_1 为圆心,$R+R_1$ 为半径作圆弧,该圆弧与所作平行线的交点 O 即为连接圆弧的圆心。

② 由点 O 作直线 L 的垂线得垂足 T,再作连心线 OO_1,并找到它与圆弧 O_1 的交

点 T_1,则 T、T_1 即为连接点(两个切点)。

③ 以 O 为圆心、R 为半径作圆弧 T_1T,完成连接作图。

1.4　建筑制图的一般步骤

制图工作应当有步骤地循序进行。为了提高绘图效率,保证图纸质量,必须掌握正确的绘图程序和方法,养成认真、负责、仔细、耐心的良好习惯。本节将介绍建筑制图的一般步骤。

1.4.1　制图前的准备工作

① 安放绘图桌或绘图板时,应使光线从图板的左前方射入;不宜对着窗口安置绘图桌,以免纸面反光而影响视力。将需用的工具放在方便拿取之处,以免妨碍制图工作。

② 擦干净全部绘图工具和仪器,削磨好铅笔及圆规上的铅芯。

③ 固定图纸。将图纸的正面(有网状纹路的是反面)向上贴于图板上,并用丁字尺略略对齐,使图纸平整和绷紧。当图纸较小时,应将图纸布置在图板的左下方,但要使图纸的底边与图板下边的距离略大于丁字尺的宽度(见图1-58)。

④ 为保持图面整洁,画图前应洗手。

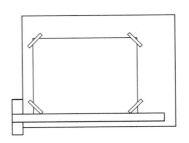

图 1-58　贴图纸

1.4.2　绘铅笔底稿图

铅笔细线底稿是一张图的基础,要认真、细心、准确地绘制。绘制时应注意以下几点。

① 铅笔底稿图宜用削磨尖的 2H 或 H 铅笔绘制,底稿线要细而淡,绘图者自己能看得出便可,故要经常磨尖铅芯。

② 画图框、图标。首先画出水平和竖直基准线,在水平和竖直基准线上分别量取图框和图标的宽度及长度,再用丁字尺画图框、图标的水平线,然后用三角板配合丁字尺画图框、图标的竖直线。

③ 布图。预先估计各图形的大小及预留尺寸线的位置,将图形均匀、整齐地安排在图纸上,避免某部分太紧凑或某部分过于宽松。

④ 画图形。一般先画轴线或中心线,其次画图形的主要轮廓线,然后画细部;图形完成后,再画尺寸线、尺寸界线等。材料符号在底稿中只需画出一部分或不画,待加深或上墨线时再全部画出。对于需上墨的底稿,在线条的交接处可画出头一些,以便清楚地辨别上墨的起止位置。

1.4.3 铅笔加深的方法和步骤

在加深前,要认真校对底稿,修正错误和填补遗漏;底稿经查对无误后,擦去多余的线条和污垢。一般用 2B 铅笔加深粗线,用 B 铅笔加深中粗线,用 HB 铅笔加深细线、写字和画箭头。加深圆时,圆规的铅芯应比画直线的铅芯软一级。用铅笔加深图线时用力要均匀,边画边转动铅笔,使粗线均匀地分布在底稿线的两侧,如图 1-59 所示。加深时还应做到线型正确、粗细分明,图线与图线的连接要光滑、准确,图面要整洁。

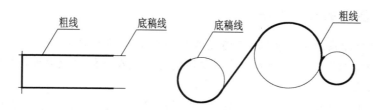

图 1-59 加深的粗线与底稿线的关系

加深图线的一般步骤如下。
① 加深所有的点画线。
② 加深所有粗实线的曲线、圆及圆弧。
③ 用丁字尺从图的上方开始,依次向下加深所有水平方向的粗实直线。
④ 用三角板配合丁字尺从图的左方开始,依次向右加深所有铅垂方向的粗实直线。
⑤ 从图的左上方开始,依次加深所有倾斜的粗实线。
⑥ 按照加深粗实线同样的步骤加深所有的虚线曲线、圆和圆弧,然后加深水平的、铅垂的和倾斜的虚线。
⑦ 按照加深粗线的同样步骤加深所有的中实线。
⑧ 加深所有的细实线、折断线、波浪线等。
⑨ 画尺寸起止符号或箭头。
⑩ 加深图框、图标。
⑪ 注写尺寸数字、文字说明,并填写标题栏。

1.4.4 上墨线的方法和步骤

画墨线时,首先应根据线型的宽度调节直线笔的螺母(或选择好针管绘图笔的号数),并在与图纸相同的纸片上试画,待满意后再在图纸上描线。如果改变线型宽度需重新调整螺母,都必须经过试画,才能在图纸上描线。

上墨时相同类型的图线宜一次画完,这样可以避免由于经常调整螺母而使相同类型的图线粗细不一致。

　　如果需要修改墨线,则要待墨线干透后,在图纸下垫一个三角板,用锋利的薄型刀片轻轻修刮,再用橡皮擦净余下的污垢,待错误线或墨污全部去净后,以指甲或者钢笔头磨实,然后再画正确的图线。但需注意,在用橡皮时要配合擦线板,并且宜向一个方向擦,以免撕破图纸。

　　上墨线的步骤与铅笔加深基本相同,但还须注意以下几点。

　　① 一条墨线画完后,应将笔立即提起,同时用左手将尺移开。

　　② 要画不同方向的线条,必须等到干了再画。

　　③ 加墨水要在图板外进行。

　　最后需要指出,每次制图作业时,一张图最好一气呵成,这样做效率高、质量易保证。

【本章要点】

　　① 了解制图的基本规定。

　　② 熟悉常用制图工具的使用方法。

　　③ 掌握平面几何图形的作图方法及步骤。

第 2 章　投影的基本知识

2.1　投影的形成和分类

2.1.1　投影和投影法

在日常生活中,经常可看到物体在光线(阳光或灯光)的照射下,投在地面或墙面上的影子。这些影子随着光线照射方向的不同而发生变化,但在某种程度上能够显示物体的形状和大小。人们在长期的实践中积累了丰富的经验,把物体和影子之间的关系进行抽象总结,形成了投影和投影法,从而构建了投影几何这一科学体系。

投射线通过形体向选定的投影面投射,并在该投影面上得到图形的方法,称为投影法,所得到的图形称为该物体在这个投影面上的投影。

投影的构成要素如图 2-1 所示。

(1)投射中心

投射中心是所有投射线的起源点,如图 2-1 中的 S。

(2)投射线

连接投射中心与形体上各点的直线即投射线,也称投影线,用细实线表示。

(3)投影面

投影所在的平面 H 即为投影面,用大写字母标记。

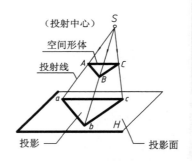

图 2-1　投影要素

(4)空间形体

需要表达的形体即空间形体,用大写字母标记,如图 2-1 中的 A、B、C。

(5)投射方向

投射线的方向即投射方向,如图 2-1 中的箭头方向。

(6)投影

投影即根据投影法所得到的能反映出形体各部分形状的图形,用相应的小写字母标记,用粗实线表示,如图 2-1 中的 a、b、c。

2.1.2　投影法的分类

根据投射中心与投影面之间距离远近的不同,投影法可分为中心投影法和平行投影法两类。

1）中心投影法

当投射中心距离投影面为有限远时，所有投射线都交汇于一点（即投射中心 S），这种投影法被称为中心投影法。由这种方法得到的投影称为中心投影，如图 2-2（a）所示。

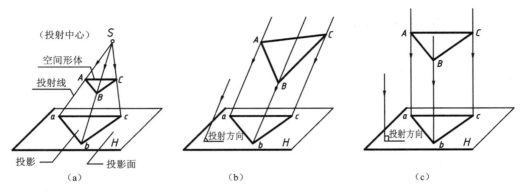

图 2-2　中心投影与平行投影

（a）中心投影法；（b）平行投影法-斜投影法；（c）正投影法

中心投影法的特点是所有投射线交汇于投射中心；中心投影的大小随空间形体与投射中心的远近而变化（越靠近投射中心，投影越大），一般不反映空间形体表面的实形，多为其类似形。

中心投影法主要应用于透视投影，如建筑效果图等。

2）平行投影法

当投射中心距离投影面无限远时，所有投射线都互相平行，这种投影法被称为平行投影法。用这种方法所得的投影称为平行投影，如图 2-2（b）、（c）所示。

根据投射线与投影面夹角的不同，平行投影法又可分为斜投影法和正投影法。

（1）斜投影法

投射线与投影面倾斜的平行投影法称为斜投影法。由斜投影法所得的投影为斜投影，如图 2-2（b）所示。

（2）正投影法

投射线与投影面垂直的平行投影法称为正投影法。由正投影法所得的投影为正投影，如图 2-2（c）所示。

2.1.3　两种投影法共有的基本性质

无论是中心投影法还是平行投影法，都有如下特性。

（1）唯一性

在投影面和投射中心或投射方向确定之后，形体上每一点必有其唯一的一个投

影,建立起一一对应的关系,例如图 2-2 中的 A 和
a、B 和 b、C 和 c 等。

（2）同素性

点的投影仍为点,直线的投影一般仍为直线,
曲线的投影一般仍为曲线。

（3）从属性

点在直线上,其投影必在该直线的同面投影
上,如图 2-3 所示。

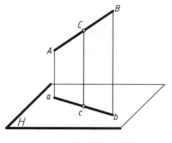

图 2-3　投影的从属性

2.2　平行投影的特性

在建筑制图中,最常使用的投影法是平行投影法。平行投影法有如下特性。

（1）度量性（或实形性）

当直线或平面平行于投影面时,其投影反映实长或实形,即直线的长短与平面的
形状和大小,都可直接由其投影确定和度量[见图 2-4(a)、(e)]。反映线段或平面图
形实长或实形的投影,称为实形投影。

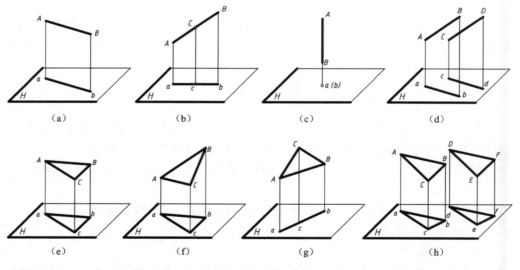

图 2-4　平行投影的特性

（2）类似性

当直线或平面倾斜于投影面时,其正投影小于其实长或实形,但它的形状必然是
原平面图形的类似形[见图 2-4(b)、(f)]。即直线仍投射成直线,三角形仍投射成三
角形,六边形的投影仍为六边形,圆投射成椭圆等。

（3）积聚性

当直线或平面平行于投射线（正投影则垂直于投影面）时,其投影积聚为一点或

一直线,该投影称为积聚投影[见图 2-4(c)、(g)]。

（4）平行性

相互平行的两直线在同一投影面上的投影仍然平行[见图 2-4(d)]。一平面图形经过平行移动之后,它们在同一投影面上的投影形状和大小仍保持不变[见图 2-4(h)]。

（5）定比性

直线上两线段长度之比等于这两线段投影的长度之比,如图 2-4(b)中 $AC:CB=ac:cb$。同时,两平行线段的长度之比等于其投影长度之比,如图 2-4(d)中 $AB:CD=ab:cd$。

由于正投影不仅具有上述投影特性,而且规定投射方向垂直于投影面,作图简便,因此大多数的工程图都用正投影法画出。以后本书提及投影二字,除作特殊说明外,均为正投影。

2.3 工程上常用的投影图

2.3.1 多面正投影图

用正投影法在两个或两个以上相互垂直的,并分别平行于形体主要侧面的投影面上,作出形体的正投影,所得多面正投影按一定规则展开在同一个平面上。这种由两个或两个以上正投影组合而成的,用以确定空间唯一形体的多面正投影,称为正投影图,简称正投影。图 2-5 所示为一形体的正投影图。

2.3.2 轴测投影

将形体连同其参考直角坐标系,沿不平行于任一坐标平面的方向,用平行投影法将其投射在单一投影面上所得的具有一定立体感的图形称为轴测投影,简称轴测图,如图 2-6 所示。

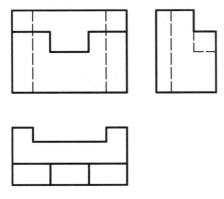

图 2-5 形体的正投影图

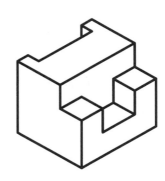

图 2-6 形体的轴测投影图

2.3.3 标高投影

用正投影法将一段地面的等高线投射在水平的投影面上,并标出各等高线的标高,就可表达出该地段的地形。这种带有标高、用来表示地面形状的正投影图,称为标高投影图,如图 2-7 所示,图上附有作图的比例尺。

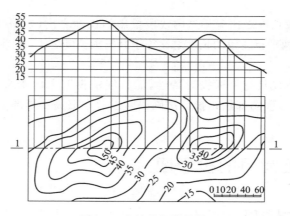

图 2-7 山地的标高投影

2.3.4 透视投影

用中心投影法将形体投射在单一投影面上所得的图形,称为透视投影,又称透视图或透视。透视图直观性强,但建筑各部分的真实形状和大小都不能直接在图中反映和度量,如图 2-8 所示。

图 2-8 透视图

2.4　正投影图的形成及特性

用正投影法将空间点 A 投射到投影面 H 上，在 H 面上将有唯一的点 a，点 a 即为空间点 A 的 H 面投影。反之，如果已知一点在 H 面上的投影为点 a，是否能确定空间点的位置呢？由图 2-9 可知，A_1、A_2…各点都可能是对应的空间点。所以，点的一个投影不能唯一确定空间点的位置。

同样，仅有形体的一个投影也不能确定形体本身的形状和大小。在图 2-10(a)中，当三棱柱的一个棱面平行于投影面 H 时，其投影为矩形，这个投影是唯一确定的。但投影面 H 上同样的矩形却可以是几种不同形状形体的投影，如图 2-10 所示。因此，工程上常采用在两个或三个两两垂直的投影面上作投影的方法来表达形体，以满足可逆性的要求。

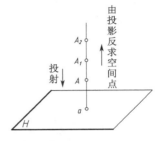

图 2-9　一个投影不能确定空间点的位置

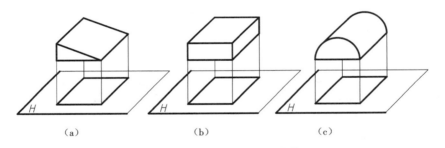

图 2-10　一个投影的不可逆性

2.4.1　两面投影图及其特性

一般形体，至少需要两个投影，才能确切地表达出形体的形状和大小。如图2-11(a)中设立了两个投影面：水平投影面 H（简称 H 面）和垂直于 H 面的正立投影面 V（简称 V 面）。将四坡顶屋面放置于 H 面之上、V 面之前，使该形体的底面平行于 H 面，长边屋檐平行于 V 面，按正投影法从上向下投影，在 H 面上得到四坡顶屋面的水平投影，它反映出形体的长度和宽度；从前向后投影，在 V 面上得到四坡顶屋面的正面投影，它反映出形体的长度和高度。如果用图 2-11(a)中的 H 和 V 两个投影共同来表示该形体，就能准确、完整地反映出该形体的形状和大小，并且是唯一的。

相互垂直的 H 面和 V 面构成了一个两投影面体系。两投影面的交线称为投影轴，用 OX 表示。作出两个投影之后，移出形体，再将两投影面展开，如图 2-11(b)所示。展开时规定 V 面不动，使 H 面连同其上的水平投影以 OX 为轴向下旋转，直至

与 V 面在一个平面上,如图 2-11(c)所示。用形体的两个投影组成的投影图称为两面投影图。在绘制投影图时,由于投影面是无限大的,在投影图中不需画出其边界线,如图 2-11(d)所示。

两面投影有如下投影特性。

① H 面投影反映形体的长度和宽度,V 面投影反映形体的长度和高度。如图 2-11(d)所示,两个投影共同反映形体的长、宽、高三个向度。

② H 面投影与 V 面投影左右保持对齐,这种投影关系被称为"长对正"。

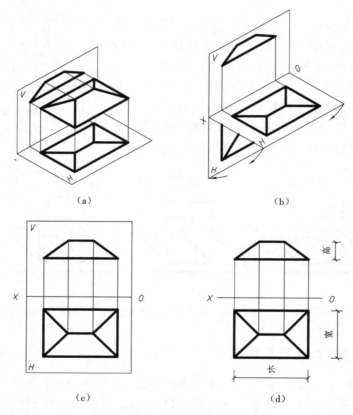

(a)　　　　　　　　(b)

(c)　　　　　　　　(d)

图 2-11　两面投影图的形成

2.4.2　三面投影图及其特性

有些形体用两个投影还不能唯一确定它的空间形状。如图 2-12 中的形体 A,它的 V 面、H 面投影与形体 B 的 V 面、H 面投影完全相同,这表明形体的 V 面、H 面投影仍不能确定它的形状。

在这种情况下,还需增加一个同时垂直于 H 面和 V 面的侧立投影面,简称侧面或 W 面。形体在侧面上的投影,称为侧面投影或 W 面投影。这样形体 A 的 V 面、

H 面、W 面三面投影所确定的形体是唯一的,不可能是 B 或其他形体。

　　V 面、H 面和 W 面共同组成一个三投影面体系,如图 2-13(a)所示。这三个投影面分别两两相交于投影轴。V 面与 H 面的交线称为 OX 轴;H 面与 W 面的交线称为 OY 轴;V 面与 W 面则相交于 OZ 轴,三条轴线交于一点 O,称为原点。投影面展开时,仍规定 V 面固定不动,使 H 面绕 OX 轴向下旋转,W 面绕 OZ 轴向右旋转,直到与 V 面在同一个平面为止,如图 2-13(b)所示。这时 OY 轴被分为两条,一条随 H 面转到与 OZ 轴在同一竖直线上,标注为 OY_H,另一条随 W 面转到与 OX 轴在同一水平线上,标注为 OY_W。正面投影(V 面投影)、水平投影(H 面投影)和

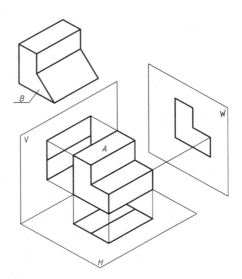

图 2-12　三面投影的必要性

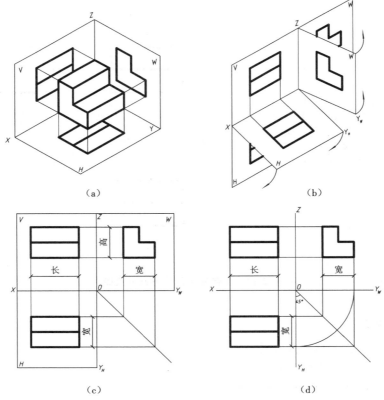

(a)　　　　　　　　　(b)

(c)　　　　　　　　　(d)

图 2-13　三面投影图的形成

侧面投影(W 面投影)组成的投影图,称为三面投影图,如图 2-13(c)所示。投影面的边框对作图没有作用,所以不必画出,如图 2-13(d)所示。

三面投影有如下投影特性。

① 在三面投影体系中,通常使 OX、OY、OZ 轴分别平行于形体的三个向度(长、宽、高)。形体的长度是指形体上最左和最右两点之间平行于 OX 轴方向的距离,形体的宽度是指形体上最前和最后两点之间平行于 OY 轴方向的距离,形体的高度是指形体上最高和最低两点之间平行于 OZ 轴方向的距离。

② 形体的投影图一般有 V、H、W 三个投影。其中 V 面投影反映形体的长度和高度,H 面投影反映形体的长度和宽度,W 面投影反映形体的宽度和高度。

③ 投影面展开后,V 面投影与 H 面投影左右对正,都反映形体的长度,通常称为"长对正";V 面投影与 W 面投影上下平齐,都反映形体的高度,称为"高平齐";H 面投影与 W 面投影都反映形体的宽度,称为"宽相等",如图 2-13(c)所示。这三个重要的关系称为正投影的投影关系,可简化成口诀"长对正、高平齐、宽相等"。作图时,"宽相等"可以利用以原点 O 为圆心所作的圆弧,或利用从原点 O 引出的 45°线,也可以用直尺或分规直接度量来截取。

④ 在投影图上能反映形体的上、下、前、后、左、右等六个方向,如图 2-14 所示。

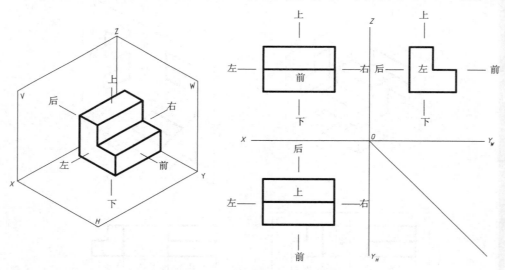

图 2-14　投影图上形体方向的反映

【本章要点】

① 了解投影的形成及分类。

② 掌握平行投影的特性。

③ 掌握三面投影图投影的特性。

第 3 章 点、直线、平面的投影

从形体构成的角度来看,任何形体都由点、线(直线或曲线)、面(平面或曲面)围成。在这其中,点是组成形体的最基本的几何元素。点的投影规律是线、面、体投影的基础。

3.1 点的投影

3.1.1 点在两投影面体系中的投影

空间点的投影仍然是点。在 H、V 两投影面体系中,如图 3-1(a)所示,将点 A 向 H 面投射得到水平投影 a;将点 A 向 V 面投射得到正面投影 a'。由此可见,点 A 在空间的位置被两个投影 a 和 a' 唯一确定。

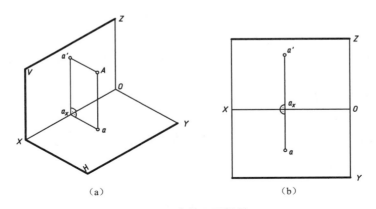

（a）　　　　　　　　　　（b）

图 3-1　点的两面投影

投射线 Aa' 和 Aa 所决定的平面与 H 面和 V 面垂直相交,交线分别为 aa_x 和 $a'a_x$。投影轴 OX 必垂直于 aa_x 和 $a'a_x$,则 $\angle aa_xX = \angle a'a_xX = 90°$。将 H、V 两投影面展开后,这两个直角仍保持不变,即两投影的连线 $a'a_xa$ 与投影轴 OX 垂直,如图 3-1(b)所示。因此,点的第一条投影规律:一点在两投影面体系中的投影,在投影图上的连线必垂直于投影轴,即 $a'a \perp OX$。

从图 3-1(a)可知,$Aa'a_xa$ 是一个矩形,$a'a_x$ 与 Aa 平行且相等,反映出空间点 A 到 H 面的距离;aa_x 与 Aa' 平行且相等,反映出空间点 A 到 V 面的距离。由此,可得点的第二条投影规律:点的某一投影到投影轴的距离,等于其空间点到另一投影面的距离,即 $aa_x = Aa' = y_A$,$a'a_x = Aa = z_A$。

3.1.2 点在三投影面体系中的投影

1) 点的三面投影

在 H、V、W 三投影面体系中,如图 3-2(a)所示,作出空间点 A 的三面投影 a、a' 和 a''。根据点的两面投影规律,进一步可得出点的三面投影规律。

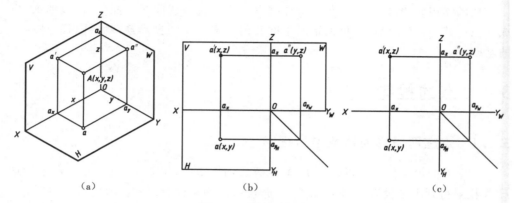

图 3-2 点的三面投影

① 点的正面投影和水平投影的连线垂直于 OX 轴,即 $aa' \perp OX$;正面投影和侧面投影的连线垂直于 OZ 轴,即 $a'a'' \perp OZ$。

② 点的投影到投影轴的距离等于空间点到相应投影面的距离,即 $a'a_x = a''a_{y_W} = Aa$;$aa_x = a''a_z = Aa'$;$a'a_z = aa_{y_H} = Aa''$。

根据上述特性,点在 H、V、W 三面的投影中只要已知任意两投影,就能很方便的求出其第三投影。

【例 3-1】 已知点 A 的两投影 a' 和 a,求作 a''[见图 3-3(a)]。

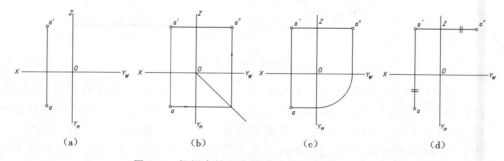

图 3-3 根据点的两个投影求第三投影

【解】 ① 解法一:如图 3-3(b)所示。

a. 过原点 O 作 45°直线;

b. 过 a' 作 OZ 轴的垂线,所求 a'' 必在这条水平投影连线上;

c. 过 a 引水平线与 45°线交于一点,过该点引竖直线与②所得的水平投影连线相交,该交点即为所求 a''。

② 解法二:如图 3-3(c)所示。

③ 解法三:如图 3-3(d)所示。

2) 点的坐标与投影之间的关系

在三投影面体系中,点 A 的位置可由它到三个投影面的距离,即它的三个坐标来确定。三投影面可以看作是三个坐标面。投影面的 OX 轴相当于坐标面的 x 轴, OY 轴相当于 y 轴, OZ 轴相当于 z 轴,投影面的原点 O 相当于坐标面的原点 O。点的投影和点的坐标有如下关系[见图 3-2(a)]:

点 A 到 W 面的距离 $=Aa''=Oa_x=$ 点 A 的 x 坐标;

点 A 到 V 面的距离 $=Aa'=Oa_y=$ 点 A 的 y 坐标;

点 A 到 H 面的距离 $=Aa=Oa_z=$ 点 A 的 z 坐标。

空间一点 A 的位置由它的坐标 $A(x,y,z)$ 确定,它的三个投影的坐标分别为 $a(x,y)$, $a'(x,z)$ 和 $a''(y,z)$,如图 3-2(b)所示。

【例 3-2】 已知点 $A(15,10,20)$,求作点的三面投影。

【解】 ① 先画出投影轴,然后由 O 向左沿 OX 量取 $x=15$,得 a_x[见图 3-4(a)];

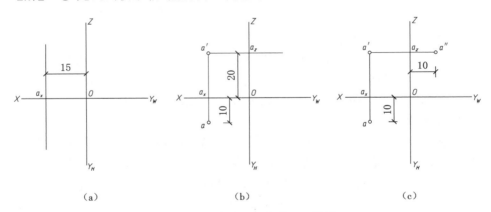

（a）　　　　　　　　（b）　　　　　　　　（c）

图 3-4　根据点的坐标求其三面投影

② 过 a_x 作 OX 轴的垂线,在垂线上由 a_x 向下量取 $y=10$ 得 a;由 a_x 向上量取 $z=20$ 得 a'[见图 3-4(b)];

③ 由 a' 作 OZ 的垂线与 Z 轴交于 a_z,由 a_z 向右量取 $y=10$ 得 a''。

3.1.3　两点的相对位置和重影点

1) 两点的相对位置

空间两点的相对位置可利用它们在投影图中同面投影的相对位置或比较同面投影的坐标值来判断。在三面投影中,通常规定:OX 轴、OY 轴、OZ 轴三条轴的正向,分别是空间的左、前、上方向。

图 3-5 所示为 A、B 两点的三面投影,两点之间有上下、左右、前后之别。点的上下应根据 z 的大小判断,左右应根据 x 的大小判断,前后应根据 y 的大小判断。由图可知,$x_A > x_B$,即点 A 在点 B 之左;$y_A > y_B$,即点 A 在点 B 之前;$z_A > z_B$,即点 A 在点 B 之上。所以,点 A 较高,点 B 较低;点 A 在左,点 B 在右;点 A 靠前,点 B 靠后。归纳起来,点 A 在点 B 的左前上方;反过来说,点 B 在点 A 的右后下方。

【例 3-3】 已知点 A 的三个投影,如图 3-6(a)所示,有一点 B 在其左 3、前 3、上 2 个单位,试求出点 B 的三个投影。

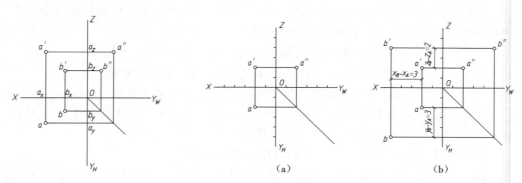

图 3-5 两点的相对位置   图 3-6 点 B 的三面投影

【解】 ① 分析已知条件可知:$x_B - x_A = 3$;$y_B - y_A = 3$;$z_B - z_A = 2$。

② 在 aa' 连线左侧偏移 3 个单位作 OX 轴的垂线,在 aa'' 连线上方偏移 2 个单位作 OZ 轴的垂线,与前者相交得 b';过 a 向前偏移 3 个单位作 OY 轴的垂线与过 b' 的连线相交,交点为 b;根据"高平齐、宽相等"得 b'',如图 3-6(b)所示。

2) 重影点

当空间两点处在某一投影面的同一条投影线上时,它们在该投影面上的投影便重合在一起。这些点称为对该投影面的重影点,重合在一起的投影称为重影。在图 3-7(a)中,点 A、B 是对 H 面的重影点,a、b 则是它们的重影。由于点 A 在上,点 B 在下,向 H 面投射时,投射线先遇点 A,后遇点 B。则点 A 可见,它的投影仍标记为 a,点 B 为不可见,其 H 面投影标记为(b),如图 3-7(b)所示。

3.1.4 点的辅助投影

有时为了解决某一问题,有目的地在某基本投影面上适当的位置设立一个与之垂直的投影面,借以辅助解题,这种投影面称为辅助投影面。辅助投影面上的投影,称为辅助投影。

如图 3-8(a)所示,设立一个辅助投影面 V_1 垂直于 H 面,且与 V 面倾斜。V_1 面与 H 面构成了一个新的两投影面体系,它们的交线为新的投影轴 $O_1 X_1$。点 A 在 V_1 面上的投影 a_1' 到 $O_1 X_1$ 轴的距离仍反映点 A 的 z 坐标,即点 A 到 H 面的距离,亦等于 V 面上 a' 到 OX 轴的距离。

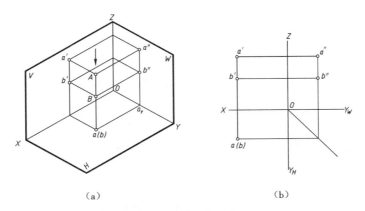

(a)　　　　　　　　　　　　(b)

图 3-7　重影点的投影

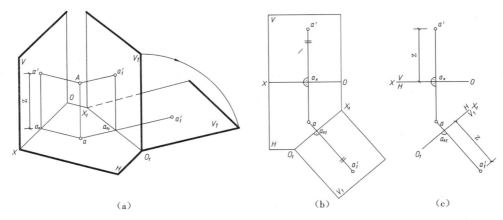

(a)　　　　　　　　　　　　(b)　　　　　　　　　(c)

图 3-8　以 H 面为基础建立辅助投影面

　　辅助投影面展开时，V_1 面绕 O_1X_1 轴旋转至与 H 面重合，如图 3-8(a)所示，然后将 H 面连同 V_1 面一齐旋转到与 V 面重合，如图 3-8(b)所示。去掉投影面的边框，得到点 A 的辅助投影图，如图 3-8(c)所示。其中，H 面上的投影 a 称为被保留的投影，原 V 面上的投影 a' 称为被更换的投影，而 V_1 面上的投影称为新投影。

　　在 H、V_1 面组成的新的两投影面体系中，点 A 的投影仍满足点的两面投影规律。因此，根据点的原有投影作出其辅助投影的方法如下：自被保留的投影向新投影轴作垂线，与新投影轴交于一点，自交点起在垂线上截取一段距离，使其等于被更换的投影到旧投影轴的距离，即得点的新投影。即新投影到新投影轴的距离等于被更换的投影到旧投影轴的距离。

　　同样，也可以以 V 面为基础建立辅助投影面，如图 3-9 所示。

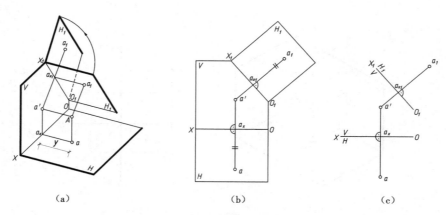

（a）　　　　　　　　　　（b）　　　　　　　　（c）

图 3-9　以 V 面为基础建立辅助投影面

3.2　直线的投影

由几何学可知,直线的长度是无限的,但这里所说的直线是指直线段,直线的投影实际上是指直线段的投影。根据正投影法的投影特性,一般情况下直线的投影仍为直线,只有在特殊情况下直线的投影才会积聚为一点,如图 3-10 所示。

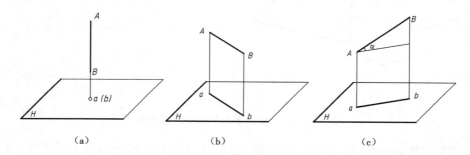

（a）　　　　　　　　　　（b）　　　　　　　　（c）

图 3-10　直线对投影面的三种位置
（a）垂直于投影面；（b）平行于投影面；（c）倾斜于投影面

3.2.1　各种位置直线的投影特点

1）投影面平行线

（1）空间位置

平行于某一投影面而与其余两投影面倾斜的直线称为某投影面的平行线。平行于 V 面时称为正面平行线,简称正平线;平行于 H 面时称为水平面平行线,简称水平线;平行于 W 面时称为侧面平行线,简称侧平线,如表 3-1 所示。

表 3-1 投影面平行线的投影特点

直线的位置	空间位置	投影图	投影特点
水平面平行线（水平线）			① $a'b'$ // OX，$a''b''$ // OY，均为水平位置； ② ab 倾斜于投影轴，反映线段 AB 的实长； ③ ab 与水平线和竖直线的夹角，分别反映 AB 对 V 面和 W 面的倾角 β 和 γ 的实形
正面平行线（正平线）			① ab // OX 为水平位置，$a''b''$ // OZ 为铅垂位置； ② $a'b'$ 倾斜于投影轴，反映线段 AB 的实长； ③ $a'b'$ 与水平线和竖直线的夹角，分别反映 AB 对 H 面和 W 面的倾角 α 和 γ 的实形
侧面平行线（侧平线）			① ab // OY_H，$a'b'$ // OZ，均为铅垂位置； ② $a''b''$ 倾斜于投影轴，反映线段 AB 的实长； ③ $a''b''$ 与水平线和竖直线的夹角，分别反映 AB 对 H 面和 V 面的倾角 α 和 β 的实形

（2）投影特点

① 在它所平行的投影面上的投影反映该直线的实长及该直线与其他两个投影面倾角的实形。

② 其余两个投影平行于不同的投影轴,长度缩短。

（3）读图

通常,只给出直线的两个投影,在读图时,凡遇到直线的一个投影平行于投影轴,而另有一个投影倾斜于投影轴时,它必然是投影面平行线,平行于该倾斜投影所在的投影面。如图 3-11(a)所示,$a'b' /\!/ OX$ 轴,ab 倾斜于 OX 轴,所以 AB 是平行于 H 面的水平线。另外,当直线的两个投影平行于不同的投影轴时,也必然是投影面平行线,平行于第三投影面。如图 3-11(b)所示,$a'b' /\!/ OX$ 轴,$a''b'' /\!/ OY_W$（即 OY 轴）,所以 AB 平行于 H 面。

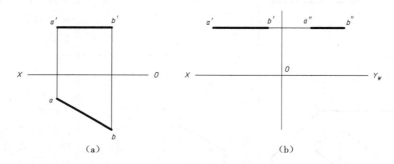

图 3-11 判断直线的相对位置

2）投影面垂直线

（1）空间位置

垂直于某一投影面,同时平行于另两个投影面的直线称为某投影面的垂直线。垂直于 V 面时称为正面垂直线,简称正垂线;垂直于 H 面时称为水平面垂直线,简称铅垂线;垂直于 W 面时称为侧面垂直线,简称侧垂线,如表 3-2 中所示。

（2）投影特点

① 在其所垂直的投影面上的投影积聚为一点。

② 其余两个投影平行于同一投影轴,并反映该线段的实长。

（3）读图

在读图时,凡遇到直线的一个投影积聚为一点,则它必然是该投影面的垂直线。另外,当直线的两个投影平行于同一投影轴时,它也是投影面垂直线,垂直于第三投影面。如表 3-2 中铅垂线投影图所示。

表 3-2　投影面垂直线的投影特点

线的位置	空间位置	投影图	投影特点
水平面垂直线（铅垂线）			① ab 积聚成一点 $a(b)$； ② $a'b' /\!/ OZ$，$a''b'' /\!/ OZ$，均为铅垂位置，都反映线段 AB 的实长
正面垂直线（正垂线）			① $a'b'$ 积聚成一点 $a'(b')$； ② $ab /\!/ OY_H$ 为铅垂位置，$a''b'' /\!/ OY_W$ 为水平位置，都反映线段 AB 的实长
侧面垂直线（侧垂线）			① $a''b''$ 积聚成一点 $a''(b'')$； ② $ab /\!/ OX$，$a'b' /\!/ OX$，均为水平位置，都反映线段 AB 的实长

3）一般位置直线

（1）空间位置

对三投影面都倾斜的直线称为一般位置直线，简称一般线。如表 3-3 所示，线段 AB 与 H 面、V 面和 W 面的倾角分别为 α、β 和 γ。

（2）投影特点

① 三个投影均倾斜于投影轴，既不反映实长也没有积聚性。

② 三个投影的长度都小于线段的实长；对 H 面、V 面、W 面的倾角 α、β、γ 的投影都不反映实形。

（3）读图

在读图时，一条直线只要有两个投影是倾斜于投影轴的，它一定是一般线。

表 3-3　一般位置直线的投影特点

直线的位置	空间位置	投影图	投影特点
一般位置直线（一般线）			① ab、a′b′ 和 a″b″ 都倾斜于投影轴，而且都比 AB 短； ② 倾角 α、β、γ 的投影都不反映实形

3.2.2　直线与点的相对位置

直线与点的相对位置：只有点在直线上和点不在直线上两种情况。

如果点在直线上，则点的投影必在该直线的同面投影上，并将线段的各个投影分割成和空间相同的比例。如图 3-12(a)、(b)所示，点 C 在线段 AB 上，则 c′ 在 a′b′ 上，c 在 ab 上；且 $AC:CB=a'c':c'b'=ac:cb$（定比定理）。反之，若点的投影有一个不在直线的同名投影上，则该点必不在此直线上，如图 3-12(c)所示。

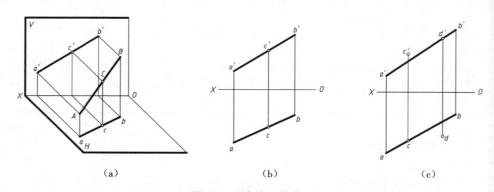

|（a）|（b）|（c）|

图 3-12　直线上的点

【例 3-4】　在图 3-13 中，判断点 K 是否在线段 AB 上。

【分析】　如图 3-13(a)所示，投影 a′b′、ab 均为铅垂位置，则线段 AB 为侧平线，因此不能由 V 面、H 面投影来判断点 K 是否在直线上。

① 解法一：求第三投影法。

a. 利用 45°线求出线段 AB 的 W 面投影 a″b″。

b. 根据"高平齐、宽相等"求出点 K 的 W 面投影 k″。

c. 如果投影 k″在投影 a″b″上，则点 K 在线段 AB 上；反之，点 K 不在线段 AB

上。由图 3-13(b)可知,点 K 不在线段 AB 上。

② 解法二:"定比定理"法($a'k':k'b'=ak:kb$)。

a. 过 a' 作一任意直线,在直线上截取 $a'1=ak$,$12=kb$。

b. 连接 $b'2$,过 1 作 $b'2$ 的平行线,与 $a'b'$ 交于一点。如果交点与 k' 重合,即满足定比关系,则点 K 在线段 AB 上;否则,点 K 不在线段 AB 上。如图 3-13(c)所示。

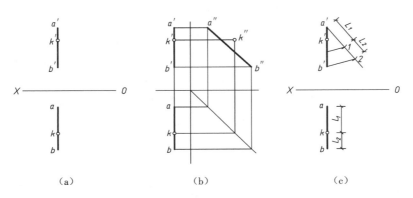

图 3-13　判断点 k 是否在直线上

在本例中,最好不求侧投影而用定比定理来判断,作图简单方便。

【例 3-5】　求线段 AB 上点 C 的投影,使 $AC:CB=3:1$。

【分析】　利用"定比定理"解题。

【解】　① 过投影 b 作一任意直线,把直线平均分成四份。

② 连接 $2a$,过 1 作 $2a$ 的平行线与投影 ab 相交于一点,即为点 C 的 H 面投影 c。

③ 根据"长对正"求得投影 c',则 $a'c':c'b'=ac:cb=AC:CB=3:1$,如图 3-14所示。

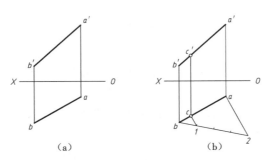

图 3-14　求线段 AB 上一点的投影

3.2.3　线段的实长和倾角

一般线的三个投影都小于空间线段的实长,也不能反映直线对投影面倾角的实形。那么,怎样根据投影来求空间线段的实长和倾角呢?通常有两种方法来解决这一问题,一是直角三角形法,二是辅助投影法。

1) 直角三角形法

如图 3-15(a)所示,过线段 AB 的端点 A 作水平线 $AC /\!/ ab$,与 Bb 交于点 C,得到直角三角形 ABC。其中,AB 是一般线本身,直角边 AC 等于 ab,BC 是 A、B 两点的高度差 $z_B - z_A$,其值可由 b' 和 a' 分别到 OX 轴的距离之差得到,直角边 BC 所对应的 $\angle BAC$ 是线段 AB 对 H 面的倾角 α。

求线段 AB 的实长及对 H 面的倾角 α 时,可在 H 面投影上,以已知投影 ab 为一直角边,以 bB_1(长度值等于 $b'c'$)为另一直角边作直角三角形 abB_1,则斜边 aB_1 为线段 AB 的实长,$\angle baB_1$ 即为所求 α 角,如图 3-15(b)所示。

同理,如图 3-15(c)所示,利用投影 $a'b'$ 及 A、B 两点的 y 坐标差在 V 面投影上构建直角三角形 $A_1a'b'$,可求得线段 AB 的实长及对 V 面的倾角 β 的实形。

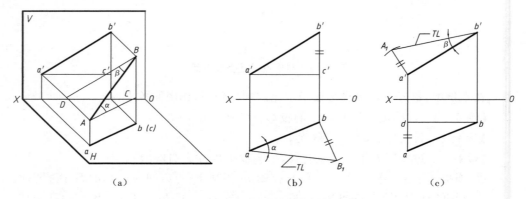

图 3-15　直线三角形法求线段的实长的倾角

2) 辅助投影法

由直线的投影特点可知,投影面平行线在其所平行的投影面上的投影,能反映直线段的实长及它对其他两投影面的倾角。因此,可以通过设立辅助投影面,将一般位置直线转换成新投影面体系中的投影面平行线,如图 3-16(a)所示。

如图 3-16(b)所示,设立一个垂直于 H 面的辅助投影面 V_1 平行于 AB,建立起 $H-V_1$ 投影面体系,一般线 AB 对 V_1 面成为投影面平行线,平行于 V_1 面,作出线段 AB 在 V_1 面的辅助投影 $a_1'b_1'$,即求得线段 AB 的实长;$a_1'b_1'$ 与辅助投影轴 OX_1 的夹角就是 AB 与 H 面的倾角 α 的实形,如图 3-16(c)所示。

同理,设立一个垂直于 V 面的辅助投影面 H_1 平行于 AB,建立起 $V-H_1$ 投影面体系,也可以求得线段 AB 的实长和线段 AB 与 V 面的倾角 β 的实形。

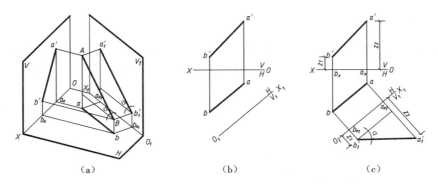

| (a) | (b) | (c) |

图 3-16 辅助投影面法求直线段的实长与倾角

3.3 两直线的相对位置

空间两直线的相对位置有四种情况,即平行、相交、交叉和垂直。由于相交两直线和平行两直线在同一平面上,又称共面直线;交叉两直线在不同的平面上,故称异面直线。下面分别讨论这几种情况的投影特性。

3.3.1 两直线平行

由平行投影特性可知:若两直线平行,则它们的同面投影必相互平行(平行性)。反之,如果两直线的各个同面投影相互平行,即可判断此两直线在空间必相互平行。

在一般情况下,只要两直线的任意两组同面投影相互平行,即可判断这两直线在空间是相互平行的,如图 3-17(a)、(b)所示。但对于平行于同一投影面的两直线,最好要有一组能反映线段实长的投影,这样便于判断两直线是否平行。如图 3-18 所示,有两条侧平线 AB、CD,它们的 V 面、H 面投影均相互平行,但仅凭这两组投影不能判定 $AB/\!\!/CD$,还需作出两直线的 W 面投影才能进行判断:因为投影 $a''b''$ 与 $c''d''$ 不平行,所以空间直线 AB 不平行于 CD;但如果投影 $a''b''$ 与 $c''d''$ 平行,则 AB 与 CD 平行。

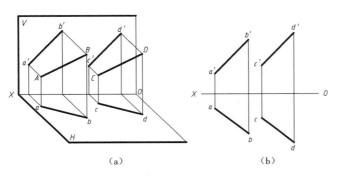

| (a) | (b) |

图 3-17 两直线平行

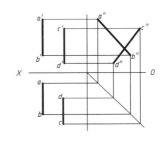

图 3-18 两直线不平行

3.3.2　两直线相交

空间两直线相交,则其各组同面投影必相交,而且其交点必符合点的投影规律。反之,若两直线的各组同面投影均相交,且交点符合点的投影规律,则该两直线空间必相交。

一般情况下,只要两直线的任意两组同面投影相交,且交点符合点的投影规律,即可判定两直线在空间必相交,如图 3-19 所示。

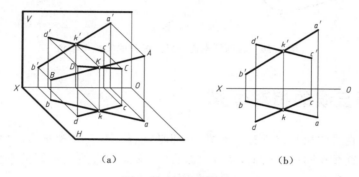

(a)　　　　　　　　　　(b)

图 3-19　两直线相交

值得注意的是,如果两直线中有一条直线是侧平线[见图 3-20(a)],仅凭 V 面、H 面投影不能判断两直线是否相交。如图 3-20(b)所示,作出两直线的 W 面投影,由投影 k、k' 求出 k'',k'' 和 $a''b''$ 与 $c''d''$ 的交点不重合,得出结论:两直线 AB 与 CD 不相交。还可以利用定比定理求出 l'(或 l),判断其与投影上的交点是否重合,从而得出结论,如图 3-20(c)所示。

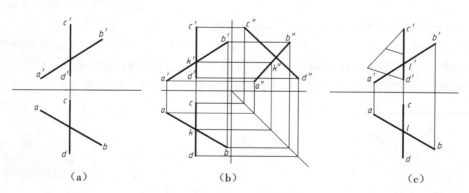

(a)　　　　　　　　(b)　　　　　　　　(c)

图 3-20　两直线相交的判断

【例 3-6】　已知平面四边形 $ABCD$ 的 H 面投影及其两条边的 V 面投影[见图 3-21(a)],试完成四边形的 V 面投影。

【分析】　由已知条件可知,四边形的对角线 AC 与 BD 是相交的两条直线,应利用两相交直线的交点必符合点的投影规律这一特性来求解此题。

【解】 ① 连接四边形对角线的 H 面投影 bd 和 ac,得交点 K 的 H 面投影 k[见图 3-21(b)]。

② 交点 K 的 V 面投影必在投影 $b'd'$ 上,过 k 引竖直线与 $b'd'$ 交于 k',连 $a'k'$,过 c 引垂线与 $a'k'$ 的延长线交于 c'[见图 3-21(c)]。

③ 根据"长对正"引竖直直线求出 c',连 $b'c'$ 和 $d'c'$,$a'b'c'd'$ 即为所求[见图 3-21(d)]。

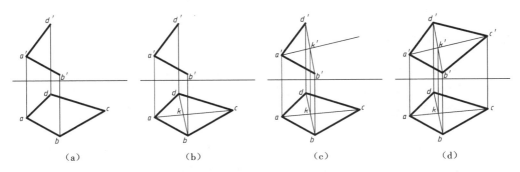

（a）   （b）   （c）   （d）

图 3-21 求四边形的 V 面投影

3.3.3 两直线交叉

空间两条直线既不平行又不相交时称之为交叉。交叉两直线的同面投影可能平行,但各组同面投影不可能同时都相互平行,如图 3-18 所示。交叉两直线的同面投影也可能相交,但交点不符合空间点的投影规律,只不过是两直线的一对重影点的重合投影,如图 3-22 所示。

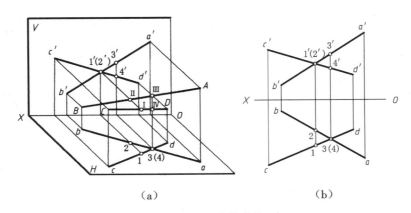

（a）   （b）

图 3-22 两直线交叉

由图 3-22 可以看出,两直线 AB 和 CD 的 V 面投影的交点,实际上是直线 CD 上的点Ⅰ和直线 AB 上的点Ⅱ这两个点 V 面投影的重影点;这两条直线的水平投影的交点,则是 AB 上的点Ⅲ和 CD 上的点Ⅳ这两个点 H 面投影的重影点。

交叉两直线有可见性判断问题。结合图 3-22 可以判定:V 面重影点 $1'$ 和 $2'$ 中 $1'$ 可见,$2'$ 不可见,用 $(2')$ 表示(因为它们的 H 面投影 1 在 2 的前面,所以向 V 面投射时位于 CD 上的点 Ⅰ 为可见点,位于 AB 上的点 Ⅱ 为不可见点)。而 H 面重影点 3 和 4 中 3 为可见,4 为不可见,用 (4) 表示(因为它们的正面投影 $3'$ 在 $4'$ 的上方,所以向 H 面投射时点 Ⅲ 为可见点,点 Ⅳ 为不可见点)。

根据两直线重影点可见性的判断,可以很容易地想象出这两直线在空间的相对位置,AB 在 CD 的后方和上方经过。

3.3.4 两直线垂直

对于空间两直线的夹角问题,已经介绍了两种情况:当两直线都平行于某投影面时,其夹角在该投影面上的投影反映实形;当两直线都不平行于某投影面时,其夹角在该投影面上的投影不能反映实形。空间的直角投影则有如下特性。

当两直线中有一条直线平行于某投影面时,如果夹角是直角,则它在该投影面上的投影仍然是直角。如图 3-23(a) 所示,空间两直线 $AB \perp BC$,$\angle ABC = 90°$,其中边 BC 平行于 H 面。因为 $BC \perp AB$,$BC \perp Bb$,所以 BC 垂直于平面 $ABba$,又因为 $bc /\!/ BC$,所以 bc 也垂直于平面 $ABba$,因此 bc 必垂直于 ab,即 $\angle abc = 90°$。

反之,若两直线夹角的投影为直角,且其中一条直角边反映实长,那么该角在空间才是直角。如图 3-23(c) 所示,$\angle d'e'f' = 90°$,且线段 DE 为正平线,所以 $\angle DEF = 90°$,则 $DE \perp EF$。

两直线垂直又可分为垂直相交[见图 3-23(b)、(c)]和垂直交叉(见图 3-24)两种情况。

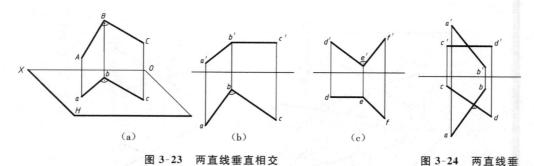

图 3-23　两直线垂直相交　　　图 3-24　两直线垂直交叉

【例 3-7】 已知矩形 $ABCD$ 一边 AB 的两投影 ab 和 $a'b'$,另一边 AC 的正面投影 $a'c'$,试完成该矩形的两面投影图[见图 3-25(a)]。

【分析】 因为矩形 $ABCD$ 的对边平行,各角均为 $90°$,且 AB 边为水平线,所以 $\angle cab = 90°$,再根据平行关系补全其他边投影。

【解】 步骤如下。

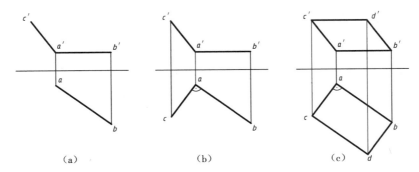

图 3-25　完成矩形 *ABCD* 的两面投影图

① 过投影 *a* 作直线垂直于 *ab*，过 *c'* 作垂线与前面所作直线的交点为投影 *c*[见图 3-25(b)]。

② 过投影 *c* 作 *ab* 的平行线，过投影 *b* 作 *ac* 的平行线，两条平行线交点即为投影 *d*。

③ 过 *c'* 和 *b'* 分别作对边的平行线，交点为投影 *d'*，*d* 和 *d'* 应在同一条竖直线上[见图 3-25(c)]。

【例 3-8】　求点 *A* 到水平线 *BC* 的距离[见图 3-26(a)]。

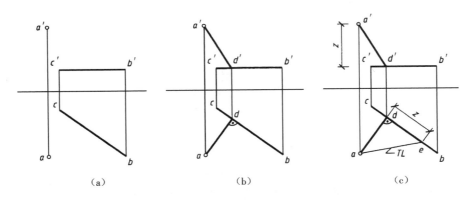

图 3-26　求一点到水平线的距离

【分析】　点 *A* 到水平线 *BC* 的距离是该点向该直线引垂线，点到垂足的距离。因此，解此题分两步，一是求点 *A* 到 *BC* 的垂线，二是求垂线的实长。

【解】　① 过 *a* 引 *bc* 垂线 *ad*，过 *d* 引竖直线与 *b'c'* 交于 *d'*，如图 3-26(b)所示。

② 用直角三角形法求实长。以投影 *ad* 为一直角边，在 *bc* 上量取 *A*、*D* 两点的 *z* 坐标差为另一直角边，斜边 *ae* 为垂线的实长，用 *TL* 表示。

3.4 平面的投影

3.4.1 平面的表示法及其空间位置的分类

1) 平面的表示法

平面在空间的位置可以由下列几何元素确定。

① 不在同一直线上的三点[见图 3-27(a)];

② 一直线和直线外一点[见图 3-27(b)];

③ 两相交直线[见图 3-27(c)];

④ 两平行直线[见图 3-27(d)];

⑤ 任意平面图形[见图 3-27(e)]。

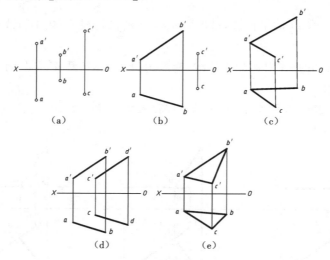

（a）　　　　　　（b）　　　　　　（c）

（d）　　　　　　（e）

图 3-27　平面的表示法

通过上列每一组元素,能作出唯一的平面,通常习惯用一个平面图形来表示一个平面[见图 3-27(e)]。平面是广阔无边的,如果说平面图形 ABC,则是指在三角形 ABC 范围内的那一部分平面。

2) 平面的空间位置分类

与直线对投影面的相对位置相类似,空间平面对投影面也有三种不同的位置,即平行于投影面、垂直于投影面和倾斜于投影面,如图 3-28 所示。

3.4.2 各种位置平面的投影特点

1) 投影面平行面

（1）空间位置

投影面平行面是平行于某一投影面,同时垂直于另外两个投影面的平面。平行

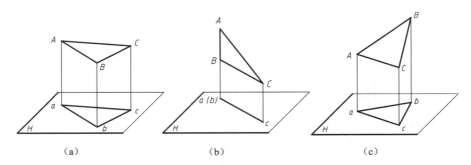

图 3-28　平面对投影面的三种位置

（a）平行于投影面；（b）垂直于投影面；（c）倾斜于投影面

于 H 面时称为水平面平行面，简称水平面；平行于 V 面时称为正面平行面，简称正平面；平行于 W 面时称为侧面平行面，简称侧平面，如表 3-4 所示。

（2）投影特点

① 在平面所平行的投影面上的投影反映实形。

② 在另两个投影面上的投影积聚成分别与两投影轴平行的直线。

表 3-4　投影面平行面的投影特点

平面的位置	空间位置	投影图	投影特点
水平面			① H 面投影反映实形； ② V 面投影与 W 面投影都积聚为水平线，V 面投影平行于 OX 轴，W 面投影平行于 OY_W 轴
正平面			① V 面投影反映实形； ② H 面投影积聚为一水平线，平行于 OX 轴，W 面投影积聚为一竖直线，平行于 OZ 轴

续表

平面的位置	空间位置	投影图	投影特点
侧平面	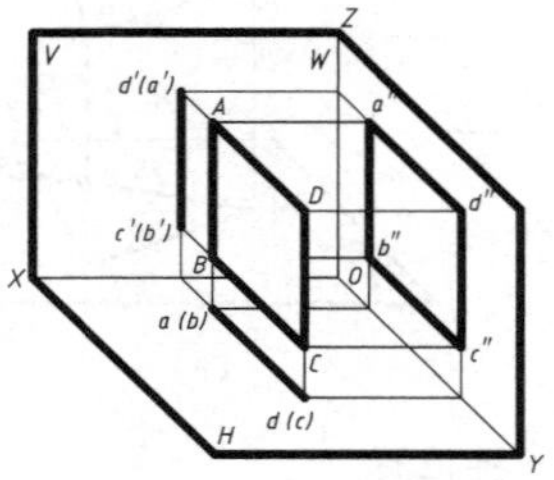	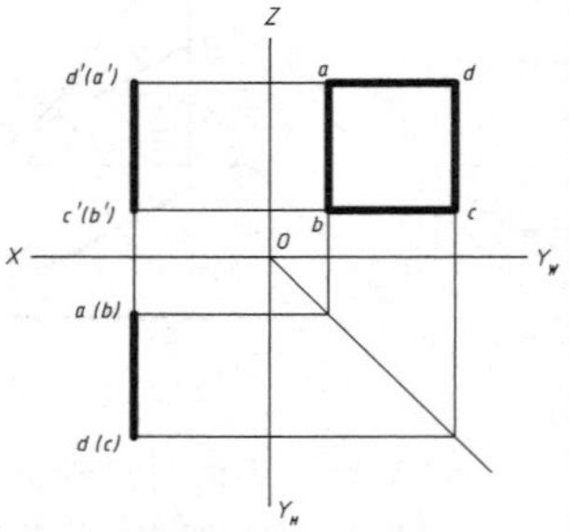	① W 面投影反映实形； ② V 面投影与 H 面投影都积聚为竖直线，V 面投影平行于 OZ 轴，H 面投影平行于 OY_H 轴

（3）读图

在读图时，一个平面只要有一个投影积聚为一条平行于投影轴的直线，则该平面就平行于非积聚投影所在的投影面，那个非积聚的投影反映该平面图形的实形。

2）投影面垂直面

（1）空间位置

投影面垂直面是垂直于某一投影面而与其余两个投影面倾斜的平面。垂直于 H 面时称为水平面垂直面，简称铅垂面；垂直于 V 面时称为正面垂直面，简称正垂面；垂直于 W 面时称为侧面垂直面，简称侧垂面，如表 3-5 所示。

（2）投影特点

① 在平面所垂直的该投影面上的投影积聚为一条倾斜直线。倾斜直线与两投影轴夹角反映该平面与另外两个投影面的倾角。

② 在其他两个投影面上的投影与原平面图形形状类似，但比实形小。

（3）读图

在读图时，一个平面只要有一个投影积聚为一条倾斜直线，它必垂直于积聚投影所在的投影面。

表 3-5　投影面垂直面的投影特点

平面的位置	空间位置	投影图	投影特点
铅垂面	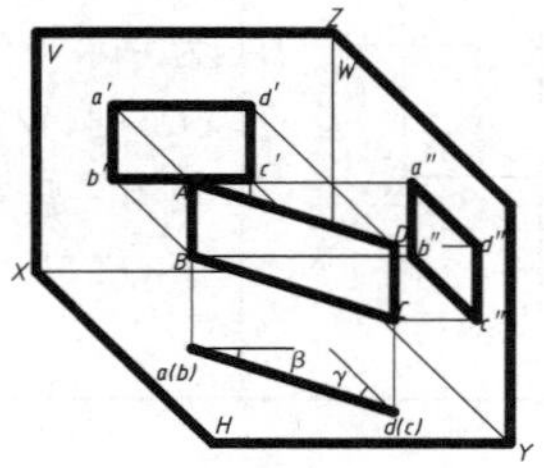	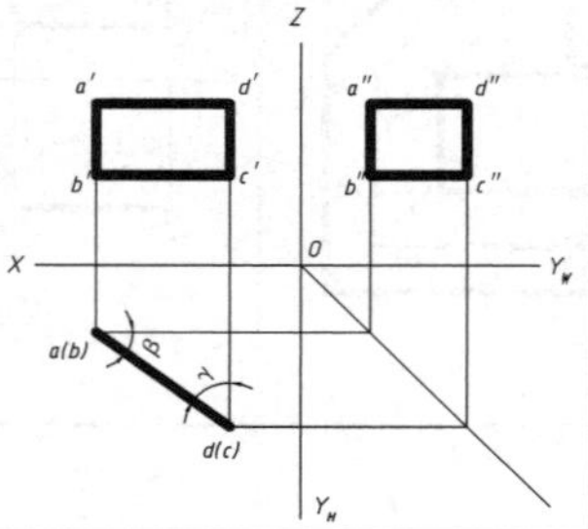	① H 面投影积聚为一斜线； ② V 面投影、W 面投影为原平面图形的类似形状，但比实形小

续表

平面的位置	空间位置	投影图	投影特点
正垂面	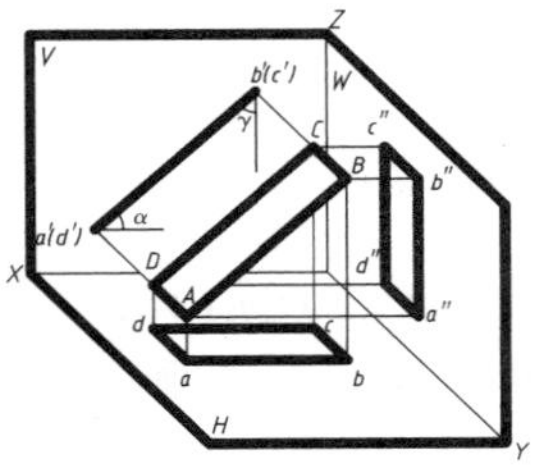	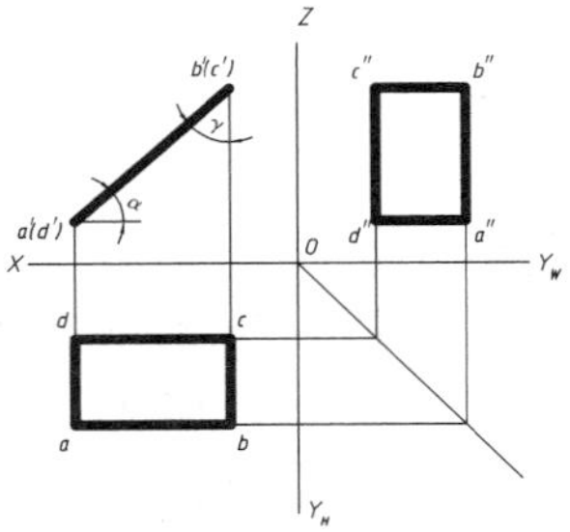	① V 面投影积聚为一斜线； ② H 面投影、W 面投影为原平面图形的类似形状,但比实形小
侧垂面	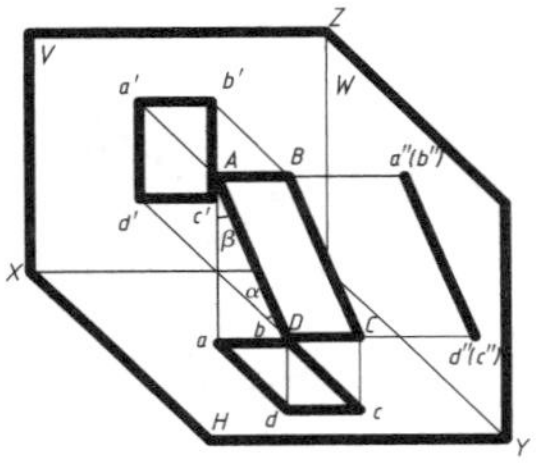	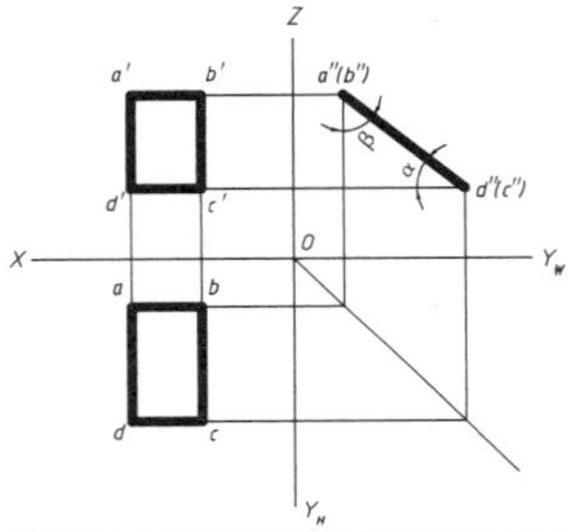	① W 面投影积聚为一斜线,并反映真实倾角 α、γ； ② V 面投影、H 面投影为原平面图形的类似形状,但比实形小

3）一般位置平面

（1）空间位置

一般位置平面是与每个投影面都倾斜的平面,简称一般面,如表 3-6 所示。

（2）投影特点

一般面的三个投影都没有积聚性,都与原平面图形形状相类似,都不反映三个倾角(α、β 和 γ)的实形。

（3）读图

在读图时,一个平面的三个投影都是平面图形,它必然是一般面。

表 3-6　一般位置平面的投影特点

平面的位置	空间位置	投影图	投影特点
一般位置平面	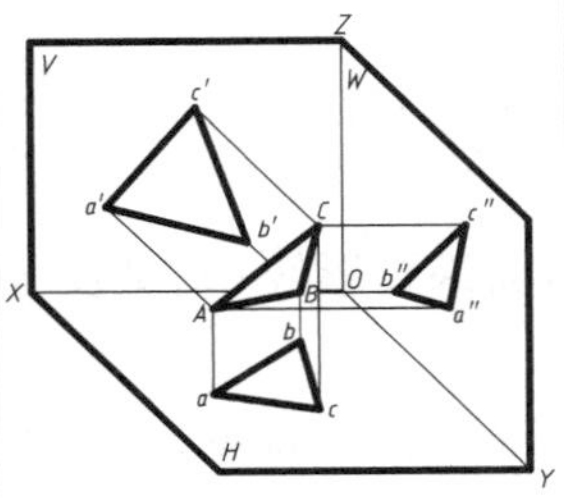	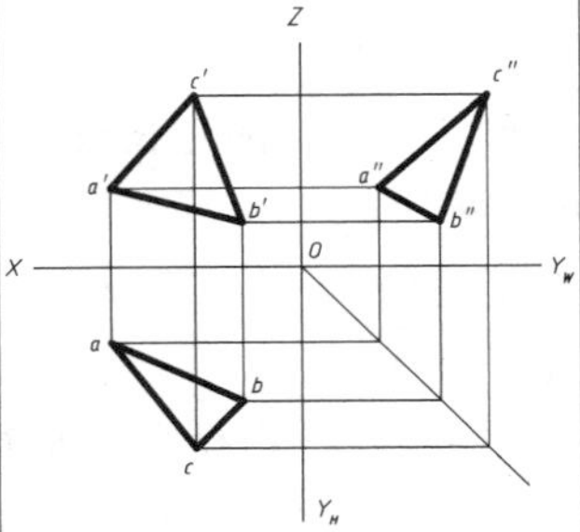	① 没有积聚投影,不反映对各投影面的倾角实形； ② 各投影为原平面图形的类似形状,但比实形小

3.5 平面上的直线和点

3.5.1 平面上的直线

1) 平面内取任意直线

直线在平面上,则直线通过平面内的两个点,或者通过平面内的一个点并平行于该平面上的另一直线。反之,过平面内的两个已知点作一直线,则直线必在该平面内,如图 3-29(a)所示;或通过平面内的任一点,作一直线平行于该平面内的已知直线,则该直线必在平面内,如图 3-29(b)所示。

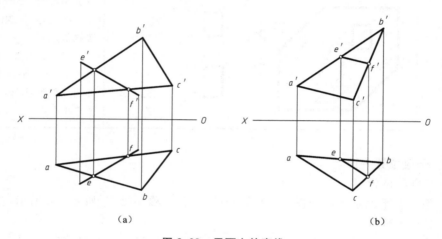

图 3-29 平面上的直线

(a)直线 EF 过平面上两点 E、F;(b)直线 EF 只过平面上点 E,且 $EF /\!/ AC$

因此,在投影图中,要在平面内求一直线,必须先在平面内确定所求直线上的点,这就是所谓的"面上定线先找点"。

【例 3-9】 如图 3-30(a)所示,已知平面 ABC 内的直线 EF 的正面投影,试作出其水平投影。

【分析】 根据"面上定线先找点",在空间延长直线段 EF,使其与 AB、AC 相交于两点 Ⅰ、Ⅱ,EF 是直线 Ⅰ Ⅱ 上的一段。

【解】 ① 分别过 e' 和 f' 作 $e'f'$ 的延长线交 $a'b'$ 于 $1'$,交 $a'c'$ 于 $2'$,"长对正"求出投影 1 和 2,如图 3-30(b)所示。

② 分别过 e' 和 f' 作竖直线与 12 交于 e 和 f,加深投影线 ef,如图 3-30(c)所示。

2) 平面内的投影面平行线

平面内的投影面平行线既要符合投影面平行线的投影特点,又要符合直线在平面上的条件。常用的有平面上的水平线和正平线。要在一般面 ABC 上作一条水平

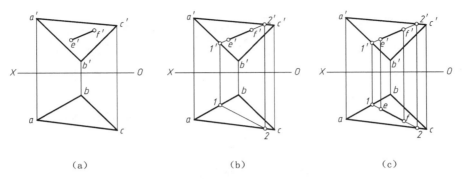

(a)　　　　　　　　(b)　　　　　　　　(c)

图 3-30　求作平面内一直线

线,可根据水平线的 V 面投影平行于投影轴 OX 这一特点,先在 ABC 的正面投影上作任一水平线(为作图简单起见,一般通过一已知点),作为所求水平线的 V 面投影。然后作出它的 H 面投影,如图 3-31(a)、(b)所示。同理,根据正平线的 H 面投影也一定平行于投影轴 OX 这一特点,可作出平面内的正平线,作图步骤如图 3-31(c)、(d)所示。

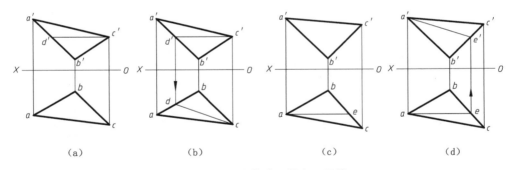

(a)　　　　　　(b)　　　　　　(c)　　　　　　(d)

图 3-31　平面上的水平线和正平线

【例 3-10】　如图 3-32(a)所示,在平面 ABC 内作一条水平线,距离 H 面为 15 mm。

【分析】　距 H 面为 15 mm 水平线的 V 面投影,一定平行于 OX 轴,且距 OX 轴 15 mm。

【解】　① 在 V 面投影上作投影 $d'e' /\!/ OX$,且距离 OX 轴 15 mm,如图 3-32(b)所示。

② 分别过 d' 和 e' 作竖直线与 ab 交于 d,与 ac 交于 e,连接 de,如图 3-32(c)所示。

3.5.2　平面上的点

点在平面内,则点必在该平面内的一条直线上。因此,在已知平面内取点,必须

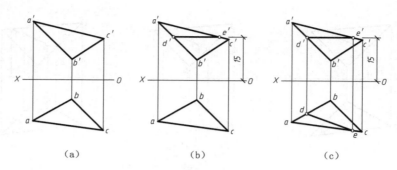

图 3-32　求作平面上的水平线

先找出过该点而又在平面内的一条直线,然后再在直线上确定点的位置,这就是所谓的"面上定点先找线"。

如果点在特殊平面内,已知平面内点的一个投影,要求点的其他投影,可利用特殊平面的积聚投影,直接求点的投影。如图 3-33(a)所示,平面 ABC 为铅垂面,点 K 在平面内,已知其正面投影 k',求其水平投影 k,作图过程如图 3-33(b)所示。

【例 3-11】　已知平面 ABC 上一点 K 的水平投影 k,试求其正面投影 k'[见图 3-34(a)]。

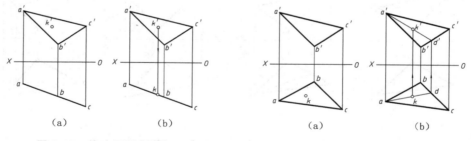

图 3-33　特殊平面内取点　　　图 3-34　一般面上取点

【分析】　点 K 为平面上的点,过点 K 在平面内作任一直线(为作图简单,可通过一已知点),该直线的投影必过点 K 的同面投影。因此,该直线的 H 面投影必通过 k。

【解】　步骤如下。

① 过 a 连接 ak 并延长至 bc,与 bc 交于 d。

② 过 d 引竖直线与 $b'c'$ 交于 d',连接 $a'd'$。过 k 引竖直线与 $a'd'$ 交于 k',如图 3-34(b)所示。

【本章要点】

① 点的投影规律,两点的相对位置,重影点可见性的判别和表示法。

② 各种位置直线、平面的投影特性和作图方法。

③ 两平行、相交、交叉直线及垂直二直线的投影特性和作图方法及判别。

④ 直线上的点、平面上的点、直线的作图方法。

⑤ 平面上投影面平行线的作图方法。

⑥ 简单的定位问题和度量问题。

第4章 直线与平面、平面与平面的相对位置

4.1 直线与平面、平面与平面的平行

4.1.1 直线与平面平行

1) 直线与平面相互平行

直线与平面相互平行的几何条件:若一直线平行于平面上的某一直线,则该直线与平面必相互平行。如图 4-1(a)所示,直线 AB 平行于平面 Q 上的一条直线 CD,则直线 AB 与平面 Q 平行。反之,判断直线与平面是否平行,只要看能否在该平面上作出一条直线与已知直线平行。

2) 直线与投影面垂直面相互平行

若一直线与某一投影面垂直面平行,则该垂直面的积聚投影与该直线的同面投影平行。反之,判断一直线与一投影面垂直面是否平行,只要看该垂直面的积聚投影与该直线的同面投影是否平行。如图 4-1(b)所示,直线 MN 的水平投影 mn 平行于铅垂面 ABC 的水平投影 abc,所以它们在空间是相互平行的。因为在这种情况下,总可以在该平面的正面投影 $a'b'c'$ 内作出一条直线与 $m'n'$ 平行。

3) 投影面垂直线与投影面垂直面平行

若投影面垂直线平行于投影面垂直面,则该直线与该平面垂直于同一投影面。如图 4-1(c)所示,直线 MN 为铅垂线,平面 ABC 为铅垂面,则直线 MN 与平面 ABC 在空间平行。

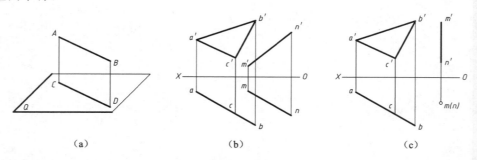

(a)   (b)   (c)

图 4-1 直线与平面平行

(a)直线与平面相互平行;(b)直线与投影面垂直面相互平行;(c)投影面垂直线与投影面垂直面平行

根据以上几何条件,在投影图上可以解决作任一直线平行于平面,或作平面内一直线与已知直线平行,或判断直线与平面是否平行等作图问题。

【例 4-1】　如图 4-2(a)所示,过点 E 作水平线 EF 与平面 ABC 平行,EF 长 15 mm。

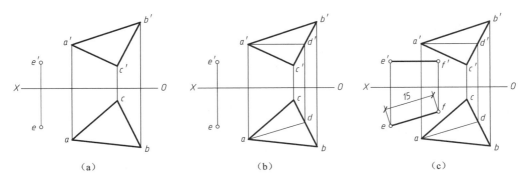

图 4-2　作一直线与已知平面平行

【分析】　两条水平线相互平行,所以先在平面内取一条辅助水平线,然后过点 E 作直线平行于平面上的水平线。

【解】　① 过投影 a' 作 OX 轴的平行线与 $b'c'$ 交于 d',确定 d 连接 ad[见图 4-2(b)]。

② 过投影 e 作 ad 的平行线,截取长度为 15 mm,得 f,过 e' 作平行于 OX 轴的直线与过 f 引 OX 轴的垂线相交于 f',如图 4-2(c)所示。

③ 加深投影线。

【例 4-2】　如图 4-3(a)所示,试判断直线 MN 是否平行于平面 ABC。

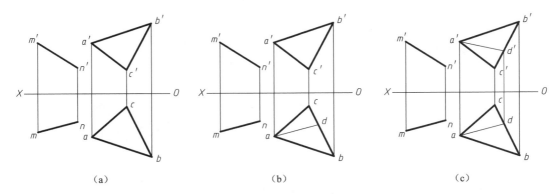

图 4-3　判断直线与平面是否平行

【分析】　若直线段 MN 与平面 ABC 平行,则平面 ABC 内必有一直线平行于 MN。

【解】　① 过投影 a 作 $ad /\!/ mn$，交 bc 于点 d，如图 4-3(b)所示。

② 由 d 引竖直连线确定 d'，连接 $a'd'$，判断 $a'd'$ 是否与 $m'n'$ 平行，结果 $a'd'$ 与 $m'n'$ 不平行，得出结论：直线 MN 与平面 ABC 不平行，如图 4-3(c)所示。

4.1.2　平面与平面平行

1) 两一般面相互平行

两平面相互平行的几何条件：一个平面上的两相交直线分别对应平行于另一平面上的两相交线。如图 4-4 所示，平面 P 内两相交直线 AB、BC 分别与平面 R 内两相交直线 DE、EF 平行，则平面 P 与 R 平行。反之，判断两平面是否平行，只要看能否在两平面内找到相互对应平行的两组相交线即可。

2) 两投影面垂直面相互平行

若两投影面垂直面相互平行，则它们的积聚投影必相互平行。反之，判断两投影面垂直面是否相互平行，只要看两平面的积聚投影是否平行。如图 4-5 所示，铅垂面 $ABCD$ 与 EFG 的水平投影相互平行，则两平面在空间平行。

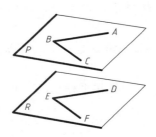

图 4-4　两一般面相互平行

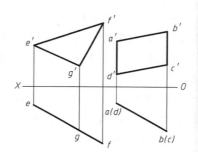

图 4-5　两投影面垂直面相互平行

根据以上条件，我们可在投影图上解决判断两平面是否平行，或作一平面平行于另一平面等作图问题。

【例 4-3】　如图 4-6(a)所示，过点 D 作一平面与平面 ABC 平行。

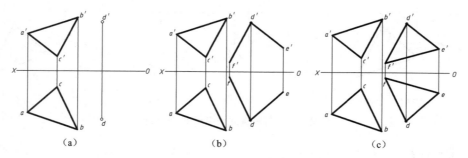

（a）　　　　　　　　　（b）　　　　　　　　　（c）

图 4-6　过一点作平面与已知平面平行

【分析】　过点 D 作两相交直线分别平行于平面 ABC 内任意两相交直线即可。

【解】　① 在水平投影上，过 d 作直线 df 平行于 bc，作直线 de 平行于 ac。

② 在正面投影上，过 d' 作一直线平行于 $b'c'$，作一直线与 $a'c'$ 平行。

③ 按点的投影规律，确定投影 f' 和 e'，如图 4-6(b)所示。

④ 连接 ef、$e'f'$，加深投影线，如图 4-6(c)所示。

4.2　直线与平面、平面与平面的相交

直线与平面相交，其交点是直线与平面的共有点，而且是直线投影可见与不可见的分界点。平面与平面相交，其交线是平面与平面的共有线，而且是平面可见与不可见的分界线。

4.2.1　特殊位置的相交问题

当直线或平面处于特殊位置，即其中有一投影具有积聚性时，交点或交线的投影也必定在有积聚性的投影上，利用这个特性就可以比较简单地求出交点或交线的投影。

这里只讨论直线或平面处于特殊位置的情况。

1）直线与平面相交

（1）投影面垂直线与一般面相交

投影面垂直线与一般面相交，其交点的一个投影必包含在该直线的积聚投影内，其他的投影可按点的投影规律求出，并可根据投影直接判断直线投影的可见性。

【例 4-4】　如图 4-7(a)所示，求直线 DE 与平面 ABC 的交点 K。

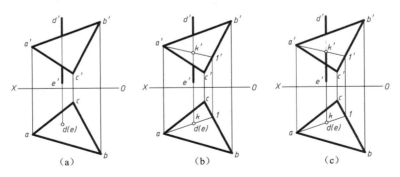

图 4-7　投影面垂直线与一般面相交

【分析】　由图可知，直线 DE 为铅垂线，其水平面投影积聚为一个点，交点 K 的水平面投影 k 也积聚在该点上，同时点 K 也在平面 ABC 上，故可用平面上取点的方法求出点 K 的正面投影 k'，然后判断直线的可见性。

【解】　① 求交点。直接在 DE 的积聚投影上标出交点 k,根据"面上定点先找线"的原则,过 a、k 作辅助线,与 bc 交于点 1,确定 $1'$,连接 $a'1'$,与 $d'e'$ 的交点即为 k',如图4-7(b)所示。

② 判断可见性。根据水平投影来判断直线与平面的前后位置关系。AB1 这部分平面在直线 DE 的前面,所以这部分平面的正面投影可见,而与这部分平面重影的直线的正面投影不可见,用虚线表示。以交点为界,另一段直线的正面投影可见,加深图线,如图 4-7(c)所示。

(2) 投影面垂直面与一般线相交

一般线与投影面垂直面相交,其交点的一个投影是该面的积聚投影与直线的同面投影的交点,利用点线从属性可以求出点的其他投影,并用重影点法或根据投影的相对位置判断直线投影的可见性。

【例 4-5】　如图 4-8(a)所示,求直线 DE 与平面 ABC 的交点 K。

【分析】　由图可知,平面 ABC 是铅垂面,其水平投影积聚为一条直线,该直线与 DE 的交点即为点 K 的水平投影 k。点 K 既在平面 ABC 上又在直线 DE 上,按点的投影规律可求出其正面投影 k'。

【解】　① 求交点。在 H 面上,de 与 acb 交点处直接注写 k,由 k 引竖直线交 $d'e'$ 于 k'。

② 利用重影点法判断可见性。如直线 AB 和 DE 在正面投影上的重影点 $1'$ 和 $2'$,利用点线从属性,分别在 de 和 ab 上求出 1 和 2。由于 1 在 2 的前面,故 $1'$ 可见而 $2'$ 不可见,则 k' 到 $1'$ 之间为可见,用粗实线表示。以交点 k' 为界,另一段直线与平面重影点的部分不可见,用粗虚线表示,如图 4-8(c)所示。

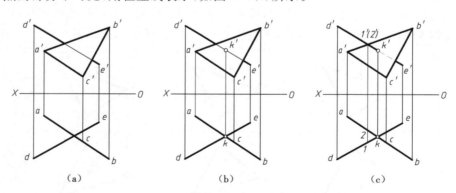

图 4-8　投影面垂直面与一般线相交

2) 两平面相交

一般求两个平面的交线可先求出两个共有点,两点连线即为两平面的共有线。

(1) 两投影面垂直面相交

当垂直于同一投影面的两个投影面垂直面相交时,其交线是一根垂直于该投影面的垂直线。两投影面垂直面的积聚投影的交点就是该交线的积聚投影。利用积聚投影求出交线端点的其他投影,两端点投影的连线即为两平面交线的投影,并可根据投影的相对位置或重影点法判断投影重合处的可见性。

【例 4-6】 如图 4-9(a)所示,求平面 ABC 与平面 DEF 的交线。

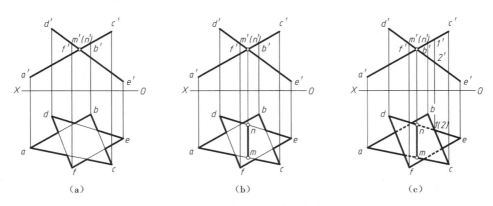

图 4-9 两投影面垂直面相交

【分析】 平面 ABC 与平面 DEF 都是正垂面,它们的正面投影都积聚为直线,两平面的交线必为一条正垂线,两平面正面投影的交点即为交线的正面投影 $m'n'$,利用点线从属性及点的投影规律可以求出交线的水平投影 mn。

【解】 ① 求交线。由 $m'n'$ 作投影连线,在两个平面的水平投影相重合的范围内作出 mn,用粗实线连接 mn,如图 4-9(b)所示。

② 利用重影点法判断可见性。如直线 BC 和 DE 在水平面投影上的重影点 1 和 2,利用点线从属性,分别在 $b'c'$ 和 $d'e'$ 上求出 $1'$ 和 $2'$。由于 $1'$ 在 $2'$ 的上面,故水平投影 1 可见而 2 不可见,则 n 到 1 之间为不可见,用粗虚线表示。然后以交线 mn 为界,在 mn 右侧,def 与 abc 的重影部分不可见;在 mn 左侧,则可见性正好相反,abc 与 def 的重影部分不可见,加深图线,如图 4-9(c)所示。

(2) 投影面垂直面与一般面相交

一般面与投影面垂直面相交,其交线必在投影面垂直面的积聚投影上。利用积聚投影求出交线端点的其他投影,两端点投影的连线即为两平面交线的投影,并可根据投影的相对位置或重影点法判断投影重合处的可见性。

【例 4-7】 如图 4-10(a)所示,求平面 ABC 与平面 DEF 的交线。

【分析】 平面 DEF 为铅垂面,其水平投影积聚为一条直线,直线和平面 abc 的共有部分 mn 即为交线的水平面投影。

【解】 ① 求交线。点 M、N 既在平面 DEF 上又在平面 ABC 上。过 m、n 作投影连线,m' 在 $a'b'$ 上,n' 在 $b'c'$ 上,连接 $m'n'$ 即为交线的正面投影,如图 4-10(b)所示。

② 根据投影的相对位置判断可见性。由水平面投影可知,以交线 mn 为界,部分平面 $amnc$ 在平面 def 的前面,所以这部分平面的正面投影可见,而 def 与 $amnc$

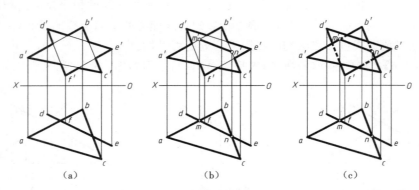

图 4-10　投影面垂直面与一般面相交

的重影部分不可见,用虚线表示,如图 4-10(c)所示。

4.2.2　一般位置的相交问题

这里是指相交两元素均不垂直于投影面的情况。此时两元素的投影都不具有积聚性,通常利用线面交点法和辅助投影法求解。

1) 一般线与一般面相交

（1）线面交点法

如图 4-11 所示,一般线 *AB* 与一般面 *DEF* 相交。为求它们的交点,应过 *AB* 作一辅助平面 *P* 与平面 *DEF* 相交,交线为 *MN*。*MN* 与直线 *AB* 都在平面 *P* 内且不相互平行,那么必相交于一点 *K*。因为点 *K* 既在直线 *AB* 上,又在交线 *MN* 上,而 *MN* 又在平面 *DEF* 上,所以点 *K* 为直线 *AB* 与平面 *DEF* 的交点。

由此得出求一般线与一般面交点的作图步骤(又称"三步法")如下。

① 包线作面:包含已知直线作辅助平面(辅助平面与投影面垂直)。

② 面面交线:求辅助平面与已知平面的交线。

③ 线线交点:该交线与已知直线的交点即为所求。

求出交点后,利用"重影点法"判断水平投影和正面投影的可见性,如图 4-12 所示。

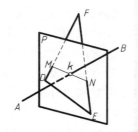

图 4-11　一般线与一般面相交

（2）辅助投影法

一般线与一般面相交,还可利用辅助投影法求交点。通过作辅助投影面,把一般线与一般面的相交问题转换为一般线与投影面垂直面的相交问题。

由此得出其作图步骤如下。

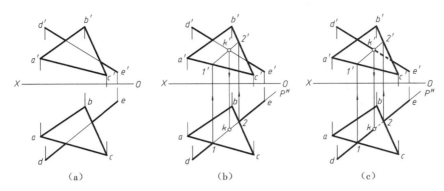

图 4-12　线面交点法求一般线与一般面交点

(a)已知条件；(b)作辅助平面求交点；(c)判断可见性

① 作辅助投影面将一般面变换为投影面垂直面。

② 利用投影面垂直面的积聚投影直接求出交点，将交点位置反投射到原投影图中。

③ 利用"重影点法"判断水平投影和正面投影的可见性，如图 4-13 所示。

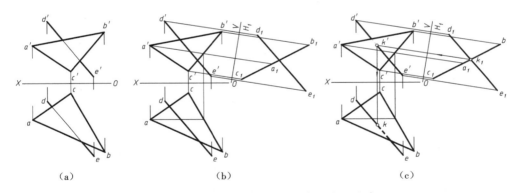

图 4-13　辅助投影法求一般线与一般面交点

(a)已知条件；(b)作辅助投影求交点的新投影；(c)求交点并判断可见性

2）两一般面相交

求两个平面交线的问题实质是求两平面的共有点问题，只要作出两平面的共有点，连接起来即为交线。由于两个一般面的相对位置不同，它们的交线有全在一个平面之内的[见图 4-14(a)]，有互相穿插的[见图 4-14(b)]，也有在两个平面图形之外的[见图 4-14(c)]。

（1）线面交点法

【例 4-8】　如图 4-15(a)所示，求平面 ABC 与 DEF 的交线。

【分析】　实质上是连续两次使用线面交点法求一般线与一般面交点问题。

【解】　① 在 V 面投影上，过 $d'f'$ 作正垂面 Q^V，按照"三步法"求出直线 DF 与平

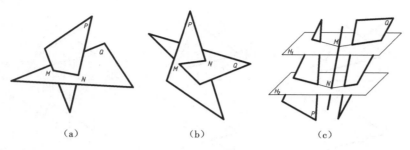

图 4-14 两一般面的交线

(a)全交;(b)互交;(c)分离图形平面相交

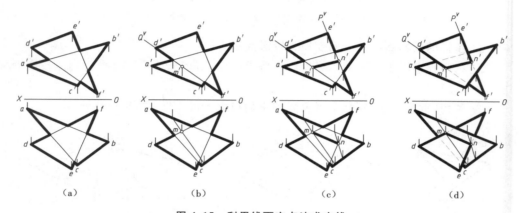

图 4-15 利用线面交点法求交线

面 ABC 的交点 M 的 H 面、V 面投影 m,如图 4-15(b)所示。

② 在 V 面投影上,过 $e'f'$ 作正垂面 P^V,按照"三步法"求出直线 EF 与平面 ABC 的交点 N 的 H 面、V 面投影 n,连接 m、n,m'、n' 即为所求交线,如图 4-15(c)所示。

③ 利用重影点法判断可见性,如图 4-15(d)所示。

(2)辅助投影法

设立一个辅助投影面,使其中一个一般面变换为该辅助投影面的垂直面,则两一般面的交线,可按上述求一般面与投影面垂直面的交线的方法求出。

【例 4-9】 如图 4-16(a)所示,求平面 ABC 与 DEF 的交线。

【解】 ① 设立辅助投影面 H_1 垂直于平面 ABC,平面 ABC 在 H_1 面的投影积聚为一直线 $a_1b_1c_1$。

② 在 H_1 面内作出平面 DEF 的投影 $d_1e_1f_1$。求出两平面交线的辅助投影 m_1 n_1,分别作出它们对应的 V 面投影 $m'n'$ 和 H 面投影 mn,如图 4-16(b)所示。

③ 利用重影点法判断可见性,如图 4-16(c)所示。

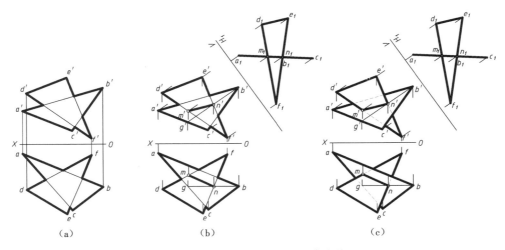

图 4-16 利用辅助投影面法求交线

4.3 直线与平面、平面与平面的垂直

4.3.1 直线与平面垂直

1）直线垂直于一般面

直线与平面垂直的几何条件：一直线垂直于一平面内的两条相交直线，则该直线与该平面相互垂直，如图 4-17 所示。反之，若直线垂直于一平面，则该直线必垂直于该平面内所有直线。

【例 4-10】 如图 4-18（a）所示，过点 M 作直线 MN 与平面 ABC 垂直（此处省略求线面交点及判断可见性）。

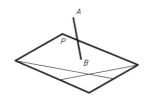

图 4-17 直线垂直于一般面

【分析】 由几何条件可知，如果直线 MN 垂直于平面 ABC 内两条相交直线，则直线与平面垂直。这两条相交直线，通常选取平面上的正平线和平面上的水平线。那么，所求直线 MN 既要垂直于水平线又要垂直于正平线。

【解】 ① 作平面 ABC 上的正平线 AD 和水平线 CE，如图 4-18（b）所示。

② 过点 M 作一直线既要垂直于水平线又要垂直于正平线。过 m' 作一直线垂直于 $a'd'$；过 m 作一直线垂直于 c，确定 n 和 n'，如图 4-18（c）所示。

2）直线垂直于投影面垂直面

当直线垂直于投影面垂直面时，它必然是投影面平行线，平行于该平面所垂直的投影面，该面的积聚投影与该垂线的同面投影相互垂直。如图 4-19（a）所示，AB 垂直于铅垂面 P，必平行于 H 面，AB 的 H 面投影 ab 垂直于平面 P 的积聚投影 P^H。

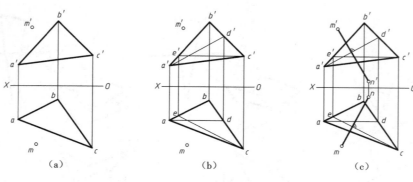

图 4-18　过点作直线垂直于平面

垂直于铅垂面的直线为水平线,如图 4-19(b)所示;垂直于正垂面的直线为正平线,如图 4-19(c)所示。

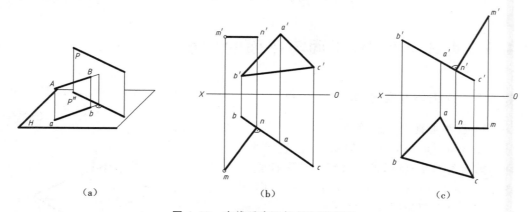

图 4-19　直线垂直于投影面垂直面

4.3.2　平面与平面垂直

1)两一般面相互垂直

两个平面相互垂直的几何条件:一平面通过另一平面的一条垂线,则此两平面相互垂直。反之,判断两个平面是否垂直,只要看能否在一平面内找到一条直线垂直于另一平面。

【例 4-11】　如图 4-20(a)所示,过直线 DE 作一平面与平面 ABC 垂直。

【分析】　所求的平面经过直线 DE,那么只需再确定一条与直线 DE 相交的直线 DF,且 DF 垂直于平面 ABC,平面 DEF 即为所求。实际上,把平面与平面垂直的问题转换成了直线与平面垂直的问题。

【解】　① 在平面 ABC 内作水平线和正平线,如图 4-20(b)所示。

② 作直线 DF 垂直于平面 ABC 上的水平线和正平线,则直线 DF 和平面 ABC

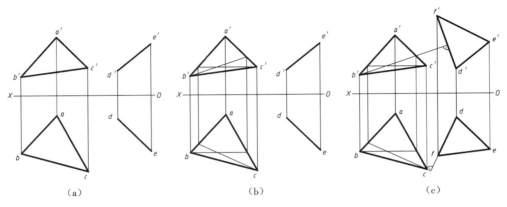

图 4-20 过一直线作平面与已知平面垂直

垂直,所以平面 DEF 即为所求,如图 4-20(c)所示。

2）两投影面垂直面相互垂直

如果相互垂直的两个平面垂直于同一投影,则两平面在该投影面上的投影都积聚成直线且互相垂直。反之,判断垂直于同一投影面的两垂直面是否垂直,只要看它们的积聚投影是否垂直即可,如图 4-21 所示。

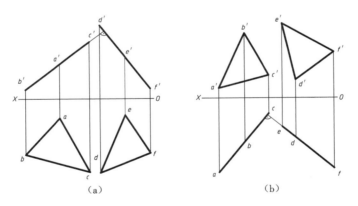

图 4-21 两投影面垂直面相互垂直

【本章要点】

① 直线与平面相互平行、相交、垂直的判断与作图。

② 两平面相互平行、相交、垂直的判断与作图。

第5章 投影变换

　　从前几章中对直线、平面的投影分析可知,当空间直线和平面等几何元素与投影面处于平行或垂直的特殊位置时,其投影能够直接反映实形或具有积聚性,这样使得图示清楚、图解方便简捷。当直线或平面和投影面处于一般位置时,则它们的投影不具备上述特性。为此,设法把空间形体和投影面的相对位置变换成有利于图示和图解的位置,再求出新的投影,这种方法称为投影变换。

　　常用的投影变换的方法有换面法和旋转法两种。

5.1 换面法

5.1.1 基本概念和条件

　　换面法就是保持空间几何元素不动,用一个新的投影面替换其中一个原来的投影面,使空间几何元素对于新投影面处于有利解题的位置,然后求出其在新投影面上的投影。

　　如图 5-1 所示,原来的 V、H 两投影面体系用 V/H 表示。在设立的新投影面上得到的几何元素的正投影称为新投影,用 $a_1'b_1'$ 表示,新投影体系用 V_1/H 表示,其中,V_1 面称为新投影面,H 面称为保留不变投影面,O_1X_1 是新投影轴。

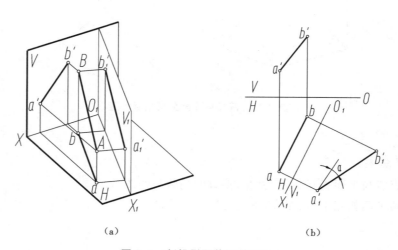

（a）　　　　　　　　　　（b）

图 5-1　新投影面体系的建立

新投影面位置的选择应符合以下基本条件。

① 新投影面必须与空间几何元素处于有利于解题的位置。

② 新投影面必须垂直于原体系中的一个投影面。

③ 新投影面必须交替更换。例如先由 V_1 代替 V，构成新体系 V_1/H，再以此为基础，取 H_2 代替 H，又构成新体系 V_1/H_2。以此类推，可构成新体系 V_3/H_2……根据解题需要，可进行两次或多次变换。

5.1.2 点的投影面变换

点是构成形体的最基本要素，所以在研究换面时，首先从点的投影变换来研究换面法的投影规律。

1) 点的一次换面

(1) 换 V 面

图 5-2(a) 表示点 A 在原投影体系 V/H 中，其投影为 a 和 a'，现令 H 面不动，用新投影面 V_1 来代替 V 面，V_1 面必须垂直于不动的 H 面，这样便形成新的投影体系 V_1/H，O_1X_1 是新投影轴。

由点 A 作垂直于 V_1 面的投射线，得到 V_1 面上的新投影 a'_1。点 a'_1 是新投影，点 a' 是旧投影，点 a 是新、旧投影体系中共有的不变投影。a 和 a'_1 是新的投影体系中的两个投影，将 V_1 面绕 O_1X_1 轴旋转到与 H 面重合的位置，得到投影图，如图 5-2(b) 所示。

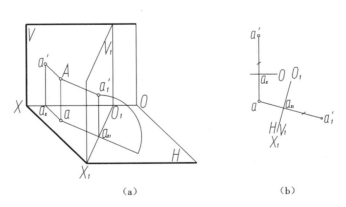

(a)	(b)

图 5-2 点的一次变换(换 V 面)

由于 V_1 与 H 是互相垂直的，点 A 的投影必符合点的两面投影规律，于是有 $a'_1a \perp O_1X_1$ 轴，$a'_1a_{x1} = a'a_x = Aa$。

在投影图中，若已知点 A 的两投影 a 和 a'，及旧的投影轴 OX 和新投影轴 O_1X_1，就可以做出点 A 的新投影 a'_1。其具体的作图步骤如下。

① 过 a 作投影连线垂直于 O_1X_1。

② 在此投影连线上量取 $a_1'a_{x1}=a'a_x$，即得到新投影 a_1'。

（2）换 H 面

若用 H_1 面代换 H 面，令 H_1 面垂直于 V 面，组成新的两面投影体系，如图 5-3（a）所示。

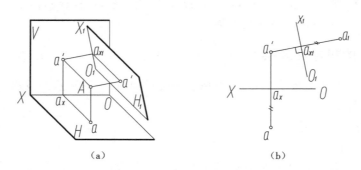

图 5-3　点的一次变换（换 H 面）

同理，新旧投影之间的关系与换 V 面类似，也存在如下关系：$a'a_1 \perp O_1X_1$ 轴；$a_1a_{x1}=aa_x=Aa$，可作出点 A 在 H_1 面上的新投影 a_1，如图 5-3(b) 所示。

由此可总结出点的投影变换规律如下。

① 点的新投影和保留投影的连线，垂直于新的投影轴。

② 点的新投影到新投影轴的距离，等于被替换的点的旧投影到旧投影轴的距离。

2）点的二次投影面变换

点的变换规律是作图的基础。应用换面法解决实际问题时，有时换面一次还达不到目的，需要变换两次或多次。图 5-4 表示点的二次换面，其求点的新投影的作图方法和原理与一次换面相同。但要注意：在更换投影面时，不能一次更换两个投影面，为在换面过程中保持两投影面垂直，必须在更换一个之后，在新的投影体系中交替地更换另一个。

如 5-4(a) 所示，先由 V_1 面代替 V 面，构成新的投影体系 V_1/H，O_1X_1 为新坐标轴；再以这个新投影体系为基础，以 H_2 面代替 H 面，又构成新的投影体系 V_1/H_2，O_2X_2 为新坐标轴。

二次换面的作图步骤如下[见图 5-4(b)]。

① 先换 V 面，以 V_1 面替换 V 面，建立 V_1/H 新投影体系，得新投影 a_1'，而 $a_1'a_{x1}=a'a_x=Aa$，作图方法与点的一次换面完全相同；

② 再换 H 面，以 H_2 面替换 H 面，建立 V_1/H_2 新投影体系，得新投影 a_2，而 $a_2a_{x2}=aa_{x1}=Aa_1'$，作图方法与点的一次换面类似。

由上述情况可知，连续多次换面时，根据实际需要也可以先换 H 面，后换 V 面，但两次或多次换面应该是 H 面和 V 面交替更换，如 $V/H \rightarrow V/H_1 \rightarrow V_2/H_1 \rightarrow V_2H_3$

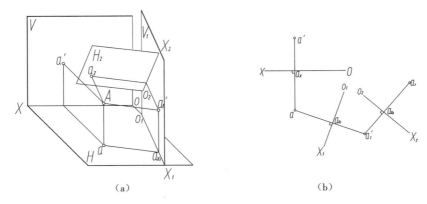

图 5-4 点的二次换面

……实际上每次新的变换，都是在前一次新的换面的基础上进行作图的，也可说是点的换面规律的重复应用。

为了区别多次的投影变换，规定要在相应的字母旁加注下标数字，以表示是第几次变换，如 a_1 是第一次变换后的投影，a'_2 是第二次变换后的投影，等等。

5.1.3 直线的投影变换

直线的投影变换，是通过直线上任意两点的投影变换来实现的。变换后直线的新投影，就是直线上两个点变换后的同面新投影的连线。

换面的作图方法已经解决，那么问题的关键是如何设立新投影面的位置，以使直线变换为特殊位置。新投影面的设立归结为新投影轴的选择，在投影图中，新投影轴的位置就是新投影面在原投影体系中的积聚投影。

直线投影变换有三种基本情况，现分别叙述如下。

1）将一般位置直线变换成新投影面的平行线

要使一条倾斜线变为投影面的平行线，只要设立一个新投影面，平行于该倾斜直线且垂直于原投影体系中的一投影面，经一次变换就可实现。

如图 5-5（a）所示，AB 为一般位置直线，现用 V_1 面代替 V 面，使 $V_1 /\!/ AB$，且 $V_1 \perp H$。此时，AB 在新投影体系 V_1/H 中为"正平线"。图 5-5（b）为投影图。作图时，先在适当位置画出与保留投影 ab 平行的新投影轴 O_1X_1，即 $O_1X_1 /\!/ ab$，然后根据点的投影变换规律和作图方法，作出 A、B 两点在新投影面 V_1 上的新投影 a'_1、b'_1，再连接直线 $a'_1b'_1$。则 $a'_1b'_1$ 反映线段 AB 的实长，即 $a'_1b'_1 = AB$，并且新投影 $a'_1b'_1$ 和新投影轴（O_1X_1 轴）的夹角即为直线 AB 对 H 面的倾角 α，如图 5-5（b）所示。

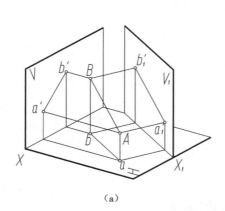
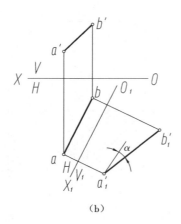

(a)　　　　(b)

图 5-5　将一般位置直线变换为 V_1 面的平行线

同理,若求出一般位置直线 AB 的实长和与 V 面的倾角 β,如图 5-6 所示,应将直线 AB 变换成水平线($AB/\!/H_1$ 面),也即用 H_1 面代换 H 面,令 AB $/\!/H_1$ 面,且 $H_1\perp V$,于是建立 V/H_1 新投影体系,$O_1X_1/\!/ab$,基本原理和作图方法同上。

由上述可知,一般位置直线经一次换面,变成新投影面的平行线,即可求得它的实长及对保留不变投影面的倾角。

2)将投影面的平行线变换为新投影面垂直线

将投影面平行线变换为投影面的垂直线,是为了使直线积聚成一个点,从而解决与直线有关的度量问题(如求两直线间的距离)和空间交点问题(如求线段与面交点)。要使平行线变为新投影面的垂

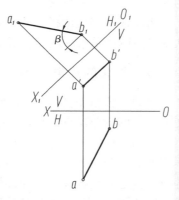

图 5-6　将一般位置直线变换为 H_1 面的平行线

直线,只需设立一个垂直于该直线又垂直于原投影体系中一投影面的新投影面,该直线在新投影面上的投影必积聚成一点。经一次变换即实现。应该选择哪一个投影面进行变换,要根据给出的直线的位置而定。

如图 5-7(a)所示,表示将水平线 AB 变换为新投影面的垂直线的情况。如图 5-7(b)所示,表示投影图的作法。因为所选的新投影面垂直于 AB,而 AB 为水平线,所以新投影面一定垂直于 H 面,故应换 V 面,用新投影体系 V_1/H 更换旧投影体系 V/H,其中 $O_1X_1\perp ab$。作出 AB 的 V_1 面投影,则 $a'_1b'_1$ 积聚为一点。

如图 5-8(a)所示,表示将正平线 CD 变换为新投影面的垂直线的情况。如图 5-8(b)所示,表示投影图的作法。因为所选的新投影面垂直于 CD,而 CD 为水平线,所以新投影面一定垂直于 V 面,故应换 H 面,用新投影体系 V/H_1 更换旧投影

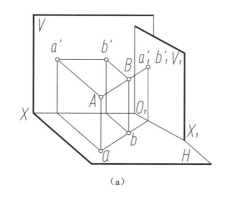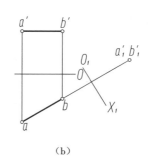

(a)   (b)

图 5-7 水平线变换为 V_1 垂直线

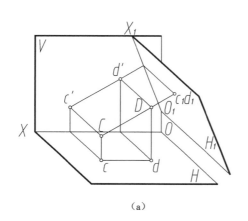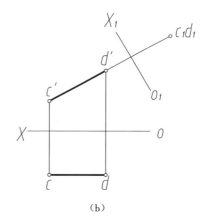

(a)   (b)

图 5-8 正平线变换为 H_1 垂直线

体系 V/H,其中 $O_1X_1 \perp c'd'$。作出 CD 的 H_1 面投影,则 c_1d_1 积聚为一点。

3) 将一般位置直线变换为新投影面垂直线(需要二次换面)

如果要将一般位置直线变换为投影面垂直线,必须变换两次投影面。综合上述两种变换的情况,第一次将一般位置直线变换为新投影面的平行线,第二次将其变换为新投影面的垂直线。

如图 5-9(a)所示,AB 为一般位置直线,第一次用 V_1 面代换 V 面,令 $V_1 /\!/ AB$,且 $V_1 \perp H$,使直线 AB 在新投影体系 V_1/H 中成为"正平线",第二次用 H_2 代换 H,使 $H_2 \perp AB$,且 $H_2 \perp V_1$,使直线 AB 在新投影体系 V_1/H_2 中成为"铅垂线"。其作图方法详见图 5-9(b),其中 $O_1X_1 /\!/ ab$,$O_2X_2 \perp a_1'b_1'$。

同理,若第一次用 H_1 面代换 H 面,第二次用 V_2 面代换 V 面,则也能使 AB 在 V_2 面上的投影积聚为一点。

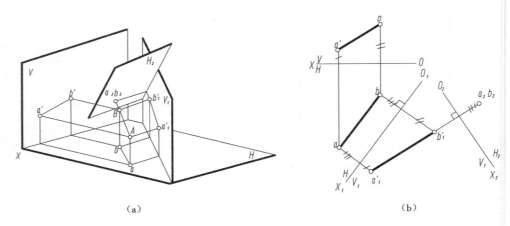

（a） （b）

图 5-9 直线的二次换面

5.1.4 平面的投影变换

对平面进行投影变换,实际上是对该平面上不在同一直线上的三个点进行投影变换来实现的。要使平面变换为特殊位置,新投影面位置的选择是作图的关键。

在应用中,平面的变换有以下三种基本情况,现分别叙述如下。

1）将一般位置平面变换为新投影面垂直面（求倾角问题）

将一般位置平面变换为新投影面垂直面,只需使平面内的任意一条直线垂直于新的投影面。由前述可知,要将一般位置直线变换为投影面的垂直线,必须经过两次变换,而将投影面平行线变换为投影面垂直线只需要一次变换。因此,在平面内不取一般位置直线,而是取一条投影面的平行线为辅助线,再取与辅助线垂直的平面为新投影面,则平面也就和新投影面垂直了。

如图 5-10(a)表示,将一般位置平面△ABC 变换为新投影体系中的正垂面的情况。由于新投影面 V_1 既要垂直于△ABC 平面,又要垂直于原有投影面 H 面,因此,它必须垂直于△ABC 平面内的水平线。

作图步骤[见图 5-10(b)]如下。

① 在△ABC 平面内作一条水平线 AD 作为辅助线,并求出其投影 ad、$a'd'$。

② 作 $O_1X_1 \perp ad$。

③ 求出△ABC 在新投影面 V_1 面上的投影 a_1'、b_1'、c_1' 三点连线必积聚为一条直线,此直线即为所求。而该直线与新投影轴的夹角即为该一般位置平面△ABC 与 H 面的倾角 α。

同理,如图 5-11 所示,也可以将△ABC 平面变换为新投影体系 V/H_1 中的铅垂面,并同时求出一般位置平面△ABC 与 V 面的倾角 β。即用 H_1 面代换 H 面,应作出△ABC 中的正平线,令 H_1 面与此正平线相垂直,同样可使△ABC 的 H_1 面投影具有积聚性,且反映其倾角 β。

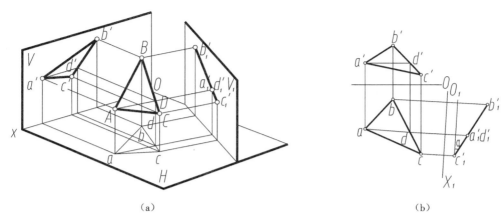

（a）   （b）

图 5-10 将一般位置平面变换为 V_1 面的垂直面

2）将投影面的垂直面变换为新投影面平行面（求实形问题）

此时，新投影面必须平行于该平面，于是该平面的新投影反映其实形。图中实形用 TS 标记（TS 是 true shape 的缩写）。

如图 5-12 所示，表示将铅垂面 △ABC 变为投影面平行面的情况。由于新投影面平行于 △ABC，因此它必定垂直于投影面 H，并与 H 面组成 V_1/H 新投影体系。△ABC 在新投影体系中是正平面。作图步骤如下。

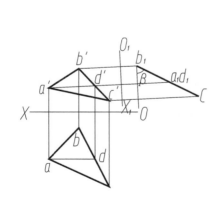

图 5-11 将一般位置平面变换为
H_1 面的垂直面

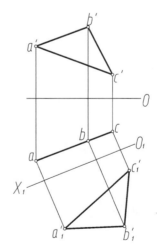

图 5-12 将投影面的垂直面变换
成投影面平行面

① 在适当位置作 $O_1X_1 /\!/ abc$。

② 作出 △ABC 在 V_1 面的投影 a_1'、b_1'、c_1'，连接此三点，得 $\triangle a_1'b_1'c_1'$ 即为 △ABC 的实形。

若已知平面是正垂面,应该用 H_1 面代换 H 面,同样可作出其实形。

3)将一般位置平面变换为投影面平行面(二次换面)

要将一般位置平面变换为投影面平行面,必须经过两次换面。因为如果取新投影面平行于一般位置平面,则这个投影面也一定是一般位置平面,它和原体系 V/H 中的哪个投影面都不垂直,从而无法构成新投影体系。因此,一般位置平面变换为投影面平行面,必须经过两次换面。第一次将一般位置平面变换为新投影面垂直面,第二次将投影面的垂直面变换为新投影面平行面。

如图 5-13(a)所示,先换 V 面,其变换顺序为 $X\dfrac{V}{H}\to X_1\dfrac{V_1}{H}\to X_2\dfrac{V_1}{H_2}$,在 H_2 面上得到 $\triangle a_2b_2c_2=\triangle ABC$,即 $\triangle a_2b_2c_2$ 是 $\triangle ABC$ 的实形。

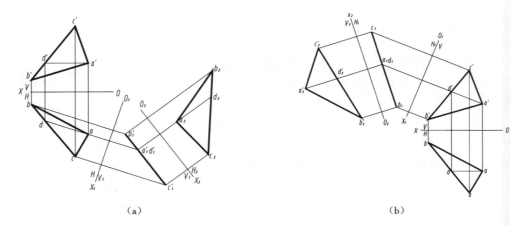

图 5-13　平面的二次换面

如图 5-13(b)所示,先换 H 面,其变换顺序为 $X\dfrac{V}{H}\to X_1\dfrac{V}{H_1}\to X_2\dfrac{V_2}{H_1}$,在 V_2 面上得到 $\triangle a_2'b_2'c_2'=\triangle ABC$,即 $\triangle a_2'b_2'c_2'$ 是 $\triangle ABC$ 的实形。

这一基本作图法常用来解决求一般位置平面的实形或由平面实形反求其投影等问题。

5.2　旋转法

5.2.1　基本概念

原投影面保持不变,而是使直线或平面等几何元素绕某一轴线旋转,旋转到对原投影面处于有利于解题的位置,这种方法称为旋转法。

旋转法按旋转轴与投影面的位置不同,可分为两类:一类是旋转轴垂直于某一投影面时,称为绕垂直轴旋转;另一类是若旋转轴平行于某投影面,称为绕平行线轴旋转。在一般情况下常用的都是绕垂直轴旋转的方法,为此,本节只讨论这两种情况。

5.2.2　点的旋转

如图 5-14(a)所示为空间点绕铅锤轴 O 旋转时的状况。点 A 的运动轨迹是一个水平圆,圆半径等于点 A 到旋转轴的距离。由于水平圆平行于 H 面,故其 H 面投影反映实形,其 V 面投影为平行于 OX 的直线段,长度等于圆的直径。如图 5-14(b)所示,当点 A 旋转时,a 在 H 面投影的圆周上运动,a' 在 V 面投影的直线上移动。无论点 A 转动到任何位置,投影连线 aa' 都垂直于 OX。

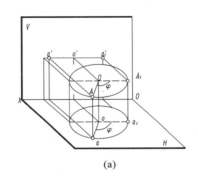
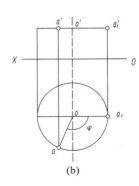

图 5-14　点绕铅锤轴旋转

若点 A 反时针旋转 φ 角到点 A_1,求作新投影 a_1 和 a_1' 的步骤如下。

① 以点 O 为圆心,oa 为半径,反时针作圆弧 aa_1,使得 $\angle aoa_1 = \varphi$,得 a_1。

② 过 a_1 作投影连线,过 a' 作直线平行于 OX,两线的交点即为 a_1'。

如图 5-15 所示,当空间点 B 绕正垂轴旋转时,其运动轨迹在 V 面上的投影为圆,在 H 面上的投影是平行于 OX 轴的直线段。当点 B 旋转 θ 角到点 B_1,同样作出其新投影 b_1 和 b_1'。

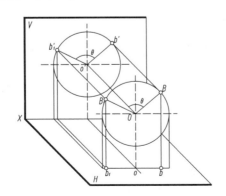
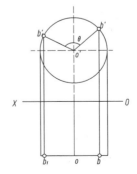

图 5-15　点绕正锤轴旋转

由此总结出点的旋转规律:点绕投影面垂直线作旋转时,其投影特性是在轴线垂直的投影面上的投影做圆周运动,圆心为旋转轴在该投影面上的投影,半径是点在该面的投影到圆心的距离(点到旋转轴的距离);在另一个投影面上,点的投影做与投影轴平行的直线运动。

5.2.3 直线的旋转

直线的旋转,只要将直线上两个端点绕同轴作同向同角度旋转,作出它们的新投影后,将同面投影相连即得直线旋转后的新投影。

直线的旋转为该直线上两点的旋转作图。在旋转过程中,两点必须遵守"三同"原则,即同轴、同向、同角。

如图 5-16 所示,直线 AB 绕铅垂轴 O 反时针旋转 φ 角,到达 A_1B_1 位置。根据点的旋转规律作出 A_1 和 B_1 的投影,然后同面投影相连,即得 a_1b_1 和 $a_1'b_1'$。由作图过程可以看出,因为 $oa = oa_1$,$ob = ob_1$,$\angle aoa_1 = \angle bob_1 = \varphi$,即有 $\angle aob = \angle a_1ob_1$,故 $\triangle aob \cong \triangle a_1ob_1$,所以 $a_1b_1 = ab$。这说明了直线绕铅垂轴旋转时,其 H 面投影长度不变,且对 H 面的倾角 α 亦不变,但其 V 面投影长度和 β 角都改变了。

同理,当直线绕正垂轴旋转时,其 V 面投影长度不变,其 β 角亦不变。

由此可总结出直线的旋转规律如下。

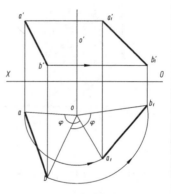

图 5-16 直线的旋转

若直线绕垂直于某投影面的轴旋转时,则其在该投影面上的投影长度不变,且其对投影面的倾角亦不变。

为了将直线旋转到有利于解题的特殊位置,选择旋转轴和旋转角度至关重要。

直线的旋转有三种基本情况,现分述如下。

1) 将一般位置直线旋转成投影面的平行线

以铅垂线为旋转轴,可将一般线旋转成正平线,于是其 V 面投影反映实长和 α 角。

如图 5-17 所示,一般线 AB 绕铅垂轴旋转。为了作图简便,可使旋转轴通过点 A,旋转时点 A 位置不变,其投影亦不变。将 AB 旋转到正平线 AB_1 的位置,这时只需作出点 B_1 的投影,于是 $ab_1 \parallel OX$,且 $ab_1 = ab$,则 $a'b_1' = a'b'$,且 $\angle a'b_1'b' = \alpha$。

同理,若以正垂线为旋转轴,可将一般线旋转成水平线,并求出其实长和 β 角。

2) 将投影面的平行线旋转成投影面垂直线

以正垂线为旋转轴,可将正平线旋转成铅垂线,于是其 H 面投影积聚为一点。

如图 5-18 所示,正平线 AB 绕通过点 B 的正垂轴,旋转到铅垂线 A_1B 的位置,于是 $a_1'b \perp OX$,a_1b 积聚为一点。

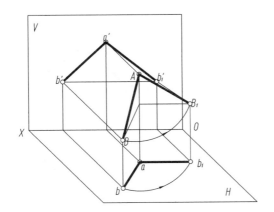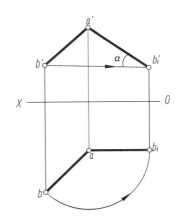

图 5-17 一般位置直线旋转为正平线

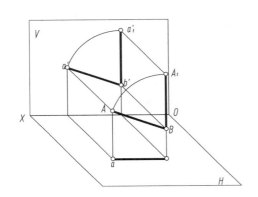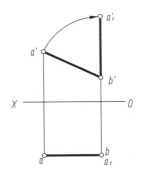

图 5-18 正垂线旋转为铅垂线

同理,以铅垂线为旋转轴,可将水平线旋转成正垂线,使其 V 面投影积聚为一点。

3) 将一般位置直线旋转成投影面垂直线

综合上述两种旋转的情况,可以连续作两次旋转,第一次将一般线旋转为投影面平行线,第二次将其旋转成投影面垂直线。

如图 5-19 所示,AB 是一般线。第一次将 AB 绕通过点 A 的铅垂轴旋转,使其变换为正平线 AB_1,$a'_1b'_1$ 反映实长和 α 角;第二次将 AB_1 绕通过点 B_1 的正垂轴旋转,使其变换为铅垂线 A_2B_1,于是 a_2b_1 积聚为一点。

同理,若 AB 第一次绕正垂轴旋转,可使其变换为水平线,第二次绕铅垂轴旋转,可使其变换为正垂线。

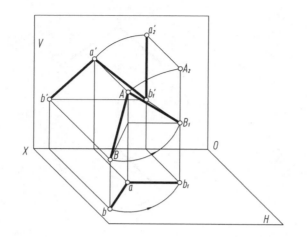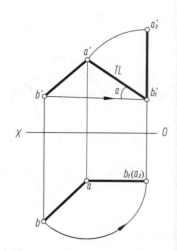

图 5-19 一般位置直线旋转为铅垂线

5.2.4 平面的旋转

平面的旋转,只需将平面内不在同一直线上的三点,如三角形的三个顶点,按同轴、同向、同角旋转。作出它们的新投影,然后把同面投影相连,即得平面的新投影。其特性是:平面绕垂直于某个投影面轴旋转时,它在该投影面上的投影形状不改变,平面对该投影面的倾角也始终不变。

如图 5-20 所示,△ABC 绕正垂轴 O 旋转,实质上是将 A、B、C 三点绕 O 轴,按同方向旋转 θ 角。根据点的旋转规律,可作出各点的新投影,连之即得△$a_1b_1c_1$ 和△$a_1'b_1'c_1'$。

根据直线的旋转规律可推知,△$a_1'b_1'c_1'$ 的三边与△$a'b'c'$ 的对应三边长度相等,所以△$a_1'b_1'c_1' \cong$ △$a'b'c'$,且 △$A_1B_1C_1$ 和△ABC 的 β 角相同。同理,若平面绕铅垂轴旋转,其 H 面投影的形状大小不变,且其 α 角亦不变。

由此,总结出平面的旋转规律如下。

若平面绕垂直于某投影面的轴旋转时,则其在该投影面上的投影形状大小不变,且其对该投影面的倾角亦不变。

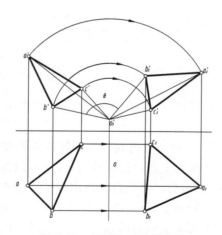

图 5-20 平面绕正垂轴旋转

为了将平面旋转到有利于解题的特殊位置,关键是选择旋转轴的位置和适当的旋转角度。

平面的旋转有三种基本情况,现分述如下。

1）将一般位置平面旋转成投影面垂直面

将一般面旋转为正垂面，需把该平面内的水平线旋转为正垂线，为此，旋转轴必须垂直于 H 面。旋转后该平面的 v 投影有积聚性，且反映其 α 角。

如图 5-21 所示，$\triangle ABC$ 为一般面。先作出 $\triangle ABC$ 内的一条水平线 AD（ad，$a'd'$），令旋转轴为通过 A 点的铅垂线。于是以 a 为圆心，把 d 旋转到 d_1 位置，使 $ad_1 \perp OX$。然后将 B 点和 C 点作同轴同向同角度旋转，得 $\triangle ab_1c_1$，再作出 $\triangle ABC$ 新位置的 V 面投影，$a'b_1'c_1'$ 必积聚为直线。它与 OX 的夹角即 $\triangle ABC$ 的 α 角。

与此类似，若绕正垂轴旋转，可将一般面旋转为铅垂面，并得到平面的 β 角。

2）将投影面的垂直面旋转成投影面平行面

以正垂线为旋转轴，可将正垂面旋转为水平面，其 H 面投影反映实形。

如图 5-22 所示，$\triangle ABC$ 为正垂面，绕通过 B 点的正垂轴旋转，使其变换为水平面 $\triangle A_1BC_1$，于是 $\triangle a_1bc_1 \cong \triangle ABC$。

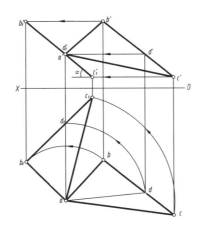

图 5-21　一般位置平面旋转成正垂面

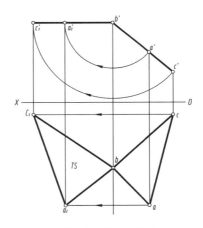

图 5-22　正垂面旋转为水平面

与此类似，以铅垂线为旋转轴，可将铅垂面旋转为正平面。

3）将一般位置平面旋转成投影面平行面

综合上述两种旋转的情况，可连续作两次旋转，第一次将一般面旋转为投影面垂直面，第二次将其旋转成投影面平行面。

如图 5-23 所示，$\triangle ABC$ 为一般面。第一次将 $\triangle ABC$ 绕通过 A 点的铅垂轴旋转，使其变换为正垂面 $\triangle AB_1C_1$，则 $a'b_1'c_1'$ 积聚为直线。第二次将 $\triangle AB_1C_1$

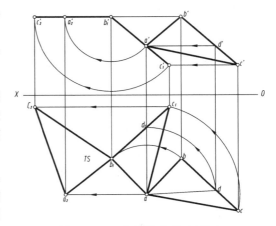

图 5-23　一般面旋转为水平面

绕通过 B_1 点的正垂轴旋转,使其变换为水平面$\triangle A_2 B_1 C_2$,则$\triangle a_2 b_1 c_2 \cong \triangle ABC$。

同理,若$\triangle ABC$第一次绕正垂轴旋转,可使其变换为铅垂面,第二次绕铅垂轴旋转,可使其变换为正平面。

5.3 投影变换解题举例

根据换面法和旋转法的基本原理,可将一般位置的直线和平面变换到特殊位置,以达到解题的目的。前面已对点、直线、平面的基本变换作了详细介绍,这些方法概念清楚,作图简便,是解题的基础。对于各种各样的问题,解法并非千篇一律,要具体分析、灵活运用。一般在解题时,首先进行空间分析,确定解题的方法与步骤,然后按次序作图,直至求出答案。

下面的一些例题,解法可能有多种,这里仅作出常用的一种解法。通过这些示例,可以举一反三,融会贯通,掌握解题的基本方法和步骤,培养分析问题和解决问题的能力。

5.3.1 度量问题

1) 确定距离
(1) 点到平面的距离

在前面几章中,已经提到此问题的解法应分为三步,即作垂线、定垂足、求实长。若用投影变换的方法,只要把已知的平面变换成垂直面,点到平面的真实距离就反映在投影图上了。

【例 5-1】 如图 5-24 所示,用变换 V 面的方法,确定点 K 到$\triangle ABC$ 的距离。

【分析】 确定点到平面的距离,只要把已知的平面变换成垂直面,点到平面的实际距离就可反映在投影图上了。

【解】 作图步骤如下。

① 由于$\triangle ABC$ 中的 AB 为水平线,故直接取新轴 $O_1 X_1 \perp ab$。

② 再作出点 K 和$\triangle ABC$ 的新投影 k_1' 和 $a_1' b_1' c_1'$(为一直线)。

③ 过点 k_1' 向直线 $a_1' b_1' c_1'$ 作垂线,得垂足的新投影 d_1',投影 $d_1' k_1'$ 之长即为所求的距离。

④ 过 k 作 $O_1 X_1$ 轴的平行线,过 d_1' 作 $O_1 X_1$ 轴的垂线,两线交点为 d,连接 kd。

⑤ 过 d 作 OX 轴的垂线,根据 d_1' 到 $O_1 X_1$ 轴的距离,在线上量得 d',连接 $k'd'$。

(2) 点到直线的距离

前几章对此问题的解法是比较复杂的。如果给出的直线为一条铅垂线(或者正垂线),那么问题就比较简单了,因为表示两者距离的那条垂线是水平线(或者正平线),所以它的水平投影(或正面投影)反映实长。这样,就导出了用变换投影面法解决这种问题的原则:把给出的一般位置直线变换成为垂直线。用同样的作法还可以

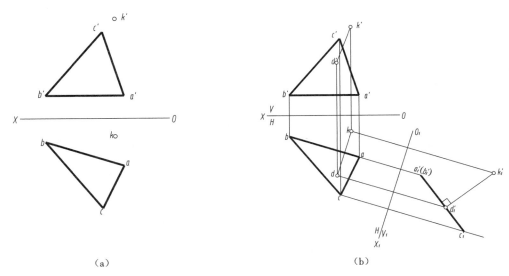

图 5-24 点到平面的距离

确定两平行直线之间的距离。

【例 5-2】 如图 5-25(a)所示:已知线段 MN 和线外一点 A 的两个投影,求点 A 到直线 MN 的距离,并作出点 A 对直线 MN 的垂线的投影。

【分析】 要使新投影直接反映点 A 到直线 MN 的距离,过点 A 对直线 MN 的垂线必须平行于新投影面。即直线 MN 或垂直于新的投影面,或与点 A 所决定的平面平行于新投影面。要将一般位置直线变为投影面的垂直线,必须经过二次换面,因为垂直一般位置直线的平面不可能又垂直于投影面。因此要先将一般位置直线变换为投影面的平行线,再由投影面平行线变换为投影面的垂直线。

【解】 作图步骤如下。

①求点 A 到直线 MN 的距离。先将直线 MN 变换为投影面的正平线($/\!/V_1$ 面),再将正平线变换为铅垂线($\perp H_2$ 面),点 A 的投影也随之变换,线段 a_2k_2 即等于点 A 到直线 MN 的距离。

②作出点 A 对直线 MN 的垂线的旧投影。由于直线 MN 的垂线 AK 在新投影体系 V_1/H_2 中平行于 H_2 面,因此,AK 在 V_1 面上的投影 $a_1'k_1'/\!/O_2X_2$ 轴,$a'k'\perp m'n'$。据此,过 a_1' 作 O_2X_2 轴的平行线,得到 k_1',利用直线上点的投影规律,由 k_1' 返回去,在直线 MN 的相应投影上,先后求得垂足 K 点的两个旧投影 k 和 k',连接 $a'k'$、ak。$a'k'$、ak 即为点 A 对直线 MN 的垂线的旧投影。

用同样的作法还可以去确定两平行直线之间的距离。

(3)两交叉直线之间的距离

由立体几何可知,两交叉直线之间的距离,应该用它们的公垂线来度量。其空间分析如下。

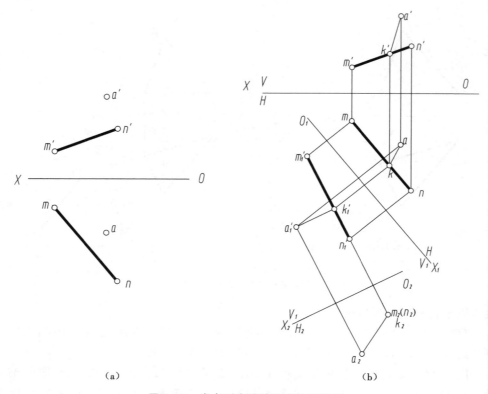

(a)   (b)

图 5-25 求点到直线的距离及其投影

① 当两交叉直线中有一条直线是某一投影面的垂直线时,公垂线就成为水平线或正平线,因此,公垂线的水平投影或正面投影就反映实长,为此,不必换面即可直接求出两交叉直线之间的距离。

② 当两交叉直线中有一条直线是某一投影面的平行线段时,只需要一次换面即可求出两交叉直线之间的距离。

③ 当两交叉直线都是一般位置直线时,则需要进行二次换面才能求出两交叉直线之间的距离。

以上是此类问题的解法根据,现举其中一例。

【例 5-3】 如图 5-26 所示:已知两条交叉直线 AB、CD,求两直线间的距离。

【解】 作图方法和步骤如下。

① 因为 AB、CD 两直线在 V/H 体系中均为一般位置直线,所以需要二次换面。先用 V_1 面代替 V 面,使 V_1 面 // AB,同时 $V_1 \perp H$ 面。此时 AB 在新投影体系 V_1/H 中为新投影面的平行线。在新投影体系中求出 AC、CD 的新投影 $a_1'b_1'$、$c_1'd_1'$。

② 在适当的位置引新投影轴 $O_2 X_2 \perp a_1'b_1'$,用 H_2 代替 H 面,则 $a_2 b_2$ 积聚为一点。

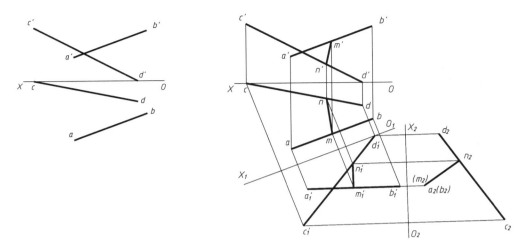

图 5-26 两交叉直线之间的距离

③ 由于 a_2b_2 积聚为一点，M 的投影 m_2 也重合于此点，过此点作 $m_2n_2 \perp c_2d_2$，得到垂足 n_2，m_2n_2 为公垂线 MN 的投影，且反映实长即两交叉直线间的距离。

④ 过 n_2 作垂直于 O_2X_2 的投影连线，交 $c_1'd_1'$ 于 n_1'，然后作 $m_1'n_1' /\!/ O_2X_2$，交 $a_1'b_1'$ 于 m_1'。

⑤ 返回到 H 面和 V 面上，依次作出 mn 和 $m'n'$，即所求公垂线。

2）确定角度

确定角度包括确定两相交直线之间的角度、确定直线和平面之间的夹角和确定两平面之间的夹角三种情况。其中，前两种情况若想解题步骤简单会涉及旋转法的应用，在此不再叙述，以下介绍第三种情况，即求两平面之间的夹角。

【**例 5-4**】 如图 5-27 所示，求 $\triangle ABC$ 与 $\triangle BCD$ 的夹角。

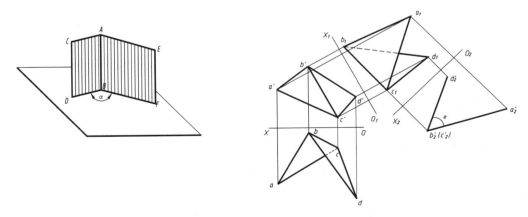

图 5-27 求两平面的夹角

图 5-27 导出了解此题的原则,即把两平面的交线变换成为垂直线,此时两平面的新投影就积聚成两条相交的直线,这两条直线的夹角就反映了两平面之间夹角的真实大小。

5.3.2 定位问题

定位问题是指用投影变换的方法可以解决求作直线和平面的交点及求作两个平面的交线两个问题,现举其中一例,即用投影变换的方法求作直线和平面的交点,对于这类问题,只要把所给平面变换成投影面垂直面就可解决。

【例 5-5】 如图 5-28 所示,求作直线 MN 和 $\triangle ABC$ 的交点 K。

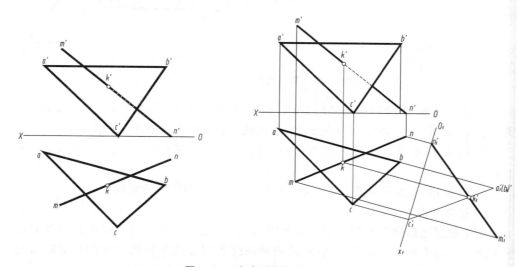

图 5-28 求直线与平面的交点

因为 AB 是水平线,所以应作新轴 $O_1X_1 \perp ab$,得新投影 $a_1'b_1'c_1'$,它是一条直线,有积聚性。由此再作出 MN 的新投影 $m_1'n_1'$。这样,$m_1'n_1'$ 和 $\triangle ABC$ 的新投影(为一线段)的交点,就是所求交点 K 的新投影 K_1'。然后用"返回作图"作出原投影 k 和 k'。

【本章要点】

① 熟悉点、直线、平面的换面法基本作图。

② 熟悉掌握点、直线、平面的旋转法基本作图。

③ 掌握用换面法和旋转法解决度量与定位问题的作图方法。

第 6 章 平 面 立 体

    立体按其表面性质不同可分为平面立体和曲面立体。围成立体的所有表面都是平面的立体称为平面立体,工程上常见的平面立体有棱柱、棱锥、棱台以及由叠加和切割形成的形状较为复杂的平面立体等;由曲面或者由曲面和平面共同围成的立体称为曲面立体,工程上常见的曲面立体有圆柱、圆锥、球等。工程结构物或构件无论其形体繁简,一般都可以看作由这些基本几何体组合而成(见图6-1)。

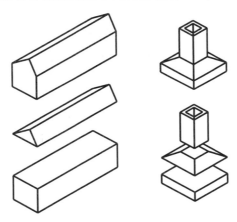

图 6-1　形体的组成

6.1　平面立体的投影

    平面立体的投影就是平面立体上所有棱线的投影。这些棱线的投影构成各面投影图的轮廓线。当其可见时画粗实线,不可见时画中虚线;当粗实线和中虚线重合时,应只表现为粗实线。

6.1.1　棱柱

    由两个相互平行的底面和若干个侧棱面围成的平面立体称为棱柱。相邻两个棱面的交线称为棱线。侧棱垂直于底面的棱柱为直棱柱;侧棱与底面倾斜的棱柱称为斜棱柱。底面为正多边形的直棱柱称为正棱柱。

    图 6-2(a)所示为一个正五棱柱向三个投影面投影的空间情况。在建筑中柱子工作位置总是直立放置,因此这里使五棱柱的底面平行于 H 面,即使其轴线铅垂放置,其中侧棱面 EE_0DD_0 与正平面平行,其他棱面均为铅垂面。图 6-2(b)所示是五棱柱的三面视图,其投影特点:H 面投影是一个正五边形,它是顶面和底面的重合显

实性投影。其五条边分别为五个侧面的积聚投影,五条侧棱的投影积聚成五边形的顶点;在 V 面和 W 面投影中,顶面和底面各积聚成一条水平线段,由于各侧棱面相对于投影面的位置不同,投影形成不同宽度的矩形(有的反映实形,有的为缩小的类似图形),对 V 面来说,侧棱 EE_0 和 DD_0 处于不可见的位置,其投影画成虚线。

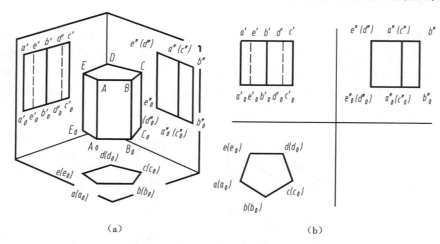

图 6-2 五棱柱的投影

6.1.2 棱锥

棱锥是由一个底面和若干个三角形侧面围成的平面立体,相邻两棱面的交线称为棱线。图 6-3 所示是一个三棱锥向三个投影面投影的空间情况,使其底面平行于 H 面放置,右侧面为正垂面。底面在水平面上的投影 abc 反映实形,在正面和侧面上的投影各积聚成一段水平线。右棱面的 V 面投影积聚成一段斜线,其他两面投影为该侧面的类似形。前后棱面均为一般位置平面,其三面投影均是相应棱面的类似形,且与 V 面投影重合。在绘制棱锥的三面投影时,只要把锥顶点 S 在三个面投影面上的投影与三棱锥底面各顶点的同名投影对应相连即可完成。

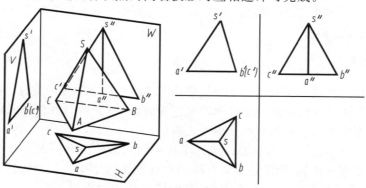

图 6-3 三棱锥的投影

6.1.3　棱台

棱锥被平行于底面的平面截切,截平面与底面之间的部分就称为棱台。因此,棱台的两底面为相互平行的相似形,并且各棱线的延长线相交于一点。

图 6-4(a)所示为一个四棱台,使其上下底面平行于水平投影面,左右棱面垂直于 V 面,前后棱面垂直于 W 面。图 6-4(b)是四棱台的三面视图,其投影特点为:正面投影和侧面投影为等腰梯形,其上下底边分别为棱台上下底面的积聚投影;正面投影中梯形的两腰分别为四棱台左、右棱面的正面积聚投影;侧面投影中梯形的两腰分别为棱台前、后棱面的积聚投影;水平投影图中,大小两个矩形分别为棱台上下底面的实形投影,两个矩形对应顶点的连线为棱台各棱线的投影,其延长线相交于一点,四个梯形为棱台四个侧面的水平投影。

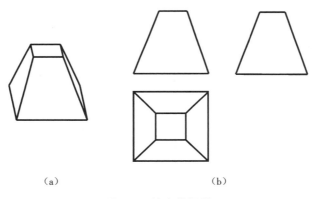

（a）　　　　　　　　　　　　（b）

图 6-4　棱台的投影

6.1.4　一些平面立体的投影图示例

图 6-5 给出了一些平面立体的三视图和立体模型,请先通过三视图读懂它们的形状,分析这些立体各个表面的投影及其可见性。再对照空间立体模型检查读图情况,以提高空间想象能力。

6.2　平面立体表面上的点和直线

在平面立体表面上确定点和线,其方法与在平面内确定点和线的方法相同。但要注意的是,平面立体是由若干个平面围成的,所以在确定平面立体表面上的点和线时,首先要判断点和线属于哪一个表面。如果点和线所在的平面在某一个投影面上的投影是可见的,则点和线在该投影面上的投影也是可见的,反之则不可见。

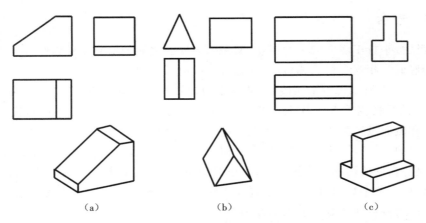

图 6-5　一些平面立体投影图示例

6.2.1　棱柱表面上的点和线

图 6-6(a)所示的为补全五棱柱的投影,并求作其表面上点Ⅰ和Ⅱ的水平投影及侧面投影的平面立体表面定点的一个例子。

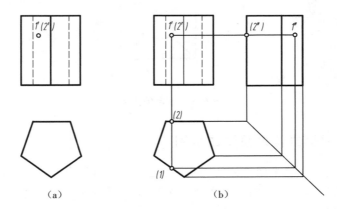

图 6-6　在棱柱表面上定点

【分析】　由图 6-6(a)所示的已知条件可知,点Ⅰ在相对于V面可见的正五棱柱的侧面上,即位于正五棱柱的左前侧表面上;点Ⅱ在相对于V面不可见的侧面上,即点Ⅱ位于正五棱柱的后侧面。根据棱柱投影的形成过程,点Ⅰ和点Ⅱ的水平投影分别从属于五棱柱侧面的水平积聚投影,点Ⅰ在侧面上的投影可见,点Ⅱ在侧面上的投影不可见。

【例 6-1】　求斜三棱柱的侧面投影及其表面上的线ⅠⅡ、ⅡⅢ的水平投影和侧面投影[图 6-7(a)为已知条件]。

【解】　分析与作图步骤如下。

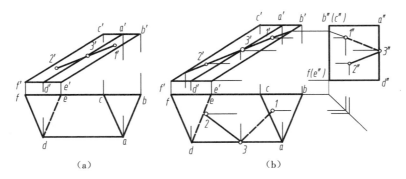

图 6-7　求斜三棱柱表面上线的投影

① 确定斜三棱柱侧面投影的宽度和高度。

② 绘制斜三棱柱的外形轮廓。

③ 根据点 3 是棱边 AD 上的点,在 AD 的水平投影和侧面投影上求作点 3 的投影。

④ 绘制表面 ACFD 上点 2 的水平投影和侧面投影。

⑤ 绘制表面 ABED 上点 1 的水平投影和侧面投影。

⑥ 判断可见性,连接线段,不可见的线段画虚线;可见的线段画实线。

【例 6-2】　补全三棱柱的侧面投影,并作出其表面上的线 I II、II III 的水平投影和侧面投影[图 6-8(a)为已知条件]。

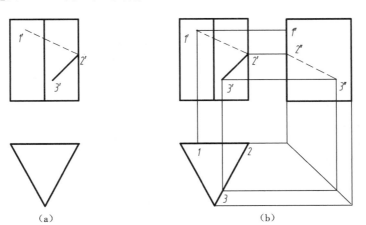

图 6-8　作棱柱表面上的线段

【解】　分析与作图步骤如下。

① 根据三棱柱的高和宽绘制三棱柱的侧面投影轮廓。

② 点 I 是三棱柱上与 V 平行的棱面上的点,在该棱面的水平和侧面的积聚投影上求出其投影 1 和 1′。

③ 点Ⅱ是三棱柱右侧棱上的点,在该棱线的水平投影和侧面投影上求出其投影 *2* 和 *2'*。

④点Ⅲ属于棱柱的右前棱面,水平投影 *3* 在该棱面的水平积聚投影上。

⑤ 判断可见性,连接线段,不可见的线段画虚线;可见的线段画实线。

6.2.2　棱锥表面上的点和直线

【例 6-3】　已知三棱锥表面上点Ⅰ、Ⅱ的正面投影 *1'*、*2'*,求它们的水平投影和侧面投影[图 6-9(a)为已知条件]。

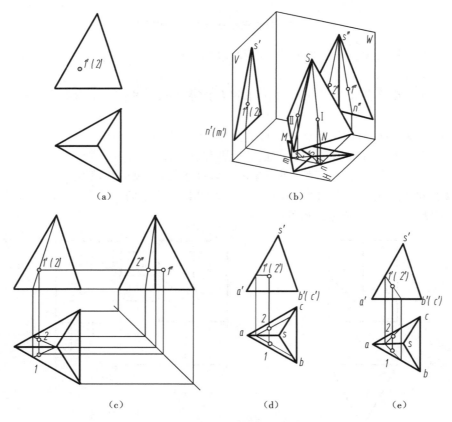

图 6-9　在三棱锥表面上定点

【分析】　三棱锥的三个棱面的水平投影和侧面投影均为类似形,需要通过在各棱面上作辅助线的方法来确定其表面上各点的投影,本题可在三棱锥表面上分别连接锥顶 S 和表面上的点Ⅰ和点Ⅱ,交底边于 N 和 M,如图 6-9(b)所示。作出线段 SN 和 SM 在其他两个投影面上的投影,根据点的从属性,点Ⅰ和点Ⅱ的其他两个投影均应在所作辅助线的投影上,作图过程和结果如图 6-9(c)所示。

除上述辅助线作法以外,还可以通过作如下辅助线来完成本题作图。

① 过表面上点作平行于该表面底边的平行线,如图 6-9(d)所示。

② 过棱面上已知点作任意一条辅助线,与该面的边线相交,如图 6-9(e)所示。

在解题时,可根据具体情况选择不同的作法。

【例 6-4】 已知三棱锥 *S-ABC* 表面上线段Ⅰ Ⅱ、Ⅱ Ⅲ的正面投影分别为 *1'2'*、*2'3'*,求它们的其他两个投影(见图 6-10)。

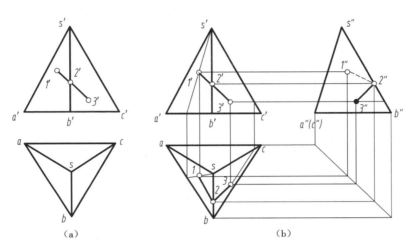

(a)　　　　　　　　　　　　　　(b)

图 6-10　作三棱锥表面上的线段

【解】 分析与作图步骤如下。

① 利用线面平行性,在平面 *SBC* 上过点Ⅲ作平行于 *BC* 的水平线,作出Ⅲ的水平投影 3 和侧面投影 3'。

② 点Ⅱ在棱线 *SB* 上,根据点线从属关系作投影连线作出点Ⅱ的侧面投影。再根据 *Y* 坐标找到其水平投影。

③ 在平面 *SBC* 上作通过锥顶和点Ⅰ的辅助线,作出点Ⅰ的水平投影 *1* 和侧面投影 *1'*。

④ 连接线段,可见的线段画实线,不可见的线段画虚线。

6.2.3　棱台表面上的点和直线

图 6-11 所示为在棱台表面上定点的方法之一,即通过补全棱台的第三投影图来完成点的投影。此外,还可以通过在棱台表面上过已知点作辅助投影线的方法完成作图,留给读者自己完成。

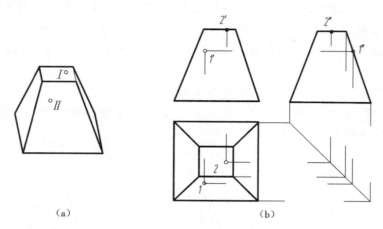

（a） （b）

图 6-11 在棱台表面上定点

6.3 平面立体的截切

6.3.1 平面立体的截切

如图 6-12 所示,用平面截切平面立体。平面与立体表面的交线称为截交线,由截交线围成的平面多边形称为断面。平面多边形的各顶点是棱线及底边与截平面的交点。截切立体的平面称为截平面。若将截切掉的一部分立体拿走,则留下的立体称为切割体。

求作平面立体的截交线的一般步骤如下。

① 分析平面立体的表面性质和投影特性。

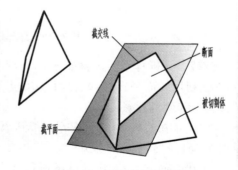

图 6-12 平面立体的截切

② 分析截平面的数目和空间位置,以及其与空间平面立体的哪些棱线相交。

③ 用求直线与平面交点的作图方法求作截交线各顶点,将同一投影面上在同一断面上,且同一表面上的每相邻的两个顶点依次连结,得到截交线。若有多个截平面,还应求出相邻两个截平面的交线。

④ 判断截交线的可见性。若求的是切割体的投影,应按切割体来考虑和表明投影图中图线的可见性;若截切后不取去截切掉的部分,则在立体投影可见表面上的截交线的投影可见,立体投影上不可见表面上的截交线的投影不可见。

平面与平面立体相交,如截平面或平面立体表面的投影具有积聚性,则利用投影的积聚性求作截交线较为简捷;若两者的投影都没有积聚性,则可以将截平面经过一次换面变换成投影面的垂直面,在新投影体系中利用投影的积聚性求作截交线,然后将作出的截交线再返回到原来的投影体系中,当然也可以通过求作一般位置直线和一般位置平面的交点的方法作出截交点,再将截交点连成截交线,但作图过程不及前者简捷。

由于平面立体最常用的是棱柱、棱锥等,下面将平面与棱柱、棱锥相交的情况分别举例加以说明。

6.3.2 平面立体的截切举例

【例 6-5】 已知正五棱柱的正面投影和水平投影,用正垂截面 P 截切五棱柱,求作切割体的投影(见图 6-13)。

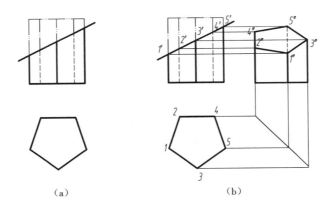

（a） （b）

图 6-13 五棱柱的截切

【分析】 五棱柱被正垂面截去左上端,截平面与五棱柱的五个棱面相交。截交线围成的图形为五边形。求解时,先分别求截平面与各侧棱的交点的三面投影;再将属于五棱柱的同一个表面,且在同一个截平面上的相邻两个投影点依次相连,同时对截交线的可见性进行判断;最后将切割体的投影补全即可完成作图。

【解】 作图步骤如下。

① 作出五棱柱被截切前的侧面投影。

② 确定截交线的 V 面投影 $1'2'3'4'5'$。

③ 求截平面与各棱边的交点的水平投影 1、2、3、4、5。

④ 求截交线各顶点的侧面投影 $1''$、$2''$、$3''$、$4''$、$5''$。

⑤ 按顺序分别连接各顶点的水平投影和侧面投影,即得到截交线的水平投影和侧面投影,并判断截交线的可见性。

⑥ 整理棱线,完成切割体的投影。

【例 6-6】 已知四棱锥被正垂截面 P 截切,求作截交线的三面投影(见图6-14)。

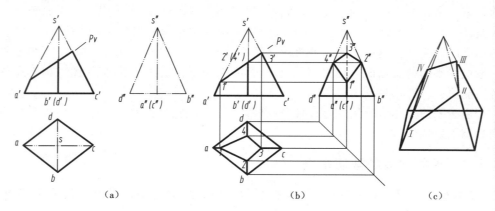

(a) (b) (c)

图 6-14 四棱锥的截切

【分析】 截平面与四棱柱的四个侧面的交线,即为截交线。如图 6-14(c)所示,截交线 Ⅰ Ⅱ Ⅲ Ⅳ 围成的图形为四边形,其四个顶点为截平面与四棱柱四条棱边的交点。因此求截交线的投影即为求四条棱边与截平面各交点的三面投影。

【解】 作图步骤如下。

① 截交线的 V 面投影与截平面的 V 面积聚投影重合。

② 求截平面 P 与棱边 SA、SB、SC、SD 的交点的 V 面投影 1′、2′、3′、4′。

③ 求 Ⅰ、Ⅱ、Ⅲ、Ⅳ 的水平投影和侧面投影。

④ 在同一投影面上将同一侧面的相邻两点依次连接,完成截交线的两面投影,并整理各棱边的投影。

【例 6-7】 已知正三棱锥被两个相交平面截切,试完成其水平投影和侧面投影(见图 6-15)。

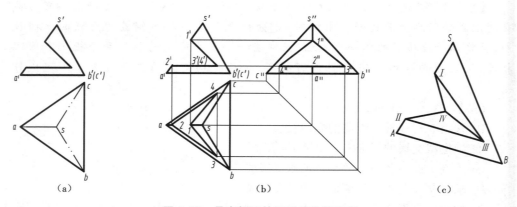

(a) (b) (c)

图 6-15 具有切口的正三棱锥的投影

【分析】 如图 6-15(c)所示,该平面立体被两个截面截切,形成切口。水平截面(用 P 表示)与三棱锥表面 SAB 和 SAC 的交线分别为ⅡⅢ、ⅡⅣ,且ⅡⅢ∥AB,ⅡⅣ∥AC;正垂截面(用 Q 表示)与棱边 SA 交于点Ⅰ,与三棱锥表面 SAB 交线为ⅠⅢ,与三棱锥表面 SAC 的交线为ⅠⅣ。求解时,应分别求出各截面与立体表面的截交线,并画出两个截面的交线ⅢⅣ。

【解】　作图步骤如下。

① 绘制三棱锥 $S\text{-}ABC$ 被切割前的侧面投影。

② 定出截交线各顶点的 V 面投影 $1'$、$2'$、$3'$、$4'$:Ⅰ、Ⅱ分别为棱线 SA 与截平面 Q、P 的交点;ⅢⅣ是 P 与 Q 的交线,垂直于 V 面。

③ 根据求平面立体表面上点的投影的方法求出Ⅰ、Ⅱ、Ⅲ、Ⅳ的水平投影 1、2、3、4 和侧面投影 $1''$、$2''$、$3''$、$4''$。

④ 连接水平截面 P 与立体表面的截交线ⅡⅢ、ⅡⅣ的水平和侧面投影;连接正垂截面 Q 与立体表面的截交线ⅠⅢ、ⅠⅣ的水平和侧面投影;连接截平面 P 与 Q 的交线ⅢⅣ,其水平投影 34 不可见。

⑤ 对带切口的三棱锥的棱线进行分析,在各投影中擦去棱线ⅠⅡ的投影。

⑥ 加深可见图线,完成作图。

【例 6-8】　求作一般位置平面△DEF 与三棱锥 $S\text{-}ABC$ 的截交线(见图 6-16)。

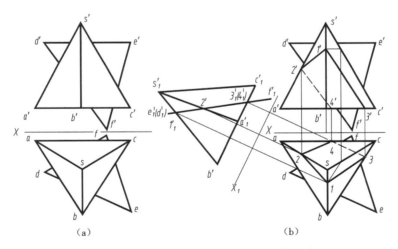

（a）　　　　　　　　　（b）

图 6-16　作一般位置平面与三棱锥的截交线

【分析】　本题平面立体各表面和截平面的投影都没有积聚性,可以先将截平面△DEF 经过一次换面变换成投影面的垂直面,在新投影体系中利用投影的积聚性标出贯穿点的新投影 $1_1'$、$2_1'$、$3_1'$、$4_1'$,然后将标出的贯穿点返回到原来的投影体系中,最后连接截交线并判断可见性。当然本题也可以采用求作一般位置直线和一般位置平面的交点的方法作出截交点,再将截交点连成截交线,但作图过程不及本题解法简捷。

【本章要点】

① 棱柱、棱锥、棱台的投影特性。

② 求作平面立体表面上的点和线的投影。

③ 平面与平面立体相交时,其截交线的求作方法。

第7章　曲线、曲面与曲面立体

7.1　曲线与曲面

在建筑工程中，存在各种曲线和曲面，以及由曲面或曲面与平面围成的曲面体。本节主要研究工程中的常见曲线和曲面的形成、投影特性与图示方法。

7.1.1　曲线

1）曲线的形成

曲线可以看成是一个点在空间连续运动的轨迹。

2）曲线的分类

曲线分为平面曲线和空间曲线两大类。

（1）平面曲线

平面曲线上所有点都在同一平面上，如圆、椭圆、抛物线、双曲线等。

（2）空间曲线

空间曲线上有任意连续的四点不在同一平面上，如圆柱螺旋线。

3）曲线的投影特性

① 曲线的投影在一般情况下仍是曲线，如图 7-1（a）所示。对于平面曲线来讲，当曲线所在的平面与投影面平行时，其投影反映曲线的实形，如图 7-1（b）所示；当曲线所在的平面与投影面垂直时，其投影成一条直线，如图 7-1（c）所示。

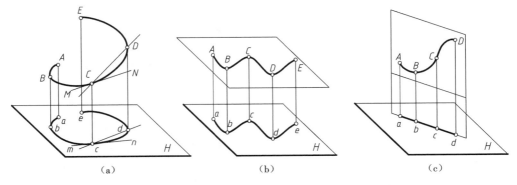

| (a) | (b) | (c) |

图 7-1　曲线的投影

② 二次曲线的投影一般仍为二次曲线。例如圆和椭圆的投影一般是椭圆，但在

特殊情况下也可能是圆或直线。

③ 曲线的切线,它的投影一般与曲线的同面投影相切。图 7-1(a)中,与曲线相交的直线 CD 为曲线的割线,当割线 CD 绕着点 C 转动,并始终与曲线接触,点 D 沿着曲线移动,逐渐接近点 C,最后与点 C 重合。此时割线 CD 变成切线 MN,与曲线相切于点 C。它们的投影也从割线 cd 变成切线 mn,与曲线相切于点 c。

4) 曲线的图示方法

绘制曲线的投影,一般是先在曲线上取一系列点,然后将这一系列点的投影求出,最后用曲线板依次光滑地连接起来。在实际工程中,如果知道曲线的形成方法、几何性质或投影特性,根据几何性质作图,即可以提高绘图的精度,也可以提高绘图的速度。

5) 工程中常见曲线的投影

(1) 圆的投影

圆的投影有三种情况:当圆所在的平面平行于投影面时,其投影反映该圆的实形,如图 7-2(a)所示;当圆所在的平面与投影面倾斜时,其投影是椭圆,如图 7-2(b)、(c)所示的水平投影;当圆所在的平面与投影面垂直时,其投影成一条直线,它的长度等于圆的直径,如图 7-2(b)、(c)的正面投影。

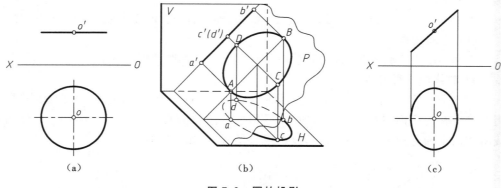

图 7-2　圆的投影

【例 7-1】　已知圆的正面投影以及圆心的 V、H 面投影 o 和 o',求作该圆的水平投影,如图 7-3(a)所示。

【分析】　根据已知条件,如图 7-3(a)所示,圆的正面投影成一条直线,说明了圆所在的平面垂直于 V 面,而且直线 $a'b'$ 的长度等于圆的直径 D。由于直线 $a'b'$ 与投影轴倾斜,说明了圆所在的平面与 H 面倾斜,那么圆在 H 面上的投影是椭圆。在绘制该椭圆时,首先确定椭圆长、短轴的端点。从图 7-2(b)中可以看出,椭圆长轴 cd 是圆的水平直径 CD 的投影,cd 的长度等于圆的直径 D,椭圆短轴 ab 是直径 CD 的共轭直径 AB 的投影(共轭直径——一直径如平分与另一直径平行的弦,则这对直径称为共轭直径。对于圆来讲,相互垂直的两直径即为共

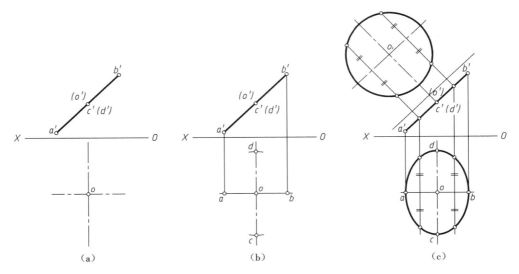

图 7-3　作圆的两投影
(a)已知条件;(b)确定轴的端点;(c)求一般点的投影,完成全图

轭直径。在圆的所有共轭直径中,AB 与 CD 这对共轭直径的投影最为特殊,其水平投影仍然垂直,而且是投影椭圆的长、短轴)。

【解】　作图步骤如下。

①确定特殊点的投影。长对正,求出投影椭圆短轴的端点 a、b,从点 o 前后截取 c、d 两点,使得 $oc=od=o'a'=o'b'$,如图 7-3(b)所示。

②确定一般点的投影,利用换面法,求出圆的实形投影,在实形投影圆周上取一般点,本题对称地取了 4 个一般点,然后求得这 4 个一般点的水平投影,如图 7-3(c)所示。

③用光滑曲线将所得的投影点依次相连,加深,完成全图。

(2)圆柱螺旋线

当一个动点 M 沿着一直线等速移动,而该直线同时绕着与它平行的一轴线等角速度回转时,动点 M 复合运动的轨迹就是一根圆柱螺旋线。直线旋转一周,回到原来的位置,动点移动到新位置 M_1,点 M 在该直线上移动的距离 MM_1,称为螺旋线的螺距,以 P 标记。

由于直线绕轴线旋转方向的不同,圆柱螺旋线分左旋和右旋两种。当圆柱的轴线为铅垂线时,右旋螺旋线的特点是螺旋线可见的部分自左向右升高,如图 7-4(a)所示,左旋螺旋线的特点是螺旋线可见的部分自右向左升高,如图 7-4(b)所示。圆柱的直径、螺距和旋向是形成螺旋线的三个基本要素。

【例 7-2】　已知圆柱的直径 ϕ 和螺距 P,求作右旋螺旋线,如图 7-5(a)所示。

【分析】　根据螺旋线的形成规律,动点 M 的 H 面投影在圆周上做等角速度

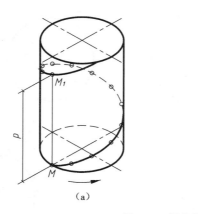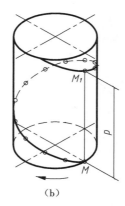

图 7-4 螺旋线的形成

(a)右旋螺旋线;(b)左旋螺旋线

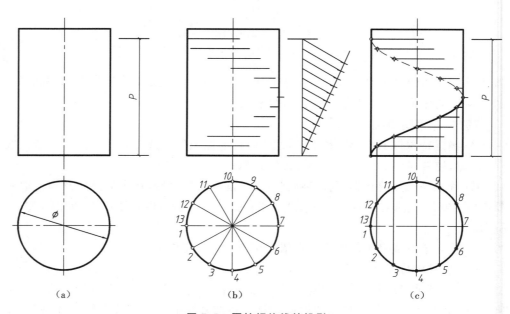

图 7-5 圆柱螺旋线的投影

(a)已知条件;(b)将圆周与螺距 12 等分;(c)求对应点、连线

运动,动点 M 的 V 面投影在圆柱高度方向亦有匀速运动的分量,即点 M 的 H 面投影在圆周上旋转 $1/n$ 圆周,动点 M 的 V 面投影在高度方向上也上升 $1/n$ 螺距。

【解】 作图步骤如下。

① 将圆柱水平投影圆的圆周 12 等分,同时将螺距也 12 等分,如图 7-5(b)所示。

② 过螺距的各分点作水平线,再在圆周上的各分点作竖直的投影连线,求出其相应的交点,如图 7-3(c)所示。

③ 用光滑曲线将所求点依次相连,即求得螺旋线的正面投影。在圆柱可见面上的螺旋线可见,投影绘制成实线;在圆柱不可见面上的螺旋线不可见,投影绘制成虚线。螺旋线的水平投影包含在圆柱面积聚投影中。

7.1.2 曲面

1) 曲面的形成

曲面可以看成是一条线运动的轨迹,这根运动的线称为母线。母线在曲面上的任何一个位置称为素线。母线既可以是直线,也可以是曲线。当母线做规则运动时所形成的曲面称为规则曲面。控制母线运动的点、线、面,称为定点、导线和导面(也称约束条件)。图 7-6 中的曲面是直母线 A_0A_1 沿着曲导线 $ABCDE$ 移动,且始终平行于直导线 MN 而形成的。

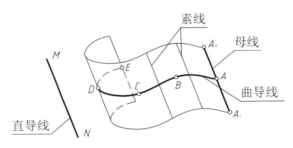

图 7-6　曲面的形成

一个曲面的形成方法是多种多样的,同一个曲面,可以看成不同母线、不同约束条件运动而形成的。例如图 7-7 中的圆柱面,可以看成由直母线做旋转运动而成[见图 7-7(a)],也可以看成曲母线(圆)做垂直于圆平面的直线运动而形成[见图 7-7(b)]。

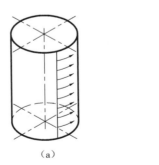
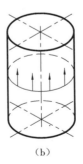

(a)　　　　　　　　　　(b)

图 7-7　圆柱面的不同形成方法

2) 曲面的分类

(1) 根据母线运动形式不同分类

① 回转面。

回转面是指母线绕一定轴做旋转运动而形成的曲面,如圆柱面、圆锥面、圆球面、圆环面、单叶双曲回转面、抛物回转面等。

② 非回转面。

非回转面是指母线根据其他约束条件运动而形成的曲面,如椭圆柱面、椭圆锥面、平螺旋面、双曲抛物面、柱状面、锥状面等。

(2) 根据母线形状不同分类

① 直纹曲面。

直纹曲面是指母线为直线的曲面,如圆柱面、圆锥面、单叶双曲回转面、柱状面、锥状面、平螺旋面、双曲抛物面等。

② 曲纹曲面。

曲纹曲面是指母线为曲线的曲面,如圆球面、圆环面、抛物回转面等。

3) 工程中常见曲面的投影

回转面中的圆柱面、圆锥面和球面是工程中常见的曲面,这部分将在下节中详细介绍。本节中介绍工程中其他常见曲面的投影。

(1) 单叶双曲回转面

形成:单叶双曲回转面是由直母线绕和它交叉的轴线旋转所形成的曲面,如图7-8所示。

单叶双曲回转面在形成过程中,母线上各点的运动轨迹都是圆,其圆心在轴线上。母线上距离轴线最近点运动轨迹圆称为喉圆。在同一个单叶双曲回转面内,有两组不同方向的素线,如图7-9所示。同组的素线互不相交,相邻的两素线相互交叉。

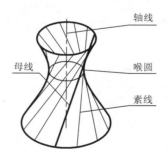

图 7-8 单叶双曲回转面

图 7-9 不同方向的素线

单叶双曲回转面的投影画法如下。

① 已知直母线 MN 和铅垂的轴线 OO_0 的两面投影,如图7-10(a)所示。首先将 M、N 两点所在纬圆的两面投影画出,如图7-10(b)所示。

② 把过 M、N 的纬圆分别12等分,找到12个分点的两面投影。直母线绕 MN 绕 OO_0 轴线旋转,端点 M 顺时针旋转1/12圆周,端点 N 同样也顺时针旋转1/12圆周,画出另一素线 PQ 的两面投影,如图7-10(c)所示。

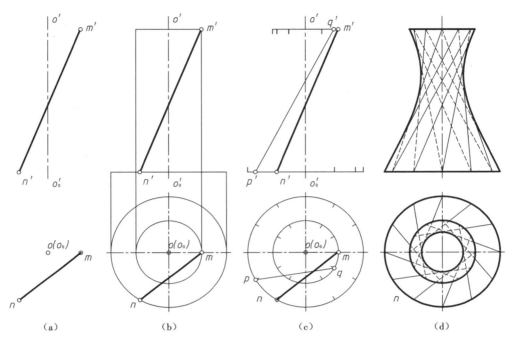

图 7-10　单叶双曲回转面的画法

(a)已知条件;(b)作过母线两端点的纬圆投影;(c)作素线 PQ 的两面投影;(d)完成全图

③ 依次作出每旋转 1/12 圆周后各素线的两面投影。

④ 作出 V 面投影的轮廓线。用光滑曲线作为包络线与各素线的 V 面投影相切,这对包络线是双曲线。单叶双曲回转面的形成亦可以看成是由这对双曲线绕它的虚轴旋转而形成的。曲面各素线的 H 面投影的包络线是曲面喉圆的 H 面投影,该圆与每一条母线均相切。

⑤ 整理素线的两面投影,将投影图中素线不可见的部分绘制成虚线,如图 7-10(d)所示。

(2)柱面

形成:一直母线沿曲导线滑动时始终平行于一直导线,形成的曲面为柱面。曲导线可以不闭合,如图 7-6 所示;也可以闭合,如图 7-11(a)所示。

柱面的投影应画出直导线 MN、曲导线和一定数量的素线的投影,其中包括不闭合柱面的起始、终止位置的素线和各投影的转向素线等,如图 7-11(b)所示。

(3)锥面

形成:一直母线沿曲导线滑动,并始终通过定点 S 所形成的曲面为锥面。同柱面类似,曲导线可以不闭合,如图 7-12(a)所示;也可以闭合,如图 7-12(b)所示。锥面上相邻两条素线是相交直线。

锥面的投影应画出锥顶 S、曲导线和一定数量素线的投影,其中包括不闭合锥面

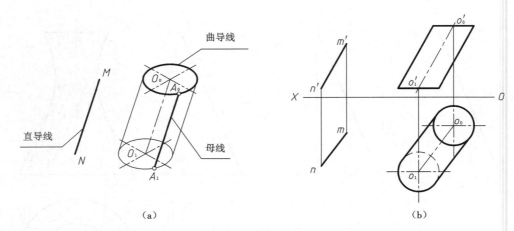

图 7-11 柱面的形成和投影

(a)柱面的形成;(b)柱面的投影

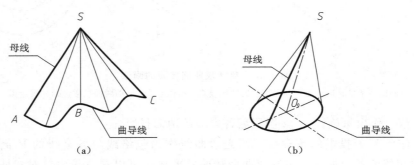

图 7-12 锥面的形成

(a)曲导线不闭合;(b)曲导线闭合

的起始、终止位置的素线和各投影的转向素线等,如图 7-13 所示。

(4) 双曲抛物面

形成:一直母线沿着两交叉直导线滑动,并始终平行于一个导平面所形成的曲面。如图 7-14(a)所示,直母线 AB 沿着直导线 L_1 和 L_2 滑动,并始终平行于铅垂的导平面 P,双曲抛物面上的所有素线都平行于导平面 P。当导平面垂直于 H 面时,该曲面用水平面截得的截交线为双曲线,如图 7-14(b)所示,用正平面和侧平面截得的截交线为抛物线。

双曲抛物面的画法如下。

① 将直导线 AB 的水平投影若干等分,过分点作 P^H 的平行线,即得素线的水平投影,如图 7-15(b)所示。

② 根据素线的水平投影,分别作各素线的正面投影,如图 7-15(b)所示。

③ 在 V 面投影中作出与各素线相切的包络线——抛物线。

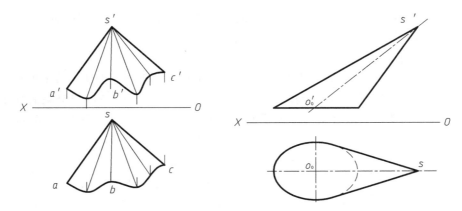

图 7-13 锥面的投影

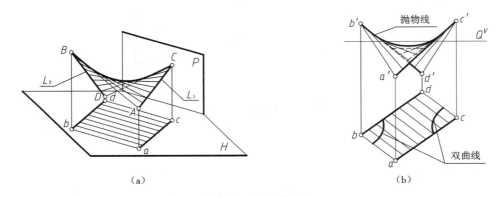

（a）　　　　　　　　　　　（b）

图 7-14 双曲抛物面

（a）双曲抛物面的形成；（b）双曲抛物面的投影及截交线

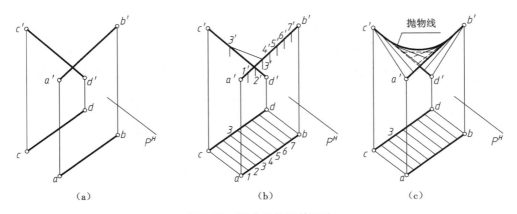

（a）　　　　　　　　　　（b）　　　　　　　　　　（c）

图 7-15 双曲抛物面的画法

（a）已知条件；（b）求素线的两面投影；（c）完成投影图

④ 整理图线,将 V 面投影中不可见的素线绘制成虚线,完成全图,如图 7-15(c)所示。

(5) 柱状面

形成:一直母线沿两条曲导线滑动,并始终平行于一个导平面所形成的曲面。如图 7-16(a)所示,直母线 AB 沿着曲导线 L_1 和 L_2 滑动,并始终平行于铅垂的导平面 P,柱状面上的所有素线都平行于导平面 P。图 7-16(b)所示为导平面与 W 面平行的柱状面的三面投影。

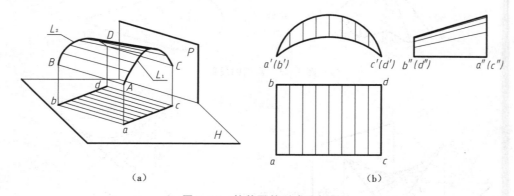

(a)　　　　　　　　　　　(b)

图 7-16　柱状面的形成及投影

(a)柱状面的形成;(b)柱状面的投影

(6) 锥状面

形成:一直母线沿着一条直导线和一条曲导线滑动,并始终平行于一导平面所形成的曲面。如图 7-17(a)所示,直母线 AB 沿着曲导线 L_1 和直导线 L_2 滑动,并始终平行于铅垂的导平面 P,锥状面上的所有素线都平行于导平面 P。图 7-17(b)所示为导平面与 W 面平行的锥状面的三面投影。

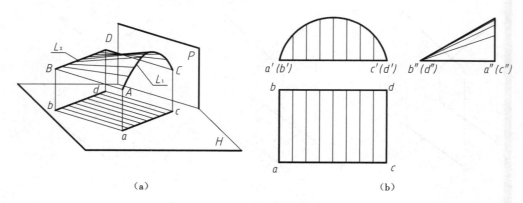

(a)　　　　　　　　　　　(b)

图 7-17　锥状面的形成及投影

(a)锥状面的形成;(b)锥状面的投影

（7）平螺旋面

形成：直母线一端沿着曲导线（圆柱螺旋线）滑动，另一端沿着直导线（该螺旋线的轴线）滑动，直母线始终平行于与轴线垂直的一个导平面，如图 7-18（a）所示。

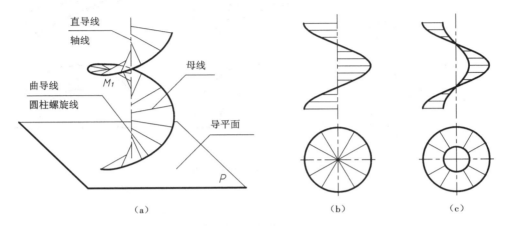

图 7-18 螺旋面的形成及投影

(a)螺旋面的形成；(b)螺旋面的投影；(c)空心螺旋面的投影

平螺旋面是锥状面的一种，当直导线（轴线）垂直于 H 面时，绘制平螺旋面投影图的具体方法如下。先绘制出圆柱螺旋线（曲导线）和轴线（直导线）的两投影，然后将圆柱螺旋线 n 等分，将螺旋线水平投影的各分点与圆心（轴线的积聚投影）连线，就绘制出了平螺旋面上各素线的水平投影，如图 7-18（b）、（c）所示的水平投影。素线的 V 面投影是过螺旋线 V 面投影上各分点引到轴线 V 面投影的水平线，如图 7-18（b）、（c）所示的正面投影。如图 7-18（c）所示，用一个同轴的小圆柱面与平螺旋面相交，它们的交线也是一个同导程的螺旋线，形成一个空心的平螺旋面。

【例 7-3】 已知螺旋形楼梯扶手弯头的水平投影和弯头断面 ABCD 的投影，如图 7-19（a）所示，求扶手弯头的正面投影。

【分析】 以矩形 ABCD 为断面的螺旋形楼梯扶手，实际上是由 1/2 导程的平螺旋面和内外圆柱面所组成的。直线 AB 和 CD 的运动轨迹形成内、外圆柱面，直线 AD 和 BC 的运动轨迹是空心平螺旋面。只要作出以直线 AD 和 BC 为母线的两个空心平螺旋面的正面投影，就可以得到螺旋形楼梯扶手的正面投影。

【解】 作图步骤如下。

① 将水平投影同心半圆 6 等分，并将 AD 上升的高度 6 等分，求出以直线 AD 为母线的空心平螺旋面的投影，如图 7-19（b）所示。

② 同理，将 BC 上升的高度 6 等分，求出以直线 BC 为母线的空心平螺旋面的投影。

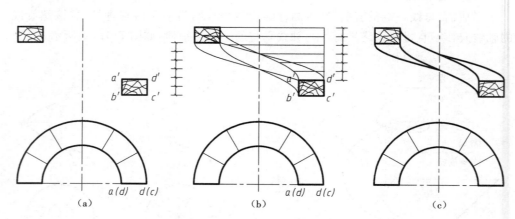

图 7-19   螺旋形楼梯扶手

(a)已知条件;(b)求以 *AD* 和 *BC* 为母线的平螺旋面;(c)整理图形

③ 判别可见性,整理图形,完成正面投影,如图 7-19(c)所示。

下面介绍平螺旋面在建筑工程的实际应用之一————螺旋楼梯的绘制方法。

【例 7-4】   已知螺旋楼梯的导程(P),内、外侧圆柱面的直径(ϕ_1、ϕ_2),楼梯板厚度($P/12$),并设螺旋楼梯一圈有 12 个步级,求作螺旋楼梯的两面投影。

【解】   作图步骤如下。

① 根据导程,内、外侧圆柱面的直径以及步级数,画出螺旋面的两面投影。将螺旋面水平投影同心圆 12 等分,每一等分就是螺旋楼梯上一个踏面的 H 面投影。将导程 12 等分,求出空心平螺旋面的 V 面投影,如图 7-20(a)所示,有关楼梯的基本概念,如图 7-21 所示。

② 画螺旋楼梯踢面和踏面的投影。

螺旋面水平投影的每一等分就是螺旋楼梯上一个踏面的 H 面投影,两个踏面的分界线是螺旋楼梯踢面的积聚投影。螺旋楼梯踢面和踏面的 V 面投影可以由水平投影作图得到。踏面的正面投影为一水平线,其长度为踏面水平投影的最左点到最右点的距离;踢面的正面投影为一矩形,每一踢面的高度是 $P/12$,如图 7-20(b)所示。

③ 作楼梯板的正面投影。

楼梯底板也是一个平螺旋面,其正面投影将已画出的平螺旋面向下移动楼梯板厚度($P/12$)画出即可,如图 7-20(c)所示。

④ 整理图形,将不必要的作图线擦掉,如图 7-20(d)所示,为了加强直观性,可对所得图形加以适当的渲染。

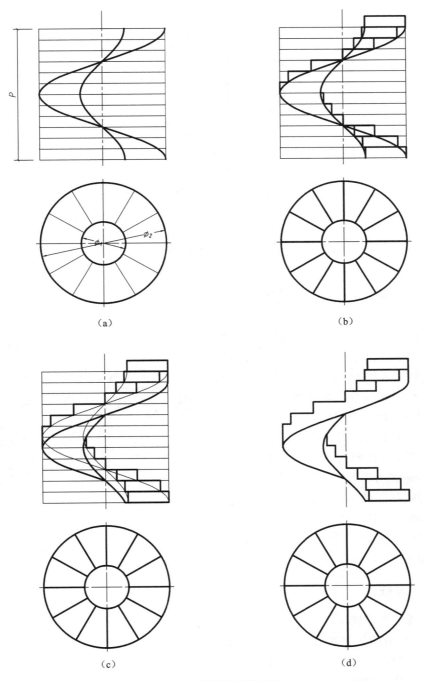

图 7-20　螺旋楼梯的画法

（a）作出圆柱螺旋面；（b）作出楼梯踢面和踏面的 H、V 面投影
（c）将圆柱螺旋面下移楼梯板的厚度；（d）整理图形，完成螺旋楼梯的两面投影

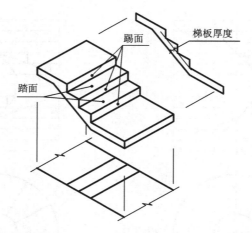

图 7-21 楼梯的基本概念

7.2 曲面立体的投影

在建筑工程中常见的曲面立体是回转体。回转体是由回转面围成或由回转面和平面围成的立体,主要包括圆柱、圆锥、球、环等。本节主要研究回转体的图示方法与表面定点问题。

回转面是母线绕轴线旋转所形成的曲面。母线上任意点回转时的轨迹是一个圆周,称之为纬圆。纬圆所在的平面垂直于轴线,纬圆的半径为母线上的点到轴线的距离。回转面上半径最大的纬圆称为赤道圆;回转面上半径最小的纬圆称为喉圆,如图 7-22 所示。

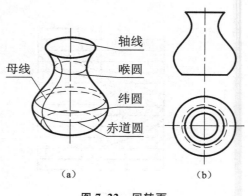

图 7-22 回转面

(a)回转面的形成;(b)回转面的投影

7.2.1 圆柱

1)圆柱的形成

圆柱是由圆柱面和顶、底两个圆面所组成的。圆柱面由一直母线绕着与之平行的轴线回转而成,如图 7-23(a)所示。

2)圆柱的投影

圆柱的投影与圆柱的空间位置有关,如图 7-23(a)所示,当圆柱的轴线铅垂时,圆柱的上、下底面与 H 面平行,其 H 面投影反映圆的实形,而与 V 面和 W 面垂直,

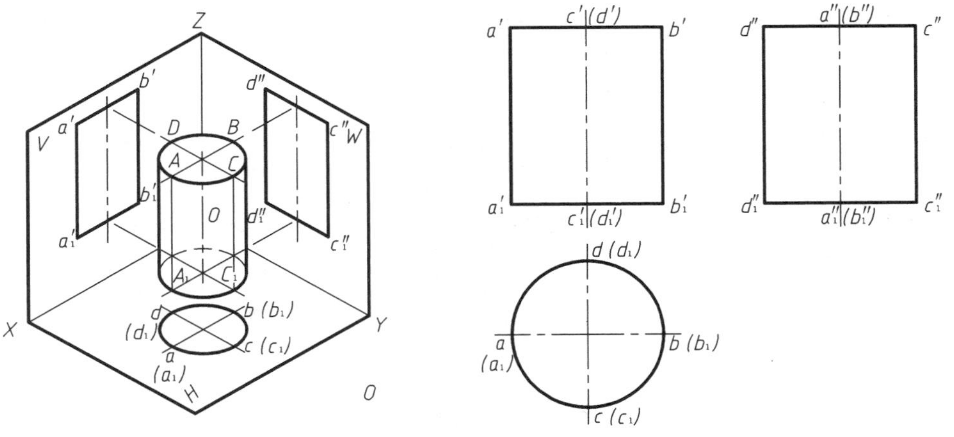

(a)　　　　　　　　(b)

图 7-23　圆柱的投影

(a)立体图；(b)投影图

在 V 面和 W 面上的投影有积聚性，积聚成水平的线段，该线段的长度为上、下底面圆的直径；而圆柱面是一个回转面，与 H 面垂直，其 H 面投影有积聚性，积聚在圆周上，其 V 面和 W 面投影是两个全等的矩形。V 面投影中的 $a'a'_1$、$b'b'_1$ 是素线 AA_1 和 BB_1 的投影，是反映圆柱投影轮廓的素线，称之为轮廓素线，它将柱面分为前后两部分，对于 V 面投影，前半个柱面可见，而后半个柱面不可见。同理，W 面投影中的 $c''c''_1$、$d''d''_1$ 是轮廓素线 CC_1 和 DD_1 的投影，它将柱面分为左右两部分，对于 W 面投影，左半个柱面可见，而右半个柱面不可见。作图时，先绘制顶面、底面圆的投影，再绘制圆柱面的轮廓素线，如图 7-23(b)所示。

3）圆柱表面上定点

在圆柱表面上定点，应先根据点的已知投影，分析该点在柱面上的位置，并充分利用圆柱面（顶面和底面圆面）有积聚性的投影，利用积聚性先将该投影求出，然后利用投影规律求另外一个投影。

【例 7-5】　如图 7-24(a)所示，已知圆柱表面上点 A、B、C 的一个投影，求其余两投影。

【分析】　已知点 A 的 V 面投影 a'，从而可知点 A 应在柱面的左前表面，由点 B 的 W 面投影(b'')可知点 B 在柱面的右后表面上。首先利用积聚性将点 A、B 的 H 面投影 a 和 b 求出，然后再求第三投影。点 C 的位置比较特殊，它在圆柱面的最右轮廓素线上，其投影可以直接求出。

【解】　作图步骤如下。

① 利用长对正求出点 A 和点 C 的 H 面投影 a、c，利用宽相等求出点 B 的 H 面投影 b，如图 7-24(b)所示。

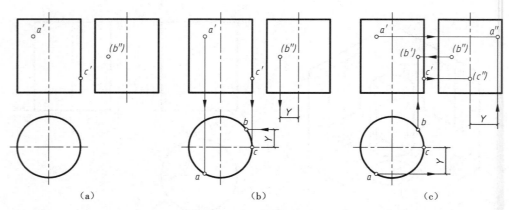

图 7-24 圆柱面上取点

(a)已知条件;(b)求水平投影;(c)求另一投影,判断可见性

② 利用高平齐、宽相等求出点 A 的 W 面投影 a'',利用高平齐、长对正求出点 B 的 V 面投影 b',利用高平齐求出点 C 的 W 面投影 c'',如图 7-24(c)所示。

③ 判断投影的可见性:点 A 在左前表面,所以其 W 面投影可见,以 a'' 表示;点 B 在右后表面,所以其 V 面投影不可见,以 (b'') 表示;点 C 在最右轮廓素线上,所以其 W 面投影不可见,以 (c'') 表示。

7.2.2 圆锥

1) 圆锥的形成

圆锥是由圆锥面和底面圆面所组成的。圆锥面由一直母线绕一条与之相交的轴线回转而成,如图 7-25(a)所示。

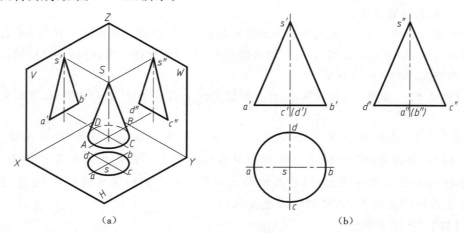

图 7-25 圆锥的投影

(a)立体图;(b)投影图

2）圆锥的投影

如图 7-25(b)所示,当圆锥的轴线铅垂时,圆锥的底面与 H 面平行,其 H 面投影反映圆的实形,而在 V 面和 W 面上的投影有积聚性,积聚成一条直线,该线段的长度为底面圆的直径;圆锥面的 V 面和 W 面投影是两个全等的等腰三角形,素线 SA、SB、SC、SD 分别是圆锥面的最左、最右、最前和最后的轮廓素线,反映在 V 面投影中是等腰三角形的两个腰 $s'a'$、$s'b'$,反映在 W 面投影中是等腰三角形的两个腰 $s''c''$、$s''d''$。作图时,先确定锥顶 S 的投影 s' 和 s'',再连接两腰线即可。

3）圆锥表面上定点

圆锥面与圆柱面的投影相比较,其最大的区别是圆锥面的投影无积聚性,因此在圆锥表面上定点的方法与圆柱面不同,其方法更具有一般性。在第 3 章中讲过,在面上定点,首先应该在面上过该点作一条辅助线。在圆锥表面上定点,根据圆锥的形成和投影特点,所采用的辅助线有两种,一是圆锥面的素线(直线),二是圆锥面的纬圆(圆)。

① 方法一:素线法。

过点 M 作圆锥的素线 $S\ \text{I}$,其三面投影分别为 $s1$、$s'1'$ 和 $s''1''$,点 M 的三面投影必在素线的同名投影上,即可以求出点 M 另外的投影。

② 方法二:纬圆法。

作过点 M 的圆锥面的纬圆,该纬圆与圆锥底面平行,同时与圆锥的轴线垂直。当圆锥轴线为铅垂线时,该纬圆与 H 面平行,其 H 面投影反映纬圆的实形,且与底面圆同心;纬圆与 V 面和 W 面垂直,其投影积聚成一条直线,长度反映纬圆的直径。

【例 7-6】 已知点 M 的正面投影,分别利用素线法和纬圆法求圆锥面上点 M 的另外两个投影。

【解】 作图步骤如下。

① 素线法。

如图 7-26(a)所示,过 m' 作素线 $S\ \text{I}$ 的正面投影 $s'1'$,然后求出素线的水平投影 $s1$,点 M 在 $S1$ 上,利用长对正求出点 M 的 H 面投影 m,然后利用高平齐、宽相等求出点 M 的 W 面投影 m''。

② 纬圆法。

如图 7-26(b)所示,过 m' 作纬圆的正面投影——积聚成一条水平线段,然后求出纬圆与轮廓素线交点 1 的水平投影,画出纬圆的实形投影——H 面投影,点 M 在该纬圆上,利用长对正求出点 M 的 H 面投影 m,然后利用高平齐、宽相等求出点 M 的 W 面投影 m''。

7.2.3　圆球

1）圆球的形成

圆球的表面是圆球面。圆球面是由一个圆母线绕着它的一条直径为轴回转而成的,如图 7-27(a)所示。

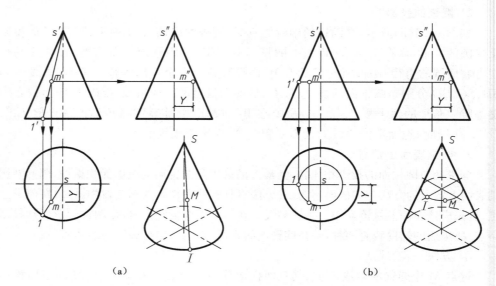

图 7-26　圆锥面上取点

(a)素线法；(b)纬圆法

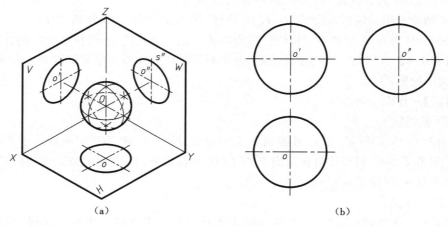

图 7-27　球的投影

(a)立体图；(b)投影图

2）球的投影

圆球的三面投影均为等直径的圆，其直径为圆球的直径，如图 7-27(b)所示。

圆球的 H 面投影是水平赤道圆的实形投影，水平赤道圆与 H 面平行，该圆的 V 面和 W 面投影积聚成一条水平的直线，分别是投影圆的水平直径，水平赤道圆是区分上、下球面的分界线。同理，圆球的 V 面投影是球面上平行于 V 面直径最大的纬圆，也是区分前、后球面的分界线；圆球的 W 面投影是球面上平行于 W 面直径最大的纬圆,也是区分左、右球面的分界线。作图时,先确定球心的三个投影,再画出三个与球等直径的圆。

3)球表面上定点

在球面上定点,可以利用圆球面上平行于投影面的纬圆(水平纬圆、正平纬圆、侧平纬圆)作图。

【例 7-7】 如图 7-28(a)所示,已知球表面上点 A、B 的一个投影,求其余两投影。

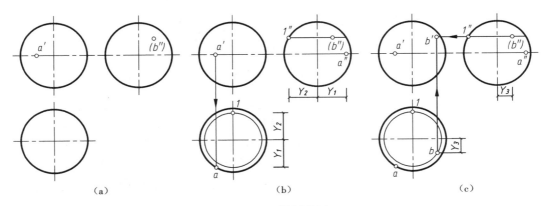

图 7-28 球面上取点

(a)已知条件;(b)求点 A 的投影及作纬圆;(c)求点 B 的其他两投影

【分析】 已知点 A 的 V 面投影 a' 在轴线上,从而说明点 A 在水平赤道圆上,其他两投影可以利用该特点直接求出。由点 B 的 W 投影 (b'') 可知点 B 在球面的右前上表面,其他两投影需采用纬圆法求得。

【解】 作图步骤如下。

① 利用长对正求出点 A 的 H 面投影 a,然后利用高平齐、宽相等求出点 A 的 W 面投影 a''。

② 过 b'' 作水平纬圆的侧面投影——积聚成一条水平线段,然后求出纬圆与轮廓素线交点 1 的水平投影,画出纬圆的实形投影——H 面投影,如图 7-28(b)所示。

③ 点 B 在该纬圆上,利用宽相等求出点 B 的 H 面投影 b,然后利用高平齐、长对正求出点 B 的 V 面投影 b',如图 7-28(c)所示。

7.2.4 圆环

1)圆环的形成

圆环的表面是圆环面。圆环面是由一个圆为母线,绕着与其共面的圆外直线为轴线回转而成的,如图 7-29 所示。

2)圆环的投影

当圆环的轴线铅垂时,圆环的 H 面投影为两个同心圆,大圆半径 R 等于圆环赤

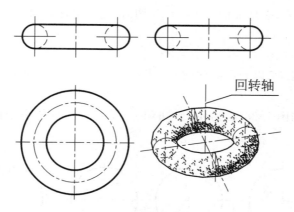

图 7-29　环面的投影

道圆的半径,小圆半径 r 等于圆环喉圆的半径,$R-r$ 等于母线圆的直径。绘制 H 面投影时,还需绘制出圆心运动轨迹的投影,用中心线绘制。环面的 V 面、W 面投影上的两个圆,分别是当母线圆运动到与 V 面和 W 面平行时的投影,均反映母线的实形。实线半个圆表示外环面的投影轮廓线,虚线半个圆为内环面的投影轮廓线。V 面和 W 面投影中顶、底两直线是母线最高点和最低点回转轨迹圆的积聚投影,如图 7-29 所示。

3) 环表面上定点

在环面上定点,可以利用纬圆法。如图 7-30 所示,已知圆环表面上点 A 的正面投影,可以分析出点 A 在圆环的右上前外环面。首先作过点 A 的纬圆的正面投影,过 a' 作水平线段,然后取纬圆半径,在 H 面投影中绘制出该纬圆的实形投影——圆,利用长对正求出点 A 的水平投影 a,最后利用高平齐、宽相等,求出侧面投影 a'',且该点的侧面投影不可见。

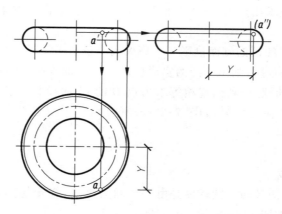

图 7-30　环面上取点

7.3 曲面立体的截切

平面切割曲面体,截交线一般为平面曲线,特殊情况下可能是直线。直线的投影只要确定两个端点的投影即可作出,而在求曲线的投影之前,应该根据平面切割曲面体的不同情况,分析截交线的形状,然后按照曲线投影的求法,先确定曲线上特殊点的投影,如最高点、最低点、最左点、最右点、最前点、最后点等极限位置点以及曲线上其他特殊点的投影,再根据作图的实际情况,选取适当的一般点,作其投影,最后将这些点用光滑曲线依次相连即可绘出截交线的投影。

7.3.1 圆柱的截交线

平面切割圆柱有三种情况,如表 7-1 所示。用截平面切割圆柱体的第一种情况,截平面与圆柱的轴线垂直时,所得的截交线为圆,断面图形为圆形;第二种情况,截平面与圆柱的轴线平行,截平面与圆柱的顶面、底面相切割,截交线为两条线段,同时与圆柱面相切割,截交线为圆柱的两条素线,断面图形为矩形;第三种情况,截平面与圆柱的轴线倾斜,截交线为椭圆,断面图形为椭圆形。

表 7-1 平面切割圆柱

截平面位置	垂直与轴	平行于轴	倾斜于轴
截交线形状	圆	矩形	椭圆
立体图			
投影图			

对于截交线的前两种情况,截平面平行于某一个基本投影面,在所平行的投影面

上可以反映断面的实形。而第三种情况,截平面与某一投影面垂直,因此不能在投影中反映断面的实形,可以通过辅助平面法求断面的实形。第三种情况截交线实形是椭圆,在截平面垂直的投影面上的投影是一倾斜的线段,在截平面倾斜的投影面上的投影,一般情况下也是椭圆,而且投影的椭圆随着截平面与轴线夹角的变化而变化,特别是当截平面与圆柱轴线夹角为 45°时,其投影椭圆的长、短轴相等,此时投影变为圆,如图 7-31 所示。

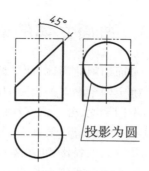

图 7-31 截平面与轴线夹角 45°

【例 7-8】 已知斜截圆柱的正面投影和侧面投影,如图 7-32(a)所示,求其水平投影。

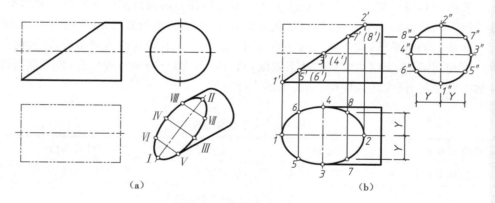

(a)   (b)

图 7-32 圆柱被正垂面切割

(a)已知条件;(b)作图

【分析】 从已知投影可知,圆柱的轴线与 W 面垂直,圆柱水平放置,从 V 面投影可以看出,该圆柱是被正垂面切割,截平面与轴线倾斜,且与轴线的夹角不是 45°,可以判断出,截交线的水平投影是椭圆。

【解】 作图步骤如下。

① 画出圆柱完整的水平投影。

② 求截交线水平投影。

先求截交线上特殊点的投影。立体图中的 Ⅰ、Ⅱ、Ⅲ、Ⅳ 四点,点 Ⅰ、Ⅱ 既是圆柱最高、最低轮廓素线上的点,也是断面椭圆长轴的端点,点 Ⅲ、Ⅳ 既是圆柱最前、最后轮廓素线上的点,也是断面椭圆短轴的端点。利用这些点在轮廓素线上的特点,直接求出这 4 点的水平投影 1、2、3、4。

再求适当数量中间点的投影。为了使作图准确,在特殊位置点之间的适当位置取截交线上的一般点。一般情况下,一般点可以对称取,立体图中的 Ⅴ、Ⅵ、Ⅶ、Ⅷ 4点,利用长对正、宽相等求出一般点的水平投影 5、6、7、8。

连接截交线。根据 W 面投影上各点的次序 1″—5″—3″—7″—2″—8″—4″—6″—1″，将水平投影中的各点依次用光滑曲线相连 1—5—3—7—2—8—4—6—1，求得截交线的水平投影。

③ 判断可见性，整理形体的轮廓素线，去掉被截切的部分。

圆柱水平投影的最前、最后轮廓素线由右端面到点 3、4 为止，其余部分擦去。水平投影其余所有图线均可见。

④ 检查、加粗、加深投影。

检查无误后，按照要求加深图线，完成全图，如图 7-32(b)所示。

【例 7-9】　已知圆柱被切割后的正面投影，如图 7-33(a)所示，求水平投影和侧面投影。

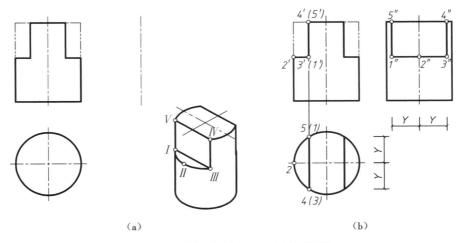

图 7-33　圆柱被侧垂面与水平面切割

(a)已知条件；(b)作图

【分析】　从已知投影可知，圆柱被多个截平面切割，对于多个截平面切割，求截交线时，应分别对每个截平面与圆柱的相对位置、截交线的形状、投影进行分析，然后再依次作出每一条截交线，最后再求出每两个相邻截平面交线的投影。对于本题，圆柱被两个侧平面和一个不连续的水平面切割掉左上、右上两部分，形成榫头形状。由于圆柱轴线铅垂，所以侧平面切割所得的截交线为与顶面的截交线——直线，与圆柱面的截交线——圆柱的两条素线(直线)，三条直线组成；用水平面切割所得的截交线为与圆柱面的截交线——两段不连续的圆弧。此外，此三个截平面之间有两条交线，分别是两条正垂线。从正面投影可以看出，两个侧平面的切割位置对称，因此，所得截交线左右对称。

【解】　作图步骤如下。

① 画出圆柱完整的侧面投影。

② 求截交线的水平投影和侧面投影。

　　a. 求用水平面切割所得的截交线——圆弧Ⅰ Ⅱ Ⅲ。利用长对正先求水平投影 *1*、*3*,弧 *13* 反映实形,在圆柱面的积聚投影上;在利用高平齐、宽相等求出 *1″*、*3″*;连接截交线,侧面投影 *1″—2″—3″* 是一条水平线段。

　　b. 求用侧平面切割所得的截交线——三段线段Ⅲ Ⅳ、Ⅳ Ⅴ、Ⅴ Ⅰ。利用长对正先求水平投影 *4*、*5*,其中 *45* 是截平面与顶面的交线,反映截交线的实长;与圆柱面的截交线为圆柱面上两条素线的一部分,其水平投影分别积聚成一点 *5(1)*、*4(3)*。再求侧面投影,侧面投影中分别过点 *1″*、*3″* 作截交线 *1″5″*、*3″4″* 的投影,与顶面的交线Ⅳ Ⅴ的侧面投影 *4″5″* 与圆柱顶面圆的积聚投影重合;连接截交线,水平投影连接 *4—5*,侧面投影连接 *3″—4″—5″—1″*。

　　c. 求水平截面与侧平截面的交线——直线Ⅰ Ⅲ。其水平投影 *13* 与 *45* 重合;侧面投影 *1″3″* 与 *1″3″* 重合。

　　d. 利用对称性将截交线对称的右半部分画出。

　　③ 判断可见性,整理形体的轮廓素线,去掉被截切的部分。

　　圆柱侧面投影的转向轮廓素线完整。水平投影其余所有图线均可见。

　　④ 检查、加粗、加深投影。

　　检查无误后,按照要求加深图线,完成全图,如图 7-33(b)所示。

7.3.2　圆锥的截交线

　　平面切割圆锥有 5 种情况,如表 7-2 所示。

表 7-2　平面切割圆锥

截平面位置	垂直于轴	倾斜于轴且与圆锥面上所有素线相交	平行于圆锥面上的一条素线	平行于圆锥面上的两条素线	通过锥顶
截交线形状	圆	椭圆	抛物线	双曲线	过锥顶的两条相交素线
立体图	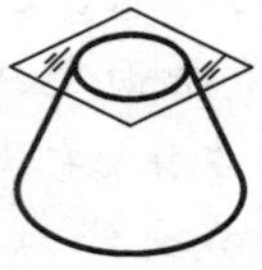	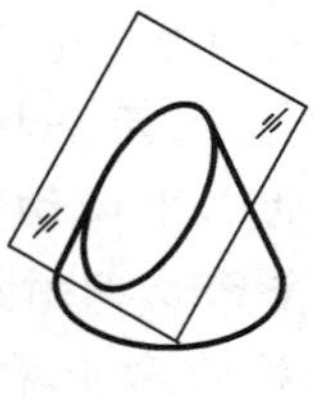	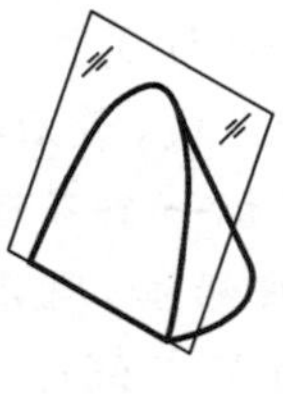	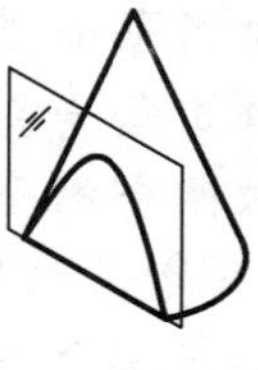	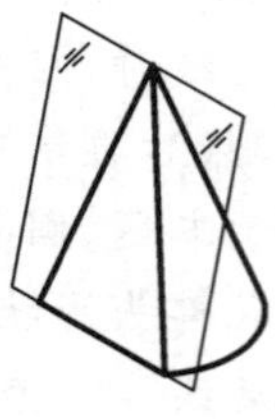
投影图		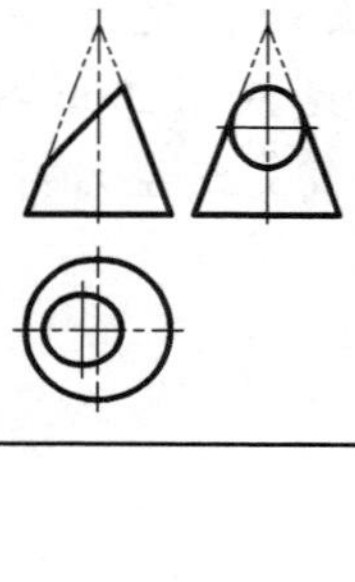	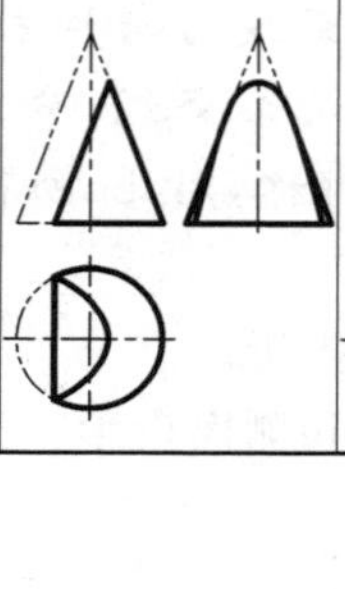	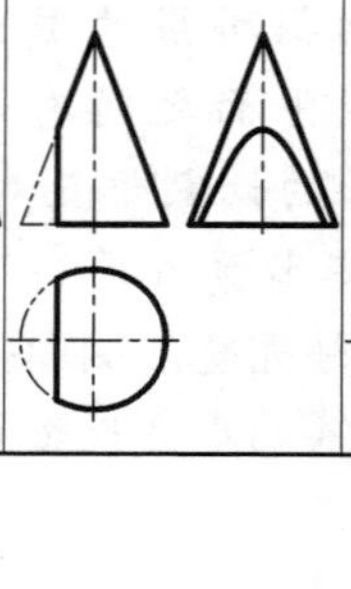	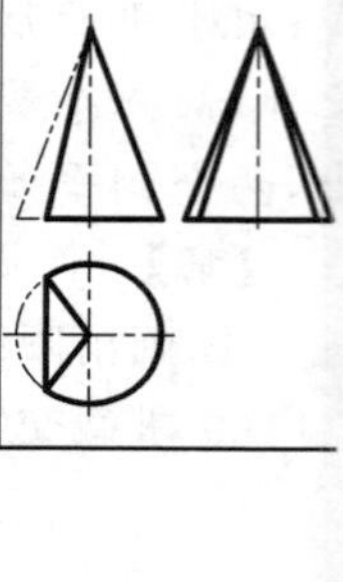

　　用截平面切割圆锥体有 5 种情况。第一种情况,截平面与圆锥的轴线垂直时,所得的截交线为圆,断面图形为圆形;第二种情况,截平面倾斜于圆锥的轴线,且与圆锥面上所有素线都相交时,所得的截交线为椭圆,断面图形为椭圆形;第三种情况,截平面平行于圆锥面上的一条素线时,截交线为抛物线;第四种情况,截平面平行于圆锥面上的两条素线时,截交线为双曲线;第五种情况,截平面通过圆锥的锥顶时,截交线为圆锥面上两条相交的素线,断面图形为等腰三角形。

　　【例 7-10】　已知圆锥被正垂面切割,如图 7-34(a)所示,补画水平投影和侧面投影。

　　【分析】　从已知投影可知,切割圆锥的正垂面与圆锥面的所有素线都相交,属于平面切割圆锥的第二种情况,截交线为椭圆。正垂面与圆锥最左和最右轮廓素线的交点,为椭圆长轴的端点,而椭圆短轴垂直于 V 面,垂直平分椭圆长轴。

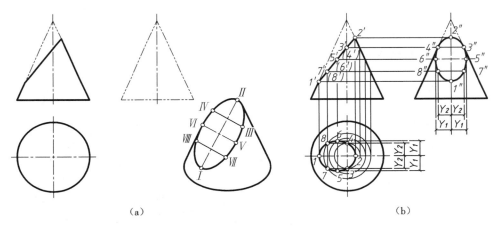

图 7-34　圆锥被正垂面切割
(a)已知条件;(b)作图

　　【解】　作图步骤如下。
　　① 画出圆锥完整的侧面投影。
　　② 求截交线水平投影和侧面投影。
　　先求截交线上特殊点的投影。立体图中的 Ⅰ、Ⅱ、Ⅲ、Ⅳ 四点,点 Ⅰ、Ⅱ 既是圆锥最左、最右轮廓素线上的点,也是断面椭圆长轴的端点,点 Ⅲ、Ⅳ 是圆锥最前、最后轮廓素线上的点。利用此特点直接求出该 4 点的水平投影 1、2、3、4 和侧面投影 1″、2″、3″、4″。点 Ⅴ、Ⅵ 是断面椭圆短轴的端点,但这两个点不在圆锥的轮廓素线上,可以利用纬圆法求其水平投影 5、6 和侧面投影 5″、6″。

　　再求适当数量中间点的投影。为了使作图准确,在特殊位置点之间的适当位置取截交线上的一般点。立体图中的 Ⅶ、Ⅷ 两点,利用纬圆法求出一般点的水平投影 7、8 和侧面投影 7″、8″。

连接截交线。将水平投影和侧面投影中的各点用光滑曲线相连。

③ 判断可见性,整理形体的轮廓素线,去掉被截切的部分。

圆锥侧面投影的最前、最后轮廓素线由底面到 3″、4″为止,其余部分擦去。侧面及水平投影其余所有图线均可见。

④ 检查、加粗、加深投影。

检查无误后,按照要求加深图线,完成全图,如图 7-34(b)所示。

【例 7-11】 已知带切口的圆锥体的正面投影,如图 7-35(a)所示,补画水平投影和侧面投影。

【分析】 从已知投影可知,圆锥被水平的 P 平面和正垂的 Q 平面切割,水平面 P 垂直于圆锥的轴线,截交线为圆,但没有完全截断圆锥,截交线为优弧,H 面投影反映实形,V、W 面投影均为一条与轴平行的水平线段。正垂面 Q 平行于圆锥的最右轮廓素线,截交线为抛物线。P 面与 Q 面都与 V 面垂直,此二截平面的交线为正垂线,其水平投影被圆锥实体所挡,为虚线。当用多个截平面切割立体,求每个截平面所得截交线时,可以求出特殊点的投影,再适当求出一些一般点,然后用光滑曲线相连即可。

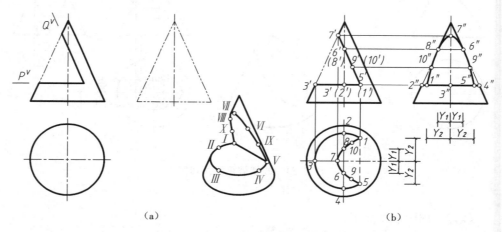

图 7-35　圆锥被水平面与正垂面切割

(a)已知条件;(b)作图

【解】 作图步骤如下。

① 画出圆锥完整的侧面投影。

② 求截交线水平投影和侧面投影。

a. 求用水平面 P 切割所得的截交线——圆弧Ⅰ Ⅱ Ⅲ Ⅳ Ⅴ。其 H 面投影反映实形,在 V 面投影中量取半径,然后画出纬圆的水平投影,利用长对正,求出圆弧起点、迄点的水平投影 1、5;再利用高平齐、宽相等求出 1″、5″;连接截交线,侧面投影 1″—2″—3″—4″—5″是一条水平线段。

　　b. 求用正垂面 Q 切割所得的截交线——抛物线 Ⅴ Ⅸ Ⅵ Ⅶ Ⅷ Ⅺ 。利用"长对正、宽相等"先求点Ⅶ水平投影 7 和侧面投影 $7''$，然后利用"高平齐"，求出Ⅵ、Ⅷ两点的侧面投影 $6''$、$8''$，再利用"宽相等"求出此两点的水平投影 6、8；求一般点的投影，在 V 面投影中前、后取 $9'$、$10'$ 两点，并量取其纬圆半径，在 H 面投影中绘制该纬圆的实形投影，"长对正"求出其水平投影 9、10，最后用"长对正、宽相等"求出其侧面投影 $9''$、$10''$。用光滑曲线连接截交线，水平投影连接 $5—9—6—7—8—10—1$，侧面投影连接 $5''—9''—6''—7''—8''—10''—1''$。

　　c. 求水平面 P 与正垂面 Q 的交线——直线 Ⅰ Ⅴ 。其水平投影 15 被圆锥实体所阻挡，故绘制成虚线；侧面投影 $1''5''$ 与 $1''2''3''4''5''$ 重合。

　　③ 判断可见性，整理形体的轮廓素线，去掉被截切的部分。

　　圆锥侧面投影的最前、最后轮廓素线由底面到 $2''$、$4''$ 为止，由锥顶到 $6''$、$8''$ 存在，其余部分擦去。侧面及水平投影中，除 15 画虚线外，其余所有图线均可见。

　　④ 检查、加粗、加深投影。

　　检查无误后，按照要求加深图线，完成全图，如图 7-35(b)所示。

7.3.3　球的截交线

　　用平面切割球只有一种情况，也就是无论用怎样的平面切割球，其截交线都是圆，断面图形都是圆形，只不过当截平面与投影面平行时，在所平行的投影面上反映实形，当截平面与投影面倾斜时，其投影为椭圆，如表 7-3 所示。

表 7-3　平面切割球

截平面位置	投影面的平行面	投影面的垂直面
截交线形状	圆	圆
立体图	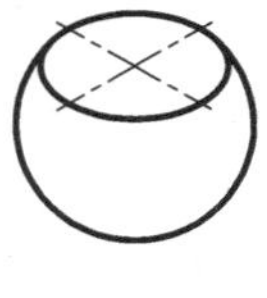	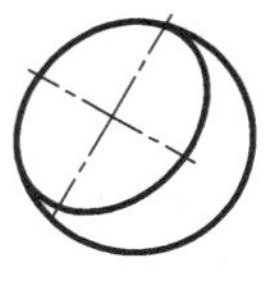
投影图	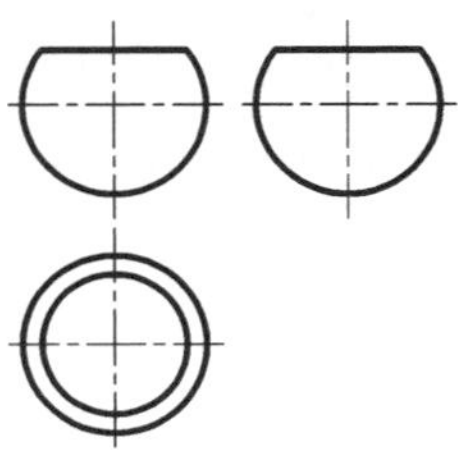	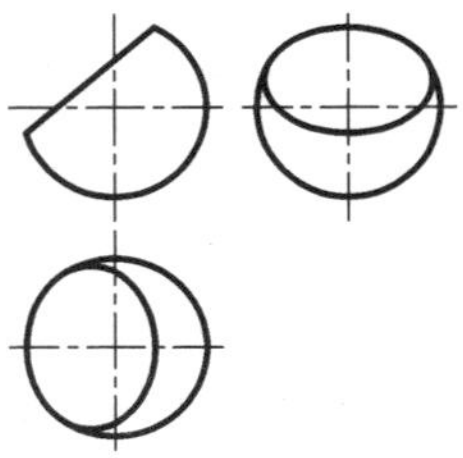

【例 7-12】　已知圆球被正垂面切割,如图 7-36(a)所示,补画水平投影和侧面投影。

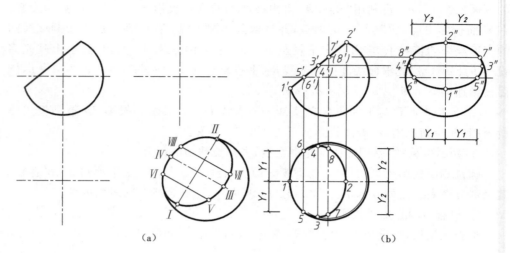

图 7-36　球被正垂面切割

(a)已知条件;(b)作图

【分析】　从已知投影可知,用正垂面切割球,属于平面切割球的第二种情况,截交线为圆,其 H、W 面投影为椭圆。

【解】　作图步骤如下。

① 画出圆球完整的水平投影和侧面投影。

② 求截交线水平投影和侧面投影。

求截交线上特殊点的投影。立体图中的 Ⅰ、Ⅱ、Ⅴ、Ⅵ、Ⅶ、Ⅷ 6 点都是圆球的三面投影上直径最大的纬圆上的点,其投影可以利用此特点直接求出。Ⅰ、Ⅱ 两点是球面上平行于 V 面直径最大的纬圆上的点,同时也是截交线的最高、最低、最左、最右的点,同时也是断面圆投影所得椭圆短轴的端点;Ⅴ、Ⅵ 两点是球面上平行于 H 面直径最大的纬圆(赤道圆)上的点;Ⅶ、Ⅷ 两点是球面上平行于 W 面直径最大的纬圆上的点。此外,Ⅲ、Ⅳ 两点是断面圆投影所得椭圆长轴的端点,是截交线的最前、最后的点。Ⅲ、Ⅳ 两点的投影需要采用纬圆法,首先,在 V 面投影中作过 3′、4′ 两点的水平纬圆的投影,为与轴平行的水平线段,截取纬圆半径,在 H 面投影中画出纬圆的实形投影,然后利用"长对正",求得水平投影 3、4 两点,然后利用"高平齐、宽相等"求得侧面投影 3″、4″ 两点。

再求适当数量中间点的投影。本题所求特殊点位置比较均匀,绘制截交线的其余投影已经满足需要,本题不再取中间点。

连接截交线将 W 面投影上各点的次序相连,1″—5″—3″—7″—2″—8″—4″—6″—1″,再将水平投影中的各点依次相连,求得截交线的水平投影 1—5—3—7—

$2—8—4—6—1$。

③ 判断可见性，整理形体的轮廓素线，去掉被截切的部分。

圆球的水平投影的转向轮廓素线由右面到点 5、6 为止，其余部分擦去。侧面投影的转向轮廓线由下面到点 $7''$、$8''$ 为止，其余部分擦去。水平投影及侧面投影中其余所有图线均可见。

④ 检查、加粗、加深投影。

检查无误后，按照要求加深图线，完成全图，如图 7-36(b)所示。

【例 7-13】 已知被切割的半圆球的水平投影，如图 7-37(a)所示，补画正面投影和侧面投影。

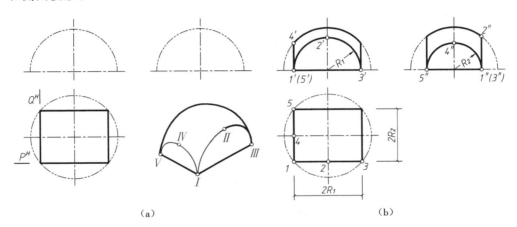

图 7-37 半圆球被正平面与侧平面切割

(a)已知条件；(b)作图

【分析】 从已知投影可知，半圆球被两个正平面 P 和两个侧平面 Q 切割，且切割平面彼此对称。四个切割平面所得的截交线都是半圆，正平面 P 切割所得的截交线 V 面投影反映半圆的实形，侧平面 Q 切割所得的截交线 W 面投影反映半圆的实形。

【解】 作图步骤如下。

① 画出半圆球完整的正面投影和侧面投影。

② 求截交线正面投影和侧面投影。

a. 求用正平面 P 切割所得的截交线——半圆弧 I II III。利用"长对正"先求点 I 的正面投影 $1'$，然后画出过点 I 的正平纬圆的正面投影——半圆弧，半径为 R_1；然后求得 $2'$、$3'$ 两点。半圆弧的侧面投影为一条竖直线段。

b. 求用侧平面 Q 切割所得的截交线——半圆弧 I IV V。过点 $1''$ 作过点 I 的侧平纬圆的侧面投影——半圆弧，半径为 R_2；然后求得 $4''$、$5''$ 两点。半圆弧的正面投影为一条竖直线段。

c. 判断可见性，整理形体的轮廓素线，去掉被截切的部分。将半圆球转向轮廓素线切去的部分擦掉。

　　d. 检查、加粗、加深投影。

　　检查无误后,按照要求加深图线,完成全图,如图 7-37(b)所示。

7.3.4　回转体的截交线

　　回转体是由母线绕一轴线旋转而形成的。母线上每个点的运动轨迹都是圆,求回转体的截交线,可以采用纬圆法。

　　【例 7-14】　已知被截切的回转体的侧面投影,如图 7-38(a)所示,求水平投影和正面投影。

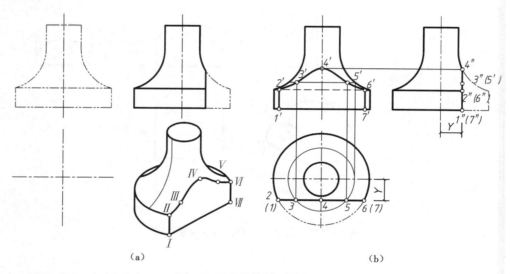

图 7-38　回转体被正平面切割

(a)已知条件;(b)作图

　　【分析】　从已知投影可知,此回转体被正平面切割,截交线的正面投影反映断面实形,截交线的水平投影为一条与轴平行的水平线段。

　　【解】　作图步骤如下。

　　① 画出回转体完整的水平投影和正面投影。

　　② 求截交线水平投影和正面投影。

　　a. 截交线的水平投影有积聚性,为水平的直线段,根据"宽相等"画出水平投影。

　　b. 求截交线的正面投影。实际上,可以将此回转体分为三部分,上、下两部分为圆柱,中间部分为一回转面,切割平面切割到下面的半径较大的圆柱和中间的回转面。切割圆柱面所得的是两条素线 Ⅰ Ⅱ、Ⅵ Ⅶ,利用长对正,求出 $1'2'$、$6'7'$;切割回转面所得的是一平面曲线,点Ⅳ是截交线的最高点,也在回转面最前的轮廓素线上,其正面投影可以通过高平齐直接求出 $4'$。再求适当数量中间点的投影Ⅲ、Ⅴ。利用纬圆法首先从侧面投影中对称取 *3″*、*5″* 两点,然后截取通过该两点的纬圆的半径,在 *H* 面投影中画出该纬圆的实形投影,求得Ⅲ、Ⅴ两点的水平投影 *3*、*5*,最后利用高平齐、长对正求得此两点的正面投影 *3′*、*5′* 两点。用光滑曲线连接 *2′—3′—4′—5′—6′* 各点,得到截交线的正面投影。

③ 判断可见性,整理形体的轮廓素线,去掉被截切的部分。

正面投影中 *2′*、*6′* 两点之间应用虚线相连,是圆柱面与回转面的交线,在截平面之前的部分已切掉,在截平面之后的部分仍然存在,但在截平面后面为不可见,所以用虚线相连。

④ 检查、加粗、加深投影。

检查无误后,按照要求加深图线,完成全图,如图 7-38(b)所示。

【本章要点】

① 了解曲线、曲面及曲面立体的形成。

② 能绘制常见曲线、曲面的投影图。

③ 熟练掌握基本回转体投影的绘制方法及在其表面上定点。

④ 掌握圆柱、圆锥及球面上的截交线的绘制方法。

第 8 章　两立体相贯

两立体相交,称为两立体相贯。相交立体表面的交线称为相贯线,参与相贯的立体叫作相贯体。相贯线上的点是两立体表面上的共有点,称为相贯点。

两立体相贯的基本形式有两平面立体相贯、平面立体与曲面立体相贯、两曲面立体相贯,如图 8-1 所示。

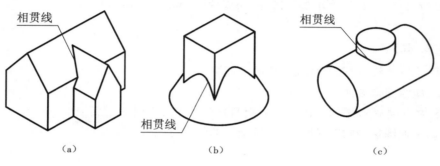

图 8-1　两立体相贯

(a)两平面立体相贯;(b)平面立体与曲面立体相贯;(c)两曲面立体相贯

在两立体相贯中,一个立体的棱线与另一个立体表面的交点称为贯穿点,如图 8-1(a)、(b)中都存在贯穿点。

8.1　两平面立体相贯

8.1.1　相贯线的特点

两平面立体相贯,其相贯线一般情况下是由直线段围成的封闭的空间折线多边形,如图 8-2(a)所示。当一个平面立体全部贯穿另一个平面立体时,称为全贯,如图 8-2(b)所示,其相贯线为平面折线多边形,图 8-2(a)、图 8-2(c)所示的称为互贯。若两个立体有公共表面,则产生的相贯线是不封闭的,如图 8-2(c)所示,但可以认为相贯线是封闭于公共面的。构成折线的每条线段,均是两个平面立体有关棱面的交线,而每一个折点就是贯穿点,是一个立体的棱线与另一个立体棱面的交点。折线段的数量与参与相贯的平面立体的棱面数量有关,而折点的数量即为贯穿点的数量。

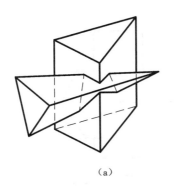 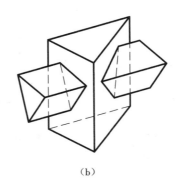 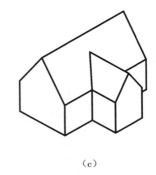

（a）　　　　　　　　　（b）　　　　　　　　　（c）

图 8-2　相贯线的特点

（a）相贯线为空间封闭的折线段；（b）相贯线为平面封闭的折线段；（c）相贯线不封闭

8.1.2　相贯线的求法

1）交点法

求出两平面立体中棱线的贯穿点，依次将处在两个立体同一表面上的点按次序、区分可见与不可见、分实线与虚线连接成相贯线。

2）交线法

求出两平面立体各表面的交线，组成相贯线。

由此可以看出，求相贯线问题实际上就是求棱线与表面的交点、表面与表面的交线问题，可以利用积聚投影特性或用辅助平面法求交点或交线。

8.1.3　相贯线作图的注意事项

① 只有位于甲立体的同一表面上，同时也位于乙立体同一表面上的点才能相连。

② 判断相贯线可见的原则是产生该段相贯线的两立体表面的同面投影同时可见，否则为不可见。

③ 相贯线求出之后，还要整理图形，完成全图。确定两个立体的每一条棱线是否完整，在两立体投影重叠处，将不可见的棱线（棱面）绘制成虚线，并将棱线连接到相应的贯穿点上，在连接时注意判断其可见性。

【例 8-1】　如图 8-3（b）所示，求两棱柱的相贯线。

【分析】　如图 8-3（a）立体图所示，三棱柱 ABC 的 B、C 棱线与三棱柱 DEF 相交，三棱柱 DEF 的 E 棱线与三棱柱 ABC 相交，两棱柱互贯，其相贯线为一个由封闭的空间折线段形成的空间多边形；三条棱线参与相贯，贯穿点共有 6 个；由于竖直放置的三棱柱 DEF 棱面的 H 面投影有积聚性，相贯线的水平投影必落在积聚投影中，能直接确定。

【解】　作图步骤如下。

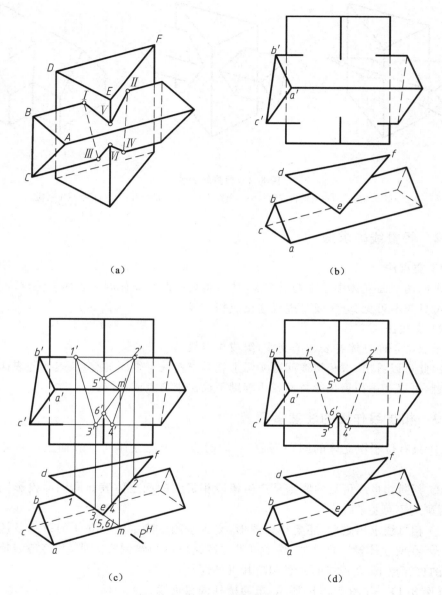

图 8-3 两棱柱相贯线的求法

(a)立体图;(b)已知条件;(c)求贯穿点;(d)完成全图

① 求贯穿点。

利用棱柱 *DEF* 棱面 *H* 面投影的积聚性,得贯穿点 Ⅰ、Ⅱ、Ⅲ、Ⅳ、Ⅴ、Ⅵ 的 *H* 面投影 *1*、*2*、*3*、*4*、*5*、*6*,然后作点 Ⅰ、Ⅱ、Ⅲ、Ⅳ 的 *V* 面投影 *1′*、*2′*、*3′*、*4′*。利用辅助平面法求贯穿点 Ⅴ、Ⅵ 的 *V* 面投影 *5′*、*6′*。

② 连接贯穿点,绘制相贯线的 V 面投影。

将位于三棱柱 ABC 同一表面上又位于三棱柱 DEF 同一表面上的贯穿点相连,$1'-5'-2'-4'-6'-3'-1'$,如图 8-3(c)所示。

③ 判别可见性。

在 V 面投影中,棱面 BC 为不可见,故相贯线 $2'4'$、$1'3'$ 不可见,绘制成虚线,其余均可见,绘制成实线。

④ 整理图形,完成正面投影。

棱线 A 完整,其 V 面投影完整。B、C、E 棱分别连接到贯穿点,检查无误后,加深各投影中的棱线,完成全图,如图 8-3(d)所示。

【例 8-2】 如图 8-4(a)所示,求三棱柱与四棱锥的相贯线。

【分析】 如图 8-4(a)所示,三棱柱与四棱锥相贯。由于三棱柱棱面的 V 面投影有积聚性,相贯线的 V 面投影为已知。三棱柱的 3 个棱面有积聚性,因此相贯线可以用交线法来求,分别求 P、Q 平面与四棱锥的相贯线即可。

【解】 作图步骤如下。

① 求棱面 P 的相贯线。

P 平面与四棱锥的四个表面相交,相贯线即为 4 条。利用棱面 P 的积聚性,可以确定 $1'-2'-4'$ 和 $1'-3'-5'$,然后求贯穿点 I 的水平投影 1,棱面 P 与棱锥底面平行,因此 4 条相贯线分别平行于四棱锥相应的底边,过点 1 作四棱锥左前、左后底边的平行线,与四棱锥的前后棱线的投影交于点 2、3。再分别过点 2、3 作四棱锥右前、右后底边的平行线,交三棱柱右棱线于点 4、5,然后求出此 4 段相贯线的 W 面投影,如图 8-4(b)所示。

② 求棱面 Q 的相贯线。

同理,Q 平面与四棱锥的 4 个表面相交,相贯线也为 4 条。首先求贯穿点 VI 的水平投影 6 与侧面投影 $6''$,然后求贯穿点 VII、VIII 的侧面投影 $7''$、$8''$,再利用"宽相等"求出其水平投影 7、8,连接四段相贯线的水平投影 $4-7-6-8-5$ 和侧面投影 $4''-7''-6''-8''-5''$,如图 8-4(c)所示。

③ 判别可见性。

在 H 面投影中,因为三棱柱棱面 P 的 H 面投影不可见,相贯线 $4-2-1-3-5$ 不可见,故连成虚线,棱面 Q 与四棱锥 4 个棱面的投影均可见,相贯线 $4-7-6-8-5$ 可见,故绘制成实线。在 W 面投影中,$4''-2''-1''-3''-5''$ 落在三棱柱下棱面的积聚投影中,积聚成一条直线,相贯线 $4''-7''-6''-8''-5''$ 在棱面 Q 上,侧面投影不可见,绘制成虚线。

④ 整理图形,完成水平与侧面投影。

分析三棱柱与四棱锥的每一条棱线,分别将参与相贯的棱连接到贯穿点,四棱锥的最右棱线完整,其侧面投影应绘制成虚线。检查无误后,按照要求对图线进行加工,完成全图,如图 8-4(d)所示。

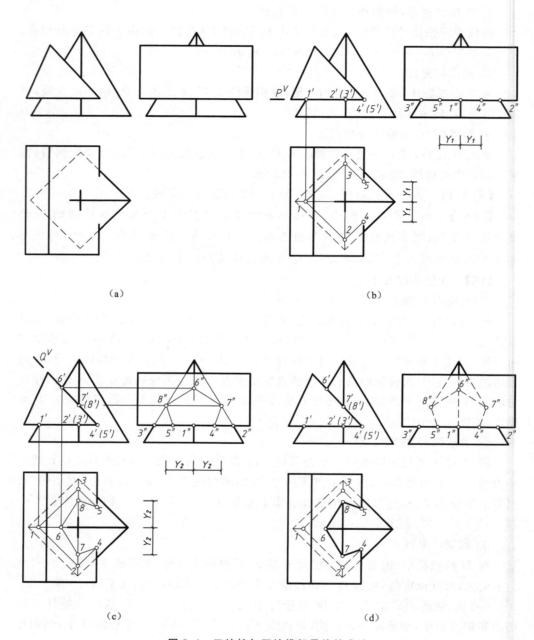

（a）

（b）

（c）

（d）

图 8-4 三棱柱与四棱锥相贯线的求法

（a）已知条件；（b）求与 P 平面的相贯线；（c）求与 Q 平面的相贯线；（d）完成全图

8.2 平面立体与曲面立体相贯

8.2.1 相贯线的特点

平面立体与曲面立体相贯,一般情况下,相贯线是由若干条平面曲线组成的空间封闭线环。有时当平面立体的某个面与圆柱面或圆锥面的交线为素线时,该段相贯线为直线,此时相贯线是由平面曲线和直线组合而成的空间封闭线环。同样,当平面体与曲面体有公共表面时,相贯线也可以不封闭。

8.2.2 相贯线的求法

相贯线上的每段平面曲线或直线,就是平面立体的某一个棱面与曲面立体表面的交线,即该棱面切割曲面立体所得的截交线,相邻两个平面曲线之间的转折点就是平面立体的棱线与曲面立体的贯穿点。

作图时,先求贯穿点,再根据求曲面立体上截交线的方法,求出每段曲线或直线。实际上,求平面立体与曲面立体的相贯线,可归纳为求截交线和贯穿点问题。

【例 8-3】 如图 8-5(a)所示,求四棱柱与圆锥的相贯线。

【分析】 如图 8-5(a)所示,四棱柱与圆锥相贯。相当于用四棱柱的 4 个棱面切割圆锥,其中 2 个为正平面,2 个为侧平面,其截交线均为双曲线,正平面 P 所得的相贯线 V 面投影反映双曲线的实形,侧平面 Q 所得的相贯线 W 面投影反映双曲线的实形,且所得的图形前后、左右对称。

【解】作图步骤如下。

① 求贯穿点及棱面 P 的相贯线。

利用圆锥表面取点的方法求贯穿点 Ⅰ、Ⅲ 的正面投影 $1'$、$3'$。然后求 P 平面所得相贯线——双曲线的正面投影和侧面投影,先求双曲线最高点 Ⅱ 的侧面投影 $2''$,再利用高平齐求得正面投影 $2'$。接下来求曲线上一般点的投影,在双曲线水平投影上对称地取两点 Ⅶ、Ⅷ,本例题采用素线法求出该两点的正面投影。依次连接 $1'$—$7'$—$2'$—$8'$—$3'$、$1''$—$7''$—$2''$—$8''$—$3''$,求得相贯线的正面和侧面投影,最后求出前后对称的另一条相贯线,如图 8-5(b)所示。

② 求棱面 Q 的相贯线。

同理,先求双曲线最高点 Ⅳ 的正面投影 $4'$,再利用高平齐求得侧面投影 $4''$。依次连接 $1'$—$4'$—$5'$、$1''$—$4''$—$5''$,求得相贯线的正面和侧面投影,然后求出左右对称的另一条相贯线,如图 8-5(c)所示。

③ 整理图形,完成正面和侧面投影。

检查无误后,按照要求加深图线,完成全图,如图 8-5(d)所示。

【例 8-4】 如图 8-6(a)所示,求三棱柱与圆柱的相贯线。

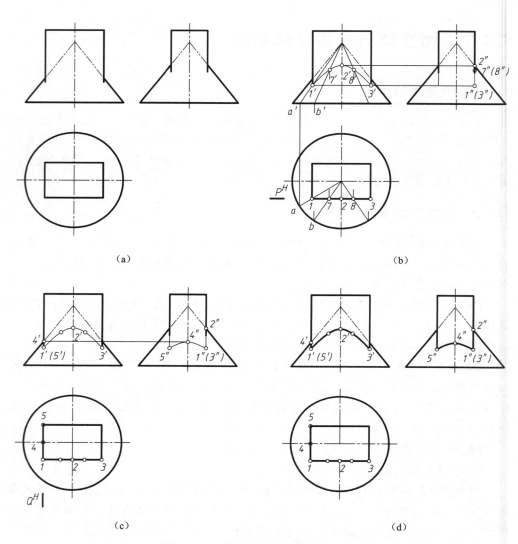

图 8-5　四棱柱与圆锥相贯线的求法

(a)已知条件;(b)求贯穿点及与 P 平面的相贯线;(c)求与 Q 平面的相贯线;(d)完成全图

【分析】　如图 8-6(a)所示,三棱柱与圆柱相贯。相当于用三棱柱的水平面、侧平面和正垂面切割圆柱,正垂面 P 所得的相贯线为椭圆弧,正垂面与圆柱轴线的夹角小于 45°,所以 W 面投影也是椭圆弧;水平面 Q 所得的相贯线为圆弧,H 面投影反映其实形;侧平面 S 所得的相贯线为圆柱的两条素线,是两条直线。

【解】　作图步骤如下。

① 求棱面 P 的相贯线。

利用圆柱表面取点的方法求贯穿点Ⅰ、Ⅲ的侧面投影 1″、3″。然后求椭圆弧最前点Ⅱ的侧面投影 2″。接下来可以再求椭圆弧上一般点的投影,本例略。依次连接

$1''$—$2''$—$3''$,求得相贯线的侧面投影,然后求出前后对称的另一条相贯线,如图 8-6
(b)所示。

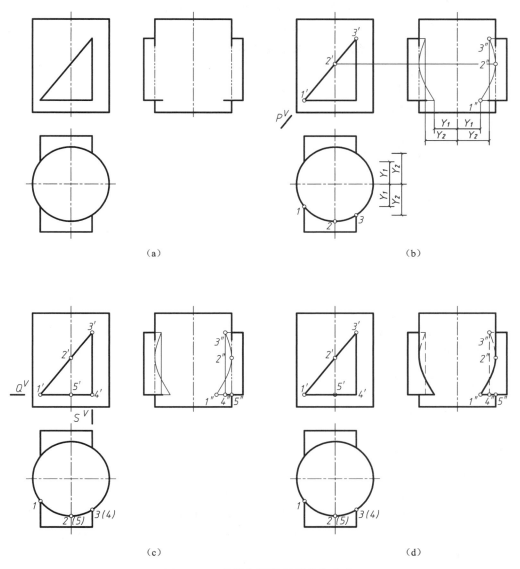

(a)　　　　　　　　　　　(b)

(c)　　　　　　　　　　　(d)

图 8-6　三棱柱与圆柱相贯线的求法

(a)已知条件;(b)求贯穿点及与 P 平面的相贯线;(c)求与 Q、W 平面的相贯线;(d)完成全图

② 求棱面 Q、S 的相贯线。

棱面 Q 所得的相贯线为圆弧,圆弧的最前点 V 和最右点Ⅳ的侧面投影为 $5''$、$4''$,
依次连接 $1''$—$5''$—$4''$,求得相贯线的侧面投影,然后作出与其左右对称的另一条相
贯线;连接 $3''$—$4''$,即为棱面 S 所得的相贯线,如图 8-6(c)所示。

③ 判别可见性。

在 W 面投影中,相贯线上 $1''2''$、$1''5''$ 两段可见,连成实线,相贯线上 $2''3''$、$3''4''$、$4''5''$ 段均在圆柱的右半表面,侧面投影不可见,绘制成虚线。

④ 整理图形,完成水平与侧面投影。

整理三棱柱的每一条棱线,分别连接到贯穿点,同时注意棱线的可见性,注意三棱柱最高的棱线,其侧面投影与贯穿点 $3''$ 连接时为不可见,绘制成虚线。然后整理圆柱的轮廓素线,其最前和最后轮廓素线点Ⅱ以上和点Ⅴ以下存在,连成直线。检查无误后,按照要求加深图线,完成全图,如图 8-6(d)所示。

8.3　两曲面立体相贯

8.3.1　相贯线的特点

两曲面立体相贯,其相贯线一般情况下是封闭的空间曲线,如图 8-1(c)所示。组成相贯线的所有点,均为两曲面体表面的共有点。求两曲面立体相贯线的实质就是求一系列共有点,然后将同面投影用光滑曲线依次相连即可。在特殊情况下相贯线可能是平面曲线或是直线,这一部分在下一节中讨论。

为了比较准确地作出相贯线,在求共有点时,应该先求出相贯线上的特殊点,如最高、最低、最左、最右、最前、最后及轮廓线上的点等,再适当求出一些一般点,以使相贯线能光滑作出。

8.3.2　相贯线的求法

1) 利用积聚性

利用立体表面投影的积聚性直接求出相贯线上的一系列点,即采用表面取点求解。从该曲面立体的积聚投影入手,作出相贯线一系列点的投影,将同面投影用光滑曲线相连即可。

【例 8-5】　如图 8-7(a)所示,求两圆柱的相贯线。

【分析】　如图 8-7(a)所示,半径较大的水平半圆柱与半径较小的铅垂圆柱相贯。水平圆柱的侧面投影有积聚性,铅垂圆柱的水平投影有积聚性,因此相贯线水平投影与侧面投影是已知的,只需求相贯线的正面投影即可。在相贯线上取一系列点,将这些点的正面投影求出,然后用光滑曲线相连即可求出相贯线的正面投影。

【解】　作图步骤如下。

① 求特殊点。

Ⅰ、Ⅲ 两点是相贯线的最高点,同时也在直立圆柱的最左和最右轮廓素线上,是相贯线的最左点和最右点。V 面投影可以直接求出 $1'$、$3'$。Ⅱ、Ⅳ 两点是相贯线的最低点,同时也在直立圆柱的最前和最后轮廓素线上,是相贯线的最前点和最后点。
V 面投影可以利用高平齐直接求出 $2'$、$4'$。

② 求一般点。

为了使相贯线作图准确,在相贯线上应该根据实际绘图情况取一般点。本例题
中,在相贯线上对称地取 4 个一般点 Ⅴ、Ⅵ、Ⅶ、Ⅷ,先确定 H 面投影 5、6、7、8,然后
利用宽相等求出其 W 面投影 $5''$、$6''$、$7''$、$8''$,最后利用高平齐、长对正求出一般点的 V
面投影 $5'$、$6'$、$7'$、$8'$。

③ 连线判别可见性。

以 Ⅰ、Ⅲ 两点为分界,$1'5'2'6'3'$ 可见,连成实线,$3'7'4'8'1'$ 不可见,与所绘实曲
线重合。

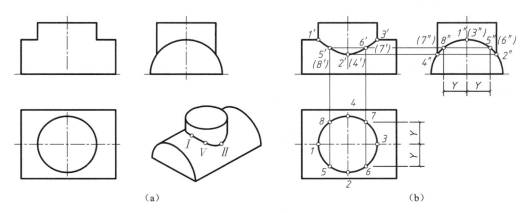

图 8-7 两圆柱相贯线的求法
(a)已知条件;(b)求相贯线

【例 8-6】 如图 8-8(a)所示,求圆柱与圆锥的相贯线。

【分析】 如图 8-8(a)所示,铅垂放置的圆柱与圆锥相贯。圆柱的水平投影
有积聚性,因此相贯线水平投影是已知的。在相贯线上取一系列点,将这些点的
正面投影求出,然后用光滑曲线相连即可求出相贯线的正面投影。

【解】 作图步骤如下。

① 求特殊点。

柱、锥相贯线的水平投影是相内切的两个圆,连接两圆的圆心,并且延长,得到
Ⅰ、Ⅵ 两点,是相贯线的最高点与最低点。Ⅱ、Ⅳ、Ⅷ、Ⅹ 4 点是圆柱最前、最右、
最后、最左轮廓素线上的点,是相贯线的转向点。Ⅲ、Ⅴ、Ⅶ、Ⅸ 4 点是圆锥最前、
最右、最后、最左轮廓素线上的点。这 10 个特殊点均在圆锥面上,可采用纬圆法求这些点的
正面投影。其中点 Ⅰ 在圆锥的底面圆周上,正面投影直接可求,由于圆心连线与轴线
夹角 45°,点 Ⅲ、Ⅸ 与 Ⅴ、Ⅶ 分别在同一高度的纬圆上,同时作出;点 Ⅱ、Ⅹ 与 Ⅳ、Ⅷ 也
分别同一高度的纬圆上,同时作出,如图 8-8(b)所示。

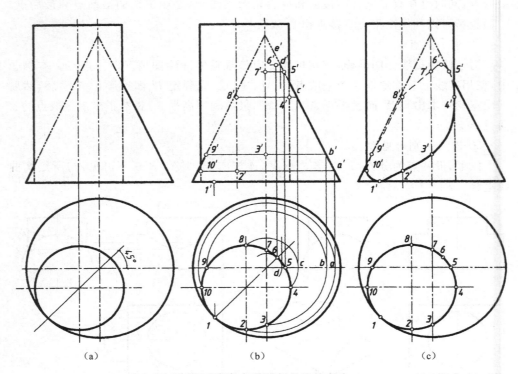

图 8-8　圆柱与圆锥相贯线的求法
(a)已知条件;(b)利用纬圆法求相贯线上特殊点的 V 面投影;(c)完成全图

② 求一般点。

为了使相贯线作图准确,应该在相贯点间距较大的范围内取一般点,本例略。

③ 连线判别可见性。

由于在相贯的两个形体中,相对于 V 面投影来讲,圆柱体的中心靠前,因此在判断相贯线可见性的问题中,相贯线是否可见,以圆柱体为准。以 $4'$、$10'$ 两点为分界,点 $10'—1'—2'—3'—4'$ 可见,连成实曲线,点 $4'—5'—6'—7'—8'—9'—10'$ 均在圆柱的后半表面,V 面投影不可见,绘制成虚曲线。

④ 整理图形,完成水平与侧面投影。

整理圆柱的轮廓素线,将圆柱的最左、最右轮廓素线由上端分别连到贯穿点 $10'$、$4'$。再整理圆锥的轮廓素线,最左轮廓素线在贯穿点 $9'$ 以下,最右素线在贯穿点 $5'$ 以下存在,分别从柱、锥轮廓相交处连到贯穿点,但该部分轮廓素线被圆柱实体所遮挡,为不可见,连成虚线。检查无误后,按照国标要求对图线进行加工,完成全图,如图 8-8(c)所示。

2)辅助面法

作两曲面立体相贯线的另一种方法是辅助面法。用辅助面法求相贯线投影的原理是三面共点。在适当的位置选择合适的辅助面,使它分别与两相交立体表面相交得到两条截交线,两条截交线的交点就是辅助面与两相交立体表面的公有点,即相贯线上的点,如图 8-9 所示。改变辅助面的位置,重复作若干个辅助面,得到足够的公有点,相连接而成相贯线。

可以选择平面或球面作为辅助面。但无论选择平面还是球面,选择辅助面的原则是,使所选择的辅助面与相交两立体表面的截交线的投影简单、易画,如直线或圆。如图 8-10 所示。

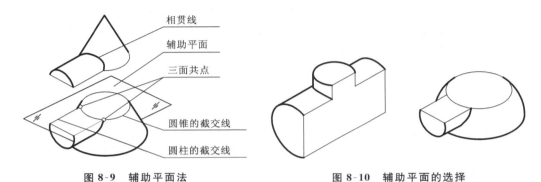

图 8-9　辅助平面法　　　　　　　　图 8-10　辅助平面的选择

【例 8-7】　如图 8-11(a)所示,求圆柱与圆锥的相贯线。

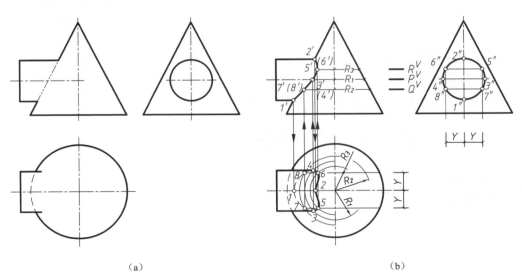

（a）　　　　　　　　　　　　　　　　　（b）

图 8-11　利用辅助平面法求圆柱与圆锥的相贯线

(a)已知条件;(b)利用辅助法求相贯线

【分析】　如图 8-11(a)所示,水平放置的圆柱与圆锥相贯。圆柱的侧面投影有积聚性,因此相贯线侧面投影是已知的。此题可以利用积聚性解题,也可以利用辅助面法解题。本例题采用辅助面法求解,采用水平的辅助平面去切割相贯体,切割圆柱所得的截交线为圆柱的素线——两条直线,切割圆锥所得的截交线为圆,素线与圆的交点即为相贯线上的点。

【解】 作图步骤如下。

① 求特殊点。

圆柱与圆锥的轴线垂直相交,因此相贯线前后对称。Ⅰ、Ⅱ两点是水平圆柱最低与最高轮廓素线上的点,是相贯线上的最低点、最高点,也是圆锥最左轮廓素线上的点,其正面投影与水平投影可以直接求出。Ⅲ、Ⅳ两点是水平圆柱最前与最后轮廓素线上的点,其正面投影与水平投影采用辅助平面求解。水平的 P 平面通过圆柱的轴线,切割圆锥所得纬圆的半径为 R_1,其水平投影圆与圆柱最前、最后轮廓素线的交点即为Ⅲ、Ⅳ两点的水平投影 3、4,长对正求得其正面投影 $3'$、$4'$。

② 求一般点。

分别采用辅助平面 Q、R 切割相贯体,求一般点的正面投影与水平投影。先确定其侧面投影 $5''$、$6''$、$7''$、$8''$(本例题中该四点上下、前后对称),然后分别以 R_2、R_3 为半径绘制纬圆的水平投影——圆,然后用"宽相等"求出这四点的水平投影 5、6、7、8,最后利用"长对正、高平齐"求出正面投影 $5'$、$6'$、$7'$、$8'$。

③ 连线判别可见性。

正面投影中将 $1'$—$7'$—$3'$—$5'$—$2'$ 连成实曲线。水平投影中以 3、4 两点为界,将 3—5—2—6—4 连成实线,4—8—1—7—3 在圆柱不可见的表面上,连成虚线。

④ 整理图形,完成水平与侧面投影。

整理圆柱的轮廓素线,将圆柱的最前、最后轮廓素线分别连到贯穿点 3、4。检查无误后,按照要求加深图线,完成全图,如图 8-11(b)所示。

8.4 两曲面立体相贯的特殊情况

两曲面立体相贯,在特殊情况下相贯线可能是平面曲线或是直线,某些投影可能为直线,当投影为直线时,只需确定投影线段两个端点的投影,然后连成直线即可。

8.4.1 两圆柱的轴线平行

当两个圆柱的轴线平行时,两圆柱面的相贯线为圆柱的素线,如图 8-12 所示,相贯线为两条互相平行的素线Ⅰ Ⅱ、Ⅲ Ⅳ和圆弧Ⅰ Ⅲ。

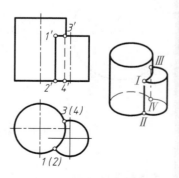

图 8-12 两圆柱的轴线平行

8.4.2　两圆锥面共锥顶

当两个圆锥面共锥顶时，其相贯线为圆锥的素线——直线，如图 8-13 所示，相贯线为两条相交直线 $S\text{I}$、$S\text{II}$。

8.4.3　同轴回转体

当回转体共轴时，其相贯线为圆，并且圆所在的平面垂直于轴线，如图 8-14 所示。

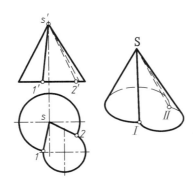

图 8-13　两圆锥共锥顶

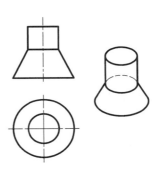

图 8-14　圆柱与圆锥同轴

8.4.4　两回转体共内切于圆球面

当两个二次曲面（如圆柱、圆锥面）共切于另一个二次曲面（如圆球面）时，则此两个二次曲面的相贯线是平面曲线。当曲线（相贯线）所在的平面垂直于某个投影面时，在该投影面上的投影为直线。

① 当两个等直径圆柱轴线正交时，相贯线为两个大小相等的椭圆，如图 8-15(a)所示。相贯线的 V 面投影为两相交直线段。

② 当两个等直径圆柱轴线斜交时，相贯线为两短轴相等、长轴不等的椭圆，如图 8-15(b)所示。相贯线的 V 面投影仍为两条长度不等的直线段。

③ 当圆柱与圆锥的轴线正交时，相贯线为两个大小相等的椭圆，如图 8-15(c)所示。相贯线的 V 面投影为两条相交的直线段。

④ 当圆柱与圆锥的轴线斜交时，相贯线为两个大小不相等的椭圆，如图 8-15(d)所示。相贯线的 V 面投影仍为两条长度不等的直线段。

⑤ 当两个圆锥的轴线正交时，相贯线为两个大小不相等的椭圆，如图 8-15(e)所示。相贯线的 V 面投影为直线段。

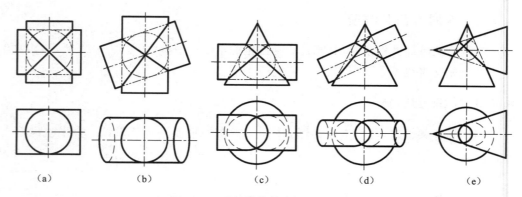

图 8-15　两回转体共内切于圆球面

【本章要点】

① 掌握绘制相贯线的作图方法。

② 能绘制平面立体与平面立体、平面立体与曲面立体相贯线。

③ 能绘制简单的两曲面体的相贯线。

④ 熟悉两曲面立体相贯的特殊情况。

第9章 轴测投影

图 9-1(a)示出形体的三面正投影图,图 9-1(b)示出同一形体的轴测投影图。比较这两个图可以看出:三面正投影图能够准确地表达出形体的形状,且作图简便,但直观性差,需要受过专门训练者才能看懂;而轴测投影图的立体感较强,但度量性差,作图也较烦琐。

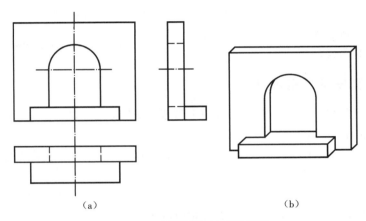

图 9-1 正投影图与轴测投影图

(a)三面正投影;(b)轴测投影

工程上广为采用的多面正投影图,为弥补直观性差的缺点,常常要画出形体的轴测投影,所以轴测投影图是一种辅助图样。

9.1 基本知识

9.1.1 轴测投影图的形成

图 9-2 示出轴测投影图的形成过程。将形体连同确定其空间位置的直角坐标系,用平行投影法,沿 S 方向投射到选定的一个投影面 P 上,所得到的投影称为轴测投影。用这种方法画出的图,称为轴测投影图,简称轴测图。

投影面 P 称为轴测投影面。确定形体的坐标轴 OX、OY 和 OZ 在轴测投影面 P 上的投影 O_1X_1、O_1Y_1 和 O_1Z_1 称为轴测投影轴,简称轴测轴。轴测轴之间的夹角称为轴间角。

轴测轴上某线段长度与它的实长之比,称为轴向变形系数。

① $\dfrac{O_1A_1}{OA}=p$，称为 X 轴向变形系数；

② $\dfrac{O_1B_1}{OB}=q$，称为 Y 轴向变形系数；

③ $\dfrac{O_1C_1}{OC}=r$，称为 Z 轴向变形系数。

如果给出轴间角，便可作出轴测轴；再给出轴向变形系数，便可画出与空间坐标轴平行的线段的轴测投影。所以轴间角和轴向变形系数是画轴测图的两组基本参数。

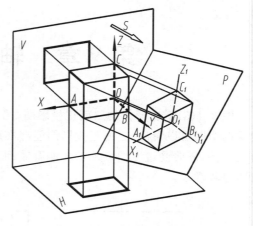

图 9-2　轴测投影图的形成

9.1.2　轴测投影的基本性质

轴测投影是在单一投影面上获得的平行投影，所以它具有平行投影的一切性质。在此应特别指出的是：

① 平行二直线，其轴测投影仍相互平行，因此，形体上平行于某坐标轴的直线，其轴测投影平行于相应的轴测轴；

② 平行二线段长度之比，等于其轴测投影长度之比，因此，形体上平行于坐标轴的线段，其轴测投影与其实长之比，等于相应的轴向变形系数。

9.1.3　轴测投影的分类

① 根据投射线和轴测投影面相对位置的不同，轴测投影可分为以下两种：

a. 正轴测投影，投射线 S 垂直于轴测投影面 P；

b. 斜轴测投影，投射线 S 倾斜于轴测投影面 P。

② 根据轴向变形系数的不同，轴测投影又可分为以下三种：

a. 正（或斜）等轴测投影，$p=q=r$；

b. 正（或斜）二等轴测投影，$p=r\neq q$ 或 $p=q\neq r$ 或 $p\neq q=r$；

c. 正（或斜）三测投影，$p\neq q\neq r$。

其中，正等轴测投影、正二等轴测投影和斜二等轴测投影在工程上常用，本章只介绍正等轴测投影和斜二等轴测投影。

9.2　正等轴测投影

当投射方向 S 垂直于轴测投影面 P 时，若使三个坐标轴与 P 面倾角相等，形体上三个坐标轴的轴向变形系数相等，此时在 P 面上所得到的投影称为正等轴测投影,简称正等测。

9.2.1 轴间角和轴向变形系数

根据计算,正等测的轴向变形系数 $p=q=r=0.82$,轴间角 $\angle X_1 O_1 Z_1 = \angle X_1 O_1 Y_1 = \angle Y_1 O_1 Z_1 = 120°$。画图时,规定把 $O_1 Z_1$ 轴画成铅垂位置,因而 $O_1 X_1$ 轴及 $O_1 Y_1$ 轴与水平线均成 30°角,故可直接用 30°三角板作图,如图 9-3 所示。

为作图方便,常采用简化变形系数,即取 $p=q=r=1$。这样便可按实际尺寸画图,但画出的图形比原轴测投影大些,各轴向长度均放大 $\dfrac{1}{0.82} \approx 1.22$ 倍。

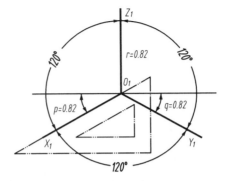

图 9-3 正等测的轴间角
和轴向变形系数

图 9-4 是根据图 9-3 按轴向变形系数为 0.82 画出的正等测图。图 9-5 是按简化轴向变形系数为 1 画出的正等测图。

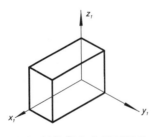

图 9-4 按轴向变形系数为
0.82 画出的正等测图

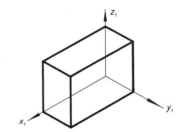

图 9-5 按轴向变形系数为
1 画出的正等测图

9.2.2 点的正等测投影的画法

图 9-6 示出点 $A(X_A, Y_A, Z_A)$ 的三面正投影图,依据轴测投影的基本性质及点的投影与坐标的关系,便可作出如图 9-7 所示的点 A 的正等测投影图。其作图步骤如下。

① 作出正等轴测轴 $O_1 Z_1$、$O_1 X_1$ 及 $O_1 Y_1$。

② 在 $O_1 X_1$ 轴上截取 $O_1 a_{X1} = X_A$。

③ 过点 a_{X1} 作直线平行于 $O_1 Y_1$ 轴,并在该直线上截取 $a_{X1} a_1 = Y_A$。

④ 过点 a_1 作直线平行于 $O_1 Z_1$ 轴,并在该直线上截取 $A_1 a_1 = Z_A$,得出的点 A_1 即为空间点 A 的正等测图。

应指出的是,如果只给出轴测投影 A_1,不难看出,点 A 的空间位置不能唯一确

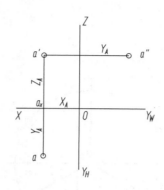

图 9-6 点的投影图

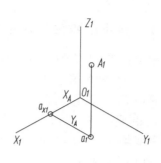

图 9-7 点的正等测图

定。实际上点的空间位置是由它的轴测投影和一个次投影确定的,所谓次投影是指点在坐标面上的正投影的轴测投影。如点 A 的空间位置就是由 A_1 和 A 在 XOY 坐标面上的正投影 a 的轴测投影 a_1 来确定的。

【例 9-1】 已知斜垫块的正投影图(见图 9-8),画出其正等测图。

【解】 作图步骤如下。

① 在斜垫块上选定直角坐标系。

② 如图 9-9(a)所示,画出正等轴测轴,按尺寸 a、b,画出斜垫块底面的轴测投影。

③ 如图 9-9(b)所示,过底面的各顶点,沿 O_1Z_1 方向,向上作直线,并分别在其上截取高度 h_1 和 h_2,得斜垫块顶面的各顶点。

④ 如图 9-9(c)所示,连接各顶点,画出斜垫块顶面。

⑤ 如图 9-9(d)所示,擦去多余作图线,描深,即完成斜垫块的正等测图。

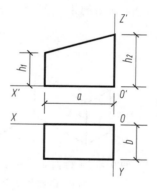

图 9-8 斜垫块的正投影图

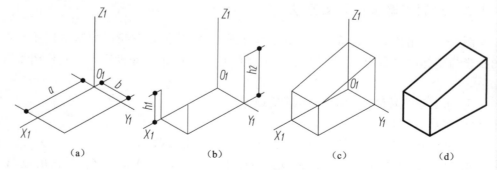

(a)　　　　　(b)　　　　　(c)　　　　　(d)

图 9-9 作垫块的正等测图

【例 9-2】　已知基础墩的正投影图（见图 9-10），画出其正等测图。

【分析】　由正投影图可以看出，基础墩由矩形底块和四棱锥台叠加而成，是前后、左右对称的。在该基础墩上各棱线中，唯独锥台的四条侧棱线是倾斜的，可通过作端点轴测投影的方法画出。为简化作图，选矩形底块的上底面中心为坐标原点。

【解】　作图步骤如下。

① 如图 9-10 所示，在基础墩上选定直角坐标系。

② 如图 9-11（a）所示，画出正等轴测轴，根据正投影图，画出矩形底块上底面的正等测图。

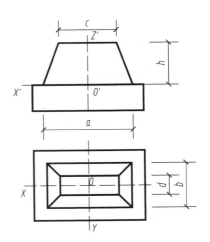

图 9-10　基础墩的正投影图

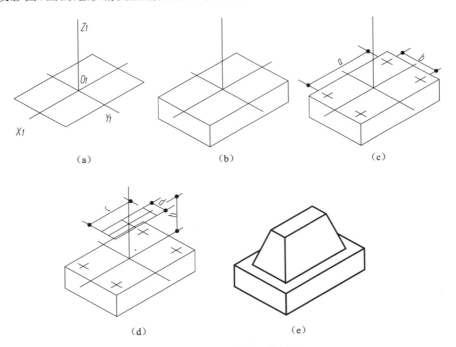

（a）　　　　　（b）　　　　　（c）

（d）　　　　　（e）

图 9-11　作基础墩的正等测图

③ 如图 9-11（b）所示，沿 O_1Z_1 轴的方向，向下画出矩形块的厚度。

④ 如图 9-11（c）所示，根据尺寸 a、b，定出锥台各侧棱线与矩形块上底面的交点的位置。

⑤ 如图 9-11（d）所示，根据尺寸 c、d 和 h，画出锥台上底面的正等测图。

⑥ 如图 9-11（e）所示，画出锥台各棱线。擦去多余作图线，描深，即完成基础墩

的正等测图。

【例 9-3】 已知台阶正投影图(见图 9-12),画出其正等测图。

【分析】 由正投影图可看出,该台阶是由一侧栏板和三级踏步组合而成的。为简化作图,选其前端面的右下角为坐标原点。

【解】 作图步骤如下。

① 如图 9-12 所示,在台阶上选定直角坐标系。

② 如图 9-13(a)所示,画出轴测轴,根据正投影图画出台阶前端面的轴测投影。

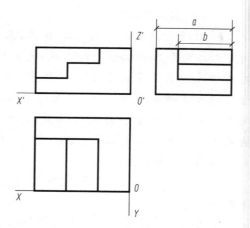

图 9-12 台阶的正投影图

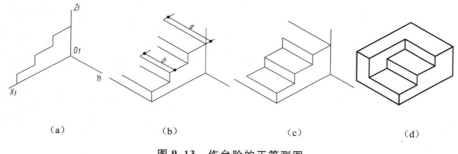

(a)　　　　(b)　　　　(c)　　　　(d)

图 9-13 作台阶的正等测图

③ 如图 9-13(b)所示,过前端面的各角点沿 O_1Y_1 轴方向,由前向后作直线平行 O_1Y_1 轴,并对应截取长度 a 和 b。

④ 如图 9-13(c)所示,画出踏步的正等测图。

⑤ 如图 9-13(d)所示,画出栏板的正等测。擦去多余作图线,描深,即完成台阶体的正等测图。

【例 9-4】 已知形体的正投影图(见图 9-14),画出其正等测图。

【分析】 形体由矩形底块和楔形斜板组成。坐标原点和坐标轴的确定如图 9-14 所示。可以看出,楔形板各侧棱线都不与坐标轴平行,其轴测投影的长度并不按正等测轴向变形系数缩变。画这些棱线时应先沿轴测量,画出棱线端点的轴测投影。

【解】 作图步骤如下。

① 如图 9-15(a)所示,画出正等测轴,根据正投影

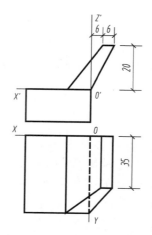

图 9-14 形体的正投影图

图，画出矩形底块的轴测投影。

② 如图 9-15(b)所示，作楔形板上、下底面的轴测投影。

a. 自原点 O_1 沿 O_1Z_1 轴向上量取 20 mm 得点 E_1。

b. 过点 E_1 作 O_1X_1 轴平行线，并在其上自点 E_1 向右量取 6 mm 得点 A_1，再量取 6 mm，得点 B_1。

c. 分别过点 A_1 和 B_1 作 O_1Y_1 轴平行线，并在其上分别沿 O_1Y_1 方向量取楔形板上底面的长度尺寸，得点 C_1 和 D_1。平面图形 $A_1B_1C_1D_1$ 即为上底的轴测投影。

d. 在 $O_1X_1Y_1$ 面上，作出楔形板下底面的轴测投影。

③ 如图 9-15(c)所示，作出各侧棱线，擦去多余作图线，描深，即完成形体的正等测图。

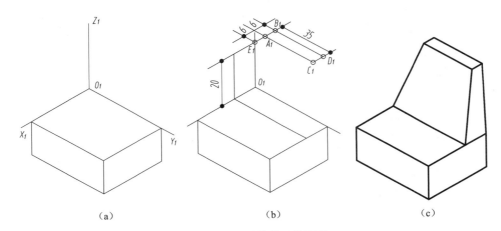

（a）　　　　　　　（b）　　　　　　　（c）

图 9-15　作形体的正等测图

9.2.3　平行于坐标面的圆的正等轴测图

一般情况下，平行于坐标面的圆的正等测投影为椭圆。画圆的正等测投影时，一般以圆的外切正方形为辅助线。先画出外切正方形的轴测投影——菱形，然后再用四心法近似画出椭圆。

现以图 9-16 所示水平位置的圆为例，介绍圆的正等测投影的画法。其作图步骤如下。

① 在图 9-16 所示的正投影图上，选定坐标原点和坐标轴。并沿坐标轴方向作出圆的外切正方形，得正方形与圆的四个切点 A、B、C 和 D。

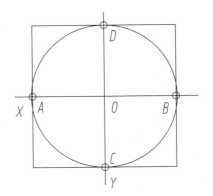

图 9-16　水平圆的正投影图

② 如图 9-17(a)所示,画出正等轴测轴 O_1X_1 和 O_1Y_1。沿轴截取 $O_1A_1=OA$、$O_1B_1=OB$,$O_1C_1=OC$,$O_1D_1=OD$,得点 A_1、B_1、C_1 和 D_1。

③ 如图 9-17(b)所示,过点 A_1、B_1 作直线平行于 O_1Y_1 轴,过点 C_1、D_1 作直线平行于 O_1X_1 轴,交得菱形 $A_1B_1C_1D_1$,此即为圆的外切正方形的正等测投影。

④ 如图 9-17(c)所示,以点 O_0 为圆心、以 O_0B_1 为半径作圆弧 B_1D_1;以点 O_2 为圆心、以 O_2A_1 为半径作圆弧 A_1C_1。

⑤ 如图 9-17(d)所示,作出菱形的对角线,线段 O_2A_1、O_0B_1 分别与菱形长对角线交于点 O_3、O_4。以点 O_3 为圆心、O_3A_1 为半径作圆弧 A_1D_1;以点 O_4 为圆心、O_4B_1 为半径作圆弧 B_1C_1。

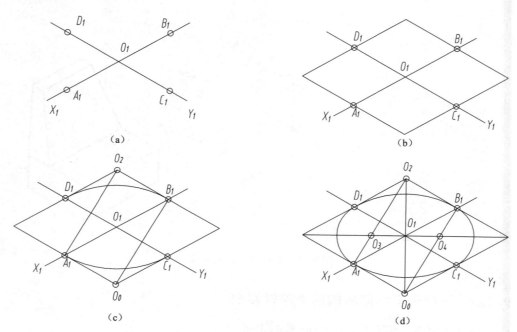

图 9-17 圆的正等测图的近似画法

以上四段圆弧组成的近似椭圆,即为所求圆的正等测投影。

图 9-18 示出了三个坐标面上相同直径圆的正等测投影,它们是形状相同的三个椭圆。

每个坐标面上圆的轴测投影(椭圆)的长轴与垂直于该坐标面的轴测轴垂直,而短轴则与该轴测轴平行。

以上圆的正等测的近似画法,也适用于平行坐标面的圆角。

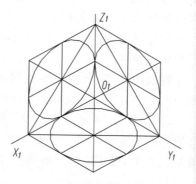

图 9-18 各坐标面圆的正等测投影

　　图 9-19(a)所示平面图形上有四个圆角,每一段圆弧相当于整圆的四分之一。其正等测参见图 9-19(b)。每段圆弧的圆心是过外接菱形各边中点(切点)所作垂线的交点。

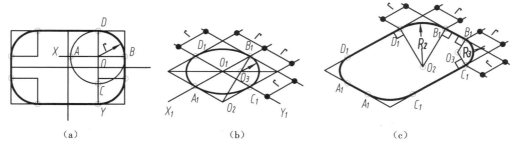

(a)　　　　　　　　(b)　　　　　　　　(c)

图 9-19　圆角正等测画法

　　图 9-19(c)是平面图形的正等测。其中圆弧 D_1B_1 是以 O_2 为圆心、R_2 为半径画出的,圆弧 B_1C_1 是以 O_3 为圆心、R_3 为半径画出的。D_1、B_1、C_1 等各切点,均利用已知的 r 来确定。

9.2.4　曲面立体正等测投影图的画法

　　【例 9-5】 已知柱基的正投影图(见图 9-20),画出其正等测图。

　　【分析】 由正投影图可以看出,柱基由方形底块和圆柱墩叠合而成。为简化作图,取方形底块的上底面中心为坐标原点。

　　【解】 作图步骤如下。

　　① 如图 9-20 所示,在柱基上选定直角坐标系。

　　② 如图 9-21(a)所示,画出轴测轴,根据正投影图,画出方形底块上底面的正等测投影。

　　③ 如图 9-21(b)所示,沿 O_1Z_1 轴方向,向下量取尺寸 h_1,画出底块的厚度。

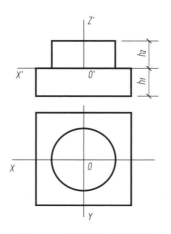

图 9-20　柱的正投影图

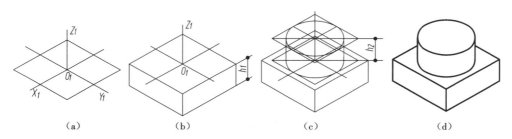

(a)　　　　　(b)　　　　　(c)　　　　　(d)

图 9-21　作柱基的正等测图

④ 如图 9-21(c)所示,画出坐标面 XOY 内的柱墩底圆和高度为 h_2 处的顶圆的正等测投影。

⑤ 如图 9-21(d)所示,作出两椭圆的公切线。擦去多余作图线,描深,即完成柱基的正等测图。

【例 9-6】 画出图 9-22 所示圆柱左端被切割后的正等测图。

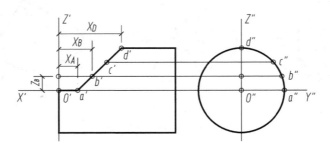

图 9-22 带斜截面圆柱的正投影图

【分析】 圆柱被水平面截切后切口为矩形,被正垂面截切后切口为椭圆,且该椭圆与过圆柱轴线的正平面成对称关系。作图时,可先画出完整圆柱体。

【解】 作图步骤如下。

① 如图 9-22 所示,在圆柱体上选定直角坐标系。

② 如图 9-23(a)所示,画出轴测轴及完整圆柱体两端面的投影。

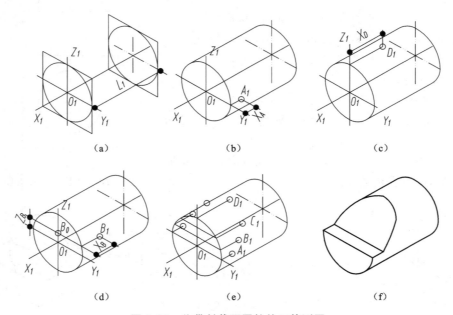

图 9-23 作带斜截面圆柱的正等测图

③ 如图 9-23(b)所示,作两椭圆的公切线,画出圆柱轴测投影。

④ 作截交线上若干点的轴测投影。

a. 如图 9-23(b)所示,过 O_1Y_1 轴与椭圆的交点作直线平行于 O_1X_1 轴,并在该直线上量取长度 X_A,得点 A_1。

b. 如图 9-23(c)所示,过 O_1Z_1 轴与椭圆的交点作直线平行于 O_1X_1 轴,并在该直线上量取长度 X_D,得点 D_1。

c. 如图 9-23(d)所示,自原点 O_1,沿 O_1Z_1 轴向上量取长度 Z_B 得点 B_0,再过点 B_0 在 $Z_1O_1Y_1$ 面内作直线平行于 O_1Y_1 轴,过该直线与椭圆的交点作直线平行于 O_1X_1 轴,并在其上量取长度 X_B,得点 B_1。

⑤ 如图 9-23(e)所示,同法求得点 C_1。

根据截交线的对称性,作出已知点 A_1、B_1、C_1 的对称点。

⑥ 如图 9-23(f)所示,依次光滑连接各点。

擦去多余作图线,描深,即完成带切口圆柱的正等轴测图。

【例 9-7】 画出图 9-24 所示形体的正等测图。

【分析】 由图 9-24 可知,所给形体为复杂形体。为画出它的正等测,将该形体看作是由带拱形缺口的底板、底板上方的 L 形体和位于 L 形体中的正四棱柱等三个简单形体组合而成。复杂形体的画法,可归结为分别画出它的各简单体的正等测。

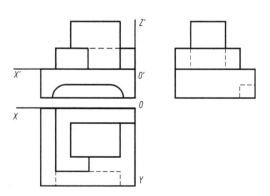

图 9-24 形体三面正投影图

【解】 作图步骤如下。

① 如图 9-4 所示,在形体上选定坐标系。

② 如图 9-25(a)所示,画出正等轴测轴,根据正投影图,在 $X_1O_1Y_1$ 面上画出底板的上底面,然后沿 O_1Z_1 轴向下测量,画出底板厚度。

③ 如图 9-25(b)所示,在已画出的底板上,画出拱形缺口。

④ 如图 9-25(c)所示,在 $X_1O_1Y_1$ 面上画出 L 形体的底面,沿 O_1Z_1 轴向上测量,画出其高度。

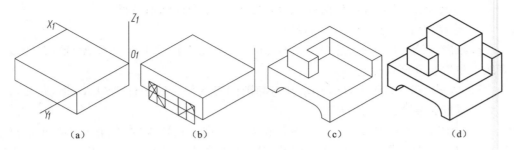

图 9-25 作形体的正等测图

⑤ 如图 9-25(d)所示,在 $X_1O_1Y_1$ 面上画出四棱柱体的底面,沿 O_1Z_1 轴向上量取高度,完成形体的正等测图。

9.3 斜二等轴测投影

当投射方向 S 倾斜于轴测投影面 P,形体上有一个坐标面平行于轴测投影面 P 时,两个坐标轴的轴向变形系数相等,在 P 面上所得到的投影称为斜二等轴测投影,简称为斜二测。

如果 $p=r(\neq q)$,即坐标面 XOZ 平行于 P 面,得到的是正面斜二测投影;如果 $p=q(\neq r)$,即坐标面 XOY 平行于 P 面,得到的是水平斜二测投影。

9.3.1 斜二测的轴间角和轴向变形系数

图 9-26 示出正面斜二测的轴间角和轴向变形系数。坐标面 XOZ 平行于正平面,轴间角 $\angle X_1O_1Z_1=90°$,轴向变形系数 $p=r=1,q=0.5$。

为简化作图及获得较强的立体效果,选轴间角 $\angle X_1O_1Y_1=\angle Y_1O_1Z_1=135°$,即 O_1Y_1 轴与水平线成 $45°$;选轴向变形系数 $q=0.5$。

图 9-27 示出水平斜二测的轴间角和轴向变形系数。坐标面 XOY 平行于水平面,轴间角 $\angle X_1O_1Y_1=90°$,轴向变形系数 $p=q=1,Z_1$ 轴向的变形系数可取任意值。选 O_1X_1 轴与水平线成 $30°$ 或 $60°$。为简化作图,有时选轴向变形系数 $r=1$。

9.3.2 斜二测投影图的画法

【例 9-8】 画出图 9-28 所示回转体的斜二测。

【分析】 回转体只在一个方向上有圆。为简化作图,设回转轴线与 OY 轴重合,并取小圆柱端面圆心为坐标原点。

【解】 作图步骤如下。

① 如图 9-28 所示,在回转体上选定直角坐标系。

② 如图 9-29(a)所示,画出正面斜二测轴测轴,沿 O_1Y_1 轴量取 $O_1A_1=\frac{1}{2}OA$,得

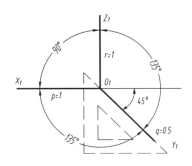

图 9-26 正面斜二测的轴间角
和轴向变形系数

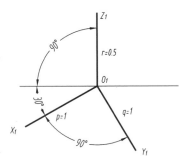

图 9-27 水平斜二测轴间角
和轴向变形系数

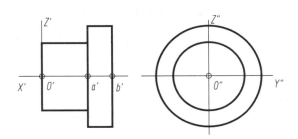

图 9-28 回转体的正投影图

点 A_1;量取 $A_1B_1 = \dfrac{1}{2}AB$,得点 B_1。

③ 如图 9-29(b)所示,分别以点 O_1、A_1、B_1 为圆心,根据正投影图量取各圆的半径,画出各圆。

④ 如图 9-29(c)所示,作出每一对等直径圆的公切线。

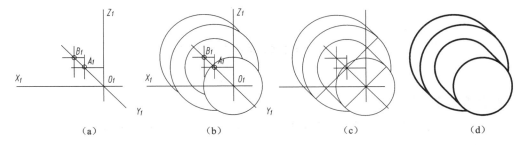

(a)　　　　　(b)　　　　　(c)　　　　　(d)

图 9-29 作回转体的正面斜二测

⑤ 如图 9-29(d)所示,擦去多余作图线,描深,即完成形体的正面斜二测投影。

【例 9-9】 画出图 9-30 所示建筑形体的水平斜等测投影。

【解】 作图步骤如下。

① 如图 9-30 所示,在建筑形体上选定直角坐标系。

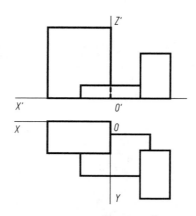

图 9-30　建筑形体的正投影图

②　如图 9-31(a)所示,画出轴测轴,根据正投影图,画出其水平投影的水平斜等测。

③　如图 9-31(b)所示,过平面图形各角点,向上作 O_1Z_1 轴平行线,截取各高度,画出各基本立体的水平斜等二测。

④　如图 9-31(c)所示,擦去多余作图线,描深,即完成建筑形体水平斜等测投影。

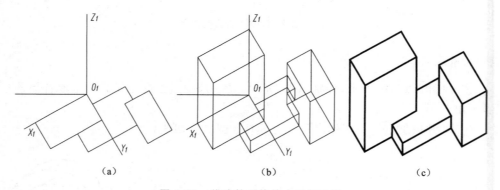

(a)　　　　　　　　　　(b)　　　　　　　　　　(c)

图 9-31　作建筑形体的水平斜二测

【本章要点】

①　了解轴测投影图的形成及在工程中的辅助作用。深入了解轴测投影的基本性质和分类。

②　熟练掌握常用的正等轴测投影和斜二等轴测投影的画法。

第 10 章　标　高　投　影

10.1　概述

　　工程建筑物是在地面上修建的,在设计和施工中,常常需要绘制表示地面起伏状况的地形图,以便在图纸上解决有关的工程问题。由于地面的形状往往比较复杂,且地形的高差与平面(长宽)尺度相差很大,若用多面正投影法表示,不仅作图困难,且不易表达清楚,因此,在生产实践中常采用标高投影法来表示地形面。

　　在多面正投影中,当物体的水平投影确定以后,其正面投影的主要作用是提供物体各特征点、线、面的高度。若能在物体的水平投影中标明其特征点、线、面的高度,就可以完全确定物体的空间形状和位置。如图 10-1(a)所示,选水平面 H 为基准面,设其高度为零,点 A 在 H 面上方 4 m,点 B 在 H 面下方 3 m,若在 A、B 两点的水平投影 a、b 的右下角标明其高度数值 4、-3,就可得到 A、B 两点的标高投影图,如图 10-1(b)所示。高度数值 4、-3 称为高程或标高,其单位以 m 计,在图上一般不需注明。

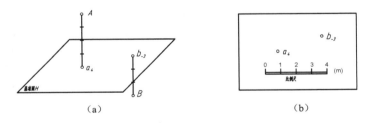

（a）　　　　　　　　　　　　　　　（b）

图 10-1　点的标高投影

　　在物体的水平投影上加注某些特征面、线及控制点的高程数值和比例来表示空间物体的方法称为标高投影法。它是一种单面正投影图,在标高投影图中,必须标明比例或画出比例尺,否则就无法根据单面正投影图来确定物体的空间形状和位置。

　　除了地形面以外,一些复杂曲面也常用标高投影法来表示。

10.2　直线和平面的标高投影

10.2.1　直线的标高投影

1) 直线的表示法
　　在标高投影中,直线的位置是由直线上的两个点或直线上一点及该直线的方向确定的。因此,直线的表示法有两种。

① 直线的水平投影并加注直线上两点的高程,如图 10-2(b)所示。

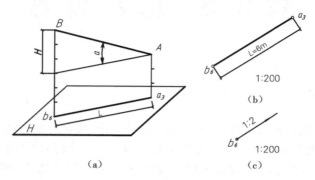

图 10-2 直线的标高投影

② 直线上一个点的标高投影并加注直线的坡度和方向,如图 10-2(c)所示。图中直线的方向用箭头表示,箭头指向下坡,1∶2 表示该直线的坡度。

2) 直线的坡度

直线上任意两点的高差与其水平距离之比称为该直线的坡度,用符号 i 表示,即

$$坡度(i) = \frac{高差(H)}{水平距离(L)} = \tan\alpha$$

上式表明两点间水平距离为 1 个单位时两点间的高差即为坡度。

如图 10-2(a)所示,直线 AB 的高差 $H = (6-3)$ m $= 3$ m,如果按比例量得其水平距离 $L = 6$ m,那么该直线的坡度 $i = \frac{H}{L} = \frac{3}{6} = \frac{1}{2}$,可写成 1∶2,如图 10-2(c)所示。

当两点间的高差为 1 个单位时,它的水平距离称为平距,用符号 l 表示,即

$$平距(l) = \frac{水平距离(L)}{高差(H)} = \cot\alpha = \frac{1}{i}$$

由此可见,平距和坡度互为倒数,即 $i = \frac{1}{l}$。坡度越大,平距越小;反之,坡度越小,平距越大。

【例 10-1】 求图 10-3 所示直线 AB 的坡度与平距,并求出直线上点 C 的高程。

【解】 先求坡度与平距。

$$H_{AB} = (24.3 - 12.3)\ \text{m} = 12.0\ \text{m}$$

$$L_{AB} = 36.0\ \text{m(用给定的比例尺量得)}$$

$$i = \frac{H_{AB}}{L_{AB}} = \frac{12.0}{36.0} = \frac{1}{3}; \quad l = \frac{1}{i} = 3$$

又量得 $L_{AC} = 15.0$ m,因为直线上任意两点间坡度相同,得

$$\frac{H_{AC}}{L_{AC}} = i = \frac{1}{3}$$

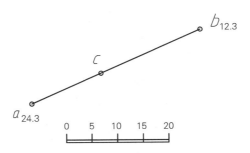

图 10-3　求直线的坡度、平距及点 C 高程

$$H_{AC} = L_{AC} \times i = 15.0 \times \frac{1}{3} \text{ m} = 5.0 \text{ m}$$

故点 C 的高程为 $(24.3-5.0) \text{m} = 19.3 \text{ m}$。

3）直线的实长和整数标高点

在标高投影中求直线的实长，仍然可以采用正投影中的直角三角形法，如图 10-4(a)所示，以直线的标高投影作为直角三角形的一条直角边，以直线两端点的高差作为另一直角边，用给定的比例尺作出后，斜边即为直线的实长。斜边和标高投影的夹角为直线对水平面的倾角 α，如图 10-4(b)所示。

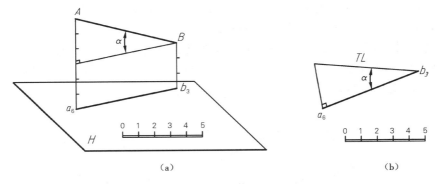

图 10-4　求线段的实长与倾角

在实际工作中，常遇到直线两端的标高投影的高程并非整数，需要在直线的标高投影上作出各整数标高点。

【例 10-2】　如图 10-5 所示，已知直线 AB 的标高投影 $a_{4.3} b_{7.8}$，求直线上各整数标高点。

【解】　平行于直线 AB 作一辅助的铅垂面，采用标高投影比例尺作相应高程的水平线（水平线平行于 ab），最高一条为 8，最低一条为 4。根据 A、B 两点的高程在铅垂面上画出直线 AB，其与各整数标高的水平线交于 C、D、E 各点，自这些点向 $a_{4.3} b_{7.8}$ 作垂线，即得 c_5、d_6、e_7 各整数标高点。AB 反映实长，它与水平线的夹角反映该线对于水平面的倾角（见图 10-5）。

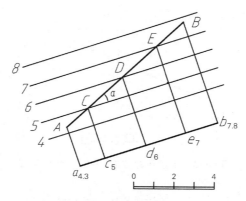

图 10-5 求直线上整数标高点

10.2.2 平面的标高投影

1) 平面上的等高线和坡度线

在标高投影中,预定高度的水平面与所表示表面(平面、曲面、地形面)的截交线称为等高线。如图 10-6(a)所示,平面上的水平线即平面上的等高线,也可看成是水平面与该平面的交线。在实际应用中常取整数标高的等高线,它们的高差一般取整数,如 1 m、5 m 等,并且把平面与基准面的交线,作为高程为零的等高线。如图 10-6 (b)所示,为平面 P 上的等高线的标高投影。

从标高投影图中可以看出,平面上的等高线是一组互相平行的直线,当相邻等高线的高差相等时,其水平间距也相等。图 10-6(b)中相邻等高线的高差为 1 m,它们的水平间距就是平距。

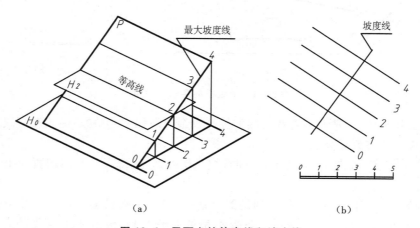

(a)   (b)

图 10-6 平面上的等高线和坡度线

如图 10-6(a)所示,平面的坡度线和平面上的水平线垂直,根据直角投影定理,它们的水平投影应互相垂直,如图 10-6(b)所示。坡度线的坡度就是该平面的坡度。

工程上有时也将坡度线的投影附以整数标高,并画成一粗一细的双线,称为平面的坡度比例尺,如图 10-7 所示。P 平面的坡度比例尺用字母 P_i 表示。

2）平面的表示法

在正投影中所介绍的用几何元素表示平面的方法在标高投影中仍然适用。在标高投影中,常采用平面上的一条等高线和平面的坡度表示平面。

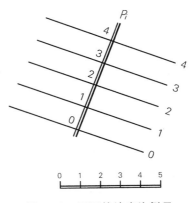

图 10-7　平面的坡度比例尺

图 10-8(a)表示一个平面。知道平面上的一条等高线,就可定出坡度线的方向,若平面的坡度已知,该平面的方向和位置就确定了。

如果作平面上的等高线,可利用坡度求得等高线的平距,然后作已知等高线的垂线,在垂线上按图中所给比例尺截取平距,再过各分点作已知等高线的平行线,即可作出平面上的一系列等高线,如图 10-8(b)所示。

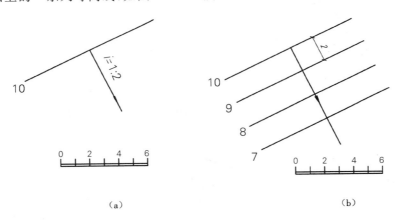

（a）　　　　　　　　　　　　　　　　（b）

图 10-8　用平面上的等高线和平面的坡度表示平面

用坡度比例尺也可表示平面,如图 10-9 所示,坡度比例尺的位置和方向一经给定,平面的方向和位置也就随之确定。过坡度比例尺上的各整数标高点作它的垂线,就是平面上相应高程的等高线。但要注意的是,在用坡度比例尺表示平面时,标高投影的比例尺或比例一定要给出。

有时还用平面上的一条非等高线和该平面的坡度表示一个平面。如图 10-10(a)为一

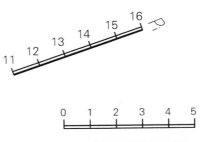

图 10-9　用坡度比例尺表示平面

高 5 m 的水平场地及一坡度为 1∶3 的斜坡引道,斜坡引道两侧的倾斜平面 *ABC* 和 *DEF* 的坡度均为 1∶2,这种倾斜平面可由平面内一条倾斜直线的标高投影加上该平面的坡度来表示,如图 10-10(b)所示。图中 a_2b_5 旁边的箭头只是表明该平面向直线的某一侧倾斜,并不代表平面的坡度线方向,坡度线的准确方向需作出平面上的等高线后才能确定,所以用虚线表示。图 10-11(b)表示了上述平面上等高线的作法。该平面上标高为 2 m 的等高线必通过 a_2,而过 b_5 则有一条标高为 5 m 的等高线,这两条等高线之间的水平距离 $L=l\times H=2\times3$ m$=6$ m。以 b_5 为圆心、以 $R=6$ m 为半径(按图中所给比例尺量取),在平面的倾斜方向画圆弧,再过 a_2 作直线与圆弧相切,就得到标高为 2 m 的等高线,立体图如图 10-11(c)所示。三等分 a_2b_5,可得到直线上标高为 3 m、4 m 的点,过各分点作直线与 2 m 等高线平行,就得到一系列相应的等高线。

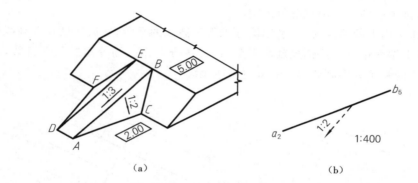

(a)　　　　　　　　　　(b)

图 10-10 用平面上一条非等高线和平面的坡度表示平面

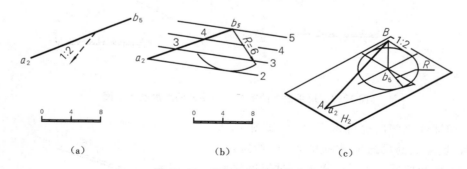

(a)　　　　　　(b)　　　　　(c)

图 10-11 作已知平面的等高线

(a)已知条件;(b)作已知平面等高度;(c)立体图

3) 平面与平面的交线

在标高投影中,求两平面的交线时,通常采用水平面作为辅助面。

如图 10-12(a)所示,水平辅助面与 *P*、*Q* 两平面的截交线是两条相同高程的等高线,这两条等高线的交点就是两平面的共有点,分别求出两个共有点并将其连接起来,就可求得交线。

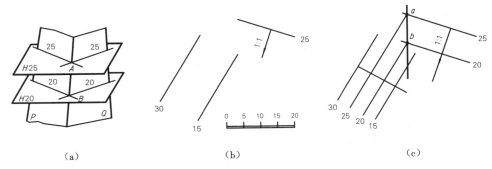

图 10-12　求两平面的交线

(a)立体图；(b)已知条件；(c)作两平面交线

　　如图 10-12(b)所示，已知两平面，求它们的交线，可分别在两平面内作出相同高程的等高线 20 m 和 25 m(或其他相同高程)，如图 10-12(c)所示，分别得到 a、b 两个交点，连接 a、b 两点，ab 即为所求两平面交线的标高投影。

10.3　立体的标高投影

　　标高投影中，平面立体由其棱面、棱线和顶点的标高投影来表示。

　　在工程中，把建筑物相邻两坡面的交线称为坡面交线，坡面与地面的交线称为坡脚线(填方)或开挖线(挖方)。

　　【例 10-3】　已知主堤和支堤相交，顶面标高分别为 3 m 和 2 m，地面标高为 0 m，各坡面坡度如图 10-13(a)所示，试作相交两堤的标高投影图。

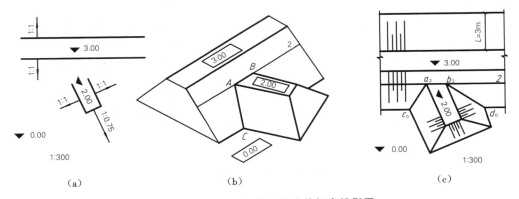

图 10-13　求支堤与主堤相交的标高投影图

　　【分析】　作相交两堤的标高投影图，需求三种线：各坡面与地面交线，即坡脚线；支堤顶面与主堤坡面的交线；主堤坡面与支堤坡面的交线，如图 10-13(b)所示。

【解】　作图步骤如下[见图 10-13(c)]。

① 求坡脚线。以主堤为例,先求堤顶边缘到坡脚线的水平距离 $L=H/i=(3-0)$ m/1＝3 m,再沿两侧坡面坡度线方向按 1：300 比例量取,过零点作顶面边缘的平行线,即得两侧坡面的坡脚线。同样方法作出支堤的坡脚线。

② 求支堤顶面与主堤坡面的交线。支堤顶面标高为 2 m,与主堤坡面交线就是主堤坡面上标高为 2 m 的等高线中的 a_2b_2 一段。

③ 求主堤坡面与支堤坡面的交线。它们的坡脚线交于 c_0、d_0,连 c_0、a_2 和 d_0、b_2 即得坡面交线 c_0a_2 和 d_0b_2。

④ 将最后结果加深,画出各坡面的示坡线。图中长短相间的细实线叫示坡线,其与等高线垂直,用来表示坡面,短线画在高的一侧。

【例 10-4】　如图 10-14(a)所示,一斜坡引道直通水平场地,已知地面高程为 2 m,水平场地顶面高程为 5 m,试画出其坡脚线和坡面交线。

【解】　作图步骤如下[见图 10-14(b)]。

① 求坡脚线。水平场地边缘与坡脚线水平距离 $L_1=1.2\times3$ m＝3.6 m。斜坡引道坡脚线求法与图 10-14(b)的相同,分别以 a_5 和 b_5 为圆心、以 $L_2=1\times3$ m＝3 m 为半径画弧,再自 c_2 和 d_2 分别作两弧的切线,即为引道两侧的坡脚线。

② 求坡面交线。水平场地与斜坡引道的坡脚线分别交于 e_2 和 f_2,连 a_5e_2 和 b_5f_2,就是所求的坡面交线。

③ 将结果加深,画出各坡面的示坡线。

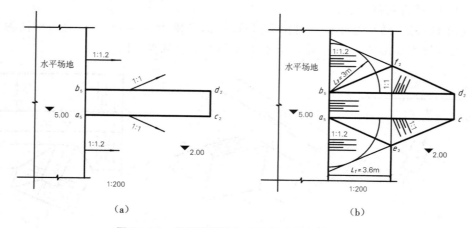

图 10-14　求斜坡引道与水平场地的标高投影图

10.4　曲面和地形面的标高投影

工程上常见的曲面有锥面、同坡曲面和地形面等。在标高投影中表示曲面,就是用一系列高差相等的水平面与曲面相截,画出这些截交线(即等高线)的投影。

10.4.1 正圆锥面

如图 10-15 所示,正圆锥面的等高线都是同心圆,当高差相等时,等高线间的水平距离相等。当锥面正立时,等高线越靠近圆心,其标高数字越大;当锥面倒立时,等高线越靠近圆心,其标高数字越小。圆锥面示坡线的方向应指向锥顶。

在土石方工程中,常在两坡面的转角处采用坡度相同的锥面过渡,如图 10-16 所示。

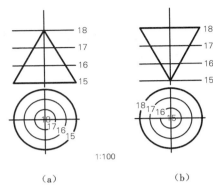

图 10-15 正圆锥面的标高投影图

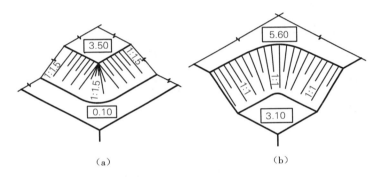

图 10-16 转角处锥面过渡示意图

【例 10-5】 在土坝与河岸的连接处,用圆锥面护坡,河底标高为 118.00 m,土坝、河岸、圆锥台顶面标高及各坡面坡度如图 10-17(a)所示,试完成它们的标高投影图。

【分析】 圆锥面坡脚线为圆弧,两条坡面交线分别为曲线段(椭圆和双曲线),如图 10-17(b)所示。

【解】 作图步骤如下。

① 作坡脚线。土坝、河岸、锥面护坡各坡面的水平距离分别为 $L_1=(128-118)$ $\times 2$ m$=20$ m,$L_2=(128-118)\times 1$ m$=10$ m,$L_3=(128-118)\times 1.5$ m$=15$ m。根据各坡面的水平距离,即可作出坡脚线。应注意,圆弧面的坡脚线是圆锥台顶圆的同心圆,其半径为锥台顶圆半径(R_1)与其水平距离(L_3)之和,即 $R=R_1+L_3$,如图 10-17(c)所示。

② 作坡面交线。各坡面相同高程等高线的交点即坡面交线上的点,依次光滑连接各点,即得交线,如图 10-17(c)、(d)所示。

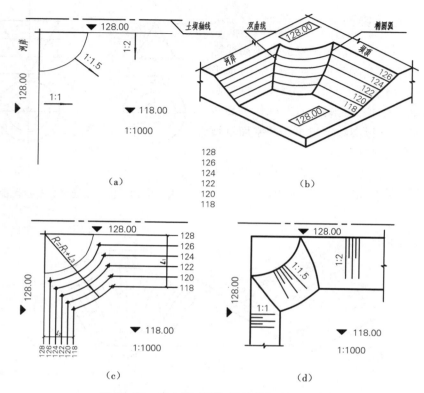

图 10-17 求土坝、河岸、护坡的标高投影图
(a)已知条件;(b)立体图;(c)作图过程;(d)作图结果

10.4.2 同坡曲面

图 10-18(a)所示的是一段倾斜的弯道,它的两侧边坡是曲面,且曲面上任何地方的坡度都相同,这种曲面称为同坡曲面。

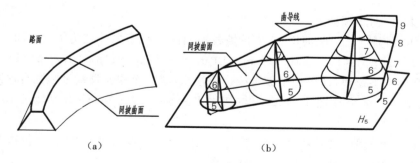

图 10-18 同坡曲面

工程上常用到同坡曲面,道路在弯道处,无论路面有无纵坡,其边坡均为同坡曲

面。同坡曲面的形成如图 10-18(b)所示,以一条空间曲线作导线,一个正圆锥的顶点沿此曲导线运动,当正圆锥轴线方向不变时,所有正圆锥的包络曲面就是同坡曲面。

要作同坡曲面的等高线,应明确以下三点。

① 运动的正圆锥与同坡曲面处处相切。

② 运动的正圆锥与同坡曲面坡度相同。

③ 同坡曲面的等高线与运动正圆锥同标高的等高线相切。

10.4.3 地形面

如图 10-19 所示,由于地形面是不规则曲面,所以它的等高线是不规则的曲线。地形等高线有下列特征。

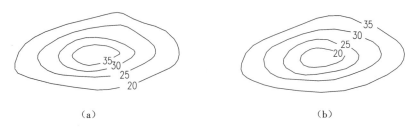

图 10-19 地形面表示法

(a)山丘;(b)洼地

① 等高线一般是封闭曲线(在有限的图形范围内可不封闭)。

② 除悬崖、峭壁外,等高线不相交。

③ 同一地形图内,等高线愈密,地势愈陡;反之,等高线愈稀疏,地势愈平坦。

用这种方法表示地形面,能够清楚地反映地形的起伏变化以及坡向等。如图 10-20 中右方环状等高线,中间高、四面低,表示有一个山头;山头东北面等高线密集、平距小,说明这里地势陡峭;西南面等高线稀疏、平距较大,说明这里地势平坦,坡向是北高南低。相邻两山头之间,形状像马鞍的区域称为鞍部。地形图上等高线高程数字的字头按规定应朝向上坡方向。相邻等高线之间的高差称为等高距,图 10-20 中的等高距为 5 m。

在一张完整的地形等高线图中,为了便于看图,一般每隔四条等高线,有一条画成粗线,这样的粗线称为计曲线。

10.4.4 地形断面图

用铅垂面剖切地形面,剖切平面与地形面的截交线就是地形断面,并画上相应的材料图例,称为地形断面图。其作图方法如图 10-21 所示。

① 过 *A—A* 作铅垂面,它与地面上各等高线的交点为 *1*、*2*、*3*……如图 10-21

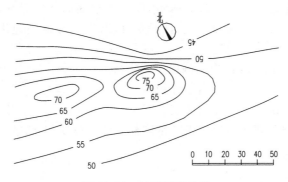

图 10-20 地形等高线图

(a)所示。

② 以 A—A 剖切线的水平距离为横坐标,以高程为纵坐标,按等高距及比例尺画一组平行线,如图 10-21(b)所示。

③ 将图 10-21(a)中的 1、2、3……各点转移到图 10-21(b)中最下面一条直线上,并由各点作纵坐标的平行线,使其与相应的高程线相交得到一系列交点。

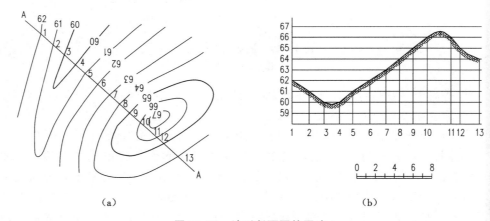

（a）　　　　　　　　　　　　　　　（b）

图 10-21 地形断面图的画法

④ 光滑连接各交点,即得地形断面图,然后根据地质情况画上相应的材料图例。

【本章要点】

① 了解标高投影法适于表达地形,在地质、土木、水利等领域中表示岩层或解决填方、挖方边坡交线等问题。

② 熟练掌握直线与平面的标高投影,了解立体的标高投影画法,深入了解曲面和地形面的投影画法。

第 11 章 透 视 投 影

11.1 概述

11.1.1 透视投影的形成

人们站在公路上向远处眺望时,会发现两旁建筑物上原本等宽的墙面、公路上原本等宽的路面以及路面上原本等高的电杆,变得近宽远窄或近大远小,桥两边原来平行的栏杆伸向远处,几乎集中于一点。这种近大远小的现象称为透视现象,它是人类视觉印象的一种特性(见图 11-1)。

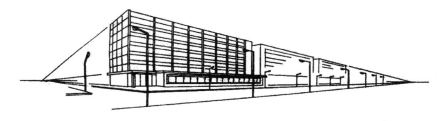

图 11-1 透视图的特点

人们透过一个面来看物体时,该面同观看者的视线所交成的图形,称为透视图。透视图相当于以人的一眼为投影中心时的中心投影,所以也称为透视投影。透视图和透视投影常简称为透视。

透视图与人们观看物体时所产生的视觉效果非常接近,所以它能更加生动形象地表现建筑外貌及内部装饰。在已有实景实物的情况下,通过拍照或摄像就能得到透视图;对于尚在设计、规划中的建筑物,则需通过作图的方法才能画出透视图。透视图可以加以渲染、配景,使之成为形象逼真的效果图。

透视图和轴测图一样,都是单面投影图,但轴测图是用平行投影法绘制的,而透视图则是用中心投影法绘制的,因此透视图的立体感更强,但作图较繁琐,度量性较差,工程中一般只作为辅助图样。

如图 11-2 所示,假设在观察者与建筑物之间设立一个直立平面 V 作为投影面,在透视投影中这个投影面称为画面;投影中心就是观察者的眼睛,在透视投影中称为视点;投射线就是通过视点 S 与建筑物上各特征点的连线,如 SA,SB……在透视投影中称为视线。很明显,在作透视图时应逐一求出各视线 SA,SB……与画面 V 的交点 A^0,B^0……这就是建筑物上各特征点 A,B……的透视。将建筑物上各特征点的透视顺次连接,就得到了该建筑物的透视图。

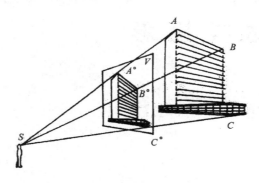

图 11-2　透视图的形成

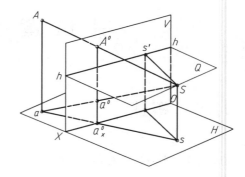

图 11-3　常用术语

11.1.2　常用术语

在透视投影中,常用到一些专门的术语,弄清它们的确切含意将有助于进一步学习透视作图。如图 11-3 所示,透视投影的基本术语如下:

画面——绘制透视图的投影平面,一般以正立投影面 V 作为画面;

基面——放置建筑物的平面,一般以水平投影面 H 作为基面;

基线——画面与基面的交线 OX;

视点——眼睛所在的位置,即投影中心,用大写字母 S 表示;

主点——视点 S 在画面 V 上的正投影 s';

站点——视点 S 在基面 H 上的正投影 s,相当于观看建筑物时人的站立点;

视平面——过视点 S 所作的水平面 Q;

视平线——视平面与画面的交线,即在画面 V 上,通过主点 s' 与基线平行的直线,以 h—h 表示;

视高——视点 S 到基面 H 的距离,即人眼的高度 Ss;

视距——视点 S 到画面 V 的距离 Ss'。

在图 11-3 中,空间点 A 与视点 S 的连线称为视线,视线 SA 与画面 V 的交点 A^0,就是空间点 A 的透视。a 是空间点 A 在基面上的正投影,称为点 A 的基点,基点 a 的透视 a^0,称为点 A 的基透视。

11.2　透视图的画法

11.2.1　点的透视投影

1) 点的透视投影仍然为一点

点的透视就是过该点的视线与画面的交点。如图 11-4 所示,若空间点 A 在画面

之后,视线 SA 与画面的交点 A^0 就是点 A 的
透视;若空间点 B 在画面之前,延长视线 SB
使其与画面相交,交点 B^0 即为点 B 的透视;若
空间点 C 在画面上,点的透视 C^0 与空间点 C
重合;若空间点与画面的距离等于视距时,视
线与画面平行,它与画面没有交点,该点的透
视在无穷远处。

2) 点的透视作图

如图 11-5(a)所示,已知点 A 的正面投影

图 11-4　点的透视

a' 和水平投影 a、视点 S 的正面投影 s' 和水平投影 s,由于投射线 Aa 垂直于基面,则
自视点 S 引向 Aa 线上各点视线所形成的平面 SAa 垂直于基面,因此它与画面的交
线 A^0a^0 必垂直于基面,即垂直于基线,可见一点的透视与基透视位于同一条铅垂线上。

点 A 的透视 A^0 与其基透视 a^0 的连线 A^0a^0,其长度称为点 A 的透视高度,它是
点 A 的实际高度 Aa 的透视,一般情况下不与实际高度相等。

点的透视作图,实际上就是求作直线(视线)与平面(画面)的交点。如图 11-5
(b)所示,进行透视作图时,习惯上把画面 V 和基面 H 分开,但上下应对齐,通常不
画边框线,基线 OX 在画面上为 $o'x'$,在基面上为 ox。

求点的透视与基透视的作图过程如下:先连接 $s'a'$、$s'a'_x$,再连 sa 交 ox 于 a^0_x,过
a^0_x 引 $o'x'$ 的垂线交 $s'a'$ 于 A^0,交 $s'a'_x$ 于 a^0,则分别得到点 A 的透视与基透视。

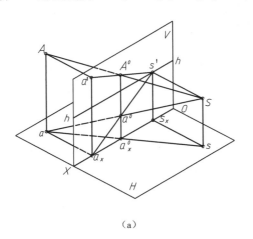 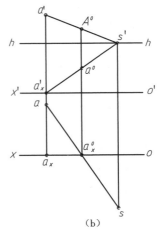

(a)　　　　　　　　　　　　(b)

图 11-5　点的透视作用

(a)空间情况;(b)透视作图

11.2.2　直线的透视投影

1) 直线的透视特性

① 直线的透视及基透视,一般情况下仍是直线。当直线通过视点时,其透视为

一点,其基透视仍是直线;当直线在画面上时,其透视即为自身。

如图 11-6 所示,AB 为一般位置直线,视线组成的平面 SAB 与画面 V 相交,交线 $A^0 B^0$ 即为 AB 的透视,同理 Sab 与画面 V 的交线 $a^0 b^0$ 即为 AB 的基透视。

当直线 CD 通过视点时,如图 11-7 所示,其透视 $C^0 D^0$ 重合成一点,但其基透视 $c^0 d^0$ 仍然是一段直线,且与基线相垂直。

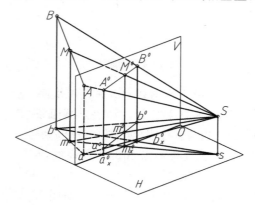

图 11-6　直线的透视

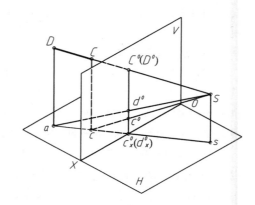

图 11-7　直线通过视点

② 直线上的点,其透视与基透视分别在该直线的透视与基透视上。直线上等长的线段,距视点越远,其透视越短,即近大远小。

如图 11-6 所示,由于视线 SM 包含在视线平面 SAB 内,所以 SM 与画面的交点即点 M 的透视 M^0,必位于平面 SAB 与画面的交线即 AB 的透视 $A^0 B^0$ 上;同理,基透视 m^0 位于 AB 的基透视 $a^0 b^0$ 上。

由图 11-6 还可看出,点 M 本是 AB 线段的中点,即 $AM=MB$,但由于 MB 比 AM 距视点较远,以致它们相应的透视长度 $A^0 M^0 > M^0 B^0$,即同一条直线上等长的线段,其对应透视近长远短,这也反映了透视图近大远小的特征。

③ 直线的迹点与灭点。

直线与画面的交点称为直线的画面迹点,简称迹点。迹点的透视即为其本身,其基透视则在基线上。直线的透视必通过直线的画面迹点,直线的基透视必通过该迹点在基面上的正投影。

图 11-8 中,将直线 AB 延长,使之与画面相交,画面迹点 N 的透视即为其自身,故直线 AB 的透视 $A^0 B^0$ 通过迹点 N。迹点的基透视 n 即为迹点 N 在基面上的正投影,亦即直线的水平投影 ab 与画面的交点,且在基线上,所以将直线的基透视 $a^0 b^0$ 延长,必通过迹点 N 的基面投影 n。

直线上离画面无穷远点的透视,称为直线的灭点,直线的透视延长后一定通过灭点。如图 11-9 所示,欲求直线 AB 上无穷远点的透视,应先通过视点 S 作视线与 AB 平行,该视线与画面的交点 F 称为直线的灭点,直线 AB 的透视 $A^0 B^0$ 延长后一定通过灭点 F。同样,可求得直线 AB 在基面上投影 ab 上距画面无穷远点的透视 f,

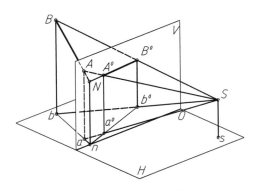

图 11-8　直线的迹点

称为基灭点,因为平行于 ab 的视线只能是水平线,基灭点 f 一定位于视平线 h—h 上,直线 AB 的基透视 a^0b^0 延长后,必然指向基灭点 f。基灭点 f 与灭点 F 处于同一条铅垂线上,即 $Ff \perp hh$。

把直线的迹点和灭点相连可得直线的全长透视。直线上点(位于画面后的点)的透视必在直线的全长透视上。

④ 互相平行的画面相交线,其透视相交于同一个灭点。

如图 11-10 所示,一般位置线 $AB /\!/ CD$,直线的端点 B、D 在画面上,即为直线迹点,其透视 B^0、D^0 分别与 B、D 重合,过视点 S 作视线与 AB、CD 平行,视线与画面交于点 F,点 F 为此两平行线的共同灭点,另一端点 A 和 C 的透视 A^0、C^0,必在直线 AB、CD 的全长透视 FB^0 和 FD^0 上,所以空间互相平行的直线,其透视相交于同一个灭点。

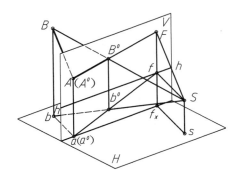

图 11-9　直线的灭点

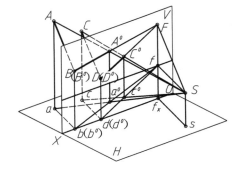

图 11-10　平行直线具有共同的灭点

⑤ 画面平行线的透视和直线本身平行,互相平行的画面平行线,它们的透视亦互相平行。

如图 11-11 所示,已知 $AB /\!/ CD$,且 AB、CD 平行于画面,其透视分别为 A^0B^0 和 C^0D^0,由于 $AB /\!/ V$,所以 $AB /\!/ A^0B^0$,同理 $CD /\!/ C^0D^0$,又因为 $AB /\!/ CD$,所以 $A^0B^0 /\!/ C^0D^0$。

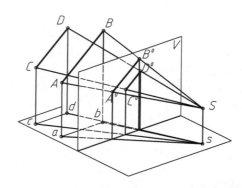
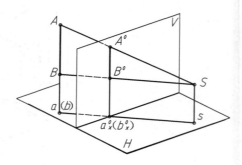

图 11-11　互相平行的画面平行线　　　　图 11-12　铅垂线的透视

⑥ 铅垂线的透视仍为铅垂线。

如图 11-12 所示,已知铅垂线 AB,其透视为 A^0B^0,因为过视点 S 的视线平面 SAB 垂直于基面 H,且画面 V 与基面 H 垂直,所以平面 SAB 与画面 V 的交线 A^0B^0 必然垂直于基线 OX。

2) 直线的透视作图

(1) 画面平行线

画面平行线有三种形式。

① 基面垂直线(铅垂线)的透视作图。

在图 11-13(a)中,$AB \perp H$,已知视点 S 和直线 AB 的 V 面投影及 H 面投影,求作 AB 的透视。

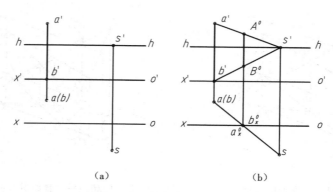

图 11-13　铅垂线的透视作图

(a)已知条件;(b)透视作图

在 V 面上连 $s'a'$ 和 $s'b'$,在 H 面上连 $sa(b)$,交 ox 轴于 $a_x^0(\equiv b_x^0)$ 过 $a_x^0(\equiv b_x^0)$ 作 ox 轴垂线,与 $s'a'$ 交于 A^0,与 $s'b'$ 交于 B^0,A^0B^0 即为基面垂直线 AB 的透视,如图 11-13(b)所示,且 $A^0B^0 \perp ox$。

② 倾斜于基面的画面平行线（正平线）的透视作图。

在图 11-14(a) 中，$CD /\!/ V$，已知视点 S 和直线 CD 的 V 面投影及 H 面投影，求作 CD 的透视。

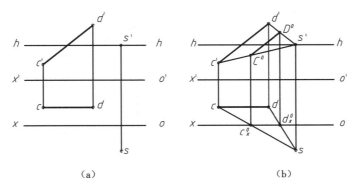

（a）　　　　　　　　　　　　　（b）

图 11-14　正平线的透视作图

（a）已知条件；（b）透视作图

在 V 面上连 $s'c'$ 和 $s'd'$，在 H 面上连 sc 和 sd，交 ox 轴于 c_x^0 和 d_x^0，过 c_x^0 作 ox 轴垂线，交 $s'c'$ 于 C^0，过 d_x^0 作 ox 轴垂线，交 $s'd'$ 于 D^0，$C^0 D^0$ 即为 CD 的透视，如图 11-14(b) 所示。

③ 基线平行线（侧垂线）的透视作图。

在图 11-15(a) 中，$EG /\!/ ox$，已知视点 S 和直线 EG 的 V 面投影及 H 面投影，求作 EG 的透视。

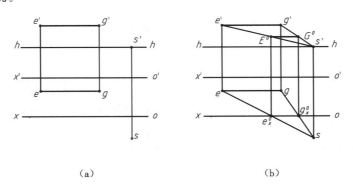

（a）　　　　　　　　　　　　　（b）

图 11-15　侧垂线的透视作图

（a）已知条件；（b）透视作图

在 V 面上连 $s'e'$ 和 $s'g'$，在 H 面上连 se 和 sg 与 ox 轴交于 e_x^0 和 g_x^0，过 e_x^0 作 ox 轴垂线、交 $s'e'$ 于 E^0，过 g_x^0 作 ox 轴垂线，交 $s'g'$ 于 G^0，$E^0 G^0$ 即为 EG 的透视，如图 11-15(b) 所示。

（2）画面相交线

画面相交线也有三种形式。

① 垂直于画面的直线(正垂线)的透视作图。

在图 11-16(a)中,$AB \perp V$,已知视点 S 和直线 AB 的 V 面投影,求作 AB 的透视。

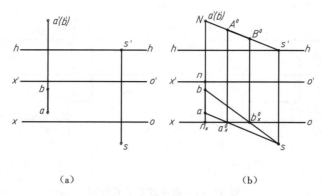

（a）　　　　　　　（b）

图 11-16　正垂线的透视作图

(a)已知条件;(b)透视作图

在 H 面上延长 ba 交 ox 轴于 n_x,在 V 面上得迹点的基透视 n,画面迹点 N 与 $a'(b')$ 重合。正垂线的灭点即主点 s'。在 V 面上连 $s'N$,在 H 面上连 sa 和 sb,分别交 ox 轴于 a_x^0 和 b_x^0,过 a_x^0 作 ox 轴垂线交 $s'N$ 于 A^0,过 b_x^0 作 ox 轴垂线交 $s'N$ 于 B^0,A^0B^0 即为 AB 的透视,如图 11-16(b)所示。

nN 称为真高线,它真实反映了线段 AB 到 H 面的垂直距离。

② 平行于基面的画面相交线(水平线)的透视作图。

在图 11-17(a)中,$CD /\!/ H$,已知视点 S 和直线 CD 的 V 面投影及 H 面投影,求作 CD 的透视。

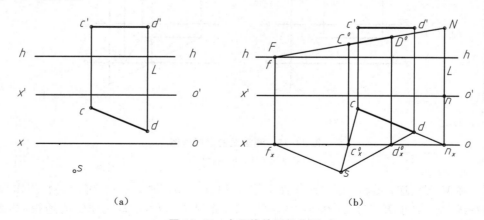

（a）　　　　　　　（b）

图 11-17　水平线的透视作图

(a)已知条件;(b)透视作图

在 H 面上过 s 作直线平行于 cd,与 ox 轴交于点 f_x,再过点 f_x 作 ox 轴垂线,因为基面平行线的灭点必在视平线 $h—h$ 上,垂线与视平线交点即直线 CD 的灭点 $F(F \equiv f)$。延长 cd,交 ox 轴于 n_x,在画面 V 的 $o'x'$ 轴上得 CD 直线的迹点的基透视 n,过 n 作 $o'x'$ 轴垂线即真高线,并在其上量取 CD 直线的高度 L,使 $nN = L$,则 N 为 CD 直线迹点的透视。连 FN,得全长透视,然后在 H 面上连 sc 和 sd,分别与 ox 轴交于 c_x^0 和 d_x^0,过 c_x^0 和 d_x^0 作垂线,在 FN 上得到 C^0 和 D^0,则 $C^0 D^0$ 为 CD 的透视。

③ 倾斜于基面的画面相交线(一般位置直线)的透视作图。

在图 11-18(a)中,EG 为一般位置直线,已知视点 S 和直线 EG 的 V 面及 H 面投影,求作 EG 的透视。

求一般位置直线的透视,可利用真高线确定直线上两端点的透视,最后将结果相连。作图步骤如图 11-18(b)所示。

在 H 面上延长 eg 与 ox 轴交于 n_x。过 n_x 作 ox 轴垂线,在 V 面 $o'x'$ 轴上得直线画面迹点的基透视 n。过 s 作直线平行 eg 与 ox 轴交于 f_x,过 f_x 引 ox 轴垂线与 $h—h$ 相交得基灭点 f。

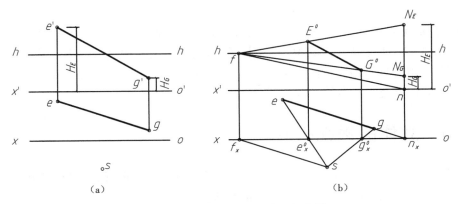

图 11-18　一般位置直线的透视作图
(a)已知条件;(b)透视作图

在 V 面上过点 n 垂直量取 E、G 两点的真高 H_E、H_G,得到两点 N_E、N_G,并分别将其与基灭点 f 相连。然后在 H 面上连 se 和 sg,分别与 ox 轴交于 e_x^0 和 g_x^0,过 e_x^0 和 g_x^0 作垂线,在 fN_E 和 fN_G 上得到 E^0 和 G^0,则 $E^0 G^0$ 为 EG 的透视。

11.2.3　平面的透视作图

平面图形的透视,由组成该平面图形的各条边线的透视确定,绘制平面图形的透视图,实际上就是求作组成平面图形的各边线的透视。如图 11-19 所示,在基面上有一平面图形 $ABCDEG$,现用视线法作其透视。

为了节省图幅,可将 H 面布置在 V 面上方,如在该图中,将画面 V 上的 $o'x'$ 轴及 $h—h$ 布置在站点 s 到 ox 轴之间。

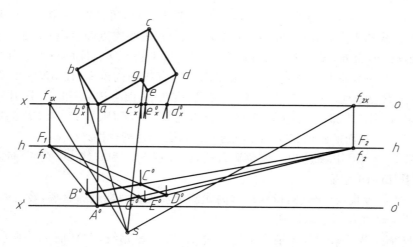

图 11-19　平面的透视作图

过站点 s 作 ab 和 ag 的平行线,分别交 ox 轴于 f_{1x} 和 f_{2x},从这两点引 ox 轴垂线在 h—h 上得到交点 F_1 和 F_2,即分别为该平面图形两组平行线的灭点。因点 a 在 ox 上,点 a 就是 AB、AG 两直线的画面迹点,由此在画面的 $o'x'$ 上相应得到 A^0,连 A^0F_1 和 A^0F_2,即可得 AB 和 AG 的全长透视,用视线交点法可求得 B^0、G^0。然后再连接 B^0F_2 和 G^0F_1,用同样的方法求得 C^0、E^0,最后求得 D^0,由于该平面图形在基面上,所以它的基透视与透视重合。

11.3　立体的透视投影

根据立体和画面的相对位置,透视图可分为三种:平行透视、成角透视和倾斜透视,这里主要介绍常用的前两种透视图的画法。

11.3.1　平行透视

当画面与立体的主要立面平行时,所得的透视称为平行透视。由于画面同时平行于立体的长度和高度方向,这两个方向直线的透视没有灭点,而宽度方向直线垂直于画面,其透视灭点就是主点,所以平行透视只有一个灭点,故又称为一点透视。

【例 11-1】　如图 11-20 所示,已知台阶的 V 面、H 面投影,求作台阶的透视图。

【解】　使台阶的前立面在画面上,确定站点 s,并根据台阶立面图高度定出基线 $o'x'$ 轴和视平线 h—h 的位置。

因为台阶的前立面在画面上,故其透视与前立面自身重合。将立面图上的各点与主点 s' 相连,即为踏步及侧面上所有与画面垂直的棱线的全长透视。

利用视线交点法按顺序画出台阶踏步各踢面和踏面的透视,由于踏步前后立面均为画面平行面,故前后立面的透视为相似图形。

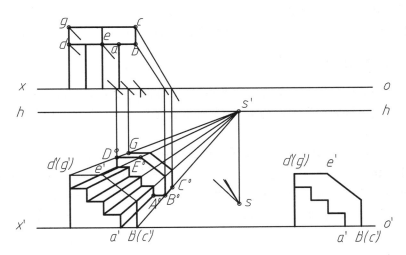

图 11-20　台阶的平行透视

台阶侧板的透视,可用同样的方法画出。透视图上看得见的轮廓线用粗实线画出,看不见的轮廓线不必画出。

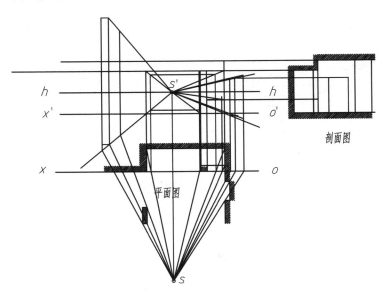

剖面图

平面图

图 11-21　建筑物的室内透视

【例 11-2】　作建筑物的室内透视图。

【解】　如图 11-21 所示,给出了建筑物的平面图和剖面图,需画出建筑物的一点透视即室内透视图。

由平面图可以看出,室内正墙面与画面重合,室内长度方向、高度方向的图线均与画面平行。因宽度方向图线均与画面垂直,故相应透视均指向主点 s'。在画面前的门、柱等,其透视尺寸比平、剖面图所示实际尺寸要大;而画面后的部分,它们的透视尺寸要比实际尺寸小。门、柱等透视高度都是利用画面上的真高线确定的。

11.3.2 成角透视

当画面与立体的主要立面成一定角度,即立体的高度方向与画面平行,长度和宽度方向均与画面倾斜时所得的透视,称为成角透视。由于长和宽方向各有一个灭点,所以又称为两点透视。

【例 11-3】 绘制图 11-22 所示组合体的透视。

【解】 如图 11-22 所示,已知视点 S,画面通过组合体一条棱线,且与组合体的正立面成一定角度。为了方便作图,在基面上将 ox 轴画成水平位置,使组合体水平投影与 ox 轴设成定角($20°\sim40°$),在画面上,把组合体的正面投影画在右面。

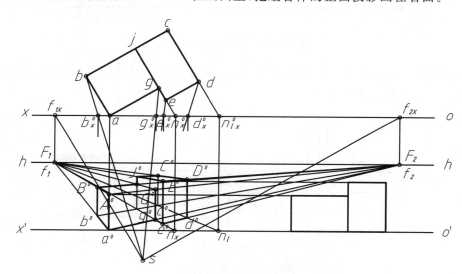

图 11-22 立体的成角透视

组合体由左、右两个长方体组成,具有三组方向棱线,一组铅垂线、两组水平线。铅垂线因平行于画面,它们的透视仍为铅垂方向;而两组不同方向的水平线,则分别有不同的灭点。

① 求作灭点 F_1、F_2。

过点 s 分别作直线平行于组合体的两组水平线,交 ox 轴于点 f_{1x} 和点 f_{2x},过这两点引 ox 轴垂线,在 $h—h$ 上得到灭点 F_1 和 F_2。

② 作组合体基透视。

利用灭点和视线交点法作出组合体的基透视 a^0、b^0、$\cdots$、j^0。

③ 立高作透视图。

因点 a 位于 ox 轴上,故组合体过点 a 的棱线位于画面上,其透视即其自身,高度不变,作出;组合体右面部分长方体的高度可以在 g^0e^0、c^0d^0 的迹点 n_x 和 n_{1x} 处量取真高,然后与灭点 F_1 相连,再过 e^0,d^0 作垂线与它们相交,从而得到点 E^0 和点 D^0。

④ 作出其他棱线的透视,将可见棱线描粗。

11.4　圆的透视投影

① 当圆所在平面平行于画面时,其透视仍然是一个圆,只是因与画面距离不同,半径有所变化。

图 11-23 所示是一轴线垂直于画面的水平圆管的透视。圆管的前端面位于画面上,其透视就是它本身,后端面在画面之后,与画面平行,其透视仍为圆,但半径缩小。为此,先求出后端面圆心 C_2 的透视 C_2^0,并求出后端面两同心圆的水平半径 A_2C_2、B_2C_2 的透视 $A_2^0C_2^0$ 和 $B_2^0C_2^0$,然后分别以此为半径画圆,可得到后端面的透视。最后,作出圆管的轮廓素线,完成圆管的透视图。

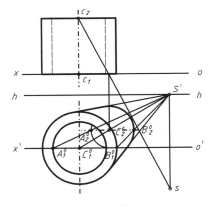

图 11-23　圆管的透视

② 当圆所在平面不平行于画面时,圆的透视一般情况下为椭圆。画圆的透视通常采用八点法,利用圆的外切正方形的四个切点以及对角线与圆的四个交点,先求出这八个点的透视,再用曲线板光滑连接成椭圆。

图 11-24 所示为一位于基面上圆的透视作图。首先画出圆的外切正方形 $abcd$,与圆相切于点 1、2、3、4;然后连接对角线 ac、bd,与圆交于点 5、6、7、8。分别求出这八个点的透视,最后连成曲线即为圆的透视。作图时,用视线交点法作出正方形的透视 $a^0b^0c^0d^0$,a^0c^0 和 b^0d^0 的交点 o^0 即为圆心的透视。至于 5、6、7、8 四点的透视,可延长 8、5 和 7、6,使其与 ox 轴分别交于 n 和 n_1,过 n 和 n_1 作 ox 轴垂线交 $o'x'$ 轴得点 n_x^0 和 n_{1x}^0,连 $F_1n_x^0$、$F_1n_{1x}^0$ 与对角线 a^0c^0、b^0d^0 交于 5^0、6^0、7^0、8^0 四点,将 1^0、2^0、$3^0\cdots8^0$ 八点光滑相连,即得该圆的透视。

由图 11-24 可以看出,因受近大远小透视特性的影响,圆心 o 的透视 o^0 不是椭圆的中心。

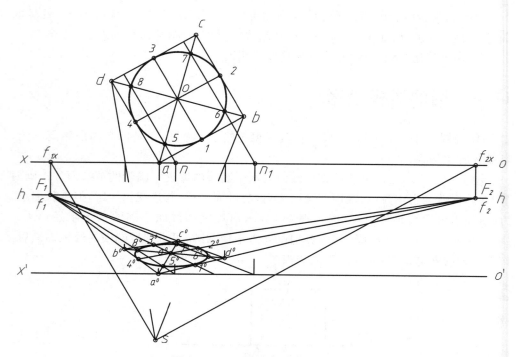

图 11-24　八点法作水平圆的透视

11.5　房屋透视图的画法

　　在着手绘制透视图之前,首先应根据建筑物的形体特点和表达要求,选定透视类型,是采用平行透视,还是成角透视,然后在此基础上,再对视点、画面与建筑物之间的相对位置进行适当的安排和布置。以上三者相对位置的变化,将直接影响所画透视图的效果,如果处理不当,则不能准确反映表达意图,如果选择合适,画出的透视图就能取得最佳视觉效果。

11.5.1　透视类型的选择

　　(1) 平行透视

　　在平行透视中,建筑物的主要立面平行于画面。它适合用来表达横向场面宽广、需显示纵向深度的建筑,如广场、街道以及室内或庭院布置等情况。对于左右对称的建筑物,根据视点是否在对称轴上,又分为中心平行透视和偏心平行透视。中心平行透视可使建筑物显得庄严高大,偏心平行透视则使建筑物表现得较为生动。

　　(2) 成角透视

　　成角透视中的画面与建筑物的两个立面倾斜,是常用的一种透视图。它的透视效果真实自然,符合人们平时观察物体时的视觉印象,广泛应用于表达单体建筑物。

11.5.2　视点、画面位置的选择

人们在某一视点位置,固定朝一个方向观察时,只能看到一定范围内的物体,其中能够清晰地看到的范围则更小,这时形成一个以眼睛 S 为顶点、以主视线 Ss' 为轴线的锥面,称为视锥,视锥的顶角称为视角,用 φ 表示。在绘制透视图时,视角 φ 通常控制在 $20°\sim60°$,以 $30°\sim40°$ 为佳。在画室内透视图时,由于受空间的限制,视角可稍大于 $60°$,但由于视角增大,透视图会产生变形而失真。

1) 视点位置的确定

选择视点位置,包括在基面 H 上确定站点 s 的位置和在画面上确定视平线 $h—h$ 的高度。

(1) 站点 s 的位置

站点 s 位置的确定,首先要考虑到应保证视角适中。如图 11-25 所示,在画面与建筑物的相对位置一定时,站点在 s_1 位置,视距较小,视角较大($60°$左右),画出的透视图会产生变形失真,透视效果较差[见图 11-25(a)];站点在 s_2 位置,视距适中,视角在 $30°$左右,这时相应透视图的真实感强,透视效果好[见图 11-25(b)]。

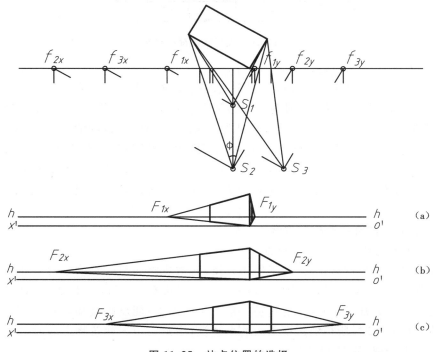

图 11-25　站点位置的选择

除了保证视角适中外,在确定站点位置时,还应考虑站点的左右位置对视图的影响。若站点在 s_3 位置,所画透视图侧立面过宽,透视效果欠佳[见图 11-25(c)]。通常是主要立面的透视轮廓与侧立面的透视轮廓成 3:1 的比例,这样的透视图主次分明,立体感强,当主视线 Ss' 的位置在视角中间三分之一范围内时,就可达到上述效果。

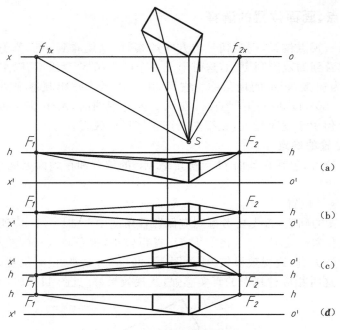

图 11-26　视平线高度的确定

（2）视平线高度的确定

视点的高度即视平线的高度。视平线的高度对透视图的影响很大,通常取人的身高,如图 11-26(b)所示;有时为了使透视图表达建筑物全貌,将视平线适当提高,如图 11-26(a)所示,这种透视图为俯视图;有时为了显示建筑物的底部,将视平线降到 $o'x'$ 轴之下,如图 11-26(c)所示,这种透视图为仰视图;当视平线的高度与建筑物顶面同高时,该面的透视呈一直线,如图 11-26(d)所示,这时的透视图变形失真,效果最差;当视平线高度与建筑物底面同高时,底面的透视呈一直线,适宜绘制雄伟的建筑物。

2）画面与建筑物的相对位置

（1）画面与建筑物的前后位置

画建筑物的平行透视时,为了作图方便,通常将画面与建筑物主要立面重合,在视点位置不变时,前后平移画面,所得的透视图形状不变,只是大小发生了改变。

在画成角透视时,一般使建筑物一角位于画面上,能反映真高,便于作图。当画面在建筑物之前时,所得的透视图为缩小透视;当画面位于建筑物之后时,所得的透视图为放大透视,如图 11-27 所示。

（2）画面与建筑物的夹角

在画成角透视图时,建筑物主要立面与画面的夹角 θ 愈小,该立面上水平线的灭点愈远,透视图形变化平缓、轮廓宽阔;相反,夹角愈大,则该立面上水平线的灭点愈近,透视图形变化急剧、轮廓狭窄,如图 11-28 所示。根据这个规律,恰当地选择画面

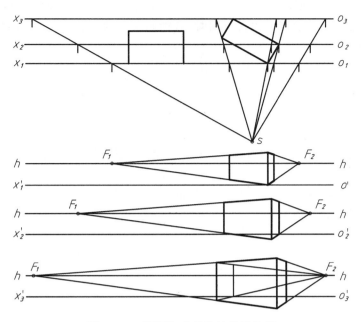

图 11-27   画面与建筑物的前后位置

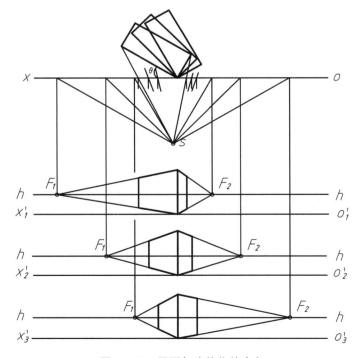

图 11-28   画面与建筑物的夹角

与建筑物的夹角,透视图中建筑物主要立面与侧立面的透视宽度之比就会比较接近真实宽度之比。通常绘制成角透视图时,选择画面与建筑物主要立面的夹角 $\theta = 20°\sim40°$。

【本章要点】

① 了解透视投影图的形成及在工程中的辅助作用,理解掌握透视投影中的基本术语。

② 熟练掌握点和直线的透视投影画法,深入了解直线的迹点和灭点的求法及应用。

③ 熟悉立体透视投影中的平行透视和成角透视的画法,了解圆和曲线透视投影以及房屋透视图的类型选择。

第 12 章　组　合　体

工程中的形体种类繁多,有些看上去很复杂,但经过仔细分析,都可以分解成若干个基本几何体,这样对阅读和绘制工程形体的投影图就比较容易了。

12.1　组合体的多面正投影画法

12.1.1　组合体的概念

工程建筑物都是由一些基本形体如棱柱、棱锥、圆柱、圆锥、球所组成的。这些基本形体进行叠加、切割或相交,就形成了千差万别的形体。这些由基本形体组合而成的立体称为组合体。

12.1.2　组合体的形体分析法

绘制组合体的投影,采用的方法有形体分析法和线面分析法,在本节中重点介绍形体分析法。

1) 形体分析法

将组合体假想分解成若干个基本形体,然后分析它们的形状、相对位置以及组合方式,这种分析方法称为形体分析法。

2) 组合体的组合方式

组合体的组合方式可以分为三种:叠加型,如图 12-1(a)所示;切割型,如图 12-1(b)所示;混合型,如图 12-1(c)所示。

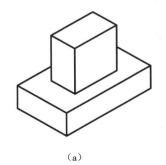 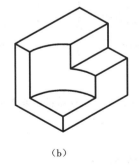 

（a）　　　　　　　　　（b）　　　　　　　　　（c）

图 12-1　组合体的组合方式

(a)叠加型;(b)切割型;(c)混合型

3) 组合体表面间的过渡关系

组合体表面间的过渡关系可以分为三种：相交,如图 12-2 所示,当两立体相邻表面相交时,在其交界处应画出交线；共面,如图 12-3 所示,当两立体相邻表面共面时,在其交界处不应画线；相切,如图 12-4 所示,当两立体相邻表面相切时[图 12-4(a)平面与柱面相切、图 12-4(b)柱面与球面相切],在其交界处不应画线。

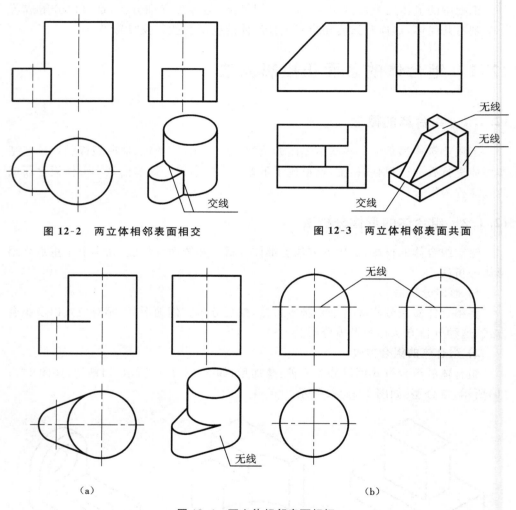

图 12-2　两立体相邻表面相交　　　　　　图 12-3　两立体相邻表面共面

图 12-4　两立体相邻表面相切

(a)平面与柱面相切；(b)柱面与球面相切

12.1.3　确定组合体的主视方向

主视方向是指获得正面投影的投影方向。主视方向的确定对其他各投影的影响较大,选择主视方向可以从以下三方面考虑。

① 从形象稳定和绘图方便角度考虑确定组合体的安放状态。通常使组合体的底板朝下,主要表面平行于投影面。

② 应使正面投影最能反映组合体的形状特征。

③ 使其他各投影图中不可见的形体最少,即在其他投影图中不可见的虚线越少越好。

12.1.4 确定投影的数量

投影数量确定的原则,是用最少数量的投影把形体表达完整、清晰。对于常见的组合体,一般情况下通过 V、H、W 三面投影即可将形体完整、清晰地表达出来。对于建筑物及其购配件的投影,在保证表达完整清晰的前提下,可以选用单面投影、两面投影、三面投影,甚至更多的投影或其他的投影方法。如图 12-5 所示的晒衣架,可以采用 V 面投影,再加以文字说明即可。如图 12-6 所示的门轴铁脚,采用 V、H 面投影,即可将该形体表达清楚。

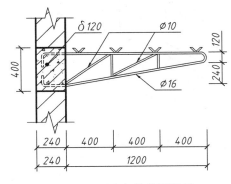

图 12-5 晒衣架的单面投影

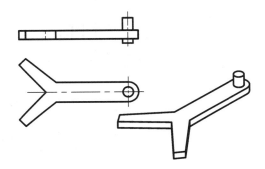

图 12-6 门轴铁脚的两面投影

12.1.5 确定比例和图幅绘制投影图

① 根据组合体的大小、形状和复杂程度等因素,选择适当的比例。然后根据所选择的比例,估算出图形和尺寸标注所占用的面积,以确定合适的图纸幅面。

② 布置图面。将图形、标注的尺寸以及其他在图纸上需表达的内容,均匀、合理地布置在图纸上。

③ 绘制投影图底稿。先绘制出各个投影面的基准线,然后再根据形体分析的结果,逐一绘制出每一部分的投影。一般先绘制主要形体后再绘制次要形体,先绘制较大形体后再绘制较小形体,先绘制实心形体后再绘制挖切形体,先绘制轮廓后再绘制内部细部结构。在绘制某一部分投影的时候,应该先绘制该部分最有特征的投影,然后再绘制该部分的其他投影。

④ 加深图线。底稿完成以后,通过认真检查,更改错误后,按照要求加深图线。

⑤ 标注尺寸。标注方法和步骤详见下节。

⑥ 读图复核。复核图纸中有无遗漏或多余的图线,有无遗漏的标注等。在复核过程中可以联想出该形体的空间模型,与所绘制的投影图加以比较,提高读图的能力。

⑦ 填写标题栏、会签栏等栏目中的各项内容,完成全图。

12.1.6 组合体三面图绘制举例

常见的组合体,一般情况下通过 V、H、W 三面投影即可将形体完整、清晰地表达出来。土建工程图中常将组合体的水平投影称为平面图,正面投影称为正立面图,侧面投影称为左侧立面图,统称为组合体的三面图。

【例 12-1】 如图 12-7 所示,绘制挡土墙的三面图。

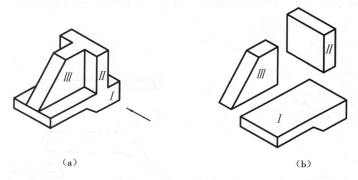

(a)   (b)

图 12-7 挡土墙的立体图
(a)主视方向;(b)形体分析

【分析】 如图 12-7(b)所示,该挡土墙由三部分组成:水平放置的底板 Ⅰ,侧平放置的竖板 Ⅱ 和支撑板 Ⅲ。三部分以叠加方式组合,其中 Ⅰ 与 Ⅱ 的前后面共面,Ⅱ 与 Ⅲ 的顶面共面。如图 12-7(a)所示方向可以作为该组合体的主视方向。

【解】 作图步骤如下。

① 布置图面。

根据三面图的大小,确定各个投影在图纸上的位置,绘制出各个投影的基准线,如图 12-8(a)所示。

② 绘制三面图的底稿。

分别绘制出挡土墙各个组成部分的三面投影,在绘制过程中注意各个组成部分的相对位置。如图 12-8(b)所示,绘制底板 Ⅰ 的投影,先绘制底板的 V 面投影,然后绘制 H、W 面投影;如图 12-8(c)所示,绘制竖板 Ⅱ 的投影,先绘制竖板的 W 面投影,然后绘制 H、V 面投影;如图 12-8(d)所示,绘制支撑板 Ⅲ 的投影,先绘制其 V 面投影,然后绘制 H、W 面投影。去掉投影图中多余的图线,如图 12-8(e)所示。

③ 加深图线,完成全图。

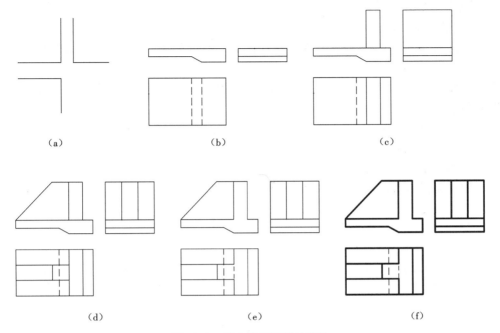

图 12-8 挡土墙三面图的画法

(a)确定各投影的基准线;(b)绘制底板的三面投影;(c)绘制竖板三面投影;

(d)绘制支撑板的三面投影;(e)去掉多余图线;(f)加深图线,完成全图

按照要求加深图线,如图 12-8(f)所示。

【**例 12-2**】 绘制如图 12-9(a)所示组合体的三面图。

【**分析**】 如图 12-9(a)所示,该组合体是通过切割的方法所得,图中所示方向可以作为该组合体的主视方向。首先是用侧垂面切割,如图 12-9(b)所示;然后用正平面和侧平面切割,如图 12-9(c)所示。

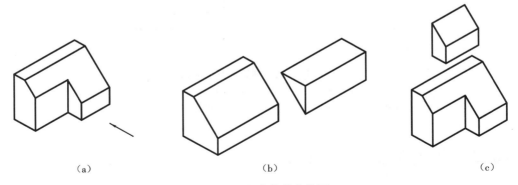

图 12-9 组合体的立体图

(a)主视方向;(b)用侧垂面切割;(c)用正平面和侧平面切割

【**解**】 作图步骤如下。

① 布置图面。

根据三面图的大小,确定各个投影在图纸上的位置,绘制出各个投影的基准线。

② 绘制三面图的底稿。

首先,完整地绘制出切割前基本形体的三面投影,如图 12-10(a)所示。然后根据切割的次序,分别完成每次切割后的投影。完成形体第一次被侧垂面切割后的三面投影,如图 12-10(b)所示;完成形体第二次被正平面与侧平面切割后的三面投影,如图 12-10(c)所示。

③ 加深图线,完成全图。

检查无误后,按照要求加深图线,如图 12-10(d)所示。

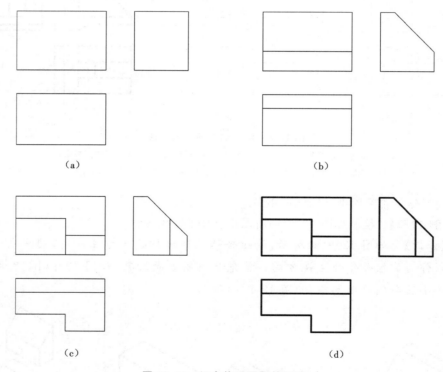

图 12-10 组合体三面图的画法
(a)基本形体的三面投影;(b)用侧垂面切割后的投影;
(c)用正平面与侧平面切割后的投影;(d)加深图线,完成全图

12.2 组合体的尺寸标注

组合体三面图绘制完成以后,只表达了组合体的形状,要反映各部分的大小及其相对位置,还需要在组合体三面图上标注尺寸。

12.2.1　尺寸标注的基本要求

尺寸标注的基本要求是：在组合体三面图中标注的尺寸要完整、准确、清晰、合理，并符合国家标准关于尺寸标注的有关规定。

12.2.2　基本形体的尺寸注法

要学习组合体的尺寸标注，首先应该学习基本形体的尺寸注法。如图 12-11 所示，为常见的棱柱、棱锥、棱台、圆柱、圆锥、圆台、球等基本形体尺寸的注法。其中正六棱柱常用的标注方法有两种，如图 12-11(b)、(c)所示。

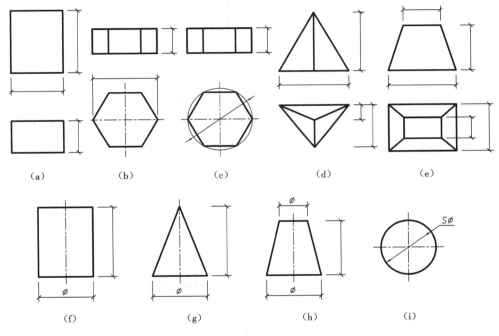

图 12-11　基本形体的尺寸标注

12.2.3　组合体的尺寸注法

在组合体三面图上标注尺寸，采用形体分析的方法，首先确定各个组成部分（基本形体）的尺寸，然后确定各个组成部分（基本形体）之间相对位置的尺寸，最后确定组合体的总尺寸。因此组合体三面图上标注的尺寸一般可以分为以下三种类型。

① 定形尺寸，确定组合体中各基本形体大小的尺寸。

② 定位尺寸，确定组合体中各基本形体之间相互位置的尺寸。

③ 总体尺寸，确定组合体的总长、总宽和总高的尺寸。

以上三类尺寸的划分并非绝对的，如某些尺寸既是定形尺寸又是总尺寸，某些尺寸既是定位尺寸又是定形尺寸,这完全是与组合体的具体情况相关的。

在标注定位尺寸时,应该在长、宽、高三个方向上分别选择尺寸基准,通常情况下是以组合体的底面、大端面、对称面、回转轴线等作为尺寸基准。

现以图 12-12(b)所示的组合体为例,说明组合体三面图尺寸标注的过程。

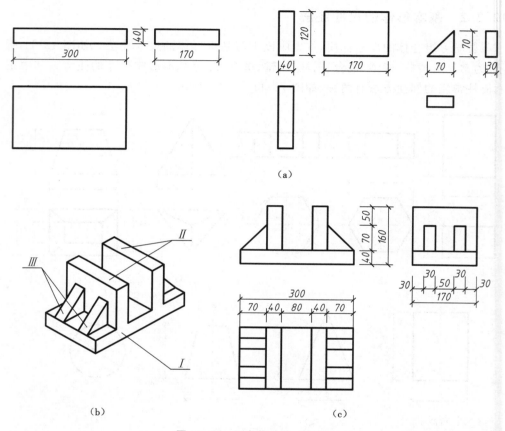

图 12-12　组合体的尺寸标注

(a)各组成部分的尺寸;(b)立体图;(c)组合体尺寸标注

(1) 分析形体

总的来看,该组合体由三部分叠加而成,左右、前后对称。两块侧平的立板Ⅱ叠放在水平的底板Ⅰ上,而且与底板Ⅰ等宽,四块支撑板Ⅲ叠放在底板Ⅰ的上表面,另一面与立板Ⅱ的端面共面。

(2) 选尺寸基准

选择对称平面为长度和宽度方向上的尺寸基准,底板Ⅰ的底面为高度方向上的尺寸基准。

(3) 尺寸标注

根据形体分析,该组合体由三部分组成,每一部分应标注的尺寸如图 12-12(a)

所示。

底板Ⅰ:定形尺寸有 300、170 和 40。

立板Ⅱ:定形尺寸有 40、170 和 40。

支撑板Ⅲ:定形尺寸有 70、70 和 30。

标注组合体三面图的尺寸,如图 12-12(c)所示。由于选择对称平面、底板Ⅰ的底面为组合体整体的尺寸基准,因此在标注组合体各个部分尺寸的时候,需要对某些尺寸进行调整。立板Ⅱ高度方向上的定形可以省略。最后标注总体尺寸。总长与总宽及底板的定形尺寸重合,总高为 160。

12.2.4　组合体尺寸标注应注意的问题

① 尺寸标注应明显。尺寸应尽量标注在最能反映形体特征的投影上,尽量避免在虚线上标注尺寸。

② 与两个投影都有关系的尺寸,应尽量标注在两个图形之间。如图 12-12(c)中长度方向上的尺寸 70、40、80 和 300,高度方向上的尺寸 40、50、70 和 160,宽度方向上的尺寸 30、50 和 170,而且宽度方向上的尺寸不宜标注在平面图的左侧。

③ 表示同一结构的尺寸应尽量集中。

④ 尺寸尽量标注在图形之外。但在某些情况下,为了避免尺寸界线过长或与过多的图线相交,在不影响图形清晰的情况下,也可以将尺寸标注在图形内部。

⑤ 尺寸布置恰当、排列整齐。在标注同一方向的尺寸时,间隔均匀,尺寸由小到大向外排列,避免尺寸线与尺寸界线相交,如图 12-12(c)中所示。

12.3　组合体投影图的阅读

组合体投影图的阅读是根据形体已有的投影图,想象出该组合体的空间模型(形状),是培养空间思维能力的重要环节之一,是学习本课程的主要目的之一。组合体投影图的阅读方法除了前面学习的形体分析法之外,对于组合体复杂的、不容易理解的部分,还可以采用线面分析法。

12.3.1　组合体投影图的线面分析法

所谓线面分析法是指当阅读比较复杂的组合体时,在形体分析的基础上,对组合体复杂的、不容易理解的部分,结合线、面的投影分析,一条线、一个线框地分析其线面关系,来帮助加强对形体的理解,想象出空间模型(形状)的方法。

要掌握线面分析法,首先要掌握在投影图中图线和线框可能代表的含义。

(1)投影图中图线的含义

在投影图中,某一条图线代表的含义可能有以下三种情况:第一种情况是代表曲面或平面的积聚投影,如图 12-13 中所示图线Ⅰ表示圆柱面的积聚投影,Ⅱ、Ⅲ表示平面的积聚投影;第二种情况是代表两个面交线的投影,如图 12-13 中所示图线Ⅳ;第三种情况是代表曲面轮廓素线的投影,如图 12-13 中所示图线Ⅴ。

(2) 投影图中图框的含义

在这里,图框指的是封闭的线框,而封闭的线框的含义是表示形体的某一个面。因此,在投影图中,一个封闭的线框代表的含义可能有四种情况:第一种情况是代表平面的实形投影(该平面与投影面平行),如图 12-14 中所示 A 框和 E' 框;第二种情况是代表平面的类似形(该平面与投影面倾斜),如图 12-14 中所示 B' 框;第三种情况是代表曲面或组合面的投影,如图 12-14 中所示 C' 框和 D' 框;第四种情况是代表孔、洞或凸台的投影,如图 12-14 中所示 E' 框表示凸台,F 框表示圆孔。

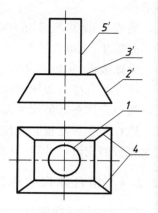

图 12-13 投影图中的图线

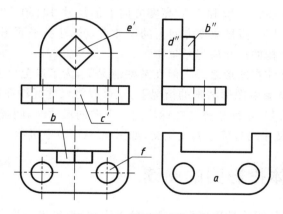

图 12-14 投影图中的图框

下面,通过例题 12-3 来说明运用线面分析法具体的作图过程。

【例 12-3】 如图 12-15(a)所示,求组合体的侧立面图。

【分析】 如图 12-15(a)所示,该组合体由若干个棱柱组合而成,并且上半部被正垂面切割。平面图中的封闭线框(十边形)即被正垂面切割后断面的 H 面投影,其 V 面投影积聚成一条与投影轴倾斜的直线,根据投影规律,该断面的 W 面投影应该与 H 面投影类似。因此,可以利用投影规律,先将该断面的 W 面投影求出(十边形),然后从该十边形的各个顶点向组合体底面作棱线,就可以绘制出该组合体的侧立面图。

【解】 作图步骤如下。

① 作断面的侧面投影。

首先,在 H 面投影中,对十边形的每一个顶点编号。然后将该 10 点的正面投影

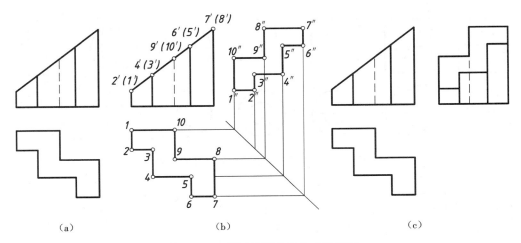

图 12-15 利用线面分析法求解问题

(a)已知条件;(b)作断面的侧面投影;(c)完成全图

求出。利用投影规律作出这 10 个点的侧面投影,顺次连接,如图 12-15(b)所示。

② 作棱线和底面的侧面投影。

侧面投影中,从各个顶点向组合体底面作铅垂棱线的投影,注意点 *7″*、*8″*、*9″*、*10″*以下应绘制成虚线,反映到该组合体的侧面投影上,点 *9″*以下为虚线,其余虚线与实线重合。然后作底面的侧面投影。

③ 按照要求加深图线,完成全图,如图 12-15(c)所示。

12.3.2 组合体投影图阅读的一般步骤

① 从反映形体特征的投影着手,几个投影综合联系起来,进行形体分析。

组合体的每一个投影只能反映形体部分形状特征,在阅读的时候,应该从最能反映形体特征的投影着手,结合其他几个投影来综合分析。不能只阅读了一两个投影就下结论。如图 12-16 所示,虽然这些形体的平面图完全相同,但通过正立面图反映出它们是形状不同的形体。图 12-17 所示,虽然知道了形体的平面图与正立面图,但还需通过对侧立面图的阅读,才能想象出它们的空间形状。因此,在阅读图纸时,必须把几个投影图联系起来相互对照,运用形体分析法,分析出形体的形状。

② 找对应的投影,进行线面分析。

对投影图中复杂、不容易理解的部分,利用线面分析方法,找出封闭的线框,以及与之对应的线或线框,分析其具体的形状与空间关系,想象出空间模型。

③ 灵活多思,反复对照。

组合体的组合方式灵活,变化多样,因此,在组合体三面图的阅读过程中,不可能通过所给的投影一次性地将形体的空间形状想象正确,而是一个反复的过程。首先根据所给的投影,在头脑中建立该组合体大致轮廓,然后再根据投影具体分析每一部

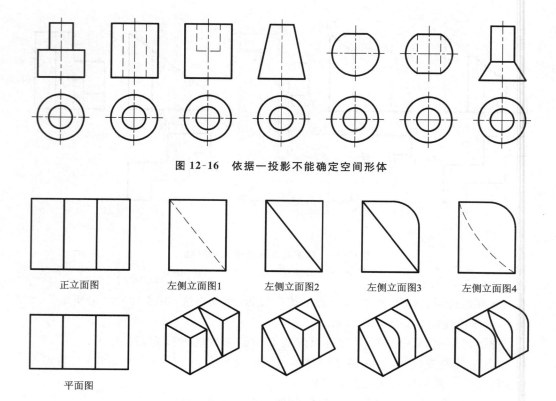

图 12-16　依据一投影不能确定空间形体

正立面图　　左侧立面图1　　左侧立面图2　　左侧立面图3　　左侧立面图4

平面图

图 12-17　依据二投影不能确定空间形体

分,不断地把所想象的空间形状与投影图对照,边对照边修正,直至与投影图相符合。经过这样不断的实践,可以逐步培养空间思维能力。

12.3.3　组合体投影图阅读的实例

组合体投影图的阅读是绘制的逆过程,绘图时是根据形体的模型用正投影法画出形体的投影,而阅读时则是根据已绘制的图形,想象出空间形体的模型。在学习实践中根据组合体的两个投影补画第三投影是训练读图能力的一种有效方法,它包含了由图形到空间模型和由空间模型到图形的反复思维过程。

【例 12-4】　如图 12-18(a)所示,求组合体的平面图。

【分析】　如图 12-18(a)所示,该组合体可以看成由三部分组成。Ⅰ部分为一个大的四棱柱被水平面和正垂面切割其左上部分,Ⅱ、Ⅲ部分为两个四棱柱叠放在Ⅰ上。

【解】　作图步骤如下。

① 完整地绘制出大的四棱柱的水平投影,如图 12-18(b)所示。

② 作正垂面的水平投影。

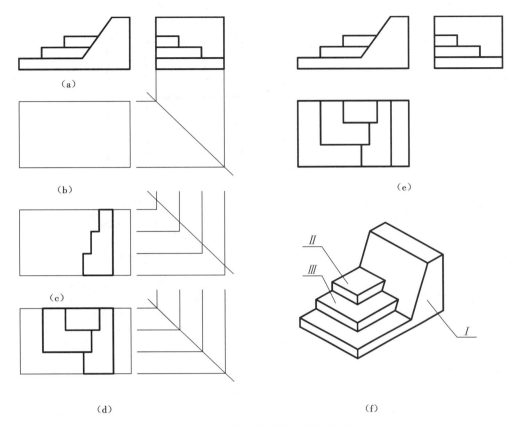

图 12-18 绘制组合体的第三投影

(a)已知条件;(b)绘制柱完整的 H 面投影;(c)作正垂面的 H 面投影;
(d)作Ⅱ、Ⅲ部分的 H 面投影;(e)加深图线,完成全图;(f)立体图

在 W 面投影图中找到正垂面的投影(封闭的线框),利用线面分析的方法,求出该正垂面的水平投影(与侧面投影为类似形)如图 12-18(c)所示。

③ 作Ⅱ、Ⅲ部分的水平投影,如图 12-18(d)所示。

④ 按照要求加深图线,完成全图,如图 12-18(e)所示。

【例 12-5】 如图 12-19(a)所示,求组合体的平面图。

【分析】 如图 12-19(f)所示,该组合体是由三棱柱切割而得的,基本形体是顶面和底面与 W 平行的三棱柱。被两个正垂面切掉两个角,又被两个侧平面与水平面在下面切了一个槽口。正立面图即为一个线封闭的框,该线框是三棱柱一个侧面的投影,该面是一个侧垂面,因此其水平投影一定是该图形的类似形,可从其着手,首先绘制。然后再完成其他部分的投影。

【解】 作图步骤如下。

① 绘制出三棱柱完整的水平投影,如图 12-19(b)所示。

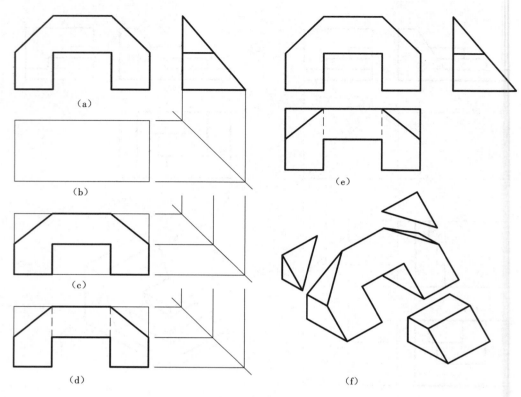

图 12-19　绘制组合体的第三投影

(a)已知条件;(b)绘制三棱柱完整的 H 面投影;(c)作侧垂面的 H 面投影;
(d)作其余部分的 H 面投影;(e)加深图线,完成全图;(f)立体图

② 作侧垂面的水平投影。

在 V 面投影图中找到侧垂面的投影(封闭的线框),利用线面分析的方法,求出该侧垂面的平面投影(与正面投影为类似形),如图 12-19(c)所示。

③ 其余部分的水平投影。

两个正垂面切割,断面为三角形,其水平投影为类似形,即也为三角形。用两个侧平面与水平面挖切出槽口,在水平投影中增加了两条虚线,如图 12-19(d)所示。

④ 整理图形,去掉多余图线。按照要求加深图线,完成全图,如图 12-19(e)所示。

【本章要点】

① 能绘制组合体的三面投影图。

② 能阅读常见的组合体的投影图。

③ 掌握组合体的形体分析法和线面分析法。

④ 了解组合体的尺寸标注方法。

第 13 章 剖面图、断面图

13.1 概述

当一个建筑物或建筑构件的内部结构比较复杂时,如果仍采用正投影图的方法,用实线表示可见轮廓线,虚线表示不可见轮廓线,则在投影图上会产生大量的虚线,给手工绘图和读图带来一定的困难。不仅如此,如果虚线、实线相互交叉或重叠,更会使得图形混淆不清,给读图带来更大的困难。图 13-1 所示为一个单层平顶房屋,其用正投影图的方法表达时,图上出现了很多虚线,读图不便。

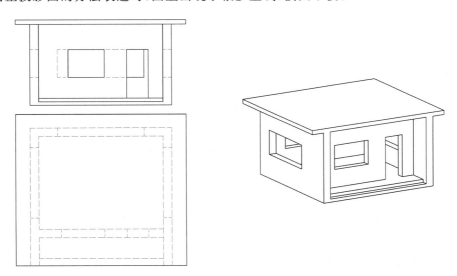

图 13-1 门卫室的两视图及轴测图

为了解决这一问题,先对投影图中产生虚线的原因进行分析。表达建筑形体内部结构时,之所以会产生虚线,是因为在观察方向上建筑形体前面部分的遮挡,若假想将产生遮挡的这部分建筑形体去除,而后再进行投影,就不会产生虚线了,在此思路下,就有了剖面图和断面图。

剖面图和断面图在表达建筑物或建筑构件内部构造时应用非常广泛,建筑工程图中的许多图样是根据剖面图和断面图的原理绘制的。

13.2 剖面图

13.2.1 剖面图的基本概念及画法

1) 剖面图的概念

假想用一平面剖开形体,这一假想平面称为剖切平面,将处于观察者与剖切平面之间的部分形体移走,将剩余部分向相应的投影面投影,所得到的投影图即称为剖面图。图 13-2 所示为图 13-1 中房屋被一竖直剖切平面从房屋中间剖开后得到的剖面图。

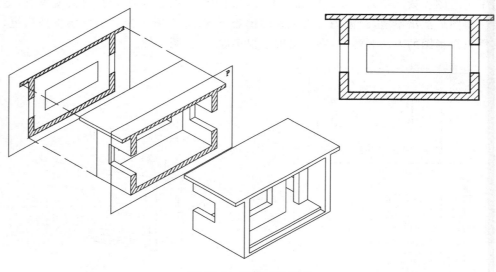

图 13-2 剖面图的形成

2) 剖面图的画法规定

为区分剖面图中剖到的区域和未剖到的区域,在绘制剖面图时做以下规定。

① 断面轮廓线用粗实线绘制,并在断面上画出材料图例,材料未知时,可用通用的剖面线表示,通用剖面线即等间距、同方向的细实线,并与水平方向或剖面图的主要轮廓线、断面的对称线成 45°角。

② 非断面部分的轮廓线,用中实线画出。

3) 剖面图的标注

为了表示剖切平面的位置、投影方向及其与相应剖面图的对应关系,在剖面图及相应投影图上需作一些标注,国标中对这些标注方法作了一些规定。

（1）剖切位置线

剖切位置线实质上就是剖切平面的积聚投影,规定只取积聚投影上两小段线作为代表,并规定这两小段线用粗实线绘制,长度为 6～10 mm。剖切位置线不能与其他图线相接触,如图 13-3 所示。

（2）投影方向线

为了表明剖切后的投影方向,规定用两小段粗实线绘制在剖切位置线的外端来表示剖切后的投影方向,这两小段粗实线即称为投影方向线。投影方向线长度为 4～6 mm,画在剖切位置线的哪一侧,表示向哪一侧投影,如图 13-3 中"1—1"剖切位置,表示剖切后向左侧投影。

（3）剖切位置的编号

为了表示剖切位置与相应的剖面图的对应关系,需要给剖切位置编号,编号宜采用阿拉伯数字,按顺序由左至右、由下至上连续编排,并注写在投影方向线的另一端,剖切位置线需转折时,应在转角外侧加注该剖切位置的编号,如图 13-3 中"3—3"所示。

（4）剖面图所在图纸号

剖面图与被剖切图样不在同一张图纸内时,可在剖切位置线的另一侧注明剖面图所在的图纸号,如图 13-3 中的"3—3"剖切位置线下侧注写"建施－5",表示 3—3 剖面图画在"建施"第 5 号图纸上。

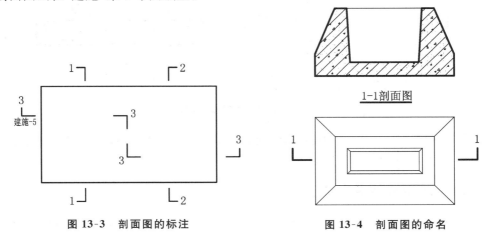

图 13-3　剖面图的标注　　　　　图 13-4　剖面图的命名

（5）剖面图的图名

剖面图的图名用与该图相对应的剖切符号的编号来表示,如"1—1""2—2"……注写在剖面图的下方或一侧,并在图名的下方画一等长的粗实线,称为图名线,如图 13-4 所示。

（6）剖切符号的标注

对习惯使用的剖切符号,如画建筑平面图时的水平剖切平面的剖切位置、投影方向,以及通过构件对称平面的剖切符号,可以不在图上作标注。

4）画剖面图注意事项

① 剖切平面的位置。作剖面图时,一般都使剖切平面平行于基本投影面,从而

使断面的投影反映实形,并使剖切平面尽量通过形体上的孔、洞、槽等隐蔽形体的中心线,将形体内部表达清楚。

② 由于剖面图是假想将形体剖开后投影得到的,但实际上形体并没有被剖开,所以,在作形体的其他投影图时,仍按完整的形状画出,如图 13-4 所示。

③ 画剖面图时,假想剖切后剩余部分形体上的可见轮廓线都应画出,不能漏线,也不可多线,如图 13-5 所示。

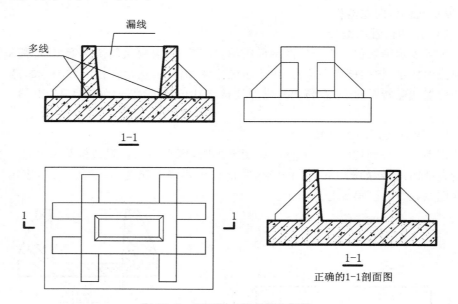

图 13-5 剖面图中的多线和漏线

④ 一般情况下,为了使视图清晰,剖面图中可省略不必要的虚线,但如果省略掉虚线后,不能清楚地表达形体时,仍应画出虚线。

13.2.2 常用剖面图的种类

根据建筑形体的不同特点和要求,在建筑工程图中常采用的剖面图有以下几种形式。

1)全剖面

假想用一个剖切平面将建筑形体全部剖开后得到的剖面图,即称为全剖面。这种形式的剖面图在建筑工程图中应用很多,比如建筑平面图一般都是全剖面。图 13-6 所示为一个房屋的全剖面示意图。

2)阶梯剖面

作剖面图的目的是要表达清楚建筑形体的内部结构,所以,在建筑形体上需要表达清楚的一些部位都应该被剖切平面剖到。但在有些情况下,用一个剖切平面不能将所有需要表达的部位都切到,为了使图形数量最少,可以用两个(或两个以上)相互

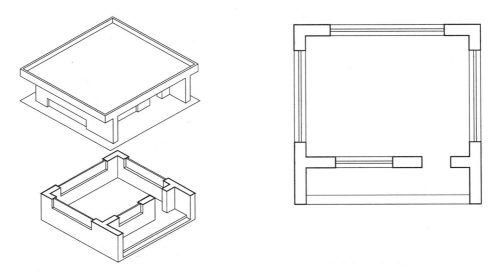

图 13-6 全剖面示意图

平行的剖切平面,将形体沿着需要表达的部位剖开,然后画出剖面图,此种图样称为
阶梯剖面,如图 13-7 所示。因为阶梯剖面图也是假想将建筑形体用剖切平面剖开,
而并非真正地剖开,所以,在阶梯剖面图中,两个剖切平面之间不划分界线,就好像是
用一个剖切平面剖开的一样。

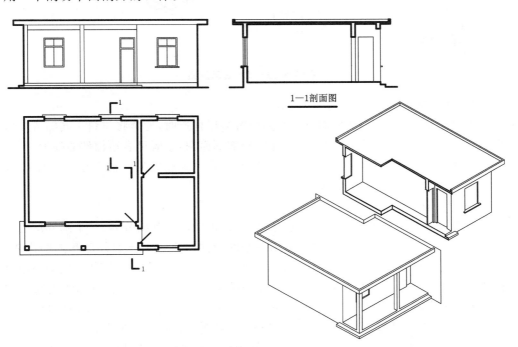

1—1剖面图

图 13-7 阶梯剖面示意图

3) 局剖剖面

当建筑形体内部结构比较简单且均匀一致时,可以保留原投影图的大部分,以表达建筑形体的外形,而只将局部地方画成剖面图,表达内部结构,这种剖面图称为局部剖面图。局部剖面图可在一个图形上既表达外形,又表达内部结构,减少图纸数量。"国标"规定,画局部剖面图时,投影图与局部剖面之间,用徒手画的波浪线分界。局部剖面图经常用来表达钢筋混凝土基础。图 13-8 即为一个独立基础的两个剖面图,其 V 面投影是一个全剖面图,H 面投影为一个局部剖面图。

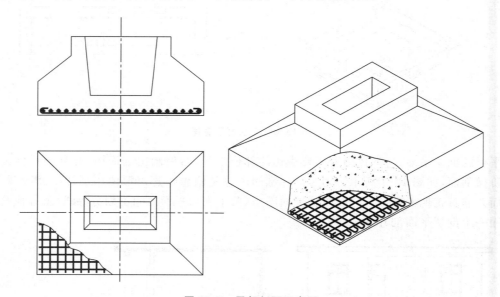

图 13-8　局部剖面示意图

4) 分层局部剖面

当表达房屋的墙面、楼地面、屋面、路面等多层构造时,通常将材料不同的各层依次剖开一个局部,作出其剖面图,称为分层局部剖面图,它既可表达构件的外形,又可表达构件各层所用的材料及各层之间的位置关系。各层之间以徒手绘的波浪线分界。图 13-9 为屋面的分层局部剖面图。

5) 半剖面

当形体具有对称平面且外形又比较复杂时,可以用对称面分界,一半画外形的正投影图,另一半画成剖面图,这样就可用一个图形同时表达形体的外形和内部构造,这样的图形习惯上称为半剖面图。画半剖面图时,剖面图和投影图之间,规定要用对称符号作为分界线。对称符号由对称线和两端的两对平行线组成,对称线用细单点长画线绘制,平行线用细实线绘制,其长度为 6～8 mm,间隔 2～3 mm,对称线垂直平分两对平行线,两端超出平行线 2～3 mm。习惯上,将剖面图画在图形右侧或下侧。例如前面图 13-5 中所示的带肋杯形基础可画成半剖面图,如图 13-10 所示。

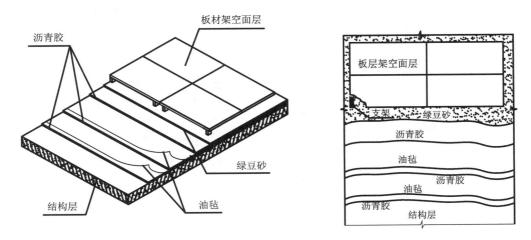

图 13-9 屋面分层局部剖面图

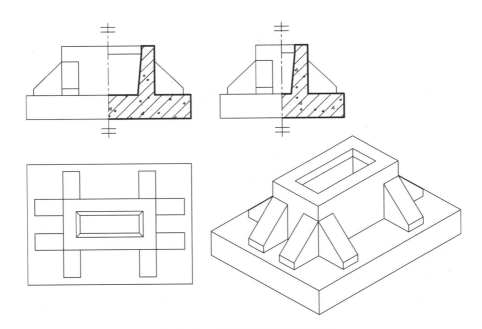

图 13-10 带肋杯形基础半剖面图

6）旋转剖面

在有些情况下,建筑形体可能需要用两个相交的剖切平面将其剖开,然后使其中一个剖面图形绕两剖切平面的交线旋转到另一剖面图形所在的平面上,而后再一起向所平行的基本投影面投影,所得的投影图称为旋转剖面。"国标"规定,旋转剖面图图名后应加注"展开"两字。旋转剖面在建筑工程图中应用较少,经常用来表达一些回转型的构筑物,图 13-11 所示为一污水检查井的旋转剖面示意图。

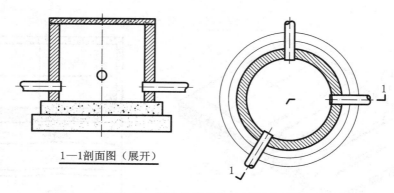

图 13-11   污水检查井旋转剖面示意图

13.3   断面图

13.3.1   断面图的基本概念及画法

1）断面图的概念

断面图与剖面图有些类似,也是用一个假想剖切平面将形体剖开,将处在观察者与剖切平面之间的形体移走,但与剖面图不同的是,断面图只把形体被剖开后所产生的断面投射到与它平行的投影面上,所得的投影,表达出断面的实形,称为断面图。断面图用来表达形体某处断面的形状及材料。在建筑工程图中,经常用来表达梁、板、柱等建筑构件的截面变化及采用的材料。

2）断面图的画法

断面图的画法有以下两点规定:

① 断面轮廓线画粗实线;

② 断面内画材料图例。

3）断面图的标注

与剖面图类似,断面图也需标注剖切位置线和剖切符号编号,其画法与剖面图一样,但断面图不标注投影方向线,投影方向由编号的注写位置表示,例如,编号写在剖切位置线左侧,表示向左投影,注写在下侧,表示向下投影。

4）断面图与剖面图的区别

断面图与剖面图的区别有以下三点。

① 表达范围不同。断面图是形体被剖开后断面的投影,是面的投影;而剖面图是形体被剖开、移走遮挡视线的部分形体后,剩余部分形体的投影,是体的投影。应该说,同一剖切位置上同一投影方向的剖面图一定包含着其断面图。

② 剖切符号的标注不同。这是根据剖切符号确定是画剖面图还是画断面图的

关键,剖切符号中如果有投影方向线,表示要画剖面图,如果没有投影方向线,表示要画断面图。

③ 一个剖面图可以用两个或多个剖切平面来剖切(如阶梯剖面、旋转剖面),而一个断面图只能用一个剖切平面来剖切。换句话说,即断面图中的剖切平面不可转折。

剖面图和断面图的区别可以图 13-12 所示图形来说明。

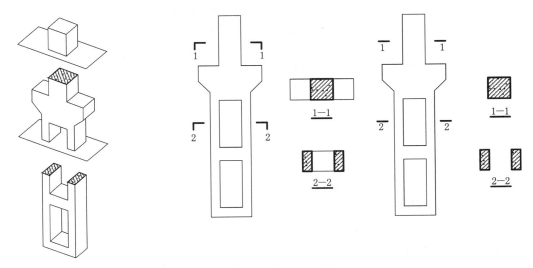

图 13-12　断面图与剖面图的区别

13.3.2　常用断面图的种类

1)移出断面图

当一个形体构造比较复杂,需要有多个断面图时,通常将断面图画在视图轮廓线之外,排列整齐,这样的断面图称为移出断面图。移出断面图是表达建筑构件时经常采用的一种图样,比如结构施工图中的基础详图、配筋图中的断面图等都属于移出断面图。图 13-13 所示为一个梁的移出断面图。

2)重合断面

在表达一些比较简单的断面形状时,可以将断面图画在原视图之内,比例与原视图一致,这样的断面图称为重合断面。这样的断面图可以不加任何说明,只是将断面轮廓线画得比视图轮廓线粗些,并在断面轮廓线之内沿着轮廓线的边缘画 45°细斜线。

重合断面图经常用来表示墙壁立面的装饰,如图 13-14 所示,用重合断面表示出了墙壁装饰板的凹凸变化。此断面图的形成是用一个水平剖切平面,将装饰板剖开后,得到断面图,然后再将断面图向下翻转 90°与立面图重合在一起。

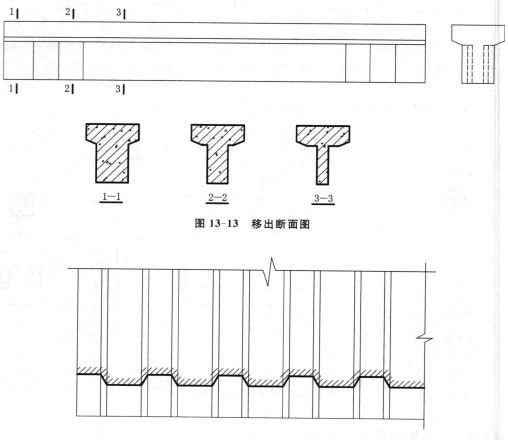

图 13-13　移出断面图

图 13-14　重合断面图

3）中断断面

　　在表达较长而只有单一断面的杆件时,可以将杆件的视图在某一处打断,而在断开处画出其断面图,这种断面图称为中断断面。中断断面不需标注剖切称号,也不需任何说明。中断断面经常用在钢结构图中来表示型钢的断面形状,如图 13-15 所示。

图 13-15　中断断面图

【本章要点】

　　① 剖面图的概念及画法规定、剖面图的标注方法。

② 常见剖面图的种类。

③ 断面图的概念及画法规定、断面图的标注方法。

④ 断面图与剖面图的区别。

⑤ 常见断面图的种类。

第 14 章　建筑施工图

将一幢拟建房屋的内外形状和大小,以及各部分的结构、构造、装修、设备等内容,按照国标的规定,采用正投影法,详细准确地画出的图样,称为房屋建筑图。它是用以指导施工的一套图纸,所以又称为施工图。建筑施工图是根据正投影原理、有关的专业知识和国家制图标准绘制的一种工程图样,其主要的任务是表示房屋的内外形状、平面布置、楼层层高及建筑构造与装饰做法等。

14.1　基本知识

14.1.1　房屋建筑的设计程序

房屋建造要经过设计与施工两个过程,其中,设计过程又可分为初步设计和施工图设计两个阶段。

初步设计包括建筑物的总平面图,建筑平、立、剖面图及简要说明,结构系统说明,采暖、通风、给排水、电气照明系统说明,以及各项技术经济指标,总概算,等等,供有关部门分析、研究、审批。

施工图设计将初步设计所确定的内容进一步具体化,在满足施工要求及协调各专业之间关系的基础上最终完成设计,并绘制建筑、结构、水、暖、电施工图。

14.1.2　房屋的组成及其作用

建筑物按使用功能的不同可分为工业建筑和民用建筑两大类。民用建筑又可分为公共建筑和居住建筑两类。建筑按结构分,通常有框架结构和承重墙结构等。一般一幢房屋由基础、墙或柱、楼面及地面、屋顶、楼梯和门窗等六大部分组成。它们处在不同的部位,发挥着各自的作用。其中起承重作用的部分称为构件,如基础、墙、柱、梁和板等;起围护及装饰作用的部分称为配件,如门、窗和隔墙等。因此,房屋是由许多构件、配件及装修构造组成的。图 14-1 所示的是一幢假想被剖切的房屋,图中比较清楚地表明了房屋各部分的名称及所在位置。楼房第一层为底层(或一层、首层),往上数为二层、三层……顶层。它们有些起承重作用,如屋面、楼板、梁、墙、基础;有些起防风、沙、雨、雪和阳光的侵蚀干扰作用,如屋面、雨篷和外墙;有些起沟通房屋内外和上下交通作用,如门、走廊、楼梯、台阶等;有些起通风、采光的作用,如窗;有些起排水作用,如天沟、雨水管、散水、明沟;有些起保护墙身的作用,如勒脚、防潮层等。

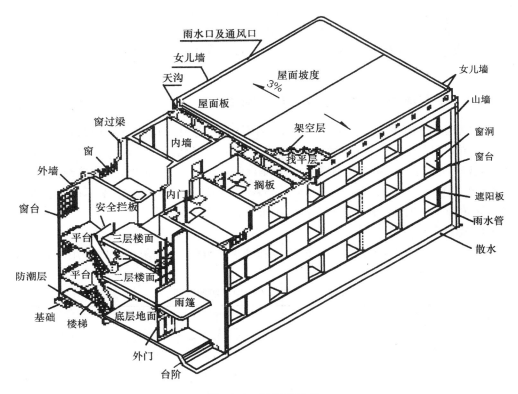

图 14-1　房屋的组成

14.1.3　房屋施工图的分类

在工程建设中,首先要进行规划、设计,并绘制成图,然后照图施工。

遵照建筑制图标准和建筑专业的习惯画法绘制建筑物的多面正投影图,并注写尺寸和文字说明的图样,叫建筑图。建筑图包括建筑物的方案图、初步设计图、扩大初步设计图以及施工图。

一套完整的施工图,根据其内容和工程不同分为如下部分。

① 图纸目录。先列新绘的图纸,后列所选用的标准图纸或重复利用的图纸。

② 设计总说明(首页)。施工图的设计依据,本项目的设计规模和建筑面积,本项目的相对标高与绝对标高的对应关系,室内、室外的用料说明,门窗表,等等。

③ 建筑施工图(简称建施图)。主要用来表示建筑物的规划位置、外部造型、内部各房间的布置、内外装修、构造及施工要求等。它的内容主要包括施工图首页、总平面图、各层平面图、立面图、剖面图及详图。

④ 结构施工图(简称结施图)。主要表示建筑物承重结构的结构类型、结构布置、构件种类、数量、大小及做法。它的内容包括结构设计说明、结构平面布置图及构

件详图。

⑤ 设备施工图(简称设施图)。主要表达建筑物的给水排水、采暖通风、供电照明、燃气等设备、管线的布置和施工要求等。它主要包括各种设备的布置图、系统图和详图等内容。

14.1.4 绘制房屋建筑施工图的有关规定

建筑施工图应按正投影原理及视图、剖面、断面等基本图示方法绘制,为了使房屋施工图做到基本统一,清晰简明,满足设计、施工、存档的要求,以适应工程建筑的需要,我国制定了《房屋建筑制图统一标准》(GB/T 50001—2010)、《建筑制图标准》(GB/T 50104—2010)、《总图制图标准》(GB/T 50103—2010)等国家标准。在绘制房屋建筑施工图时,必须严格遵守国家标准中的有关规定。

1)图线

在建筑施工图中,为反映不同的内容和使层次分明,不同类型图线采用不同的线型和线宽,具体规定如表 14-1 所示。

表 14-1　建筑施工图中图线的选用

名　　称	线宽	用　　　途
粗实线	b	① 平、剖面图中被剖切的主要建筑构造(包括构配件)的轮廓线; ② 建筑立面图或室内立面图的外轮廓线; ③ 建筑构造详图中被剖切的主要部分的轮廓线; ④ 建筑构配件详图中构配件的外轮廓线; ⑤ 平、立、剖面图的剖切符号
中实线	$0.5b$	① 平、剖面图中被剖到的次要建筑构造(包括构配件)的轮廓线; ② 建筑平、立、剖面图中建筑构配件的轮廓线; ③ 建筑构造详图及建筑构配件详图中的一般轮廓线
细实线	$0.25b$	小于 $0.5b$ 的图形线、尺寸线、尺寸界线、图列线、索引符号、标高符号、详图材料做法引出线等
中虚线	$0.5b$	① 建筑构造详图及建筑构配件不可见的轮廓线; ② 平面图中的起重机(吊车)轮廓线; ③ 拟扩建的建筑物的轮廓线
细虚线	$0.25b$	图例线、小于 $0.5b$ 的不可见的轮廓线
粗单点长画线	b	起重机(吊车)轨道线
细单点长画线	$0.25b$	中心线、对称线、定位轴线
折断线	$0.25b$	不需画全的断开界线
波浪线	$0.25b$	不需画全的断开界线、构造层次的断开界线

注:地平线的线宽可用 $1.4b$。

在同一张图纸中一般采用三种线宽的组合,线宽比为 $b:0.5b:0.25b$。较简单的图样可采用两种线宽组合,线宽比为 $b:0.25b$。

2)比例

房屋建筑体形庞大,通常需要缩小后才能画在图纸上。建筑施工图中,各种图样常用比例如表 14-2 所示。

表 14-2　建筑施工图的比例

图　　名	比　　例
建筑物或构筑物的平面图、立面图、剖面图	1：50、1：100、1：150、1：200、1：300
建筑物或构筑物的局部放大图	1：10、1：20、1：25、1：30、1：50
配件及构造详图	1：1、1：2、1：5、1：10、1：15、1：20 1：25、1：30、1：50

3)定位轴线

在学习定位轴线的布置和画法之前,先简单介绍一下与之相关的建筑"模数"概念。

所谓建筑"模数"是指房屋的跨度(进深)、柱距(开间)、层高等尺寸都必须是基本模数(100 mm 用 M_0 表示)或扩大模数($3M_0$、$6M_0$、$15M_0$、$30M_0$、$60M_0$)的倍数,这样便于设计规范化、生产标准化、施工机械化。

定位轴线是用来确定建筑物主要结构及构件位置的尺寸基准线。凡承重构件如墙、柱、梁、屋架等位置都要画上定位轴线并进行编号,施工时以此作为定位的基准。定位轴线的距离一般应满足建筑模数尺寸。

"国标"规定,定位轴线用细点画线绘制,在线的端部画一直径为 8～10 mm 的细线圆,圆内注写编号。在建筑平面图中的轴线编号,宜标注在图样的下方及左侧。横向编号应用阿拉伯数字,从左至右按顺序编写。竖向编号应用大写拉丁字母,自下而上按顺序编写,如图14-2所示。拉丁字母 I、O、Z 不得用做轴线编号,以免与数字 1、0、2 混淆。当字母数量不够使用时,可增加双字母或单字母加数字注脚。

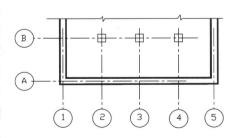

图 14-2　定位轴线及编号

组合复杂的平面图中定位轴线也可采用分区编号,如图 14-3 所示,编号的注写形式应为"分区号—该分区编号"。分区编号采用阿拉伯数字或大写拉丁字母表示。

对于一些与主要承重构件相联系的次要构件,它的定位轴线一般作为附加轴线。

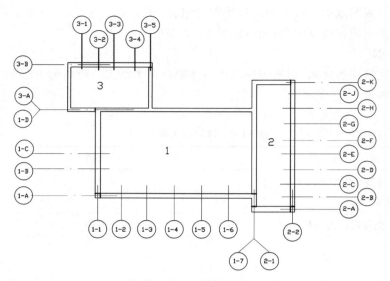

图 14-3　定位轴线的分区编号

附加轴线的编号,应以分数表示,并应按下列规定编写。

①　两根轴线间的附加轴线,应以分母表示前一轴线的编号,分子表示附加轴线的编号,编号宜用阿拉伯数字顺序编写,如:

$\frac{1}{2}$ 表示 2 号轴线之后附加的第 1 根轴线;

$\frac{3}{A}$ 表示 A 号轴线之后附加的第 3 根轴线。

②　1 号轴线或 A 号轴线之前附加轴线的分母应以 01 或 0A 表示,如:

$\frac{1}{01}$ 表示 1 号轴线之前附加的第 1 根轴线;

$\frac{1}{0A}$ 表示 A 号轴线之前附加的第 1 根轴线。

在画详图时,轴线编号的圆圈直径为 10 mm。通用详图的轴线号,只用圆圈,不注写编号。当一个详图适用于几个轴线时,应同时注明各有关轴线的编号,如图 14-4 所示。

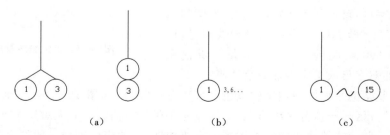

图 14-4　详图中轴线的编号

4）标高符号

标高是用以表明房屋各部分（如室内外地面、窗台、雨篷、檐口等）高度的标注方法。在总平面图，平、立、剖面图上，常用标高符号表示某一部位的高度。各图上所用标高符号以细实线绘制（见图 14-5）。标高数值以米（m）为单位，一般注至小数点后3 位（总平面图中小数点后为 2 位数）。图中的标高数字表示其完成面的数值。如标高数字前有"－"号的，表示该处完成面低于零点标高。如数字前没有"－"号的，表示高于零点标高。

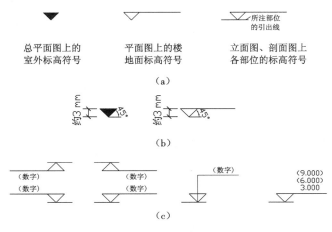

图 14-5　标高符号注法

5）索引符号与详图符号

为方便施工时查阅图样，对于在图样中的某一局部或构件，当需另见详图时，常用索引符号注明画出详图的位置、详图的编号及详图所在的图纸编号，如图 14-6 所示。

（1）索引符号

用一引出线指出要画详图的地方，在线的另一端画一细实线圆，其直径 10 mm。引出线应对准圆心，圆内过圆心画一水平线，如图 14-6（a）所示。索引符号的编号分以下几种情况。

① 当索引出的详图与被索引的图（基本图）在同一张图纸内时，应在索引符号的上半圆中用阿拉伯数字注写详图的编号，并在下半圆中间画一水平细实线，如图 14-6（b）所示。

② 当索引出的详图与被索引的图不在同一张图纸内时，应在索引符号的上半圆中用阿拉伯数字注明该详图的编号，应在索引符号的下半圆中用阿拉伯数字注明该详图所在图纸的编号，如图 14-6（c）所示。

③ 当索引出的详图采用标准图时，应在索引符号水平直径的延长线上加注该标准图册的编号，如图 14-6（d）所示。

④ 当索引出的详图是局部剖面详图时，应在被剖切的部位绘制剖切位置线（粗

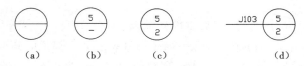

图 14-6　索引符号

实线),并以引出线引出索引符号,引出线所在的一侧应为投射方向,如图 14-7 所示。

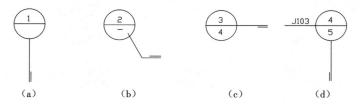

图 14-7　用于索引剖面详图的索引符号

（2）详图符号

表示详图的位置和编号,用一粗实线圆绘制,直径为 14 mm。详图与被索引的图样同在一张图纸内时,应在符号内用阿拉伯数字注明详图编号,如图 14-8(a)所示。如不在同一张图纸内,则可用细实线在符号内画一水平直径,在上半圆中注明详图编号,在下半圆中注明被索引图纸号,如图 14-8(b)所示。

（3）零件、钢筋、杆件、设备等的编号

本编号应用阿拉伯数字按顺序编写,并应以直径为 5～6 mm 的细实线圆绘制,如图 14-9 所示。

图 14-8　详图符号　　　　　　　　　**图 14-9　零件、钢筋、杆件等的编号**

6）引出线与多层构造说明

图样中某些部位的具体内容或要求无法标注时,常采用引出线注出文字说明或详图索引符号。引出线应以细实线绘制,宜采用水平方向的直线或与水平方向成 30°、45°、60°、90° 的直线,或经过上述角度再折为水平的直线。文字说明宜注写在水平线的上方,如图 14-10(a)所示;也可注写在水平线的端部,如图 14-10(b)所示。索引符号的引出线,应与水平直径线相连接。

同时引出几个相同部分的引出线,宜互相平行,如图 14-11(a)所示;也可画成集中于一点的放射线,如图 14-11(b)所示。

多层构造或多层管道共用引出线,应通过被引出的各层。文字说明宜注写在水平线的上方,或注写在水平线的端部,说明的顺序应由上至下,并应与被说明的层次

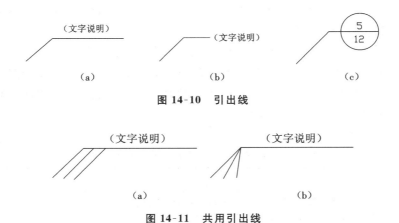

图 14-10　引出线

图 14-11　共用引出线

相互一致；如层次为横向排序，则由上至下的说明顺序应与由左至右的层次相互一致，如图 14-12 所示。

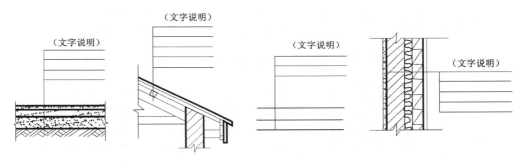

图 14-12　多层构造引出线

7）折断符号和连接符号

在工程图中，为了省略不需要表明的部分，需用折断符号将图形断开，如图 14-13(a)所示。

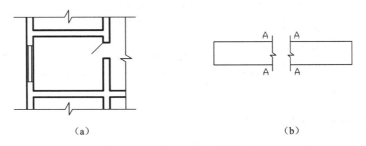

图 14-13　折断符号和连接符号

对于较长的构件，可以断开绘制，并在断开处绘折断线，并注写大写英文字母表示连接编号。两个被连接的图样,必须用相同的字母编号,如图 14-13(b)所示。

8)常用建筑材料图例

为了简化作图,建筑施工图中建筑材料常用图例表示法表示(见表 14-3)。在房屋建筑图中,对比例小于或等于 1:50 的平面图和剖面图,砖墙断面中的图例不画斜线;对比例小于或等于 1:100 的平面图和剖面图,钢筋混凝土构件(如柱、梁、板等)断面的建筑材料图例可以简化为涂黑。

表 14-3 建筑施工图中常用的建筑材料图例

名 称	图 例	说 明
自然土壤		包括各种自然土壤
夯实土壤		
砂、灰土	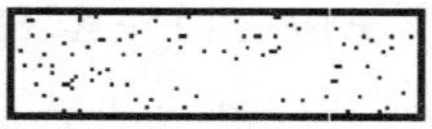	靠近轮廓线绘较密的点
普通砖	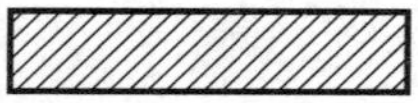	① 包括实心砖、多孔砖、砌块等砌体; ② 断面较窄,不宜画出图例线时,可涂红
饰面砖		包括铺地砖、马赛克、陶瓷锦砖、人造大理石等
混凝土		① 本图例仅适用于能承重的混凝土、钢筋混凝土; ② 包括各种强度等级、骨料、添加剂的混凝土; ③ 在剖面图上画出钢筋时,不画图例线; ④ 断面图形较小时或不易画出图例线时,可涂黑
钢筋混凝土	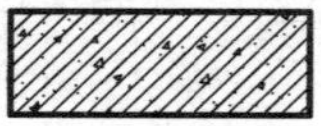	
毛石	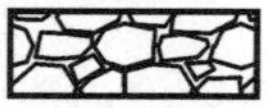	
木材		① 上图为横断面,左上图为垫木、木砖、木龙骨; ② 下图为纵断面
金属		① 包括各种金属; ② 应注明具体材料名称
防水材料		构造层次多或比例较大时,采用上面图例

14.1.5 阅读施工图的步骤

一套完整的房屋施工图,阅读时应先看图纸目录和设计总说明,再按建筑施工图、结构施工图和设备施工图的顺序阅读。阅读建筑施工图,先看平面图、立面图、剖面图,后看详图。阅读结构施工图,先看基础图、结构平面图,后看构件详图。当然,这些步骤不是孤立的,要经常互相联系并反复进行。

阅读图样时,还应注意按先整体后局部、先文字说明后图样、先图形后尺寸的原则依次进行。同时,还应注意各类图纸之间的联系,弄清各专业工种之间的关系等。

14.2 建筑总平面图

将在一定范围内的新建建筑物、构筑物连同其周围的环境状况,用水平投影方法和相应的图例所画出的图样,称为建筑总平面图,简称总平面图或总图。它表明了新建建筑物的平面形状、位置、朝向、高程以及与周围环境,如原有建筑物、道路、绿化等之间的关系。因此,总平面图是新建建筑物施工定位和规划布置场地的依据,也是其他专业(如水、暖、电等)的管线总平面图规划布置的依据。

14.2.1 建筑总平面图的图示内容

(1)比例

建筑总平面图所表示的范围比较大,一般都采用较小的比例,《总图制图标准》(GB/T 50103—2010)规定:总平面图常用的比例有 1∶500、1∶1000、1∶2000 等。

(2)图例与线型

总平面图的比例较小,故总平面图上的房屋、道路、桥梁、绿化等都用图例表示。表 14-4 列出的为国标规定的总图图例(部分)。在较复杂的总平面图中,当标准所列图例不够用时,亦可自编图例,但应加以说明。

表 14-4 总平面图图例

名　　　称	图　　　例	说　　　明
新建的 建筑物	 8 ▲	① 需要时,可用▲表示出入口,可在图形内右上角用点数或数字表示层数; ② 建筑物外形(一般以±0.00 高度处的外墙定位轴线或外墙面线为准)用粗实线表示。需要时,地面以上建筑用中粗实线表示,地面以下建筑用细虚线表示
原有的 建筑物	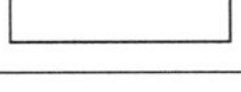	用细实线表示
计划扩建 的预留地 或建筑物	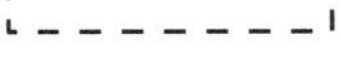	用中粗虚线表示
拆除的 建筑物	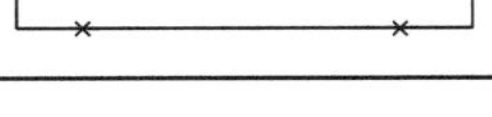	用细实线表示

续表

名　称	图　例	说　明
围墙及大门	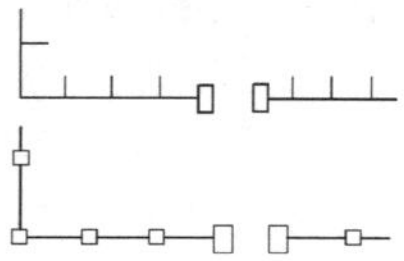	上图为实体性质的围墙,下图为通透性质的围墙,若仅表示围墙时不画大门
坐标	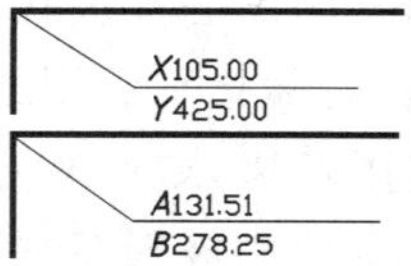 X105.00 Y425.00 A131.51 B278.25	上图表示测量坐标 下图表示施工坐标
护坡	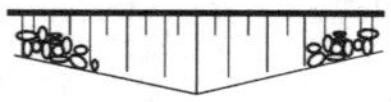	① 边坡较长时,可在一端或两端局部表示; ② 下边线为虚线时表示填方
原有的道路	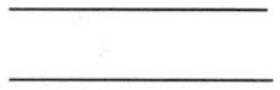	
计划扩建的道路		
新建的道路	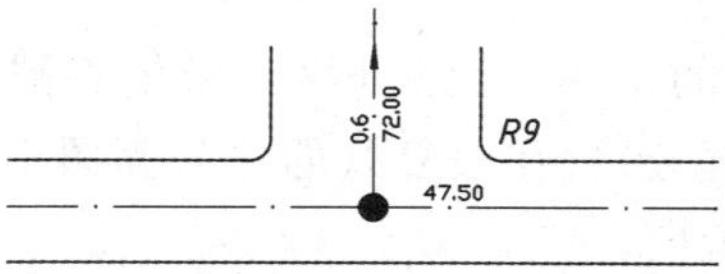 0.6 72.00 R9 47.50	"R9"表示道路转弯半径为 9 m,"47.50"为路面中心控制点标高,"0.6"表示 0.6%的纵向坡度,"72.00"表示边坡点间的距离
拆除的道路	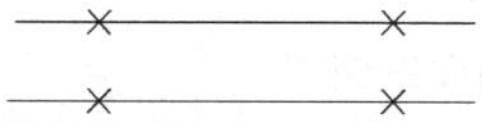	
挡土墙		被挡的土在"突出"的一侧
桥梁	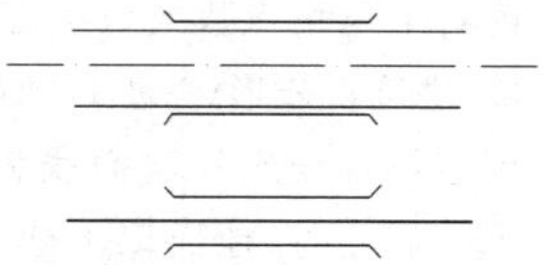	① 上图表示公路桥,下图表示铁路桥; ② 用于旱桥时,应注明

注:此图摘自《总图制图标准》(GB/T 50103—2001)。

　(3) 注写名称与层数

　(4) 建筑定位

　　新建房屋的位置可用定位尺寸或坐标确定。定位尺寸应标明与其相邻的原有建筑物或道路中心线的距离。在地形图上以南北方向为 X 轴,东西方向为 Y 轴,以细网格线画成的 100 m×100 m 或 50 m×50 m 称为测量坐标网。在此坐标网中,房屋的平面位置可由房屋三个墙角的坐标来定位。当房屋的两个主向平行于坐标轴时,标注出两个相对墙角的坐标就可以了,如图 14-14 所示。

当房屋的两个主向与测量坐标网不平行时,为方便施工,通常采用施工坐标网定位。其方法是在图中选定某一适当位置为坐标原点,以竖直方向为 A 轴,水平方向为 B 轴,同样以 100 m×100 m 或 50 m×50 m 进行分格,即为施工坐标网,只要在图中标明房屋两个相对墙角的 A、B 坐标值,就可以确定其位置,还可算出房屋总长和总宽。

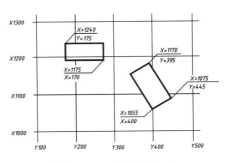

图 14-14　测量坐标网

如果总平面图上同时画有测量坐标网和施工坐标网时,应注明两坐标系统的换算公式。

（5）尺寸标注与标高注法

总平面图中尺寸标注的内容包括新建建筑物的总长和总宽、新建建筑物与原有建筑物或道路的间距、新增道路的宽度等。

总平面图中标注的标高应为绝对标高。所谓绝对标高,是指以我国青岛市外的黄海海平面作为零点测定的高度尺寸。新建建筑物应标注室内外地面的绝对标高。标高及坐标尺寸宜以米为单位,并保留至小数点后两位。总图中也可以以建筑物首层主要地坪为标高零点,标注相对标高,但应注明与绝对标高的换算关系。

（6）指北针和风向频率玫瑰图

总平面图应按上北下南方向绘制。根据场地形状或布局,可向左或右偏转,但不宜超过45°。总平面图上应画出指北针或风玫瑰图。

指北针应按"国标"规定绘制,如图 14-15 所示,指针方向为北向,圆用细实线,直径为 24 mm,指针尾部宽度为 3 mm,指针针尖处应注写"北"或"N"字。如需用较大直径绘制指北针时,指针尾部宽度宜为直径的 1/8。

风玫瑰图也称风向频率玫瑰图,一般画十六个方向的长短线来表示该地区常年风向频率。其中,粗实线表示全年风向频率,细实线表示冬季风向频率,虚线（图中未示出）表示夏季风向频率。风向由各方位吹向中心,风向线最长者为主导风向。如图 14-16 所示。

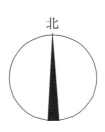

图 14-15　指北针

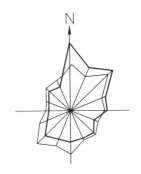

图 14-16　风向频率玫瑰图

(7) 绿化规划与补充图例

上面所列内容,既不是完整无缺,也不是任何工程设计都缺一不可,而应根据工程的特点和实际情况来定。对简单的工程,可不画出等高线、坐标网或绿化规划等。

14.2.2　阅读总平面图的步骤

总平面图的阅读步骤如下。

① 看图样的比例、图例及有关的文字说明。

② 了解工程的性质、用地范围和地形、地物等情况。

③ 了解地势高低。

④ 明确新建房屋的位置和朝向、层数等。

因为工程的规模和性质的不同,总平面图的阅读繁简不一,以上只列出相关读图要点。

14.2.3　识读建筑总平面图示例

图 14-17 是某住宅小区总平面图的局部。图中用粗实线画出的图形为拟建住宅 B 的外形轮廓,细实线画出的是原有住宅 A 的外形轮廓,以及道路、围墙和绿化等,虚线画出的是计划扩建的住宅外形轮廓。

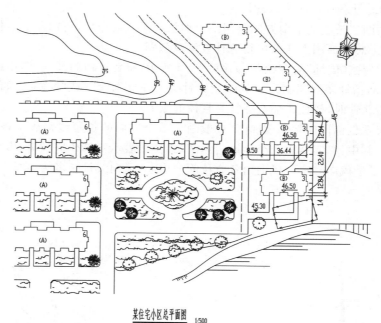

某住宅小区总平面图 1:500

图 14-17　总平面图

从图纸右上角的风玫瑰图中可知,本图按上北下南方向绘制。常年主导风向为北风。由等高线可知,该地势自西北向东南倾斜。新建住宅室内±0.00 相当于绝对标高 46.50 m。从图中标注尺寸可知拟建住宅总长 36.44 m、总宽 12.84 m,新建住宅的位置可用定位尺寸或坐标确定。定位尺寸应标明与道路中心线及其他建筑之间的关系。本例中拟建住宅距道路中心线 8.50 m,取北端与相邻原有建筑北端平齐,两栋拟建住宅南北间距为 22.40 m。从建筑轮廓右上角标注数字可知,住宅均为 3 层。

从图中可了解周围环境的情况。如小区东南角有水体,通过护坡与场地相连,岸上有一座拆除建筑,小区周边设置围墙,等等。

14.3　建筑平面图

14.3.1　建筑平面图的形成、表达内容与用途

建筑平面图是假想用一水平的剖切平面沿房屋的门窗洞口(距地面 1 m 左右)将房屋整个切开,移去上面部分,对其下面部分作出的水平剖面图,称为建筑平面图,简称平面图。建筑平面图是建筑施工图的主要图样之一,它是施工放线、砌筑墙体、设备安装、装修及编制预算、备料等的重要依据。

一般房屋有几层,就应画出几个平面图,并在图的下方注明相应的图名,沿房屋首层剖开所得到的全剖面称首层平面图,沿二层、三层剖开所得到的全剖面图则相应称为二层平面图、三层平面图……习惯上,如上下各层的房间数量、大小和布置都一样时,则相同的楼层可用一个平面图表示,称为标准层平面图。如建筑平面图左右对称时,亦可将两层平面画在同一个图上,左边画出一层的一半,右边画出另一层的一半,中间用对称符号作分界线,并在图的下方分别注明图名。如建筑平面较长、较大时,可分段绘制,并在每个分段平面的右侧绘出整个建筑外轮廓的缩小平面,明显表示该段所在位置。此外,还有屋顶平面图,是房屋顶面的水平投影,对于较简单的房屋可不画出。

建筑平面图除了表示本层的内部情况外,还需表示下一层平面图中未反映的可见建筑构配件,如雨篷等。首层平面图也需表示室外的台阶、散水、明沟和花池等。房屋的建筑构造包括阳台、台阶、雨篷、踏步、斜坡、通气竖井、管线竖井、雨水管、散水、排水沟、花池等。建筑配件包括卫生器具、水池、工作台、橱柜等各种设备。

14.3.2　建筑平面图的图示内容

1) 图名与比例

通过图名,可以了解这个建筑平面图表示的是房屋的哪一层平面,比例根据房屋的大小和复杂程度而定。建筑平面图的比例宜采用 1:50、1:100、1:200。

2) 图例

由于绘制建筑平面图的比例较小,所以在平面图中的某些建筑构造、配件和卫生

器具等都不能按照真实的投影画出,而是要用国家标准规定的图例来绘制,而相应的具体构造在建筑详图中使用较大的比例来绘制。绘制房屋施工图常用的图例见表 14-5,其他构造及配件的图例可以查阅相关建筑规范。

表 14-5 房屋施工图常用的图例

名　　称	图　　例	说　　明
楼梯	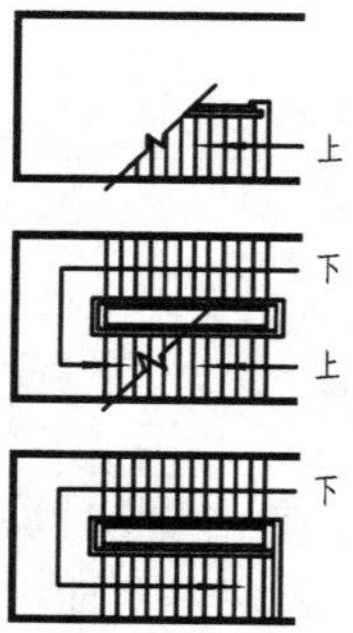	① 上图为底层楼梯平面,中图为中间层楼梯平面,下图为顶层楼梯平面; ② 楼梯及栏杆扶手的形式和楼梯踏步数应按实际情况绘制
坡道	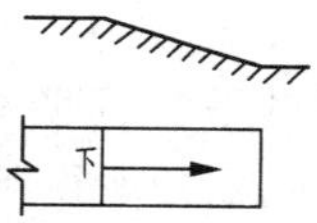 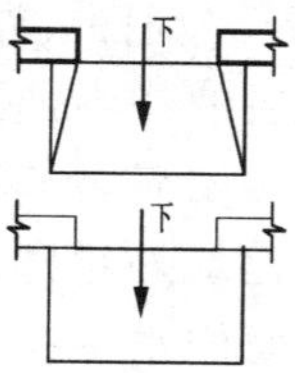	①上图为长坡道; ②下图为门口坡道
检查孔	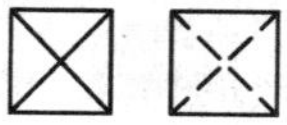	①左图为可见检查孔; ②右图为不可见检查孔
孔洞		阴影部分可以涂色代替
坑槽	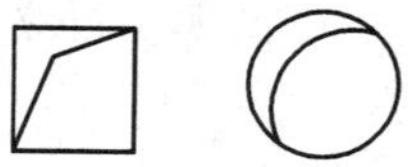	

续表

名　称	图　例	说　明
单扇门（包括平开或单面弹簧门）	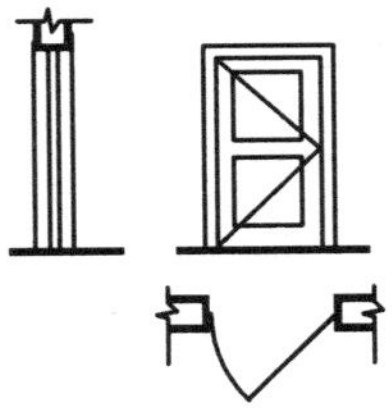	
单扇双面弹簧门	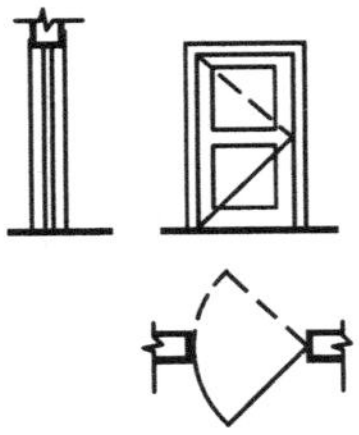	① 门的名称代号用 M 表示； ② 图例中剖面图左为外、右为内，平面图下为外、上为内； ③ 立面图上开启方向线交角的一侧为安装合页的一侧，实线为外开，虚线为内开； ④ 平面图上门线应为 90° 或 45° 开启，开启弧线宜绘出； ⑤ 立面图上的开启线在一般设计图中可不表示，在详图及室内设计图上应表示； ⑥ 立面形式应按实际情况绘制
双扇门（包括平开或单面弹簧门）	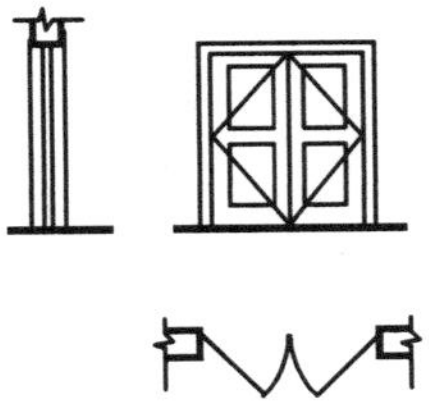	
空门洞	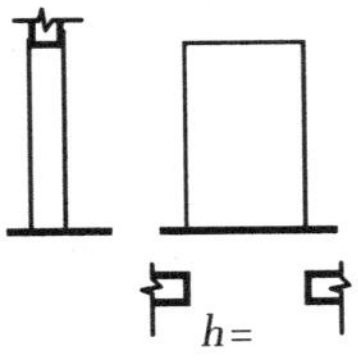	h 为门洞高度
电梯	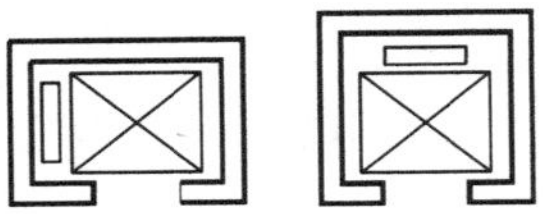	① 电梯应注明类型，并绘出门和平衡锤的实际位置； ② 观景电梯等特殊类型电梯应参照本图例按实际情况绘制

名　称	图　例	说　明
单层固定窗	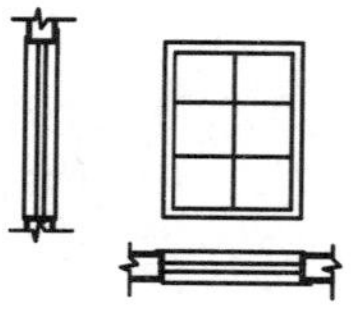	
单层中悬窗	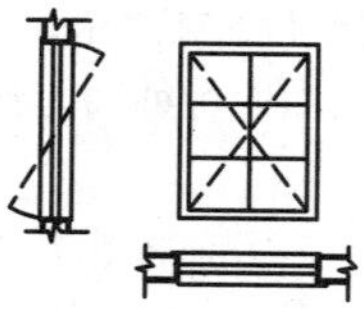	① 窗的名称代号用 C 表示； ② 立面图中的斜线表示窗的开启方向,实线为外开,虚线为内开,开启方向线交角的一侧为安装合页的一侧,一般设计图中可不表示； ③ 图例中剖面所示左为外、右为内,平面图下为外、上为内； ④ 平面图和剖面图上的虚线仅说明开关方式,在设计图中不需表示； ⑤ 窗的立面形式应按实际绘制； ⑥ 小比例绘图时,平、剖面的窗线可用单粗实线表示
单层外开平开窗		
推拉窗	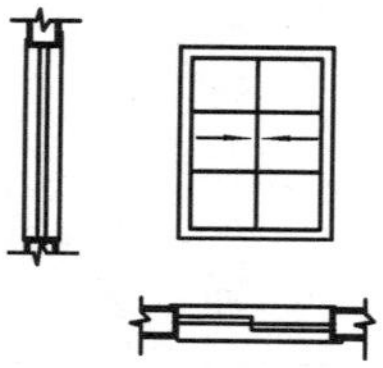	
高窗	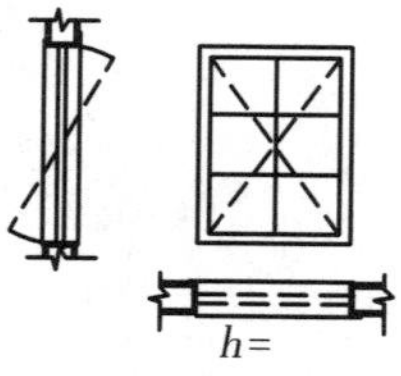 $h=$	①～⑤,同上 ⑥ h 为窗底距本层楼地面的高度

3）定位轴线

定位轴线确定了房屋各承重构件的定位和布置,同时也是其他建筑构、配件的尺寸基准线。定位轴线的画法和编号已在本章第 1 节中详细介绍过。建筑平面图中定位轴线的编号确定后,其他各种图样中的轴线编号应与之相符。

4）图线

被剖切到的墙、柱的断面轮廓线用粗实线画出。没有剖切到的可见轮廓线,如窗台、台阶、明沟、楼梯和阳台等用中实线画出(当绘制较简单的图样时,也可用细实画出)。尺寸线与尺寸界线、标高符号、定位轴线等用细实线和细单点长画线画出。

5)尺寸与标高

平面图的尺寸包括外部尺寸和内部尺寸。

(1)外部尺寸

为了便于看图与施工,需要在外墙外侧标注三道尺寸,一般注写在图形下方和左方。

第一道尺寸为房屋外廓的总尺寸,即从一端的外墙边到另一端的外墙边的总长和总宽。第二道尺寸为定位轴线间的尺寸,其中横墙轴线间的尺寸称为开间尺寸,纵墙轴线间的尺寸称为进深尺寸。第三道尺寸为分段尺寸,表达门窗洞口宽度和位置,墙垛分段以及细部构造等。标注这道尺寸应以轴线为基准。三道尺寸线之间距离一般为 7~10 mm,第三道尺寸线与平面图中最近的图形轮廓线之间距离不宜小于 10 mm。

当平面图的上下或左右的外部尺寸相同时,只需要标注左(右)侧尺寸与下(上)方尺寸就可以了,否则,平面图的上下与左右均应标注尺寸。

外墙以外的台阶、平台、散水等细部尺寸应另行标注。

(2)内部尺寸

内部尺寸指外墙以内的全部尺寸,它主要用于注明内墙门窗洞的位置及其宽度、墙体厚度、房间大小、卫生器具、灶台和洗涤盆等固定设备的位置及其大小。

此外,还应标注房间的使用面积和楼、地面的相对标高[规定一层地面标高为 ±0.000,其他各处标高以此为基准,相对标高以米(m)为单位,注写到小数点后三位]以及房间的名称。

6)门窗布置及编号

门与窗均按图例画出,门线采用与墙轴线成 90°或 45°夹角的中实线表示;窗线用两条平行的细实线图例(高窗用细虚线)表示窗框与窗扇。门窗的代号分别为"M"和"C",当设计选用的门、窗是标准设计时,也可选用门窗标准图集中的门窗型号或代号来标注。门窗代号的后面都注有编号,编号为阿拉伯数字,同一类型和大小的门窗为同一代号和编号。为了方便工程预算、订货与加工,通常还需有门窗明细表,列出该房屋所选用的门窗编号、洞口尺寸、数量、采用标准图集及编号等。

7)抹灰层和材料图例

平面图上的断面,当比例大于 1∶50 时,应画出其材料图例和抹灰层的面层线。如比例为 1∶100~1∶200 时,抹灰层面线可不画,而断面材料图例可采用简化画法(如砖墙涂红色,钢筋混凝土涂黑色等)。

8)其他标注

房间应根据其功能注上名称或编号。楼梯间是用图例按实际梯段的水平投影画出,同时还要表示"上"与"下"的关系。首层平面图应在图形的左下角画上指北针。

同时,建筑剖面图的剖切符号,如 1—1、2—2 等表示,也应在首层平面图上标注。当平面图上某一部分另有详图表示时,应画上索引符号。对于那些用文字更能表示清楚,或者需要说明的问题,可在图上用文字说明。

14.3.3　识读建筑平面图示例

图 14-18～图 14-21 为某住宅小区住宅的建筑平面图,现按首层平面图、楼层平面图、屋顶平面图的顺序识读。

1）识读首层平面图

图 14-18 是首层平面图,是以 1∶100 的比例绘制的。由指北针可知该建筑坐北朝南。该住宅楼共 2 个单元,每单元 2 户,其户型相同,每户住宅有南北两间卧室、客厅、书房、厨房各一间,阳台 2 个,楼梯间内 2 个管道井。外窗外侧为花台,南向阳台旁外伸部分为空调机搁板。外墙脚下设散水。

房屋的轴线以外墙和内墙墙中定位,横向轴线从 1～15,纵向轴线从 $A～E$。剖切到的墙体用粗实线绘制,墙厚 240 mm。

建筑平面图上标注的尺寸为未经装饰的结构表面尺寸。平面图外侧标注三道尺寸线,由外向内分别为建筑物外包总尺寸、轴线间尺寸(开间、进深)、门窗洞口尺寸。建筑物外包尺寸表示建筑物外墙轮廓的尺寸,从一端外墙到另一端外墙边的总长和总宽,如图中建筑总长为 36240 mm,总宽 12840 mm。轴线间尺寸表示主要承重墙体及柱的间距。相邻横向定位轴线之间的尺寸称为开间,相邻纵向定位轴线之间的尺寸称为进深。本图中客厅开间为 4200 mm,进深为 7200 mm;南北卧室开间为 3300 mm,进深为 3900 mm;厨房开间为 2400 mm,进深为 3900 mm。门窗洞口尺寸应详细标注外墙门窗洞口等各细部位置的大小及定位尺寸。如 1—2 轴间北向窗洞宽为 1500 mm,2—3 轴线间北向窗洞宽为 900 mm,2 轴左右窗间墙垛长度为 1550 mm。

在平面图中,对于建筑物各组成部分,如地面、楼面、楼梯平台面、室外台阶面等处,应分别注明标高,这些标高均采用相对标高(小数点后保留 3 位数)。如有坡度时,应注明坡度方向和坡度值,该建筑物室内地面标高为 ±0.000,室外台阶标高 −0.020,室外地面标高 −0.600。表明室内外高差为 0.6 m。

识读门窗编号,了解该层建筑平面图中门窗的类型、数量,如 C—1、M—1、MC—1 等。

在底层平面图中的适当位置标出建筑剖面图的剖切位置和编号。如图 14-18 中,11—12 轴间 1—1 剖切符号,10—11 轴间 2—2 剖切符号,表示建筑物剖面图的剖切位置,剖面图类型为全剖面图,剖视方向向左。

2）识读二层平面图

图 14-19 为二层平面图,比例为 1∶100,同首层平面图内容基本相同。每单元西侧住户面积增大,增加了书房和储藏间的功能。为了简化作图,已在首层平面图上

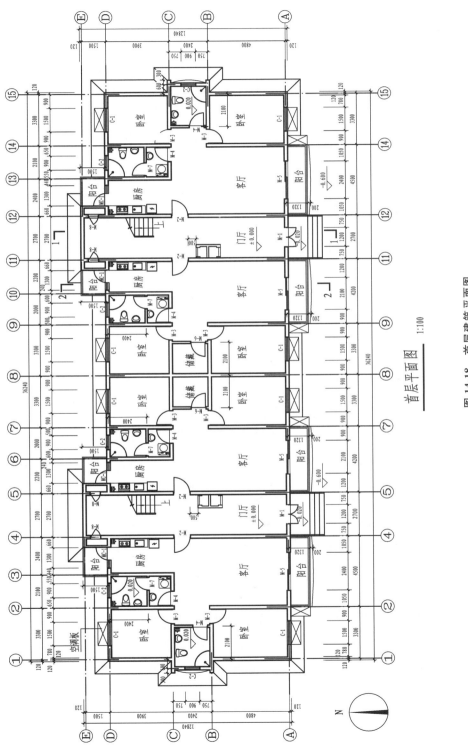

首层平面图
1:100

图 14-18 首层建筑平面图

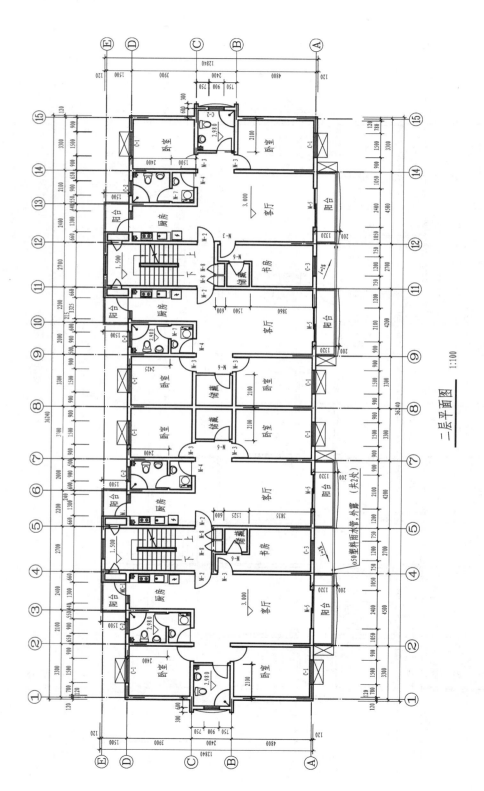

一层平面图 1:100

图 14-19 二层平面图

表示过的室外内容,在二层以上平面图中不再表示,如不再画散水、室外台阶等。二层平面图中应表示一层的雨篷及屋面等内容。本例中 4—5 轴间南墙外侧为一层雨篷,并示出泄水管的位置、大小及泄水方向、坡度,11—12 轴间南墙外侧表示的内容相同。二层中楼梯的图例发生变化,楼面标高也发生变化,标高为 3.000 m。

3) 识读三层平面图

图 14-20 为三层平面图,绘图比例为 1∶100,同二层平面图内容基本相同,每户均增加一部户内楼梯,表示可由此楼层进入上部阁楼空间内,该户住宅类型为复式住宅。为简化作图,下部楼层平面中表示过的外部构件的内容不再体现。本图中楼面标高发生变化,为 5.900 m;单元楼梯图例发生变化,顶层楼梯的特点是完整表现双跑楼梯。

4) 识读阁楼层平面图

图 14-21 为阁楼层平面图,以 1∶100 比例绘制,同三层平面图内容基本相同,表示各楼层上的房间功能,每单元西侧住户内增加共享空间,如 2—5 轴间、11—14 轴间。楼梯间墙上增加铁爬梯,如 5 轴上所示。本图中楼面标高发生变化,为 8.8 m,户内楼梯图例发生变化。

5) 识读屋顶平面图

图 14-22 为屋顶平面图,以 1∶100 比例绘制,它主要反映屋面上天窗、通风道、变形缝等的位置,以及采用标准图集的代号。屋面排水分区、排水方向、坡度、雨水口位置、尺寸等内容。本图所示为有组织的二坡挑檐排水方式,中间有分水线,水从屋面向檐沟汇集,檐沟排水坡度为 1%,雨水管设在 A 轴线墙上 1、4、11、15 轴线处,构造做法采用标准图集 05J5—1 第 62 页图 7。上人孔位于 5 轴西侧,具体定位尺寸在阁楼层平面表示,做法采用 05J5—2 标准图集第 27 页。屋面管道泛水做法采用标准图集 05J5—2 第 29 页图 2。每开间内均设置天窗,图中显示天窗由推荐厂家安装完成。屋脊标高为 11.7 m。

14.3.4　绘制建筑平面图步骤

绘制建筑施工图一般先从平面图开始,然后再画立面图、剖面图和详图等。绘制建筑平面图应按图 14-23 所示的步骤进行。

① 画定位轴线[见图 14-23(a)]。

② 画墙和柱的轮廓线[见图 14-23(b)]。

③ 画门窗洞和细部构造[见图 14-23(c)]。

④ 按规定加深图线,标注尺寸等[见图 14-23(d)],最后完成全图。

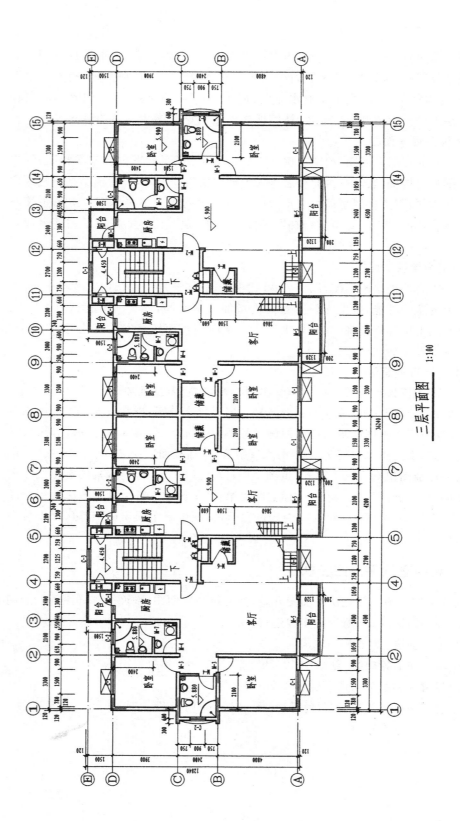

三层平面图　1:100

图 14-20　三层平面图

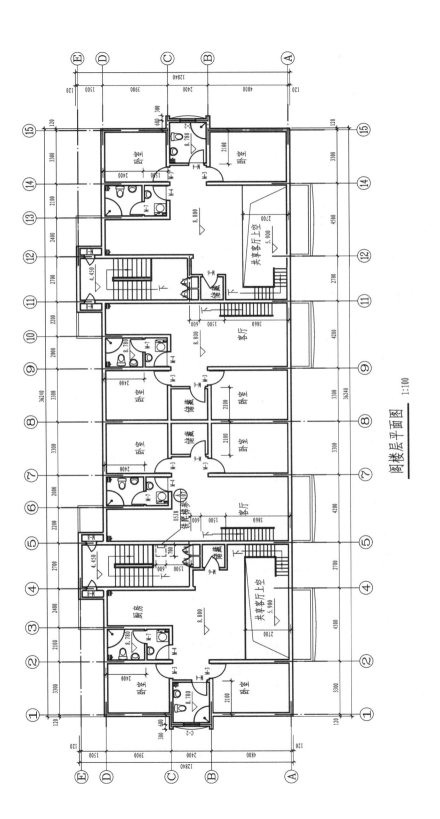

阁楼层平面图　1:100

图 14-21　阁楼层平面图

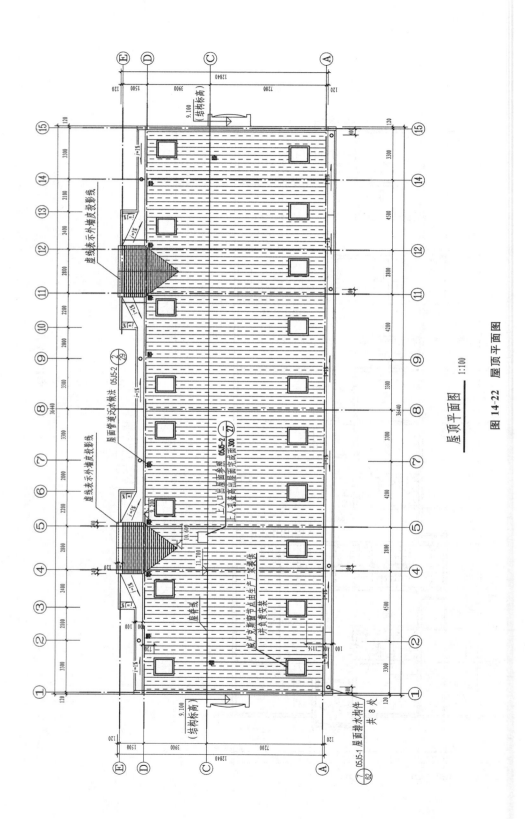

屋顶平面图

1:100

图14-22 屋顶平面图

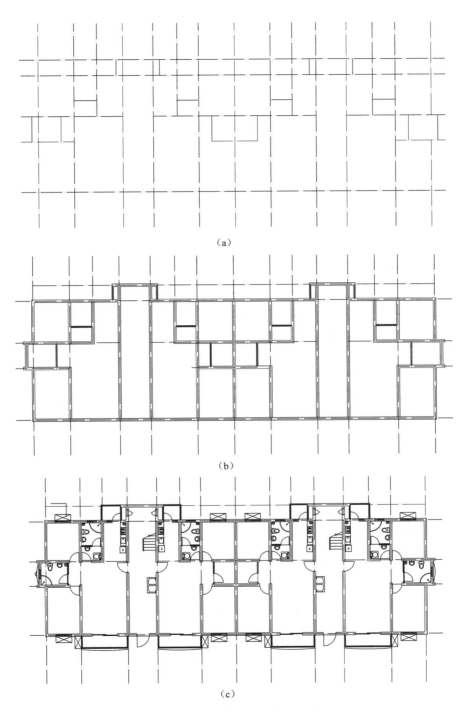

（a）

（b）

（c）

图 14-23 建筑平面图绘制步骤

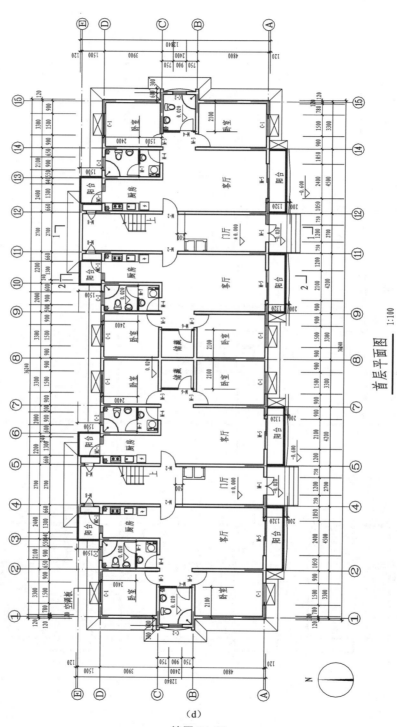

首层平面图

1:100

(d)

续图 14-23

14.4 建筑立面图

14.4.1 建筑立面图的形成、命名与用途

建筑立面图是在与房屋立面相平行的投影面上所作的正投影图,简称立面图。建筑物是否美观,很大程度上决定于它在主要立面的艺术处理。在初步设计阶段中,立面图主要是用来研究这种艺术处理的。在施工图中,它主要反映房屋的外形,门窗形式和位置,墙面的装饰材料、做法及色彩等。

对于立面图的命名,既可以根据立面图两端轴线的编号来命名,如①～⑨立面图等;也可以根据房屋的朝向来命名,如南立面图、北立面图、东立面图和西立面图;还可以用建筑物主要入口或比较显著地反映出建筑物外形特征的那一面为正立面图,其余的立面图相应地称为背立面图、侧立面图。

建筑立面图应画出可见的建筑物外轮廓线、建筑构造和构配件的投影,并注写墙面做法及必要的尺寸和标高,但由于立面图的比例较小,如门窗扇、檐口构造、阳台栏杆和墙面复杂的装修等细部,一般用图例表示。它们的构造和做法,另用详图或文字说明。因此,习惯上对这些细部只分别画出一两个作为代表,其他只画出轮廓线。若房屋左右对称,正立面图和背立面图也可各画一半,单独布置或合并成一图。合并时,应在图的中间画一垂直的对称符号作为分界线。建筑物立面如果有一部分不平行于投影面,如圆弧形、折线形、曲线形等,可以将该部分展开到与投影面平行,再用正投影法画出其立面图,但应在图名后加注"展开"两字。

14.4.2 建筑立面图的图示内容

1) 比例与图例

立面图常用比例为 1∶50、1∶100、1∶200 等,多用 1∶100,通常采用与建筑平面图相同的比例。由于绘制建筑立面图的比例较小,按投影很难将所有细部表达清楚,所以立面图内的建筑构造与配件要用表 14—5 的图例表示。如门、窗等都是用图例来绘制的,且只画出主要轮廓线及分隔线。

2) 定位轴线

在立面图中,一般只绘制两端的轴线及编号,以便和平面图对照,确定立面图的观看方向。

3) 图线

在建筑立面图中,为了加强立面图的表达效果,使建筑物立面的轮廓突出、层次分明,通常使用不同的线型来表达不同的对象。例如把建筑主要立面的外轮廓线用粗实线画出;室外地坪线用加粗线(1.4b)画出;门窗洞、阳台、台阶、花池等建筑构配

件的轮廓线用中实线画出;门窗分格线、墙面装饰线、雨水管以及装修做法注释引出线等用细实线画出。

4）尺寸与标高

建筑立面图的高度尺寸用标高的形式标注,主要包括建筑物的室内外地面、台阶、窗台、门窗洞顶部、檐口、阳台、雨篷、女儿墙及水箱顶部等处的标高。各标高注写在立面图的左侧或右侧且排列整齐。立面图上除了标高,有时还要补充一些没有详图表示的局部尺寸,如外墙留洞除注出标高外,还应注出其大小尺寸及定位尺寸。

5）其他标注

凡是需要绘制详图的部位,都应画上索引符号。房屋外墙面的各部分装饰材料、做法、色彩等用文字或列表说明。

14.4.3　识读建筑立面图示例

图 14-24 是上述住宅楼的南立面图,用 1∶100 的比例绘制。南立面图是建筑物的主要立面,它反映该建筑的外形特征及装饰风格。对照建筑平面图,可以看出建筑物为四层,左右立面对称,南面有两个单元门,门前有一台阶,台阶踏步为四级。立面各主要卧式窗外都有黑色铁艺栏杆,加强了建筑物的立体感。各层都有明厅阳台,阁楼层采用坡屋面,各主要房间开设天窗,虚实结合加强了建筑物的艺术效果。

外墙装饰的主格调采用浅米黄色高级外墙涂料,明厅阳台顶部采用白色高级外墙涂料喷涂。一楼窗台下外贴砖红色亚光面砖。阁楼层采用蓝灰色波形瓦。

该南立面图上图线采用的线型:用粗实线绘制的外轮廓线显示了南立面的总长和总高;用加粗线画出室外地坪线;用中实线画出窗洞的形状与分布、女儿墙、阳台和顶层阳台上的雨篷轮廓等;用细实线画出门窗分格线、阳台和屋顶装饰线、雨水管,以及装修注释引出线等。

南立面图分别注有室内外地坪、门窗洞顶、窗台、雨篷、女儿墙压顶等标高。从所标注的标高可知,此房屋室外地坪比室内±0.000 低 600 mm,女儿墙顶面最高处为 12.000 m,所以房屋的外墙总高度为 12.600 m。

图 14-25、图 14-26 是住宅楼的北立面图和东立面图,表达了各向立面的体形和外形、矩形窗的位置与形状、各细部构件的标高等,其读法与南立面图大致相同,这里不再多叙。

14.4.4　绘制建筑立面图的步骤

现以南立面图为例,说明建筑立面的绘制一般应按图 14-27 所示的步骤进行。

① 画基准线,即按尺寸画出房屋的横向定位轴线和层高线,注意横向定位轴线

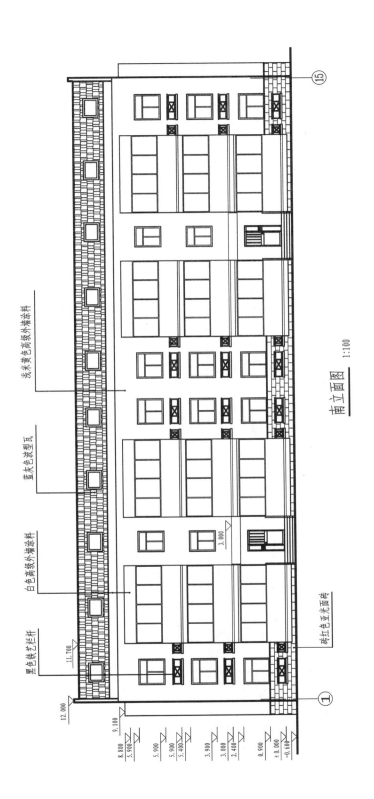

南立面图　1:100

图 14-24　南立面图

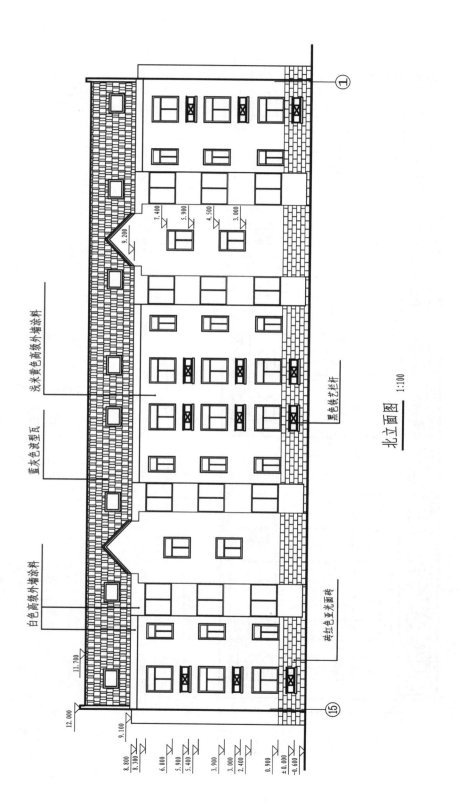

北立面图 1:100

图 14-25 北立面图

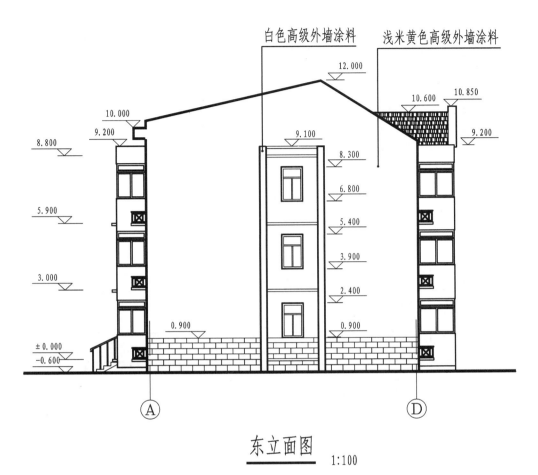

白色高级外墙涂料   浅米黄色高级外墙涂料

东立面图   1:100

图 14-26 东立面图

与平面图保持一致,画建筑物的外形轮廓线[见图 14-27(a)]。

② 画门窗洞线和阳台、台阶、雨篷、屋顶造型等细部的外形轮廓线[见图 14-27 (b)]。

③画门窗分格线及细部构造等[见图 14-27(c)]。

④按建筑立面图的要求加深图线,并注标高尺寸、轴线编号、详图索引符号和文字说明等(见图 14-24),完成全图。

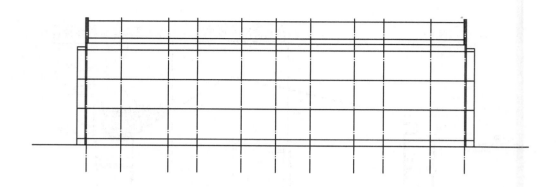

(a)

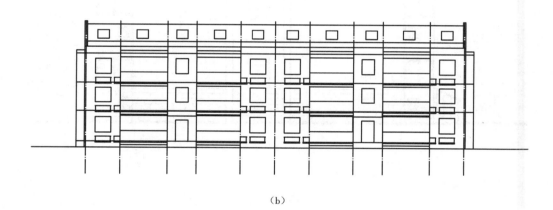

(b)

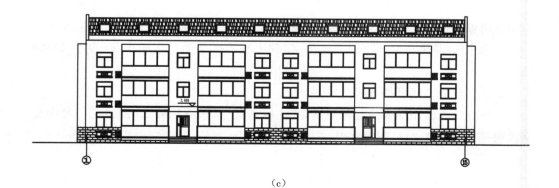

(c)

图 14-27   建筑立面图的绘图步骤

14.5　建筑剖面图

14.5.1　建筑剖面图的形成和特点

　　假想用一个或多个垂直于外墙轴线的铅垂剖切面,将房屋剖开,所得的投影图,称为建筑剖面图,简称剖面图。剖面图表示房屋内部的结构和构造形式、分层情况和各部位的联系、材料及其高度等,是与平、立面图相互配合的重要图样。

　　剖面图的剖切位置应选在房屋的主要部位或建筑构造比较典型的部位,如剖切平面通过房屋的门窗洞口和楼梯间,并应在首层平面图中标明。剖面图的图名,应与平面图上所标注剖切符号的编号相一致,如 1—1 剖面图、2—2 剖面图等。当一个剖切平面不能同时剖到这些部位时,可采用若干平行的剖切平面。剖切平面应根据房屋的复杂程度而定。

　　剖切平面一般取侧平面,所得的剖面图为横剖面图;必要时也可取正平面,所得的剖面图为正剖面图。

14.5.2　建筑剖面图的图示内容

1）比例与图例

　　建筑剖面图的比例应与建筑平面图、立面图一致,通常为 1∶50、1∶100、1∶200 等,多用 1∶100。由于绘制建筑剖面图的比例较小,按投影很难将所有细部表达清楚,所以剖面的建筑构造与配件也要用表 14-5 的图例表示。

2）定位轴线

　　在剖面图中凡是被剖到的承重墙、柱等要画出定位轴线,并注写上与平面图相同的编号。

3）图线

　　被剖切到的墙、楼板层、屋面层、梁的断面轮廓线用粗实线画出。绘图比例小于 1∶50 时,砖墙一般不画图例,钢筋混凝土的梁、楼面、屋面和柱的断面通常涂黑表示。粉刷层在 1∶100 的平面图中不必画出,当比例为 1∶50 或更大时,则要用细实线画出。室内外地坪线用加粗线(1.4b)表示。其他没剖到但可见的配件轮廓线,如门窗洞、踢脚线、楼梯栏杆、扶手等按投影关系用中实线画出。尺寸线与尺寸界线、图例线、引出线、标高符号、雨水管等用细实线画出。定位轴线用细单点长划线画出。地面以下的基础部分属于结构施工图的内容,因此,室内地面只画一条粗实线,抹灰层及材料图例的画法与平面图中的规定相同。

4）尺寸与标高

　　尺寸标注与建筑平面图一样,包括外部尺寸和内部尺寸。外部尺寸通常为二道尺寸,最外面一道称第一道尺寸,为总高尺寸,表示从室外地坪到女儿墙压顶面的高度;第二道为层高尺寸;第三道为细部尺寸,表示勒脚、门窗洞、洞间墙、檐口等高度方向尺寸。内部尺寸用于表示室内门、窗、隔断、搁板、平台和墙裙等的高度。

另外还需要用标高符号标出室内外地坪、各层楼面、楼梯休息平台、屋面和女儿墙压顶面等处的标高。注写尺寸与标高时,注意与建筑平面图和建筑剖面图相一致。

5) 其他标注

对于局部构造表达不清楚时,可用索引符号引出,另绘详图。某些细部的做法,如地面、楼面的做法,可用多层构造引出标注。

14.5.3 识读建筑剖面图示例

图 14-28 为本例住宅楼的建筑剖面图,图中 1—1 剖面图是按图 14-18 首层平面图中 1—1 剖切位置绘制的,为全剖面图(在此,图中省略了阁楼层的楼梯),绘制比例为 1∶100。其剖切位置通过单元门、门厅、楼梯间,剖切后向左进行投影,得到横向剖面图,基本能反映建筑物内部竖直方向的构造特征。

1—1 剖面图的比例是 1∶100,室内外地坪线画加粗线,地坪线以下的墙体用折断线断开。剖切到的墙体用两条粗实线表示,不画图例,表示用砖砌成。剖切到的楼面、屋面、梁、阳台和女儿墙压顶均涂黑,表示其材料为钢筋混凝土。

由图中可知,该建筑共分四层,一、二、三层及阁楼层。图中明确表示出每层楼梯、台阶的踏步数及梯段高度,平台板标高。表示出门窗洞口的竖向定位及尺寸,以及洞口与墙体或其他构件的竖向关系。表示出地面、各层楼面、屋面的标高及它们之间的关系。剖面图尺寸也有三道,最外侧一道标明建筑物主体建筑的总高度,中间一道标明各楼层高度,最内侧一道标明剖切位置的门窗洞口、墙体的竖向尺寸。如该建筑总高度为 10600 mm,一层(1F)的层高 3000 mm,二、三层(2F、3F)的层高为 2900 mm,一层单元入口地面高为 600 mm。剖面图中所标轴线间尺寸与建筑平面图中被剖切位置的相应轴线的对应,故本图中 A、B 轴线间尺寸为 4800 mm,与平面图中相符。

2—2 剖面是根据图 14-18 中 2—2 剖切位置绘制的,为楼层剖面图,本图中除反映楼层、阳台门的高度及阳台的构件形式、尺寸等内容外,其他内容与 1—1 剖面相同。

14.5.4 绘制建筑剖面图步骤

现以 1—1 剖面图为例,说明建筑剖面图的绘制一般应按图 14-29 所示的步骤进行。

① 画基准线,即按尺寸画出房屋的横向定位轴线和纵向层高线、室内外地坪线、女儿墙顶部位置线等[见图 14-29(a)]。

② 画墙体轮廓线、楼层和屋面线,以及楼梯剖面等[见图 14-29(b)]。

③ 画门窗及细部构造等[见图 14-29(c)]。

④ 按建筑剖面图的要求加深图线、标注尺寸、标高、图名和比例等[见图 14-28(a)],最后完成全图。

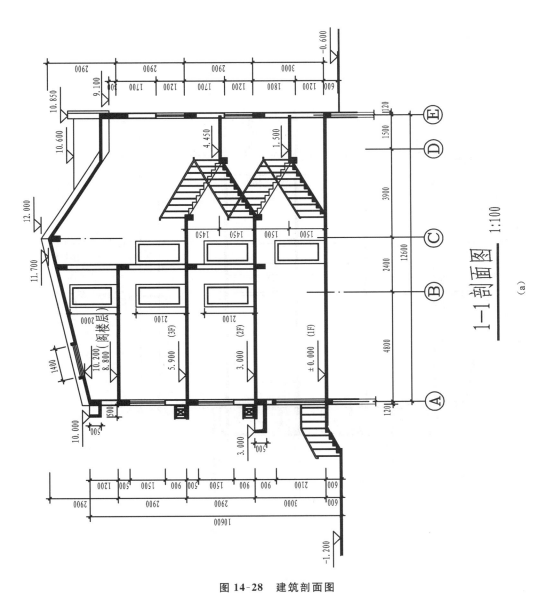

图 14-28　建筑剖面图

（a）1—1 剖面图；（b）2—2 剖面图

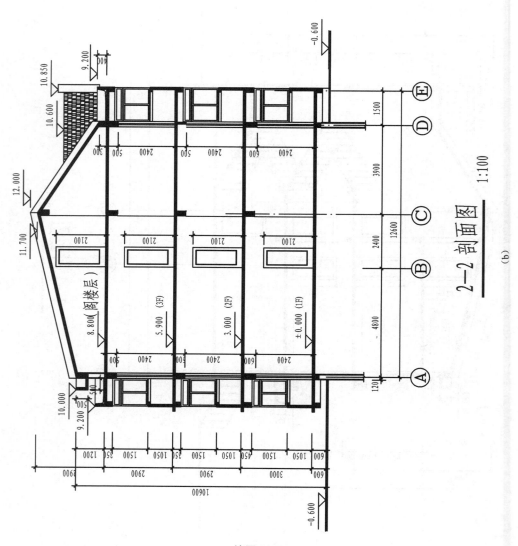

续图 14-28

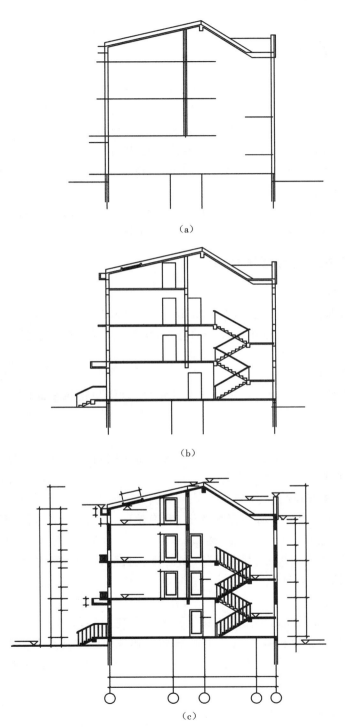

(a)

(b)

(c)

图 14-29　建筑剖面图的绘图步骤

14.6　建筑详图

　　建筑平面图、立面图和剖面图是房屋建筑施工的主要图样,虽然能够表达房屋的平面布置、外部形状、内部构造和主要尺寸,但是由于画图的比例较小,许多局部的详细构造、尺寸、做法及施工要求图上都无法注写和画出。为了满足施工需要,房屋的某些部位必须绘制较大比例的图样才能清楚地表达。这种对建筑的细部或构配件,用较大的比例将其形状、大小、材料和做法等,按正投影图的画法详细地表示出来的图样,称为建筑详图,简称详图。

　　建筑详图可以是平、立、剖面图中某一局部的放大图,或者是某一局部的放大剖面图,也可以是某一构造节点或某一构件的放大图。

14.6.1　有关规定与画法特点

　　1)比例与图名

　　建筑详图最大的特点是比例大,常用 $1:50$、$1:20$、$1:10$、$1:5$、$1:2$ 等比例绘制。建筑详图的图名,是画出的详图的符号、编号和比例,与被索引的图样上的索引符号对应,以便对照查阅。

　　2)定位轴线

　　建筑详图中一般应画出定位轴线及其编号,以便与建筑平面图、立面图、剖面图对照。

　　3)图线

　　建筑详图中,建筑构配件的断面轮廓线为粗实线,构、配件的可见轮廓线为中实线或细实线,材料图例线为细实线。

　　4)建筑标高与结构标高

　　建筑详图的尺寸标注必须完整齐全、准确无误。在详图中,同立面图、剖面图一样要注写楼面、地面、地下层地面、楼梯、阳台、户台、台阶、挑檐等处完成面的标高(建筑标高)及高度方向的尺寸;其余部位(如檐口、门窗洞口等)要注写毛面尺寸和标高(结构标高)(见图 14-30)。

　　5)其他标注

　　对于套用标准图或通用图集的建筑构配件和建筑细部,只要注明所套用图集的名称、详图所在的页数和编号,不必再画详图。建筑详图中凡是需要再绘制详图的部位,同样要画上索引符号,另外,建筑详图还应对有关的用料、做法和技术要求等进行文字说明。

14.6.2　外墙剖面节点详图

　　墙身剖面图是假想用剖切平面在窗洞口处将墙身完全剖开,并用大比例画出的

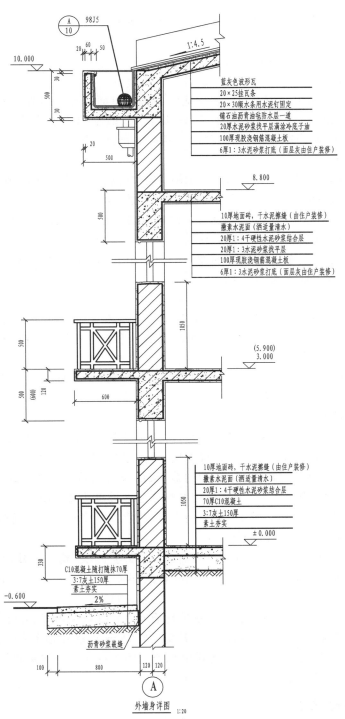

图 14-30　外墙节点详图

墙身剖面图。下面说明墙身详图的图示内容和规定画法。

1)比例

墙身剖面详图常用比例见表 14-3。

2)图示内容

墙身剖面详图主要用以详细表达地面、楼面、屋面和檐口等处的构造,楼板与墙体的连接形式以及门窗洞口、窗台、勒脚、防潮层、散水和雨水管等的细部做法。同时,在被剖到的部分应根据所用材料画上相应的材料图例及注写多层构造说明。

3)规定画法

由于墙身较高且绘图比例较大,画图时常在窗洞口处将其折断成几个节点。若多层房屋的各层构造相同时,则可只画底层、顶层或加一个中间层的构造节点。但要在中间层楼面和墙洞上下皮处用括号加注省略层的标高,如图 14-30 中的(5.900)。

有时,房屋的檐口、屋面、楼面、窗台、散水等配件节点详图可直接在建筑标准图集中选用,但需在建筑平面图、立面图或剖面图中的相应部位标出索引符号,并注明标准图集的名称、编号和详图号。

4)尺寸标注

在墙身剖面详图的外侧,应标注垂直分段尺寸和室外地面、窗口上下皮、外墙顶部等处的标高,窗的内侧应标注室内地面、楼面和顶棚的标高。这些高度尺寸和标高应与剖面图中所标尺寸一致。

墙身剖面详图中的门窗过梁、屋面板和楼板等构件,其详细尺寸均可省略不注,施工时,可在相应的结构施工图中查到。

5)看图示列

图 14-30 为本章中实例的外墙墙身详图,是按照图 14-18 中 2—2 剖面中的轴线 A 的有关部位局部放大绘制的。该详图用 1:20 的较大比例画出。

在详图中,对地面、楼面和屋面的构造,采用分层构造说明的方法表示。从檐口节点可知檐口的形状、细部尺寸和使用材料。屋面坡度为 1:4.5,采用结构找坡,各层构造做法如图中所示。檐沟内设置雨水口,雨水口处引出一索引符号,雨水口的做法详见 98J5 标准图集第 10 页图 A。

由中间节点可知楼面板与阳台板、门窗、过梁均为现浇构件。楼面标高为 3.000 m、5.900 m,表示该节点应用于二、三层的相同部位。窗台高 1050 mm,室外空调机搁板凸出墙外 600 mm。

由勒脚节点图可知,在外墙面距室外地面 600 mm 范围内,用砖红色亚光面砖做成勒脚(对照立面图可知),以保护外墙身。在外墙的室外地面处,设置有宽 800 mm、坡度为 2% 的混凝土散水,以防止雨水和地面水对外墙身和基础的侵蚀,详细做法已采用分层构造说明。

14.6.3 楼梯详图

楼梯是建筑物上下交通的主要设施,一般采用现浇或预制的钢筋混凝土楼梯。

它主要是由楼梯段、平台、平台梁、栏杆(或栏板)和扶手等组成。梯段是联系两个不同标高平面的倾斜构件,上面做有踏步,踏步的水平面称踏面,踏步的铅垂面称踢面。平台起休息和转换梯段的作用,也称休息平台。栏杆(或栏板)和扶手用以保证行人上下楼梯的安全。

根据楼梯的布置形式分类,两个楼层之间以一个梯段连接的称单跑楼梯;两个楼层之间以两个或多个梯段连接的,称双跑楼梯或多跑楼梯。

楼梯详图包括楼梯平面图、楼梯剖面图以及楼梯踏步、栏板、扶手等节点详图,并尽可能画在同一张图纸内。楼梯的建筑详图与结构详图,一般是分别绘制的,但对一些较简单的现浇钢筋混凝土楼梯,其建筑和结构详图可合并绘制,列入建筑施工图或结构施工图中。

图 14-31、图 14-32、图 14-33 是本章实例中的楼梯详图,包括楼梯平面图、剖面图和节点详图,表示了楼梯的类型、结构、尺寸、梯段的形式和栏板的材料及做法等。以下结合本例介绍楼梯详图的内容及其图示方法。

1) 楼梯平面图

楼梯平面图实际是在建筑平面图中,楼梯间部分的局部放大图。通常要画底层平面图、一个中间层平面图和顶层平面图,如图 14-31 所示。

底层楼梯平面图:由于底层楼梯平面图是沿底层门窗洞口水平剖切得到的,所以从剖切位置向下看,右边是被切断的梯段(底层第一段),折断线按真实投影应为一条水平线,为避免与踏步混淆,规定用与墙面线倾斜大约 60°的折断线表示。这条折断线宜从楼梯平台与墙面相交处引出。

二层楼梯平面图:由于剖切平面位于二层的门窗洞口处,所以左侧部分表示由二层下到底层的一段梯段(底层第二段),右侧部分表示由二层上到顶层的第一梯段的一部分和一层上到本层的第一梯段的一部分,二层第一个梯段的断开处仍然用斜折断线表示。

顶层楼梯平面图:由于剖切不到梯段,从剖切位置向下投影时,可画出自顶层下到二层的两个楼梯段(左侧是二层第二段,右侧是二层第一段)。

为了表示各个楼层的楼梯的上下方向,可在梯段上用指示线和箭头表示,并以各自的楼(地)面为准,在指标线端部注写"上"和"下"。因顶部楼梯平面图中没有向上的楼梯,故只有"下"。

楼梯平面图的作用在于表明各层梯段和楼梯平面的布置以及梯段的长度、宽度和各级踏步的宽度。楼梯间要用定位轴线及编号表明位置。在各层平面图中要标注楼梯间的开间和进深尺寸、梯段的长度和宽度、踏步面数和宽度、休息平台及其他细部尺寸等。梯段的长度要标注水平投影的长度,通常用踏步面数乘以踏步宽度表示,如底层平面图中的 $8×280=2240$。另外还要注写各层楼(地)面、休息平台的标高。

从本例楼梯平面图可以看出,首层到二层设有两个楼梯段:从标高±0.000 上到 1.500 处平台为第一梯段,共 8 级;从标高 1.500 上到 3.000 处平台为第二梯段,共 8

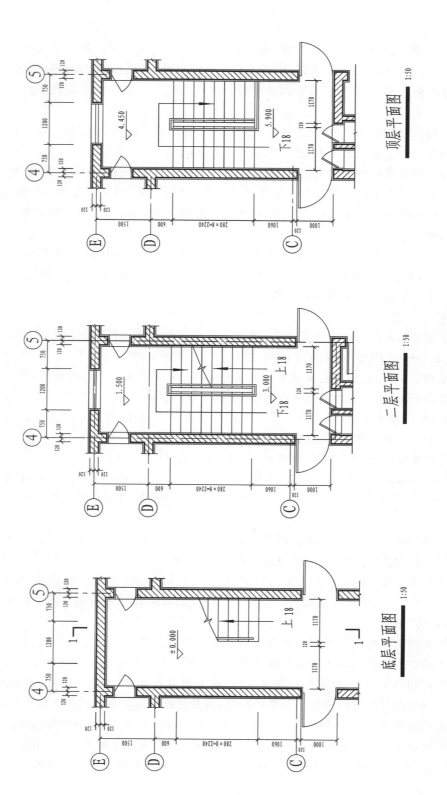

顶层平面图 1:50

二层平面图 1:50

底层平面图 1:50

图 14-31 楼梯平面图

级。二层平面图既画出被剖切的往上走的梯段,还画出该层往下走的完整的梯段、楼梯平台以及平台往下的梯段。这部分梯段与被剖切的梯段的投影重合,以倾斜的折断线为分界。顶层平面图画有两段完整的梯段和楼梯平台,在梯口处只有一个注有"下"字的长箭头。各层平面图上所画梯段上的每一分格,表示梯段的一级踏面。但因梯段最高一级的踏面与平台面或楼面重合,因此平面图中每一梯段画出的踏面(格)数,总比步级数少一个。如顶层平面图中往下走的第一梯段共有 9 级,但在平面图中只画有 8 格,梯段长度为 8×280＝2240。

2) 楼梯剖面图

楼梯剖面图的形成与建筑剖面图相同。它能完整、清晰地表示出楼梯间内各层楼地面、梯段、平台、栏板等的构造、结构形式以及它们之间的相互关系。习惯上,若楼梯间的屋面没有特殊之处,一般可不画出。在多层房屋中,若中间各层的楼梯构造相同时,则剖面图可画出底层、中间层和顶层剖面,中间用折断线分开。楼梯剖面图能表达出楼梯的建造材料、建筑物的层效、楼梯梯段数、步级数以及楼梯的类型及其结构形式。

图 14-32 所示的楼梯为一个现浇钢筋混凝土双跑板式楼梯,本例的绘图比例为

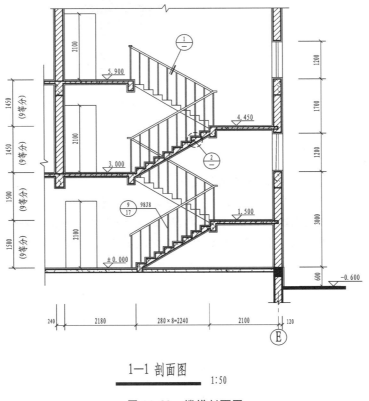

1-1 剖面图　1:50

图 14-32　楼梯剖面图

1:50。尺寸标注主要有轴线间尺寸、梯段、踏步、平台等尺寸。本图中水平尺寸标注为梯段长度、踏面尺寸及数量、楼梯平台的尺寸等。踏面尺寸为 280 mm,踏面数为 8,梯段长度为 280×8＝2240,休息平台尺寸为 2100 mm。竖向尺寸标注为梯段高度,踏步数量及楼梯间门窗洞口尺寸和位置等。本例中梯段高度为 1500 mm 和 1450 mm,每个梯段都有 9 等分。图中还表示出了楼梯踏步、扶手、栏杆的索引符号,如扶手和踏步为本图中的 1、2 节点详图,栏杆为 98J8 标准图集中 17 页图 9。

3)楼梯节点详图

图 14-33 中 1、2 号详图为自楼梯剖面详图中索引出的节点详图,以 1:5 的比例绘制。14-33(a)为楼梯扶手详图,由本图可知,木质扶手断面尺寸为 60 mm×50 mm,通过 40 mm×5 mm 的通长扁钢与 $\phi25$ 镀铬钢管连接在一起。图 14-33(b)为栏杆与钢筋混凝土踏步固定连接的做法。本例的 $\phi25$ 镀铬钢管与 40 mm×40 mm×6 mm 的预埋铁件连接,通过 $2\phi6$ 钢筋固定在踏步中,钢筋锚入踏步中 80 mm。

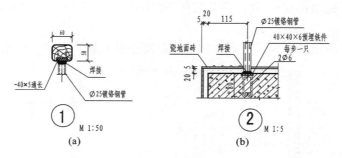

图 14-33 楼梯节点详图

【本章要点】

① 建筑施工图的基本知识与规定。

② 建筑总平面图的形成、图示内容、识读方法及步骤。

③ 建筑平、立、剖面图的形成,图示内容,特点,识读和绘制的方法及步骤。

④ 建筑详图的特点,外墙身详图和楼梯详图的图示内容、特点、识读方法及步骤。

第 15 章　结构施工图

15.1　概述

在房屋建筑工程的设计中,除了进行房屋的外形、内部布局、建筑构造和内部装修等内容的设计外,还需要进行结构设计。根据建筑各方面的要求进行结构选型、构件布置,并且要进行力学计算来确定房屋各承重构件(梁、墙、柱、基础等)所使用的材料、形状、大小、强度以及内部构造等,最终用图样表现出来,满足施工要求,这种图样称为结构施工图,简称"结施"。

15.1.1　结构施工图的内容

在建筑结构中,承重构件常用的材料有钢筋混凝土、钢、木、砖石等,所以结构施工图按构件使用的材料不同,分为钢筋混凝土结构图、钢结构图、砖石结构图和木结构图等;按照建筑结构形式的不同,分为砌体结构图、框架结构图、排架结构图等;按照结构部位的不同,分为基础结构图、上部结构布置图、构件结构详图等。本章主要介绍钢筋混凝土结构施工图的图示内容、图示方法和识读。

结构施工图包括以下内容。

① 图纸封面、目录。

② 结构设计说明,其中包括抗震设计与防火要求、地基与基础、地下室、钢筋混凝土各结构构件、砖砌体、后浇带与施工缝等部分选用材料的类型、规格、强度等级,施工注意事项,技术要求等。

③ 结构平面图。

结构平面图有如下几种。

a. 基础平面图,工业建筑还包括设备基础布置图等。

b. 楼层结构平面布置图,工业建筑还包括柱网、吊车梁、柱间支撑、连系梁布置图等。

c. 屋面结构平面图,工业建筑还包括屋面板、天沟板、屋架、天窗支撑系统布置图等。

④ 构件详图。

构件详图有如下几种。

a. 梁、板、柱及基础结构详图。

b. 楼梯结构详图。

c. 屋架结构详图。

d. 其他详图,如支撑详图等。

15.1.2 结构施工图的一般规定

为了统一建筑结构专业制图规则,保证制图质量,提高制图效率,做到图面清晰、简洁,符合设计、施工存档的要求,满足工程建设需要,国家颁布了《建筑结构制图标准》(GB/T 50105—2010),以下为该标准的部分内容。

1) 图线

① 结构图图线的宽度 b 应按国家标准《房屋建筑制图统一标准》(GB/T 50001—2010)中的规定。每个图样应根据复杂程度和比例大小,选择适当的线宽,再选用适当的线宽组。国标规定了 4 种线宽:粗线(b)、中粗线($0.7b$)、中线($0.5b$)、细线($0.25b$)。线宽 b 的系列为 0.13 mm、0.18 mm、0.25 mm、0.35 mm、0.5 mm、0.7 mm、1.0 mm、1.4 mm,共 8 级。一般情况下,同一张图纸内相同比例的各图样,应选用相同的线宽组合。

② 结构图中采用的各种线型应符合表 15-1 的规定。

表 15-1 线型

名称		线型	线宽	一般用途
实线	粗	——————	b	螺栓、主钢筋线、结构平面图中的单线结构构件线、钢木支撑及系杆线,图名下横线、剖切线
	中粗	——————	$0.7b$	结构平面图及详图中剖到或可见的墙身轮廓线、基础轮廓线、钢、木结构轮廓线、钢筋线
	中	——————	$0.5b$	结构平面图及详图中剖到或可见的墙身轮廓线、基础轮廓线、可见的钢筋混凝土轮廓线、钢筋线
	细	——————	$0.25b$	可见的钢筋混凝土构件的轮廓线、尺寸线、标注引出线、索引符号
虚线	粗	— — — — —	b	不可见的钢筋、螺栓线,结构平面图中的不可见的单线结构构件线及钢、木支撑线
	中	--------------------	$0.5b$	结构平面图中的不可见构件、墙身轮廓线及钢、木构件轮廓线
	细	--------------------	$0.25b$	基础平面图中的管沟轮廓线、不可见的钢筋混凝土构件轮廓线
单点长画线	粗	—— · —— · ——	b	柱间支撑、垂直支撑、设备基础轴线图中的中心线
	细	— · — · — · —	$0.25b$	定位轴线、对称线、中心线

续表

名称		线型	线宽	一 般 用 途
双点长画线	粗	— · · — · · — · · —	b	预应力钢筋线
	细	———— · · —————	$0.25b$	原有结构轮廓线
折断线		⎯⎯⟋⟍⎯⎯	$0.25b$	断开界线
波浪线		∿∿∿	$0.25b$	断开界线

2）比例

绘制图形时,根据图样的用途和复杂程度应选用表 15-2 中的常用比例,若有特殊情况,可以选用可用比例。

表 15-2　结构图的比例

图　　名	常用比例	可用比例
结构平面图、基础平面图	1∶50、1∶100、1∶150	1∶60、1∶200
圈梁平面图、管沟平面图、地下设施等	1∶200、1∶500	1∶300
详图	1∶10、1∶20、1∶50	1∶5、1∶25、1∶30

注:当构件的纵、横向断面尺寸相差悬殊时,可在同一详图中的纵、横向选用不同的比例绘图;轴线间尺寸与构件尺寸也可选用不同的比例绘图。

3）构件代号

在结构工程图中,为了图示简明,并且把各种构件区分清楚,便于施工,各类构件常用代号表示。同类构件代号后应用阿拉伯数字标注该构件型号或编号,也可用构件的顺序号标注。构件的顺序号采用不带角标的阿拉伯数字连续编排。常见构件代号如表 15-3 所示。

表 15-3　常见构件代号

序号	名称	代号	序号	名称	代号
1	板	B	13	连系梁	LL
2	屋面板	WB	14	基础梁	JL
3	空心板	KB	15	楼梯梁	TL
4	密肋板	MB	16	屋架	WJ
5	楼梯板	TB	17	框架	KJ

续表

序号	名称	代号	序号	名称	代号
6	盖板或沟盖板	GB	18	柱	Z
7	墙板	QB	19	基础	J
8	梁	L	20	梯	T
9	屋面梁	WL	21	雨篷	YP
10	吊车梁	DL	22	阳台	YT
11	圈梁	QL	23	预埋件	M
12	过梁	GL	24	钢筋网	W

注:预应力钢筋混凝土构件的代号应在上列构件代号前加注"Y",例如:YKB表示预应力钢筋混凝土空心板。

4)结构图

结构图宜采用正投影法绘制,特殊情况下也可采用仰视投影法绘制。

5)编号

结构平面图中的剖面图、断面详图的编号顺序宜按下列规定:外墙按顺时针从左下角开始编号;内横墙从左至右、从上到下编号;内纵墙从上到下、从左至右编号。

15.2 钢筋混凝土结构图

15.2.1 钢筋混凝土结构简介

混凝土是由水泥、沙子、石子、水按一定比例配合,经过搅拌、注模、振捣、养护等工序而形成的,凝固后坚硬如石。其性能是抗压能力很强,但抗拉能力差。用混凝土制成的构件受到的外力达到一定值后,容易发生断裂、破坏(见图 15-1(a)),而钢筋的性能为抗拉能力强,为了防止构件发生断裂,充分发挥混凝土的抗压能力,在混凝土构件的受拉区及相应部位加入一定数量的钢筋,使两种材料黏结成一体,共同承受外界荷载,这样大大提高了构件的承载能力。配有钢筋的混凝土称为钢筋混凝土(见图 15-1(b))。

用钢筋混凝土制成的梁、板、柱、基础等构件称为钢筋混凝土构件。在工程上,在工地现场浇制的钢筋混凝土构件,称为现浇钢筋混凝土构件;在工厂、工地以外预先把构件制作好,然后运到工地安装的,这种构件称为预制钢筋混凝土构件。此外还有制作时对混凝土预加一定的压力以提高构件的强度和抗裂性能,这样的构件称为预应力钢筋混凝土构件。钢筋混凝土构件的结构形式包括框架结构及砖混结构,框架结构的承重构件全部是钢筋混凝土构件,砖混结构的承重构件是砖墙及钢筋混凝土板、梁、柱等。

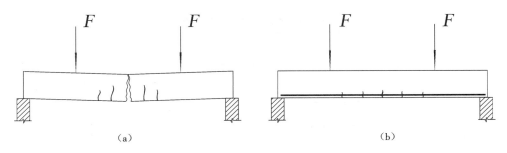

图 15-1 梁的示意图

（a）素混凝土梁；（b）钢筋混凝土梁

1）钢筋的分类和作用

钢筋在混凝土中不能单根放置，一般是将各种形状的钢筋用铁丝绑扎或焊接成钢筋骨架或网片。配置在钢筋混凝土结构中的钢筋按其作用可分为下列几种（见图 15-2）。

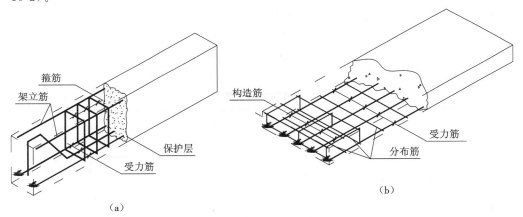

图 15-2 钢筋混凝土梁、板配筋示意图

（a）钢筋混凝土梁的配筋示意图；（b）钢筋混凝土板的配筋示意图

① 受力筋：承受拉、压应力的钢筋，用于梁、板、柱等各种钢筋混凝土构件；受力筋分为直筋和弯筋两种。

② 钢箍（箍筋）：承受一部分斜拉力，并固定受力筋的位置，多用于梁和柱内。

③ 架力筋：用以固定梁内钢箍的位置，构成梁内钢筋骨架。

④ 分布筋：用于屋面板、楼板内，与受力筋垂直布置，将承受的荷载均匀地传给受力筋，并固定受力筋的位置，以及抵抗热胀冷缩引起的温度变形。

⑤ 其他：因构件要求或施工安装需要而配置的构造筋、预埋锚固筋、吊环等。

在构件中，钢筋的外表是混凝土，混凝土起到了保护钢筋、防腐蚀、防火以及加强钢筋与混凝土黏结力的作用。根据钢筋混凝土设计规范规定，结构构件如梁、柱的保护层最小厚度为 25 mm，板和梁的保护层厚度为 10～15 mm（见表 15-4）。

表 15-4　钢筋的混凝土保护层最小厚度

环境类型		板、墙、壳			梁			柱		
		≤C20	C25~C45	≥C50	≤C20	C25~C45	≥C50	≤C20	C25~C45	≥C50
一		20	15	15	30	25	25	30	30	30
二	a	—	20	20	—	30	30	—	30	30
	b	—	25	20	—	35	30	—	35	30
三		—	30	25	—	40	35	—	40	35

　　钢筋的混凝土保护层在比例较小的图样中,可以示意性地画出,一般不在图中标注。

　　如果受力钢筋用光圆钢筋,则两端要有弯钩,这是为了加强钢筋与混凝土的黏结力,避免钢筋在受拉时滑动。带肋钢筋与混凝土的黏结力强,两端不必有弯钩。钢筋端部的弯钩常用的有两种形式,即带平直部分的半圆弯钩和直弯钩。

　　2) 钢筋的表示方法

　　结构图中钢筋的一般表示方法和画法如表 15-5、表 15-6 所示。

表 15-5　钢筋的一般表示方法

序号	名称	图例	说明
1	钢筋横断面	●	—
2	无弯钩的钢筋端部	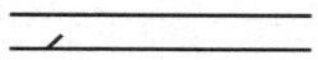	下图表示长短钢筋重叠时可在短钢筋的端部用 45°的短画线表示
3	带半圆弯钩的钢筋端部		—
4	带直弯钩的钢筋端部		—
5	带丝扣的钢筋端部		—
6	无弯钩的钢筋搭接		—
7	带半圆弯钩的钢筋搭接		—
8	带直弯钩的钢筋搭接		—
9	花篮螺丝钢筋接头	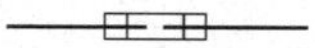	—
10	机械连接的钢筋接头		用文字说明机械连接的方式(或冷挤压或锥螺纹等)

表 15-6　钢筋的画法

序号	说明	图例
1	在结构平面图中配置双层钢筋时,底层钢筋的弯钩应向上或向左,顶层钢筋的弯钩应向下或向右	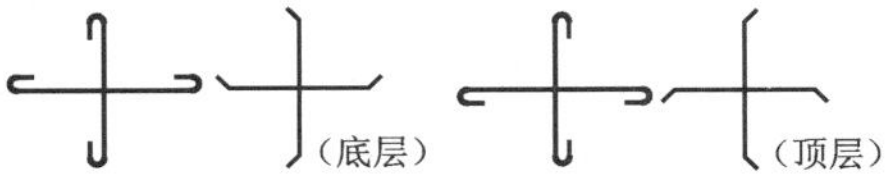
2	钢筋混凝土墙体配双层钢筋时,在配筋立面图中,远面钢筋的弯钩应向上或向左,而近面钢筋的弯钩应向下或向右(JM 近面,YM 远面)	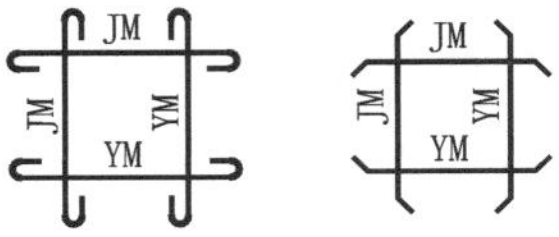
3	在断面图中不能表达清楚的钢筋布置,应在断面图外增加钢筋大样图(如钢筋混凝土墙、楼梯等)	
4	图中所表示的箍筋、环筋等若布置复杂,可加画钢筋大样及说明	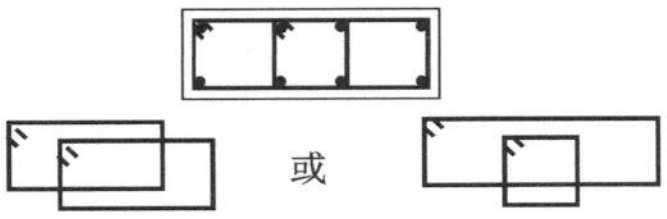
5	每组相同的钢筋、箍筋或环筋,可用一根粗实线表示,同时用一根两端带斜短画线的横穿细线表示其余钢筋及起止范围	

（1）钢筋的种类及符号

钢筋按其强度和种类分成不同的等级,如表 15-7 所示。

表 15-7　常用钢筋等级及符号

钢筋种类		符号	钢筋种类			符号
热轧钢筋	HPB235(Q235)	ϕ	预应力钢筋	钢绞线		ϕ^S
	HRB335(20MnSi)	ϕ		消除应力钢丝	光面	ϕ^P
	HRB400(20MnSiV、20MnSiNb、20MnTi)	ϕ			螺纹肋	ϕ^H
					刻痕	ϕ^I
	RRB400	ϕ^R		热处理钢筋		ϕ^{HT}

（2）钢筋的标注

① 钢筋混凝土构件的一般表示方法。构件轮廓用中线或细线,钢筋用单根的粗

实线表示其立面,钢筋的横断面用黑圆点表示,混凝土材料图例省略不画。

② 钢筋的编号及标注方法。为了便于识图及施工,构件中的各种钢筋应编号,编号的原则是将种类、形状、直径、尺寸完全相同的钢筋编成同一编号,无论根数多少也只编一个号。若上述有一项不同,钢筋的编号就不相同。编号时应先主筋、后分布筋(或架立筋),逐一按顺序编号。编号采用阿拉伯数字,写在直径为 6 mm 的细线圆中,用平行或放射状的引出线从钢筋引向编号,并在相应编号的引出线的水平线段上对钢筋进行标注,标注出钢筋的数量、代号、直径、间距、编号及所在位置,其说明应沿钢筋的长度标注或标注在有关钢筋的引出线上(一般标注出数量,就可不注间距,如注出间距,就可不注数量。对于简单的构件,钢筋可不编号)。具体标注方式如图15-3 所示。

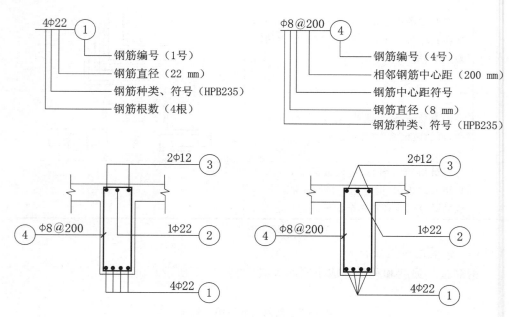

图 15-3 钢筋的编号方式

15.2.2 钢筋混凝土结构图的内容和图示特点

1) 钢筋混凝土结构图的内容

(1) 结构平面布置图

结构平面布置图是表示承重构件的位置、类型和数量或钢筋的配置的图样。

(2) 构件详图

为了表达构件的形状、钢筋的布置,构件详图包括模板图、配筋图、预埋件详图及材料用量表。

① 模板图。模板图是表达构件外形和预埋件位置的图样,同时需标出构件的外

形尺寸和预埋件的型号及定位尺寸。对于无法直接选用的预埋件,应画出预埋件详图。模板图是制作构件模板和安放预埋件的依据。模板图由构件的立面图和断面图组成。

②配筋图。表达构件内部的钢筋配置、形状、数量和规格的图样,称为配筋图。常用图样为立面图(对于板结构用平面图)、断面图,必要时,需画出钢筋详图(也称钢筋大样图或抽筋图)。当构件外形比较简单、预埋件比较少时,可将模板图、配筋图合并绘制,称为模板配筋图或配筋图。

2)钢筋混凝土结构图的图示特点

钢筋混凝土结构的构件图是假想混凝土为透明的,使钢筋可见,通过正投影法画出构件的立面图和断面图,并且标出钢筋的形状、位置,注出钢筋的长度、数量、品种、直径等。

①在结构平面图中,构件的标高一般标注构件完成面的标高(称为结构标高,即不包括建筑装修的厚度)。

②当构件纵、横向尺寸相差悬殊时,可在同一详图中纵、横向选用不同比例绘制。

③构件配筋简单时,可在其模板图的一角用局部剖面的方式绘出其钢筋布置。构件对称时,在同一图中可以一半表示模板图,一半表示配筋图。

15.2.3 结构平面图

结构平面图是表示建筑物各构件平面布置的图样,分为基础平面布置图、楼层结构平面布置图、屋面结构平面布置图。下面介绍砖混结构的楼层结构平面布置图。

1)图示方法及作用

楼层结构平面布置图由楼层结构平面图和局部详图组成。楼层结构平面布置图是假想沿每层楼板面将房屋水平剖开后所作的楼层结构的水平投影图,它表示每楼层的梁、板、柱、墙等承重构件的平面布置情况,对于现浇钢筋混凝土楼板的构造与配筋以及构件之间的关系,某些表达不清楚的部位可以用断面图作辅助。对于多层建筑,一般应分层绘制,但是如果各层构件的类型、大小、数量、布置均相同,则可只画一个标准层的楼层结构平面布置图。楼层结构平面布置图是施工时布置或安放该层各承重构件的依据,有时还是制作圈梁、过梁和现浇板的依据。

2)图示内容

①标注出与建筑图一致的轴线网及墙、柱、梁等构件的位置和编号以及轴线间的尺寸。

②下层承重墙和门窗洞口的平面布置,下层和本层柱子的布置。

③在现浇板的平面图上,画出钢筋配置,并标注出预留孔洞的大小及位置。

④注明预制板的跨度方向、代号、型号或编号、数量和预留洞的大小及位置。

⑤表明楼层结构构件的平面布置,如各种梁、圈梁或门窗过梁、雨篷的编号。

⑥ 注出各种梁、板的结构标高、轴线间尺寸及梁的断面尺寸。

⑦ 注出有关剖切符号或详图索引符号。

⑧ 附注说明选用预制构件的图集编号、各种材料强度,板内分布筋的级别、直径、间距等。

3) 图示实例

现以某住宅楼的楼层结构平面布置图(见图 15-4)为例,说明楼层结构平面布置图的图示内容和读图方法。由于此建筑物的平面左右对称,所以采用建筑制图中的简化画法,只画出其左边的一半,右边的一半省略,在⑧轴线上画有对称符号。

① 从图名得知此图为首层结构平面布置图,比例为 1:100。

② 从平面图可以了解到,结构平面图中轴线布置及轴线间尺寸与建筑平面图一致。楼板主要支撑在砖墙上,可知该房屋为砖混结构。图中显示了墙、柱、梁、板的布置情况。

③ 为了铺设钢筋混凝土楼板,相应布置了横向、纵向的钢筋混凝土梁,如 L1、L2……钢筋混凝土梁的断面尺寸以及配筋情况详见构件详图。

④ 凡是有门、窗的地方均布置过梁,门窗的宽度相同则过梁相同,过梁的具体做法详见构件详图,在平面图中过梁用粗点划线表示,并且编号为 GL1、GL2……

⑤ 图中画了对角交叉线的开间为楼梯间,其楼梯板的布置及配筋情况详见楼梯详图。

⑥ 本住宅结构考虑到抗震要求,布置了一些构造柱,其做法详见构件详图,其基础处理详见基础详图。按照有关设计规范,砖混结构的一些砖墙中应布置圈梁,圈梁可以在结构平面图表示其布置情况,也可以另外用较小的比例绘制圈梁平面布置图(本例即是如此)。

⑦ 预应力空心板。预制板一般布置在除厕所、厨房之外的房间,在预制板布置的区域内,预制板的布置情况标注在各开间的对角线上,若开间相同,预应力空心板的布置情况也相同,可以用甲、乙……或大写的英文字母来编号。在①②轴开间和⑦⑧轴开间,卧室采用预制的预应力钢筋混凝土空心板,板的规格、数量、布置相同的房间注写相同的编号,只需在其中一个房间中画出板的布置,其他房间只注明板的规格、数量。预制板的标注方法各地有些不同,本例标注中各项的含义是:3YKB33 表示 3 块预应力钢筋混凝土空心板,板跨长度 3.3 m;02 是板宽和荷载级别代号,"0"表示板宽为 1 m,"2"表示荷载级别为 2 级。

⑧ 现浇钢筋混凝土板一般铺设在厕所、厨房、走道、门厅或不规则的平面上。现浇板用 B1、B2……来编号,其板的大小、厚度、配筋情况有一项不同,编号则不同。现浇钢筋混凝土板的配筋可以在结构平面图中示出,也可以另画板的配筋详图。在此仅示出了 B2 的配筋情况。

⑨ 标高。不同房间板的标高也许会不同,如厕所板顶面的标高为 2.870 m,其余板顶面的标高为 2.950 m。结构标高与建筑标高是不同的,建筑标高为完成面的

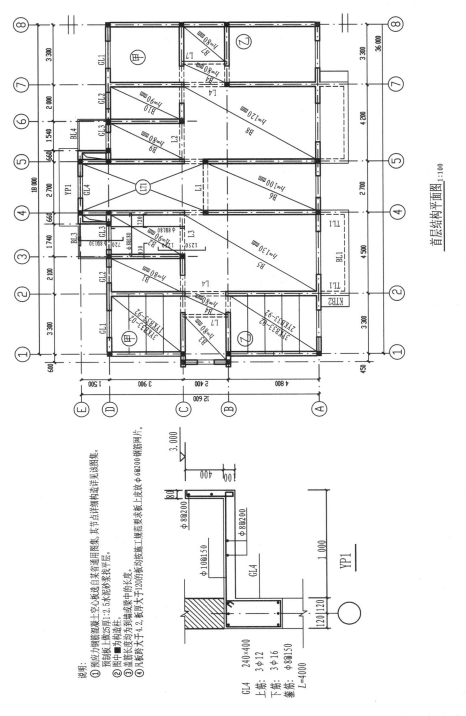

图 15-4 结构平面图

标高(其中包括装修层的厚度)。

4) 结构平面图绘制的步骤和方法

绘制结构平面图应与建筑平面图的轴线、墙体、门窗平面布置一致,选取适当的比例,画出结构构件的布置以及现浇板的钢筋配置。

① 选定比例和图幅,布置图面。一般采用1∶100,图形较简单时可用1∶200的比例。布置好图面后,画出横向、纵向的轴线。

② 确定墙、柱、梁的大小和位置,用中实线表示剖到或可见的构件轮廓线,用中虚线表示不可见的轮廓线。门窗洞的图例一般可以不画出。

③ 画钢筋混凝土板的投影。画出现浇板的配筋详图,表示受力筋和构造钢筋的形状、配置情况,并注明其编号、规格、直径、间距或数量等。每种规格钢筋只画一根,按其立面形状画在钢筋安放的位置上,表达不清时可以画出钢筋详图。结构平面图中,分布筋不必画出,用文字说明。配筋相同的板,只需将其中一块板的配筋画出,其他的编上相同的编号如:B1、B2、B3……

④ 过梁,在其中心位置用粗点画线表示并编号。

⑤ 圈梁可以用更小的比例单独画一个缩小的圈梁平面布置图,用粗实线表示圈梁。

⑥ 标注出与建筑平面图相一致的轴线间尺寸及总尺寸。

⑦ 注写说明文字(包括写图名、注比例)。

15.2.4 构件详图

1) 图示内容及作用

构件详图包括模板图、配筋图、预埋件详图及钢筋表(或材料用量表),用来表示构件的长度、断面形状与尺寸及钢筋的形式与配置情况,也可以表示模板的尺寸、预留孔洞以及预埋件的大小与位置、轴线和标高,为制作构件时安装模板、钢筋加工和绑扎等工序提供依据。配筋图包括立面图、断面图和钢筋详图。钢筋混凝土梁详图一般只画出配筋立面图和配筋断面图,为了统计用料,可画出钢筋大样图,并列出钢筋表。钢筋混凝土板详图一般画配筋平面图。

2) 图示方法

在一般情况下构件详图只绘制配筋详图,对较复杂的构件才画出模板图和预埋件详图。

(1) 立面图

配筋立面图是假想构件为一个透明体而画出的正面投影图。它主要为了表达构件中钢筋上下排列的情况,钢筋用粗实线表示,构件的轮廓线用细实线表示。在图中箍筋只反映它的侧面投影,类型、直径、间距相同时在图中只画出一部分。

（2）断面图

配筋图中的断面图是构件的横向剖切投影图，表示钢筋在断面中的上下左右排列布置、箍筋及与其他钢筋的连接关系。图中钢筋的横断面用黑圆点表示，构件轮廓用细实线表示。

当配筋复杂时，通常在立面图的正下（或上）方用同一比例画出钢筋详图，相同编号的钢筋只画一根，并注明编号、数量（间距）、类别、直径及各段的长度与总尺寸。

立面图和断面图应标注出一致的钢筋编号并图示出规定的保护层厚度。

3）图示实例

下面以现浇钢筋混凝土梁为例，介绍钢筋混凝土构件结构详图的图示方法。

形状比较简单的梁，一般不画单独的模板图，只画配筋图。配筋图通常用配筋立面图和配筋断面图来表示。配筋立面图表示梁的立面轮廓，长度、高度尺寸以及钢筋在梁内上下、左右的配置，同时表示梁的支承情况。梁内箍筋只画出 3～4 根，以此表示沿梁全长等间距配置；如果梁板一起浇筑，则应在立面图中用虚线画出板厚及次梁的轮廓。断面图表示梁的断面形状、宽度、高度尺寸和钢筋上下、前后的排列情况。画钢筋大样图时，每个编号的钢筋只画一根，从构件中最上部的钢筋开始，依次向下排列，画在配筋立面图下方，并在钢筋线上方注出钢筋编号、根数、种类、直径及各段尺寸，弯起筋倾斜角度。标注尺寸时，不画尺寸线及尺寸界限，此外还要注出下料长度 l，它是钢筋各段长度总和，钢筋弯钩应按规定计算其长度，如半圆弯钩按 $6.25d$（d 为直径）计算。

图 15-5 所示为一根钢筋混凝土梁的结构详图。

① 梁立面图下的图名。"L202"表示第 2 层楼面中的第 2 号梁，（250×600）表示梁断面宽 250 mm，高 600 mm。绘图比例为 1∶50。

② 将梁的立面和断面对照阅读，可知该梁高 600 mm、宽 250 mm、全长 6480 mm。梁的两端搭接在砖墙上。

③ 梁内钢筋配置：从梁的跨中看起，梁的下部配置①、②号钢筋，直径为 25 mm，级别为 HRB335（Ⅱ级筋），①号钢筋伸到梁的端部向上垂直弯起 350 mm（以钢筋的锚固长度）；②号钢筋在接近梁端时沿 45°向上弯起至梁的上部，距离内墙面 50 mm 处折为水平，伸入到梁端又垂直向下弯 350 mm；在梁的上部为③号架立筋，钢筋直径为 12 mm，级别为 HPB235，沿梁全长布置，两端带半圆弯钩；④号钢筋是箍筋，直径为 8 mm，级别为 HPB235（Ⅰ级筋），沿梁的全长每隔 200 mm 放置一根。梁左右两端钢筋配置完全一致。

表 15-8 列出的是梁的钢筋表，由此可以了解各种编号钢筋的规格、形状、长度、根数、总长、重量。

4）构件详图绘制的步骤及要求

① 确定比例、布置图面。构件详图常用比例为 1∶10、1∶20、1∶50。

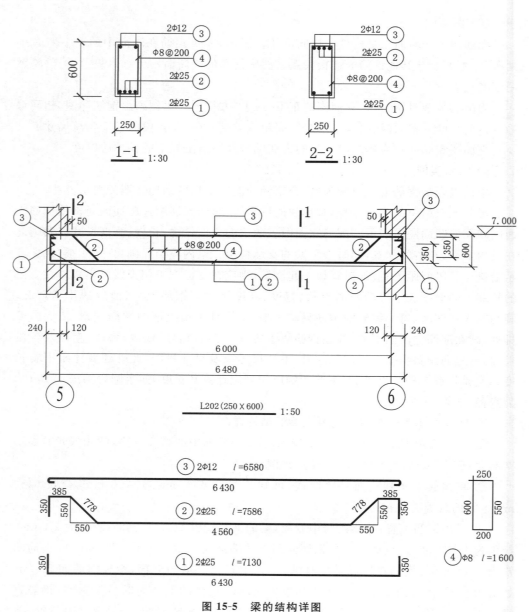

图 15-5 梁的结构详图

② 画配筋立面图、断面图、钢筋详图。

③ 标注尺寸。

④ 标注钢筋的编号、数量(或间距)、类别、直径。

⑤ 编制钢筋表。

⑥ 注写有关混凝土、砖、砂浆的强度等级及技术要求等说明。

表 15-8 钢筋表

钢筋编号	简图	钢筋规格	钢筋长度/mm	总长/m	重量/kg
①		Φ 25	7130	14.260	42.55
②		Φ 25	7586	15.172	45.28
③		Φ 12	6580	13.160	11.68
④		Φ 8	1600	52.800	20.86

15.2.5 平面整体表示法

建筑结构施工图平面整体表示方法对我国混凝土结构施工图的设计表示方法做了重大改革,被国家科委列为"九五"国家级科技成果重点推广计划。平面整体表示法概括来讲,是把结构构件的尺寸和配筋等按照平面整体表示方法的制图规则,整体直接表达在各类构件的结构平面布置图上,再与标准构造详图配合,即构成一套新型完整的结构设计图样。这种方法改变了传统的将构件从结构平面布置图中索引出来,再逐个绘制配筋详图的繁琐方法。这种表示方法已经被设计和施工单位广泛使用。

在钢筋混凝土结构施工图中表达的构件常为柱、墙、梁三种构件,所以平面整体表示法包括柱平法施工图表示法、剪力墙平法施工图表示法和梁平法施工图表示法。在柱平法施工图和剪力墙平法施工图上采用列表注写方式或截面注写方式,在梁平法施工图上采用平面注写方式或截面注写方式。下面以梁为例介绍平面整体表示法。

在梁平面布置图中,应分别按梁的不同结构层(标准层),将全部梁和其相关联的柱、墙、板一起采用适当比例绘制。所谓平面注写方式是指在梁平面布置图上分别在不同编号的梁中各选一根梁,在其上注写截面尺寸和配筋具体数值的方式。平面标注包括集中标注与原位标注,集中标注表达梁的通用数值,原位标注表达梁的特殊数值。当集中标注中的某项数值不适用于梁的某部位时,要将该项数值原位标注,施工时,原位标注取值优先。

图 15-6 所示的是使用传统方式画出的一根两跨钢筋混凝土框架梁的配筋图,从图中可以了解该梁的支承情况、跨度、断面尺寸,以及各部分钢筋的配置状况。

如果采用平面整体表示法表达图 15-6 所示的两跨框架梁,即如图 15-7 所示。可在梁、柱的平面布置图上标注钢筋混凝土梁的截面尺寸和配筋具体情况,图 15-7 所示梁的平面注写包括集中标注和原位标注两部分。集中标注表达梁的通用数值,如图中引出线上所注写的三行数字,第一行中,KL3(2)表示 3 号框架梁、两跨,250×450 表示梁的断面尺寸。第二行Φ 8@100/200 表示箍筋直径为 8 mm 的Ⅰ级钢筋(HPB235),加密区间距 100(支座附近),非加密区间距 200;2 Φ 12 为梁上部配置的贯通钢筋。第三行(−0.050)表示梁的顶面标高比楼层结构标高低 0.050 m。原位标注中,在柱附近的 2 Φ 12+2 Φ 22 表示支座处在梁的上部除了 2 Φ 12 贯通钢筋外,另外增加了 2 Φ 22 钢筋。4 Φ 25 表示在梁的下部各跨均配置了 4 根纵向受力筋,为直径 25 mm 的 Ⅱ 级钢筋(HRB335)。各类钢筋的长度、深入支座的长度等尺寸以及钢筋弯钩等并不在图中示出,而是由施工单位的技术人员查阅《混凝土结构施工图平面整体表示方法制图规则和构造详图》(16G101)图集,对照确定。

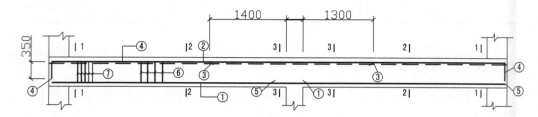

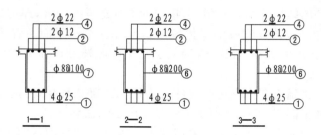

图 15-6 两跨框架梁配筋详图

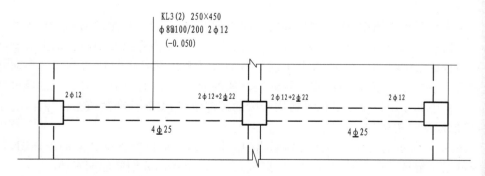

图 15-7 梁平面注写方式

15.3 基础图

在房屋施工过程中,首先要放线、挖基坑、砌筑基础,这些工作都要根据基础平面图和基础详图来进行。基础是在建筑物地面以下,承受上部结构所传来的各种荷载以及建筑物的自重并传递到地基的结构组成部分。设计基础时,通过地质勘察,按照地基岩土的类别和性状以及土壤的承载力确定基础的形式,一般常用的基础形式有条形基础[见图 15-8(a)]、独立基础[见图 15-8(b)]、筏板基础、桩基础、箱形基础等。基础以下部分是天然的或经过处理的岩土层,称为地基。为了基础施工开挖的土坑称为基坑。基础的埋置深度是指房屋首层地坪±0.000 到基础底面的深度。埋入地下的墙称为基础墙。基础墙与垫层之间做成阶梯形的部分称为大放脚。防潮层的作用是防止地下的潮气沿墙体向上渗透,一般是用钢筋混凝土或水泥砂浆做成的。

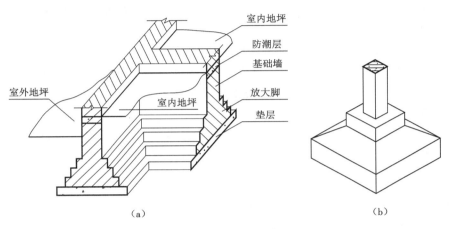

图 15-8　基础构造示意图

(a)条形基础示意图;(b)独立基础示意图

15.3.1　基础图的作用及形成

基础图是施工时放线(用石灰粉在地面上定出房屋的定位轴线、墙身线、基础底面的长宽线)、开挖基坑、做垫层(垫层的作用是使基础与地基有良好的接触,以便均匀传递压力)、砌筑基础和管沟墙(根据水、暖、电等专业的需要而预留的洞以及砌筑的地沟)的依据。基础图包括基础平面图、基础详图。

基础平面图的形成:用水平的剖切平面沿房屋的首层地面与基础之间把整幢房屋剖开后,移去上部的房屋和基础上的泥土,将基础裸露出来向水平面所作出的水平投影。

基础详图的形成:将基础垂直剖切,露出基础内部的钢筋配置得到的断面图。

15.3.2　基础图的图示内容和图示方法

现在以墙下条形基础为例,介绍基础图的图示内容和图示方法。

1)基础平面图

① 表达纵、横定位轴线及编号(必须与建筑平面图一致)。

② 表达基础的平面布置。图上需要画出基础墙、基础梁、柱及基础底面的轮廓线,而基础的细部轮廓线省略不画。当基础底面标高有变化时,应在基础平面图对应部位的附近画出一段基础垫层的垂直断面图,用来表示基础底面标高的变化,并标出相应的标高。

③ 标出基础梁、柱、独立基础的位置及代号和基础详图的剖切符号及编号,以便查看对应的详图。

④ 标注轴线尺寸、基础墙宽度、柱断面、基础底面及轴线关系的尺寸。标出基础底面、室内外的标高和细部尺寸。

⑤ 由于其他专业的需要而设置的穿墙孔洞、管沟等的布置及尺寸、标高。

2）基础详图

① 表达与基础平面图相对应的定位轴线及编号。

② 表达基础的详细构造:垫层、断面形状、材料、配筋和防潮层的位置及做法等。

③ 标注基础底面、室内外标高和各细部尺寸。

3）施工说明

施工说明主要说明基础所用的各种材料、规格及基础施工中的一些技术措施、须遵守的规定、注意事项等。此说明可以写在结构设计说明中,也可以写在相应的基础平面图和基础详图中。

15.3.3　基础图的阅读示例和绘制

1）读图实例

图 15-9 所示的为某住宅楼的基础平面图,基础类型为条形基础。轴线两侧的中实线是墙线,细线是基础底边线及基础梁边线。以轴线①为例,了解基础墙、基础底面与轴线的定位关系。①轴的墙为外墙,宽度为 360 mm,墙的左右边线到①轴的距离分别为 240、120,轴线不居中。基础左、右边线到①轴的宽度为 660、540,基础总宽为 1200 mm,即 1.2 m。其他基础墙的宽度、基础宽度及轴线的定位关系均可以从图中了解。此房屋的基础宽度有三种,分别为 1500、1200、800。

从平面图可以看到基础上标有剖切符号,分别为 1—1、2—2、3—3、4—4,说明该建筑的条形基础共有四种不同的基础断面图,即基础详图。

基础的断面形状与埋置深度要根据上部的荷载以及地基承载力确定。同一幢房屋,由于各处有不同的荷载和不同的地基承载力,下面就有不同的基础。对于每一种不同的基础,都要画出它的断面图,并在基础平面图上用 1—1、2—2 等剖切符号表明断面的位置。如图 15-10 所示,1—1 断面图是外墙的基础详图,图中显示该条形基础为砖基础,基础垫层为素混凝土,垫层宽 1200 mm,高 250 mm,其上面是砖放脚,每层高 120 mm,两侧宽均为 60 mm,室外设计地平标高 −0.600,基础底面标高 −2.100,基础墙在 ±0.000 标高处设有一道钢筋混凝土防潮层,厚 60 mm,钢筋的配置为 3 根直径为 6 mm 的 Ⅰ 级筋(HPR235),箍筋为 ɸ6@300,它的作用是防止地下

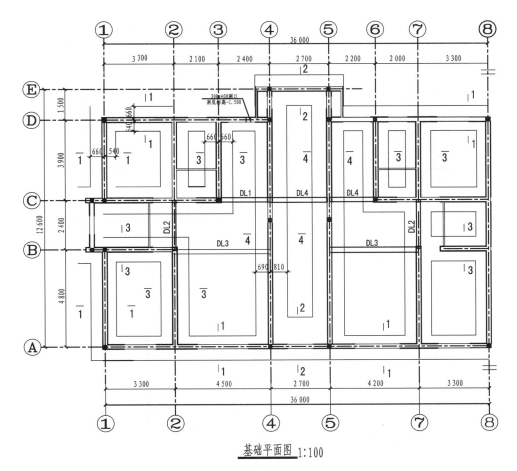

基础平面图 1:100

图 15-9　基础平面图

的潮气向上侵蚀墙体。4—4 断面图为一内墙的基础详图,宽度为 1200,墙宽为 240 mm,轴线居中。基础平面图中涂红部分为 120 墙,此基础的做法为 210 mm 厚的素混凝土垫层,详见基础详图。图 15-10 所示的为基础平面图内标注的部分基础详图,以此说明基础详图的内容和识读过程。

2）基础图的绘制

（1）基础平面图的绘图步骤

① 按比例（常用比例 1：100 或 1：200）绘制出与建筑平面图相同的轴线与编号。

② 用粗（或中）实线画出墙或柱的边线,用细线绘制基础底边线。

③ 画出不同断面的剖切符号,分别编号。

④ 标注尺寸,主要注出纵、横向各轴线之间的距离,轴线到基础底边和墙边的距离以及基础宽和墙厚。

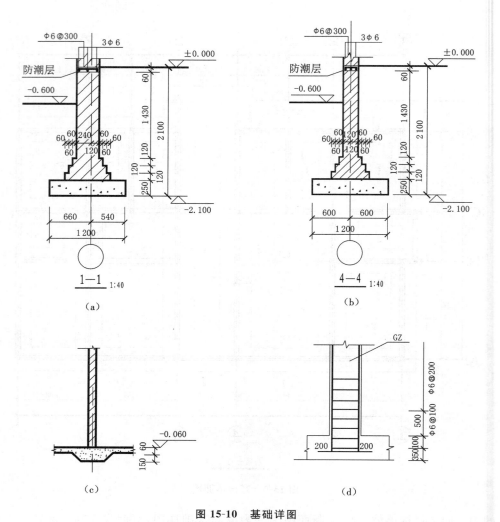

图 15-10　基础详图

(a)外墙条形基础详图;(b)内墙条形基础详图;(c)120墙基础;(d)构造柱与基础连接做法详图

⑤ 注写说明文字,如混凝土、砖、砂浆的强度等级,基础埋置深度等。

⑥ 设备复杂的房屋,在基础平面图上还要配合采暖、通风图、给排水管道图、电源设备图等,用虚线画出管沟、设备孔洞等位置,注明其内径、宽、深尺寸和洞底标高。

(2)基础详图的绘制步骤

① 画出与基础平面图相对应的定位轴线。

② 画基础底面线、室内外地坪标高位置,画出基础断面轮廓。

③ 画出砖墙、大放脚断面轮廓和防潮层。

④ 标注室内外地坪、基础底面标高和其他尺寸。

⑤ 注写说明文字,混凝土、砖、砂浆的强度等级和防潮层的材料及施工技术要求等。

15.3.4　独立基础图

　　框架结构的房屋以及工业厂房的基础常用独立基础。图 15-11 所示的为某汽车车库的基础平面图,图中涂黑部分是钢筋混凝土柱,柱外细线方框表示该柱独立基础的外轮廓线,基础沿定位轴线布置,编号分别为 J1、J2。基础与基础之间设置基础梁,以细线画出其轮廓,它们的编号及截面尺寸标注在图的右半部分。

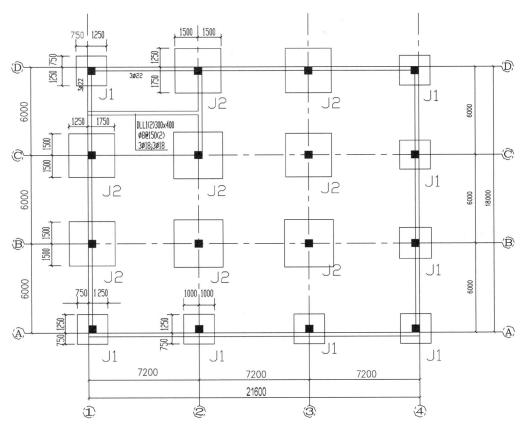

图 15-11　独立基础平面图

　　图 15-12 所示的是独立柱基础的结构详图,图中要将定位轴线、外形尺寸、钢筋配置等表达清楚。基础底部通常浇筑混凝土垫层,柱的钢筋配置在柱的详图中表达。详图的立面采用全剖面,平面图采用局部剖面,表示基础的形状和钢筋网的配置情况。

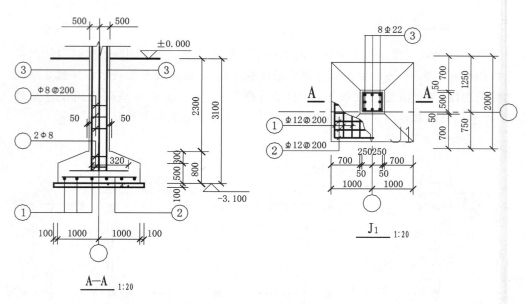

图 15-12 独立基础详图

【本章要点】

① 结构施工图的基本知识与基本规定。

② 钢筋混凝土施工图的一般图示方法和图示特点。

③ 钢筋混凝土梁配筋详图、基础图、结构平面图的图示内容、方法、绘制和阅读。

第 16 章　设备施工图

房屋建筑中的给水排水、采暖通风、建筑电气等工程设施,都需由专业设计人员经过专门的设计表达在图纸上,这些图纸分别称为给水排水工程图、采暖通风工程图、建筑电气工程图,统称为建筑设备工程图。在不同的设计阶段,设计图纸的深度和用途也不相同,施工图设计阶段绘制的前述工程图纸,即为建筑设备施工图(简称设施),本章主要介绍给水排水施工图(简称水施)、采暖施工图(简称暖施)、建筑电气施工图(简称电施)。

16.1　给水排水施工图

16.1.1　概述

给水排水工程是现代城镇和工矿建设中重要的基础设施之一,它分为给水工程和排水工程。给水工程是指为满足城镇居民生活和工业生产等需要而建造安装的取水及其净化、输水配水等工程设施。排水工程是指与给水工程相配套的,用于汇集生活、生产污水(废水)和雨水(雪水)等,并将其经过处理,输送、排泄到其他水体中去的工程设施。

1) 给水排水工程的分类及组成

给水排水工程分为室外给水排水和室内给水排水两类。室外给水排水又分为城市给水排水和小区(厂区)给水排水,又都分为给水和排水两个系统。室内给水排水包括室内给水和室内排水。城市排水一般采用分流制,即污水排水系统和雨水排水系统。污水排水系统一般包括排水管道、检查井、化粪池、污水泵站、污水处理厂和排向江河湖海的管道、沟渠、排水口等。雨水排水系统一般包括雨水口(集水口)、厂区管道、雨水检查井、市政雨水管及出水口等。

室内给水排水又称为建筑给水排水,其组成如图 16-1 所示。

(1) 室内给水系统

室内给水系统一般包括如下内容。

① 引入管:自室外给水管(厂区管网)至室内给水管网的一段水平连接段。

② 水表节点:引入管上装设的水表、表前后阀门和泄水口等,一般集中在一个水表井内。

③ 室内输配水管道:包括水平干管、立管、支管。

④ 给水配件和设备:包括配水龙头、阀门、卫生设备等。

⑤ 升压及贮水设备：当水压不足或对供水的压力有稳定性要求时，需要设置水箱、水池、水泵、气压装置等。

⑥ 室内消防给水系统：根据建筑物的防火等级，有的需要设置独立的给水系统及消火栓、自动喷淋设施等。

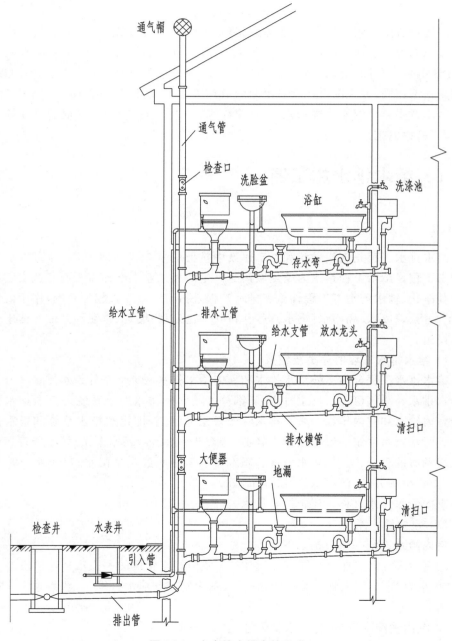

图 16-1　室内给水排水的组成

（2）室内排水系统

室内排水系统一般包括如下内容。

① 卫生设备：用于接纳、收集污水的设备，是排水系统的起点。污水由卫生设备出水口经存水弯等（水封段）流入排水横管。

② 排水横管：接纳用水设备排出的污水，并将其排入污水立管的水平管段。

③ 排水立管：接纳各种排水横管排来的污水，并将其排入排出管。

④ 排出管：室内排水立管与室外排水检查井之间的一段连接管段。

⑤ 通气管：排水立管上端通到屋面上面的一段立管，主要是为了排除排水管道中的有害气体和防止管道内产生负压。通气管顶端设置风帽或网罩。

⑥ 清扫口和检查口：为了检查、疏通排水管道而在立管上设置检查口，在横管端头设置清扫口。

2）给水排水施工图的分类

给水排水施工图分为室外给水排水施工图和室内给水排水施工图。

室外给水排水施工图表达的范围比较大，可以表示一幢建筑物外部的给水排水工程，也可以表示一个小区（或厂区）或一个城市的给水排水工程。其内容包括平面图、高程图、纵断面图和详图。室内给水排水施工图表示一幢建筑物内部的给水排水工程设施情况，包括平面图、系统图、屋面排水平面图、剖面图和详图。此外，对水质净化和污水处理来说尚有工艺流程图、水处理构筑物工艺图等。

一般建筑给水排水工程主要包括室内给水排水平面图及系统图，室外给水排水平面图及有关详图。

16.1.2 给水排水施工图的图示特点及基本规定

1）图示特点

在给水排水施工图中，系统图采用轴测投影法绘制，工艺流程图采用示意法绘制，而其他图样采用正投影法绘制。

管道、器材和设备一般采用国家有关制图标准规定的图例表示。给水排水管道一般用粗线绘制；纵断面图中的重力管道、剖面图和详图中的管道一般用双中粗线绘制。不同管径的管道，用同样宽的线条表示，管径另外注明。管道与墙的距离示意性地画出，安装时按有关施工规程确定距离。

暗装在墙内的管道也画在墙外，另外加以说明。管道上的连接配件为标准的定型工业产品，且有些配件需施工安装时才能确定数量和位置，因此，连接配件不再绘出。

2）基本规定

（1）图线

新设计的各种排水和其他重力流管线采用粗实线，不可见时采用粗虚线；新设计的各种给水和其他压力流管线，原有的各种排水和其他重力流管线采用中粗实线，不可见时采用中粗虚线;给水排水设备、零(附)件、总图中新建的建筑物、构筑物的可见轮廓线,原有的各种给水和压力流管线采用中实线,不可见时采用中虚线;建筑的可见轮廓线、总图中原有的建筑物和构筑物的可见轮廓线采用细实线,不可见时采用细虚线。

(2)比例

给水排水工程图常用比例如表 16-1 所示。

表 16-1　常用比例

名　称	比　例	备　注
总平面图	1∶1000、1∶500、1∶300	宜与总图一致
管道纵断面图	纵向:1∶200、1∶100、1∶50 横向:1∶1000、1∶500、1∶300	
水处理构筑物、设备间、卫生间、泵房平、剖面图	1∶100、1∶50、1∶40、1∶30	
建筑给水排水平面图	1∶200、1∶150、1∶100	宜与建筑一致
建筑给水排水轴测图	1∶150、1∶100、1∶50	宜与相应图纸一致
详图	1∶50、1∶30、1∶20、1∶10、1∶5、1∶2、1∶1、2∶1	

(3)标高

给水排水工程图中的标高以米(m)为单位,一般应注写至小数点后第三位,在总图中可注写至小数点后第二位。室内管道一般应标注相对标高,室外管道宜标注绝对标高。当无绝对标高资料时,可以标注相对标高,但应与总图一致。压力管道宜标注管中心标高,沟渠和重力流管道宜标注沟(管)内底标高。

在给水排水平面图、系统图中,管道标高应按图 16-2 所示的方式标注,标高符号既可以直接标注在管道图例线上,也可以标注在引出线上。在剖面图中管道标高应按图 16-3 所示的方式标注。在平面图中,沟渠标高应按图 16-4 所示的方式标注。

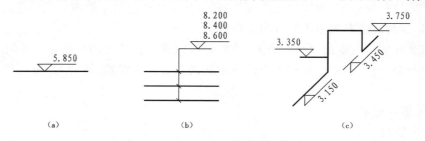

图 16-2　平面图、系统图管道标高注法
(a)标注在管道图例线上;(b)标注在引出线上;(c)系统图中标高注法

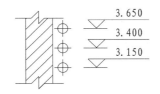 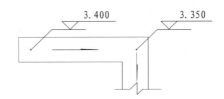

图 16-3　剖面图管道标高注法　　　图 16-4　平面图中沟渠标高注法

（4）管径

给水排水工程图中，管道应注明直径，直径的单位是毫米（mm）。管道的直径分为公称直径、内径和外径。根据管道的材质和用途，标注不同的直径。低压流体输送用镀锌焊接钢管、不镀锌焊接钢管、铸铁管等，管径应以公称直径 DN 表示（如 $DN20$、$DN40$ 等）；混凝土管、钢筋混凝土管等，管径应以内径 d 表示（如 $d380$、$d230$ 等）；焊接钢管（直缝或螺旋缝电焊钢管）、无缝钢管等，管径应以外径×壁厚表示（如 $D108×4$、$D159×4.5$ 等）。建筑给水排水塑料管材，管径宜以公称外径 D_w 表示。

单管及多管的管径应按图 16-5 所示的方法标注。

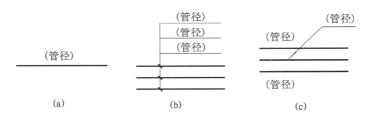

图 16-5　管径表示法

（5）编号

当建筑物的给水引入管或排水排出管的数量多于 1 根时，宜用阿拉伯数字编号（见图 16-6(a)），编号圆直径 10～12 mm，圆和水平直径均采用细实线，上半圆中注明管道类别代号，下半圆中注写编号。

建筑物内穿越楼层的立管，其数量多于 1 根时，宜用阿拉伯数字编号，编号宜按图 16-6(b)所示的方式标注，JL 为给水立管代号，WL 为污水立管代号。

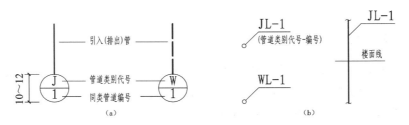

图 16-6　管道编号表示法

(a)引入管或排出管编号；(b)立管编号

给水排水附属构筑物(阀门井、检查井、水表井、化粪池等)多于 1 个时应编号。编号宜用构筑物代号后加阿拉伯数字表示。构筑物代号应采用汉语拼音字头。

给水阀门井的编号顺序,应从水源到用户,从干管到支管,从支管再到用户。排水检查井的编号顺序,应从上游到下游,先支管后干管。

3)图例

给水排水施工图中常用的图例如表 16-2 所示。

表 16-2　给水排水常用图例

名　　称	图　　例	名　　称	图　　例
生活给水管	 —— J ——	通气帽	 成品　　铅丝球
污水管	 —— W ——	立管检查口	
流向		清扫口	 平面　　系统
坡向	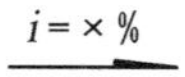 $i = \times \%$	圆形地漏	
立管	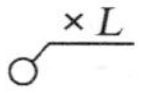 $\times L$	盥洗槽	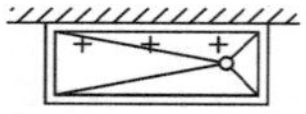
水表井		浴缸	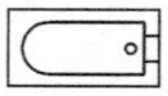
截止阀	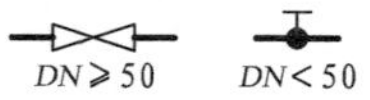 $DN \geqslant 50$　　$DN < 50$	污水池	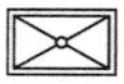
放水龙头	 平面图中　　系统图中	盥洗盆	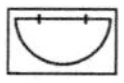
多孔水管		蹲式大便器	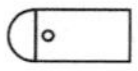
存水弯		坐式大便器	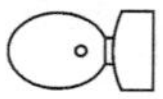
淋浴喷头		小便槽	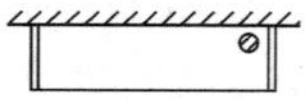

16.1.3　室外给水排水平面图

室外给水排水平面图主要表明房屋建筑的室外给水排水管道、工程设施的布置及其与区域性的给水排水管网、设施的连接等情况。

1)室外给水排水平面图的图示内容

室外给水排水平面图一般包括以下内容。

① 表明建筑总平面图的主要内容,如地形地貌及建筑物、构筑物、道路、绿化等

的布置、有关的标高。

② 表达的区域内新建和原有给水排水管道及设施的平面布置、规格、数量、标高、坡度、流向等。

③ 当给水和排水管道的种类较多或地形复杂时,给水和排水管道可分别绘制总平面图,或者增加局部放大图、纵断面图。

2) 室外给水排水平面图的识读

(1) 读图步骤

① 读标题栏、设计说明,熟悉有关图例,了解工程概况。

② 了解管道的种类、系统,分清给水、排水和其他用途的管道,每种管道是几个系统,分清原有管道和新建管道。

③ 对于新建管道,分系统按给水和排水的流程逐一了解新建阀门井、水表井、消火栓、检查井、雨水口、化粪池等的设置,了解管道的位置、直径、坡度、标高、连接等情况。

必要时需对照局部放大图、纵断面图、室内给水排水底层平面图等有关图纸进行阅读。

(2) 读图实例

下面以某住宅楼工程的室外给水排水总平面(见图 16-7)为例,阅读如下。

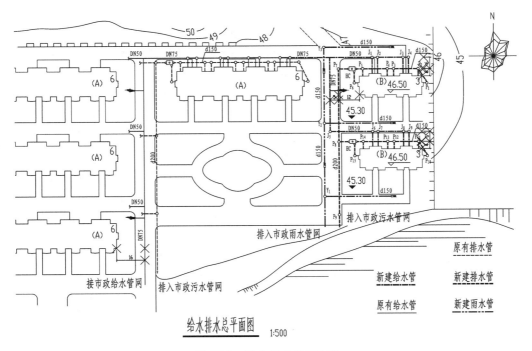

图 16-7 给水排水总平面图

首先阅读给水系统图,原有给水干管由南面市政给水管网引入,管道中心距离已有住宅楼 16 m,管径为 DN75,管道沿小区内道路敷设,给水干管一直向北再折向东,沿途分别设置支管(DN50)接入已有的 4 栋住宅楼(部分省略),并分别在适当的位置设置了 2 个室外消火栓。

新建给水管由已有住宅楼南侧最后一个给水阀门井接出,向东引到新建住宅楼,管径为 DN50,管道中心距新建住宅楼 10 m,新建给水管道上共有 9 座阀门井,在新建住宅楼的西侧设置了一个室外消火栓。

再阅读排水系统图,本工程采用分流制,即分为污水和雨水两个系统分别排放。其中排放污水系统的原有管道主要是由住宅楼北侧向西汇集至化粪池的。排水支管管径为 150 mm,接到沿小区道路的干管上,干管管径为 200 mm(已有住宅楼的部分排水管省略)。新建排水管道是新建住宅楼的配套工程,接纳住宅楼排出的污水,由东而西排入化粪池(P_1 化粪池,P_{10} 化粪池)。汇集到化粪池的污水先进入进水井,再到出水井,经过简单预处理从出水井的出水口排入污水干管,再向南出小区排向市政管网。

最后,再阅读雨水系统图,各建筑物屋面的雨水经房屋雨水管排泄至室外地面,汇合地面上的雨水由庭院中路边雨水口进入雨水排水管道(已有雨水管道省略),再由北而南出小区排向市政雨水管道。

3) 室外给水排水平面图的绘制

① 选定比例和图幅,绘出建筑总平面图的主要内容(建筑物及道路等)。由于给排水总平面图重点是表示管网的布置,所以,一般可以用中实线画出新建房屋的轮廓,用细实线绘出原有建筑物、道路、构筑物等。

② 根据各建筑物的底层管道平面图,绘出房屋给水系统的引入管和排水系统的引出管。

③ 绘制室外原有的给水管道和排水管道,并根据原有的给水系统和排水系统的情况,绘出与新建房屋引入管和排出管相连的管线。

④ 绘出给水系统的水表、阀门、消火栓,排水系统的检查井、化粪池及雨水口等。

⑤ 标注管道的类别、控制尺寸(或坐标)、节点(检查井)编号、各建筑物、构筑物的管道进出口位置、自用图例及有关文字说明等。如果没有绘制给水、排水管道纵断面图,还应注明管道的管径、坡度、管道长度、标高等。

⑥ 若给水、排水管道种类繁多,系统规模较大,地形比较复杂,则需将给水与排水系统分别绘制总平面图,并增加局部放大图或纵断面图。

⑦ 绘制给水、排水工程图,也需先绘制底稿,再按线型加深,最后注写文字、尺寸,完成全图。

4) 局部放大图和管道纵断面图

局部放大图是将给水、排水系统中的某一局部用更大比例绘制出来的图样,主要有两类:一类是节点详图,用来表达管道数量多,连接情况复杂或穿越铁路、公路、河渠等重要地段的放大图,节点详图可以不按比例绘制,但是节点管道、设施的相对平面位置应与总平面一致;另一类是设施详图,如阀门井、水表井、消火栓、检查井、化粪池等构筑物的施工详图。

纵断面图是假想用铅垂的剖面沿管道的纵向剖切所得到的断面图,主要表明室外给水排水管道的纵向地面线、管道坡度、管道基础、管道与检查井等构筑物的连接和埋深,以及与本管道相关的各种地下管道、地沟等的相对位置和标高。纵断面图的压力管道一般宜用单粗实线绘制,重力管道宜用双粗实线绘制。图 16-8 为新建住宅楼(北楼)外排水管 HC 至 P_9 的纵断面图,它显示出新建排水管各管段的管径、坡度、标高、长度,以及与其交叉的给水管和雨水管(因水平与竖直方向分别采用两种绘图比例,给水管道和雨水排水管道的断面呈椭圆形)的相对位置情况。

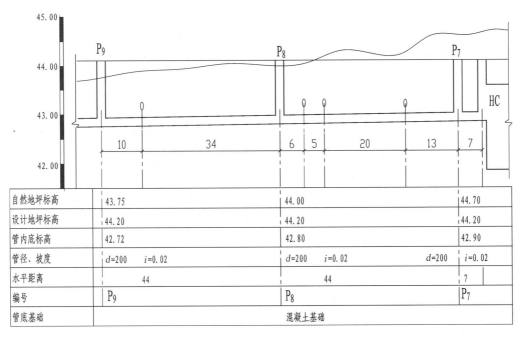

图 16-8 管道纵断面图

16.1.4 室内给水排水施工图

室内给水排水施工图主要包括给水排水平面图、系统图和详图等。

1) 室内给水排水平面图

(1)内容

室内给水排水平面图是表明给水排水管道及设备的平面布置的图样,主要包括如下内容。

① 各用水设备的平面位置、类型。

② 给水管网及排水管网的各个干管、立管、支管的平面位置及走向,立管编号和管道安装方式(明装或暗装)。

③ 管道器材设备如阀门、消火栓、地漏、清扫口等的平面位置。

④ 底层平面图还要表明给水引入管、水表节点、污水排出管的平面位置、走向及与室外给水、排水管网的连接。

⑤ 管道及设备安装预留洞位置、预埋件、管沟等方面对土建工程专业的要求。

（2）绘制

多层房屋的给水排水平面图原则上应每一层绘制一个平面图,管道系统及设备布置相同的楼层可以共用一个平面图表示。底层平面图因为要表达室外的引入管和排出管等,仍应单独绘出。底层给水排水平面图一般应绘出整幢房屋的平面图,其余各层可以仅绘出布置有管道及设备的房屋的局部平面图。

室内给水排水平面图是在建筑平面图的基础上表明给水排水有关内容的图纸。因此,要用细线先绘房屋平面图中的墙身、柱、门窗洞、楼梯、台阶、轴线等主要内容。可以采用与建筑平面图相同的比例,如果有表达不清的地方也可以放大比例。在抄绘的建筑平面图上,再绘制卫生器具和管道。卫生器具(如洗脸盆、大便器等)和设施(如洗台、小便槽、污水池等)按规定的图例用中实线绘出。管道则不论是在楼面(地面)之上或之下,只要是属于本层使用的管道,均用规定的线型绘于本层平面图上,不考虑其可见性。为了便于识读施工,一般将给水系统和排水系统绘制在一个平面图上。当系统较复杂时,也可以分别绘制。

在给水排水平面图上,一般要注出轴线间的尺寸、地面标高、系统及管道编号、有关文字说明及图例。而管道的管径、坡度、标高则不必标注,另标注在系统图中。

给水排水平面图绘图的具体步骤如下。

① 用细实线绘出建筑平面的主要部分。

② 用中实线绘出卫生器具设备的轮廓线。

③ 用粗实线绘出给水管道,用粗虚线绘制排水管道。

④ 标注必要的尺寸、标高、系统编号等,注写有关文字说明及图例。

2）室内给水排水系统图

（1）内容

室内给水排水系统图是用正面斜轴测投影绘制的,它主要表明室内给水排水管网的来龙去脉,管网的上下层之间、前后左右之间的空间关系,管道上各种器材的位置。系统图一般注有各管径尺寸、立管编号、管道标高和坡度。通过系统图可以明了建筑物给水系统和排水系统的概貌。

（2）绘制

管道系统图一般采用正面斜等轴测投影绘制,即 X 轴为水平方向,Z 轴为竖直方向,Y 轴与水平方向成 45°夹角,三个轴向的变形系数都是 1。一般管道平面图的长向与 X 轴一致,管道平面图的宽向与 Y 轴方向一致。

管道系统图一般应采用与管道平面图相同的比例绘制,当管道系统复杂时可以采用更大的比例。

各管道系统的编号应与底层管道平面图中的系统编号一致。排水系统和给水系统一般应分别绘制以避免过多的管道重叠和交叉。

系统图中管道用单线绘制,采用的线型与平面图的一样,一般给水管道采用粗实线,排水管道采用粗虚线。

对于多层建筑物的管道系统图,如果有管网布置相同的层,则不必层层重复绘出,可以将重复层的管道省略不画,只需在管道折断处注明"同某层"即可。当空间交叉管道在系统图中相交时,在相交处被挡的管线应断开。当系统图中管线过于集中或有重叠时,可以将某些管段断开,移至别处画出,在管线断开处注明相应的编号(见图 16-9)。

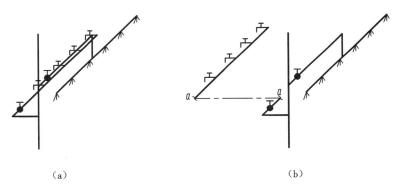

(a)   (b)

图 16-9 系统图中密集重叠处的引出画法

(a)有重叠;(b)断开并移开绘制

在管道系统图中还要画出管道穿过的墙、地面、楼面、屋面的位置,以表明管道与房屋的相互联系(见图 16-10)。

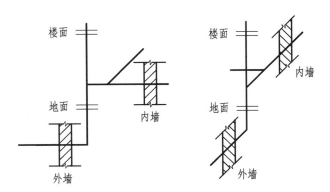

图 16-10 系统图中管道与房屋构件位置关系表示法

管道系统图中,所有管段均需标注管径,当连续几段的管径相同时,可以仅注其中两端管段的管径,中间管段省略不注。有坡度的横管应标注其坡度,当排水横管采用标准坡度时,图中可省略不注,而在设计说明中写明。管道系统图中还应标注必要的标高,标高是以建筑物首层室内地面为±0.000 的相对标高。给水系统图中,一般要注出横管、阀门、放水龙头和水管各部位的标高。排水系统图中,横管的标高一般由卫生器具的安装高度和管件尺寸所决定,所以不必标注。检查口和排出管起点要标注标高。此外,还要标注出室内地面、室外地面、各层楼面和屋面的标高。

绘制管道系统图时,应参照管道平面图按管道系统分别绘制,其步骤如下。

① 先画主管。

② 画立管上的各层地面线、屋面线。

③ 画给水引入管或污水排出管、通气管。

④ 画出给水引入管或污水排出管所穿过的外墙(局部)。

⑤ 从立管上引出各横管,在横管上画出用水设备的给水连接支管或排水承接支管。

⑥ 画出管道系统上的阀门、水龙头、检查口等器材。

⑦ 标注管径、标高、坡度、有关尺寸及编号等。

3)平面图和系统图的识读

(1)读图步骤

① 查看纸图目录及设计说明,了解主要的建筑图和结构图,对给水排水工程有一个概括的了解。

② 按给水系统和排水系统分别阅读,在同类系统中按管道编号依次阅读。某一编号的系统按水流方向顺序识读。给水系统:室外管网-引入管-水平干管-立管-支管-配水龙头(或其他用水设备);排水系统:卫生器具-器具排水管(常设有存水弯)-排水横管-排水立管-排出管-检查井。

读图时,系统图和平面图应联系对照着阅读。

(2)读图实例

图 16-11 至图 16-15 给出了某住宅楼给水排水工程的平面图和系统图,分别阅读如下。

① 平面图。

图 16-11 至图 16-13 给出了一住宅小区某栋楼一层、二层、三层及阁楼的给水排水平面图,由平面图可了解到哪些房间布置有卫生器具、管道,其位置走向如何,这些房间的地面标高是多少。由图可知,在住宅楼的三个楼层中均是在厨房和卫生间有给水排水设施。由管道编号可知,给水引入管 $\frac{J}{1}$、$\frac{J}{2}$ 自 E 轴墙进入室内,$\frac{J}{1}$ 经水平干管及给水立管 JL-1、JL-2 向卫生间的洗漱等卫生设施供水,$\frac{J}{2}$ 经水平干管及给水立管 JL-3、JL-4 向各层厨房的洗菜盆供水。JL-1、JL-2、JL-3、JL-4 位于管道竖井内,由

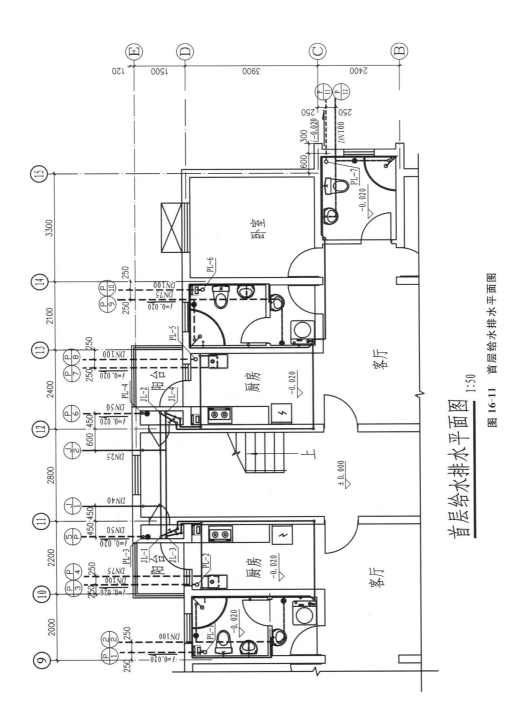

首层给水排水平面图 1:50

图 16-11 首层给水排水平面图

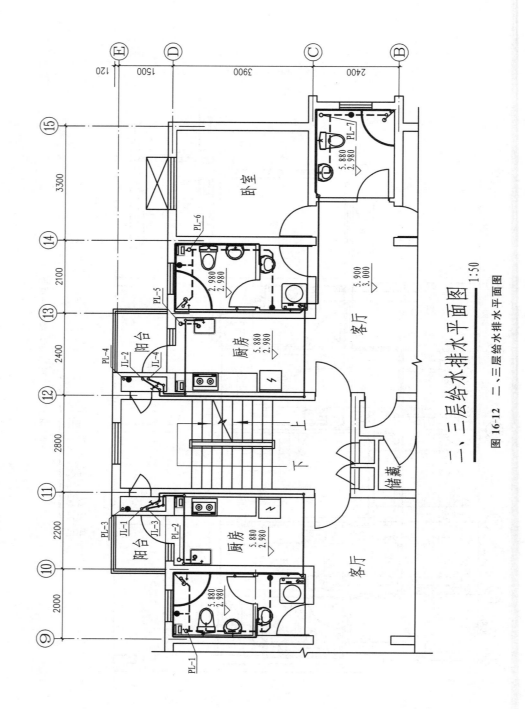

二、三层给水排水平面图 1:50

图 16-12 二、三层给水排水平面图

给水立管 JL-1、JL-2 接出的水平干管在管道井内安装有阀门,由水平干管供水的设施器具依次是洗衣机、热水器(见系统图)、淋浴间、坐便器、洗脸盆等。污水排出管有 $\dfrac{P}{1}$ 至 $\dfrac{P}{12}$ 共 12 根,排水立管有 PL-1 至 PL-7 共 7 根。$\dfrac{P}{2}$、$\dfrac{P}{4}$、$\dfrac{P}{7}$、$\dfrac{P}{9}$、$\dfrac{P}{12}$ 没有接排水立管,即只承接、排泄首层的污水。$\dfrac{P}{5}$、$\dfrac{P}{6}$ 为管道竖井排水管道的排出管,其他排出管则只连接排水立管而没有连接排水横管,说明它们承接、排泄首层以上的污水。

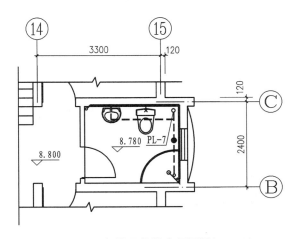

图 16-13　阁楼层给排水平面图(1∶50)

② 系统图。

先识读给水系统图,图 16-14、图 16-15 所示给水系统图分别是 $\dfrac{J}{1}$、$\dfrac{J}{2}$ 给水系统图,现在识读 $\dfrac{J}{1}$ 给水系统图。对照平面图可知引入管 $DN40$ 在穿过 E 轴外墙引入室内,管道中心标高为 −1.500 m,在 −1.000 处有一 $DN40$ 的水平干管分别接至立管 JL-1、JL-2,立管 JL-1、JL-2 出一层地面后有阀门,在标高 0.300 m 处各接出一横支管,安装有阀门、水表,供水至卫生间的洗衣机、热水器、淋浴间、坐便器、洗脸盆等。另一给水系统是 $\dfrac{J}{2}$,在 −1.500 m 处有一根 $DN25$ 的引入管进入室内,接至 −1.000 处 $DN20$ 水平干管,之后是 JL-3、JL-4,在距楼地面 300 m 处接出横支管,同样安有阀门、水表,该支管向各层厨房洗菜盆上方的水龙头供水。由给水系统图还可以了解到各处的管径、标高等。

再识读排水系统图,图 16-16、图 16-17 为排水系统图,图中示出 7 个排水管道系统图,与已有管道系统对称的则省略。现仅识读 $\dfrac{P}{10}$ 排水系统图,配合平面图可知该系统在二、三层排水横管上可见地漏、洗脸盆、淋浴间的 S 形存水弯、坐便器排水支

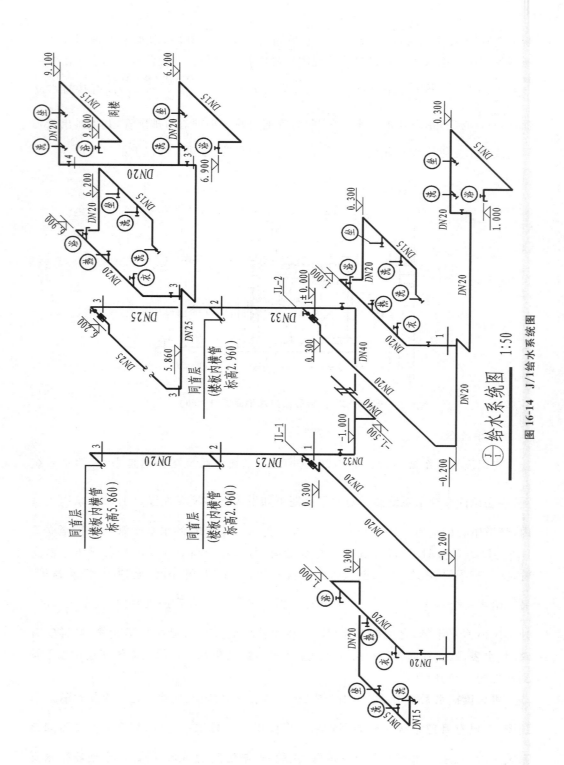

给水系统图 1:50

$\frac{J}{1}$

图 16-14 J/1给水系统图

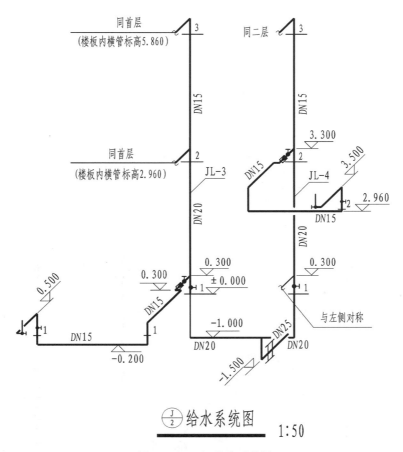

图 16-15　**J/2 给水系统图**

管等,横管管径有 $DN50$、$DN100$ 两种,坡度 $i=0.02$,各层排水横管基本相同。排水立管向上有出屋面的排气管,向下穿过楼面,进入地面在 -1.800 m 标高处转为 $DN100$ 排出管。立管在一层、三层设有检查口。其他排水系统由读者自行识读,注意每层中排水横管所接用水设备的排水管有何不同。

16.1.5　给水排水工程详图

无论是给水排水平面图、系统图,还是给水排水总平面图,都只是显示了管道系统的布置情况,至于卫生器具、设备的安装,管道的连接、敷设,还需绘制能供具体施工的安装详图。

详图要求详尽、具体、明确,视图完整,尺寸齐全,材料规格注写清楚,并附必要说明。详图采用比例较大,可按前述规定选用。

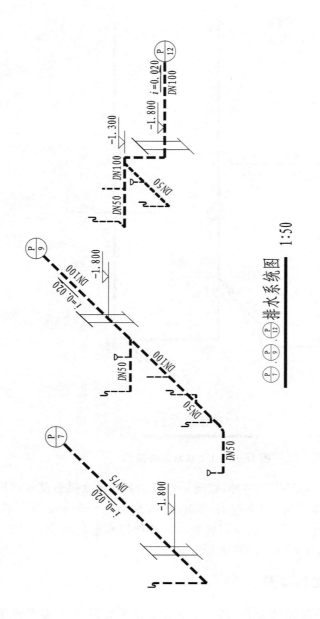

图16-16 P/7、P/9、P/12排水系统图

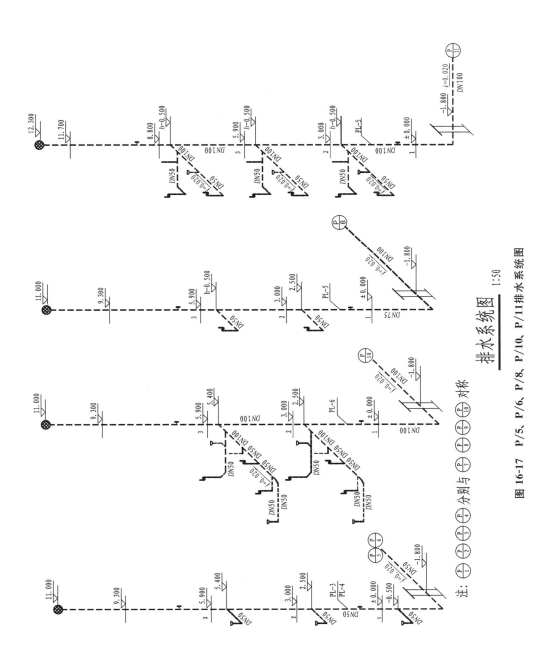

排水系统图　1:50

图 16-17　P/5、P/6、P/8、P/10、P/11排水系统图

注：①②③④分别与⑦⑧⑨⑩对称

当各种管道穿越基础、地下室、楼地面、屋面、梁和墙等建筑构件时,其所需预留孔洞和预埋件的位置及尺寸,均应在建筑结构施工图中明确表示,而管道穿越构件的具体做法需以安装详图表示,如图 16-18 所示即为管道穿墙的一种做法。

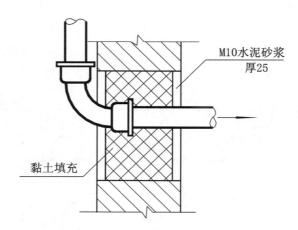

图 16-18　管道穿墙做法详图

一般常用的卫生器具及设备安装详图,可直接套用给水排水国家标准图集或有关的详图图集,无需自行绘制。选用标准图时只需在图例或说明中注明所采用图集的编号即可。对不能套用的,则需自行绘制详图。现以洗脸盆、排水检查井设施详图为例供参阅(见图 16-19、图 16-20)。

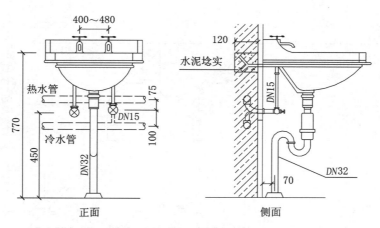

图 16-19　洗脸盆安装详图

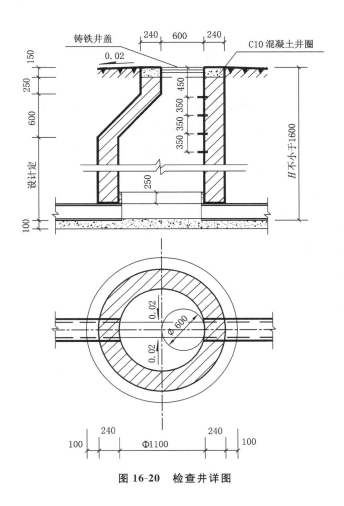

图 16-20 检查井详图

16.2 采暖施工图

16.2.1 概述

采暖工程是为了改善人们的生活和工作条件,或者满足生产工艺的环境要求而设置的。

采暖工程是指在冬季创造适宜人们生活和工作的温度环境,保持各类生产设备正常运转,保证产品质量以保持室温要求的工程设施。采暖工程由三部分组成,产热部分即热源,如锅炉房、热电站等;输热部分即由热源到用户输送热能的热力管网;散热部分即各种类型的散热器。按采暖工程的热媒不同,一般分热水采暖和蒸汽采暖。

采暖施工图是建筑工程图的组成部分,主要包括采暖平面图、系统图、剖面图、详图等。

16.2.2 采暖施工图的一般规定

1）线型

① 粗实线用于绘制采暖供水干管、供汽干管、立管和部件的轮廓线。

② 中粗实线用于绘制本专业的设备轮廓，双线表示的管道轮廓线。

③ 中实线用于绘制尺寸、标高、角度等标注线及引出线，建筑物轮廓线。

④ 细实线用于绘制建筑布置的家具、绿化等，非本专业设备轮廓。

⑤ 粗虚线用于绘制采暖回水管及单根表示的管道被遮挡的轮廓线。

⑥ 中虚线用于绘制地下管沟的轮廓线、示意性连线。

⑦ 细虚线用于绘制非本专业设备被遮挡部分轮廓线。

⑧ 单点长画线用于绘制设备和部件的中心线、定位轴线。

⑨ 双点长画线用于绘制假想或工艺设备外轮廓线。

⑩ 折断线用于绘制断开界线。

⑪ 中波浪线用于绘制单线表示的软管。

⑫ 细波浪线用于绘制断开界线。

2）比例

总平面图、平面图的比例宜与工程项目设计的主导相一致，其余可以根据图样的用途和物体的复杂程度优先选用表16-3中的常用比例，特殊情况允许选用可用比例。

表 16-3　比例

图名	常用比例	可用比例
剖面图	1：50、1：100	1：300
局部放大图、管沟断面图	1：20、1：50、1：100	1：25、1：30、1：50、1：200
索引图、详图	1：1、1：2、1：5、1：10、1：20	1：3、1：4、1：5

3）图例

采暖工程图常用图例（部分）见表16-4。

表 16-4　图例

名称	图例	名称	图例
采暖热水供水管	——	自动排气阀	⌯

续表

名称	图例	名称	图例
采暖热水回水管	— – — – —	散热器及手动放气阀	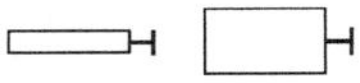
立管	○	放气阀	
流向		截止阀	
丝堵		闸阀	
固定支架		止回阀	 或 
水泵		安全阀	
疏水器		坡度及坡向	$i=0.003$ 或 $i=0.003$

4）制图基本规定

① 对于图纸目录、设计施工说明、设备及主要材料表等，如单独成图时，其编号应排在其他图纸之前，编排顺序应为图纸目录、设计施工说明、设备及主要材料表等。

② 图样需要的文字说明，宜以附注的形式放在该张图纸的右侧，并以阿拉伯数字编号。

③ 在一张图纸内绘制几种图样时，图样应按平面图在下、剖面图在上、系统图和安装详图在右进行布置。如无剖面图时，可将系统图绘在平面图的上方。

④ 图样的命名应能表达图样的内容。

16.2.3 采暖工程图的规定

1）标高和坡度

① 需要限定高度的管道，应标注相对标高。

② 水、气管道应标注管道中心标高并应标注在管段的始端或末端。

③ 散热器宜标注底标高，同一层、同标高的散热器只标右端的一组。

④ 坡度宜用单面箭头表示，数字表示坡度，箭头表示坡向下方。

2）管道转向、分支、交叉和跨越

管道转向、分支、交叉和跨越的画法如图 16-21 所示。

3）管径标注

（1）焊接钢管应用公称直径——"DN"表示，如 $DN32$、$DN15$。无缝钢管应用外径×壁厚表示，如 $DN114×5$。

（2）管径尺寸标注的位置如下。

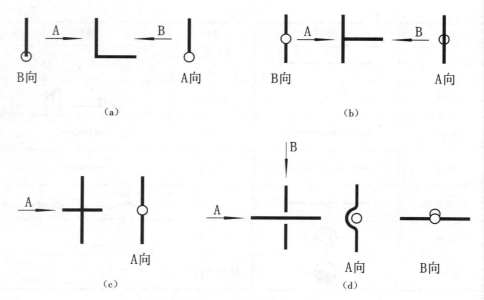

图 16-21 管道转向、分支、交叉、跨越画法
(a)管道转向;(b)管道分支;(c)管道交叉;(d)管道跨越

① 管径变径处。

② 水平管道的上方。

③ 斜管道的斜上方。

④ 竖向管道的左方。

⑤ 当无法按上述位置标注时,可另找适当位置标注,但应用引出线示意该尺寸与管段的关系。

⑥ 同一种管径的管道较多时,可不在图上标注管径尺寸,但应在附注中说明。

4) 编号

① 采暖立管编号用阿拉伯数字表示,如图 16-22 所示。

② 采暖入口编号用阿拉伯数字表示,R——代号,n——编号,如图 16-23 所示。

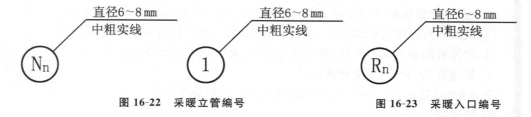

图 16-22 采暖立管编号   **图 16-23 采暖入口编号**

16.2.4 室内采暖施工图

室内采暖工程包括采暖管道系统和散热设备。室内采暖施工图则分为平面图、系统图及详图。

1）室内采暖平面图

（1）内容

室内采暖平面图是表示采暖管道及设备平面布置的图纸，主要内容如下。

① 散热器平面位置、规格、数量及其安装方式（明装或暗装）。

② 采暖管道系统的干管、立管、支管的平面位置和走向，立管编号和管道安装方式（明装或暗装）。

③ 采暖干管上的阀门、固定支架、补偿器等的平面位置。

④ 采暖系统有关设备如膨胀水箱、集气罐（热水采暖）、疏水器的平面位置和规格、型号以及设备连接管的平面布置。

⑤ 热媒入口及入口地沟情况、热媒来源、流向及与室外热网的连接。

⑥ 管道及设备安装所需的留洞、预埋件、管沟等与土建施工的关系和要求。

（2）绘制

① 多层房屋的管道平面图原则上应分层绘制，管道系统布置相同的楼层平面可绘制一个平面图。

②用细线抄绘房屋平面图的主要部分，如房屋的墙身、柱、门窗洞、楼梯、台阶等主要构配件，其他如房屋细部和门窗代号等均可略去。底层平面图应画全轴线，楼层平面图可只画边界轴线。

③ 绘出采暖设备平面图，散热器的规格及数量标注方法如下。

a. 柱式散热器只标注数量。

b. 圆翼形散热器应标注根数、排数，如 3×2，表示每排根数×排数。

c. 光管散热器应标注管径、长度、排数，如 $D108 \times 3000 \times 4$，表示管径（mm）× 管长（mm）×排数。

d. 串片式散热器应标注长度、排数，如 1.0×3，表示长度（m）×排数。

e. 散热器的规格、数量标注在本组散热器所靠外墙的外侧，远离外墙布置的散热器标注在散热器的上侧（横向放置）或右侧（竖向放置）。

④ 按管道类型以规定线型和图例绘出由干管、立管、支管组成的管道系统平面图。管道一律用单线绘制。

⑤ 标注尺寸、标高，注写系统和立管编号以及有关图例、文字说明等。在底层平面图中注出轴线间尺寸，另外要标注室外地面的整平标高和各层楼面标高。管道及设备一般不必标注定位尺寸，必要时，以墙面和柱面为基准标出。采暖入口定位尺寸应标注由管中心至所邻墙面或轴线的距离。管道的长度在安装时以实测尺寸为依据，图中不予标注。

2）室内采暖系统图

（1）内容

室内采暖系统图是根据各层采暖平面中管道及设备的平面位置和竖向标高，用正面斜轴测或正等测投影法以单线绘制而成的。它表明自采暖入口至出口的室内采暖管网系统、散热设备、主要附件的空间位置和相互关系。该图注有管径、标高、坡度、立管编号、系统编号以及各种设备、部件在管道系统中的位置。把系统图与平面图对照阅读,可了解整个室内采暖系统的全貌。

(2) 绘制

① 连择轴测类型,确定轴测方向。

采暖系统图宜用正面斜等轴测或正等轴测投影法绘制,采暖系统图的轴向要与平面图的轴向一致,亦即 X 轴与平面图的长度方向一致,Y 轴与平面图的宽度方向一致。

② 确定绘图比例。

系统图一般采用与相对应的平面图相同的比例绘制,当管道系统复杂时,亦可放大比例。当采取与平面图相同的比例时,水平的轴向尺寸可直接从平面图上量取,竖直的轴向尺寸可依层高和设备安装高度量取。

③ 按比例画出建筑楼层地面线。

④ 绘制管道系统。

采暖系统图中管道系统的编号应与底层采暖平面图中的系统索引符号的编号一致。采暖系统宜按管道系统分别绘制,这样可避免过多的管道重叠和交叉。采暖管道用粗实线,回水管道用粗虚线,设备及部件均用图例表示,并以中、细线绘制。当管道过于集中无法画清楚时,可将某些管段断开,引出绘制,相应的断开处宜用相同的小写拉丁字母注明。

⑤ 依散热器安装位置及高度画出各层散热器及散热器支管。

⑥ 画出管道系统中的控制阀门、集气罐、补偿器、固定卡、疏水器等。

⑦ 标注管径、标高等。

管道系统中所有管段均需标注管径,当连续几段的管径都相同时,可仅标注其两端管段的管径。凡横管均需注出(或说明)其坡度。注明管道及设备的标高,标明室内外地面和各层楼面的标高。柱式、圆翼形散热器的数量应注在散热器内;光管式、串片式散热器的规格和数量应注在散热器的上方。标注有关尺寸以及管道系统、立管编号等。

⑧ 室内采暖平面图和系统图应统一列出图例。

3) 室内采暖平面图与系统图的识读

识读室内采暖工程图需先熟悉图纸目录,了解设计说明,了解主要的建筑图(总平面图、平面图、立面图、剖面图以及有关的结构图),在此基础上将采暖平面图和系统图联系对照识读,同时再辅以有关详图配合识读。

(1) 熟悉图纸目录,了解设计说明

① 熟悉图纸目录,从图纸目录中可知工程图样的种类和数量,包括所选用的标准图或其他工程图样,从而可粗略得知工程的概貌。

② 阅读设计和施工说明,了解有关气象资料、卫生标准、热负荷量、热指标等基本数据,采暖系统的形式、划分及编号,统一图例和自用图例符号的含义,图中未加表明或不够明确而需特别说明的一些内容,统一做法的说明和技术要求。

（2）室内采暖平面图的识读

① 明确室内散热器的平面位置、规格、数量以及散热器的安装方式(明装、暗装或半暗装)。

② 了解水平干管的布置。识读时需注意干管是敷设在最高层、中间层还是在底层。在底层平面图上还会出现回水干管或凝结水干管(蒸汽采暖系统),识别时也要注意。此外还应搞清干管上的阀门、固定支架、补偿器等的位置、规格及安装要求等。

③ 通过立管编号查清立管系统数量和位置。

④ 了解采暖系统中,膨胀水箱、集气罐(热水采暖系统)、疏水器(蒸汽采暖系统)等设备的位置、规格以及设备管道的连接情况。

⑤ 查明采暖入口及入口地沟或架空情况。采暖入口无节点详图时,采暖平面图中一般将入口装置的设备如控制阀门、减压阀、除污器、疏水器、压力表、温度计等表达清楚,并注明规格、热媒来源、流向等。若采暖入口装置采用标准图,则可按注明的标准图号查阅标准图。当有采暖入口详图时,可按图中所注索引号查阅采暖入口详图。

（3）室内采暖系统图的识读

① 按热媒的流向确认采暖管道系统的形式及干管与立管,以及立管、支管与散热器之间的连接情况,确认各管段的管径、坡度、坡向,水平管道和设备的标高及立管编号等。

② 了解散热器的规格及数量。当采用柱形或翼形散热器时,要弄清散热器的规格与片数(以及带脚片数);当为光滑管散热器时,要弄清其型号、管径、排数及长度;当采用其他采暖设备时,应弄清设备的构造和标高(底部或顶部)。

③ 注意查清其他附件与设备在管道系统中的位置、规格及尺寸,并与平面图和材料表等加以核对。

④ 查明采暖入口的设备、附件、仪表之间的关系,及热媒来源、流向、坡向、标高、管径等。如有节点详图,要查明详图编号,以便查阅。

（4）识读举例

图 16-24 至图 16-26 为某住宅楼采暖工程施工图。它包括室内采暖平面图(在此仅给出首层)、系统图和详图。该工程的热媒为热水,由锅炉房通过室外埋地管道集中供热。供暖入口和回水出口位于楼梯间入口处,在一1.500 标高处穿过基础进入楼梯间,管径 DN50,然后出地面经热力箱再返入地面下至管道竖井。管径变为 DN40,供热立管分别在 1.200、3.000、5.700 标高处分出 DN32 供热干管接至户内

分配器,由分配器引出三路支管,管径 DN20,敷设在地面下,分别向大卫生间和小卧室、厨房和小卫生间、客厅和大卧室供热。散热器为铝合金 LF-700-0.8 型,均明装在窗台之下。平面图中表明了散热器的布置状况及各组散热器的片数。由详图中的说明可知,由供热入口至分户热力计量表管材采用热镀锌钢管,支管采用铝塑复合管(耐温大于 95℃)。在管道系统上尚有对夹式蝶阀、锁闭阀、平衡阀、过滤器、热计量表、自动排气阀等。供热干管采用 0.003 的坡度"抬头走",回水干管采用 0.003 的坡度"低头走"。

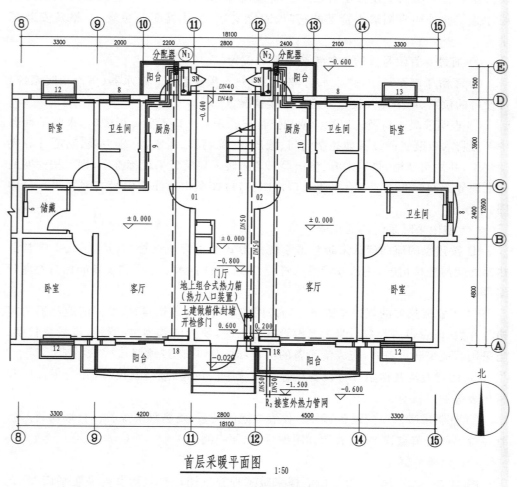

首层采暖平面图 1:50

图 16-24 首层采暖平面图

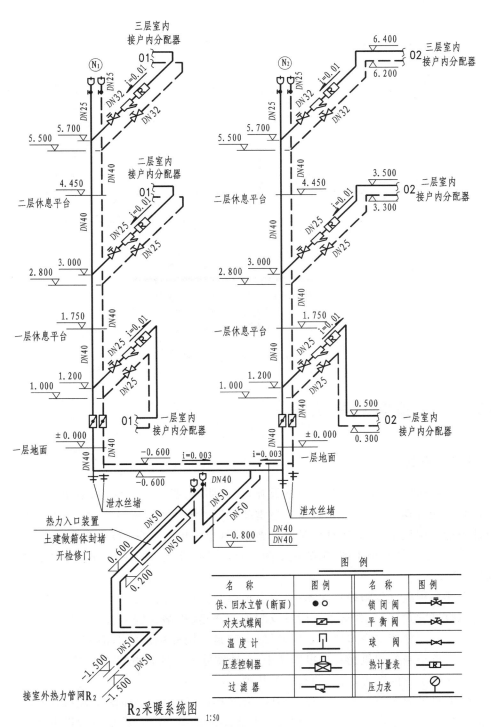

图 16-25 采暖系统图

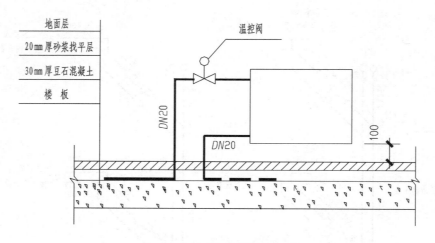

室内埋地管道与散热器连接示意图

说明: 散热器选用铝合金 LF-700-0.8 型，挂墙明装。
由热力入口起至分户热量表的管线选用热镀锌钢管，
支管材质为铝塑复合管(耐温大于 95℃)。

图 16-26 采暖安装详图

16.3 建筑电气施工图

16.3.1 概述

房屋建筑中,都要安装许多电气设施,如照明、电视、通信、网络、消防控制、各种工业与民用的动力装置、控制设备及避雷装置等。电气工程或设施,都需要经过专门设计表达在图纸上,这些图纸就是电气施工图(也叫电气安装图)。在房屋建筑施工图中,它与给水排水施工图、采暖施工图一起,被列为设备施工图。电气施工图按"电施"编号。

上述各种电气设施表达在图中,主要是两个方面的内容:一是供电、配电线路的规格与敷设方式;二是各类电气设备及配件的选型、规格及安装方式。而导线、各种电气设备及配件等本身多数不是用其投影,而是用国标规定的图例、符号及文字,标绘在按比例绘制的建筑物各种投影图中(系统图除外),这是电气施工图的一个特点。

电气施工图的图类,常见的有以下几种。

供电总平面图——在一个建筑小区(街坊)或厂区的总平面图中,表达变(配)电所的容量、位置,通向各用电建筑物的供电线路的走向、线型、数量与敷设方法,电线杆、路灯、接地等位置及做法的图。

变、配电室的电力平面图——在变、配电室建筑平面图中,用与建筑图同一比例,绘出高低压开关柜、变压器、控制盘等设备的平面布置的图。

室内电力平面图——在一幢建筑的平面图中,各种电力工程(如照明、动力、电话、广播、网络等)的线路走向、型号、数量、敷设位置及方法、配电箱、开关等设备位置的布置图。

室内电力系统图——不是投影图,是用图例符号,示意性地概括说明整幢建筑供电系统的来龙去脉的图。

避雷平面图——在建筑屋顶平面图上,用图例符号画出避雷带、避雷网的敷设平面图。

施工安装详图——用来详细表示电气设施安装方法及施工工艺要求的图,多选用通用电气设施标准图集。

本章主要介绍室内电力平面图和系统图的图示内容及画法读法。

16.3.2 有关电气施工图的一般规定

1) 绘图比例

一般各种电气的平面布置图,使用与相应建筑平面图相同的比例。常用比例为 $1:50$、$1:100$、$1:150$,可用比例为 $1:200$。电气竖井、设备间、电信间、变(配)电室等平面图和剖面图常用比例为 $1:20$、$1:50$、$1:100$,可用比例为 $1:25$、$1:150$。电气详图、电气大样图常用比例有 $10:1$、$5:1$、$2:1$、$1:1$、$1:2$、$1:5$、$1:10$、$1:20$,可用比例有 $4:1$、$1:25$、$1:50$。

2) 图线使用

电气施工图的图线,其线宽应遵守建筑工程制图标准的统一规定(见第 1 章),其线型与统一规定基本相同。各种图线的使用如下。

① 粗实线(b):电路中的主回路线,本专业设备可见轮廓线。

② 粗虚线($0.35b$):本专业设备之间通路不可见连接线、线路改造中原有的线路。

③ 单点长画线($0.25b$):定位轴线,中心线,对称线,结构、功能、单元相同围框线。

④ 双点长画线($0.25b$):辅助围框线、假想或工艺设备轮廓线。

⑤ 中粗线($0.5b$):本专业设备可见轮廓线、图形符号轮廓线、方框线、建筑物可见轮廓线。

⑥ 细实线($0.25b$):非本专业设备可见轮廓线,建筑物可见轮廓线,尺寸、标高、角度等标注线及引出线。

3) 图例符号

在建筑电气施工图中,包含大量的电气符号。电气符号包括图形符号、电工设备文字符号、电工系统图的回路标号三种。下面主要介绍前两种。

（1）图形符号

在电气工程的施工图中,常用的电器图形符号如表 16-5 所示。

表 16-5　电气图形符号

名称	图例	名称	图例
配电箱		暗装双极开关	
接地线		暗装三极开关	
熔断器	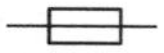	暗装四极开关	
电度表	KWh	单极双拉开关	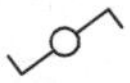
灯具的一般符号		单极拉线开关	
荧光灯一般符号		向上引线	
双管荧光灯		自下引来	
壁灯		向下引线	
吸顶灯		自下向上引线	
明装单相双极插座		向下并向上引线	
暗装单相双极插座		自上向下引线	
暗装单相三极插座		两根导线	
暗装三相四极插座		三根导线	
暗装单极开关		四根导线	
明装单极开关		n 根导线	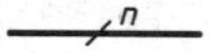

（2）电工设备文字符号

电工设备文字符号是用来标明系统图和原理图中设备、装置、元(部)件及线路的名称、性能、作用、位置和安装方式的。

在电力平面图中标注的文字符号规定如下。

① 在配电线路上的标号格式

$$a-b(c\times d+c\times d)e-f$$

式中:a——回路编号,一般采用阿拉伯数字;

　　b——导线型号;

　　c——导线根数;

d——导线截面；

e——敷设方式及穿管管径；

f——敷设部位。

表示常用导线型号的代号有：

BX——铜芯橡皮绝缘线；

BV——铜芯聚氯乙烯绝缘线；

BLX——铝芯橡皮绝缘线；

BLV——铝芯聚氯乙烯绝缘线；

BBLX——铝芯玻璃丝橡皮绝缘线；

RVS——铜芯聚氯乙烯绝缘绞型软线；

RVB——铜芯聚氯乙烯绝缘平型软线；

BXF——铜芯氯丁橡皮绝缘线；

BLXF——铝芯氯丁橡皮绝缘线；

LJ——裸铝绞线。

表达导线敷设部位的常用代号如表 16-6 所示。

表 16-6　导线敷设方式的常见文字符号

文字符号	文字符号的意义	文字符号	文字符号的意义
RC	穿水煤气管敷设	FPC	穿聚氯乙烯半硬质管敷设
SC	穿焊接钢管敷设	KPC	穿聚氯乙烯塑料波纹电线管敷设
TC	穿电线管敷设	CP	穿金属软管敷设
PC	穿聚氯乙烯硬质管敷设	PCL	用塑料夹敷设

表达导线敷设方式的代号如表 16-7 所示。

表 16-7　导线敷设部位的常见文字符号

文字符号	文字符号的意义	文字符号	文字符号的意义
CLE	沿柱或跨柱敷设	CLC	暗敷设在柱内
WE	沿墙面敷设	WC	暗敷设在墙内
CE	沿天棚面或顶板面敷设	FC	暗敷设在地面内
ACE	在能进人的吊顶内敷设	CCC	暗敷设在顶板内
BC	暗敷设在梁内	ACC	暗敷设在不能进人的吊顶内

表达线路用途的常见文字符号如表 16-8 所示。

表 16-8　线路用途的常见文字符号

文字符号	文字符号的意义	文字符号	文字符号的意义
WC	控制线路	WP	电力线路
WD	直流线路	WS	声道(广播)线路
WE	应急照明线路	WV	电视线路
WF	电话线路	WX	插座线路
WL	照明线路		

例如,在施工图中,某配电线路上标有这样的写法:

WL-2-BV(3×16+1×10)PC32-FC,WL-2 表示照明第二回路,BV 是铜芯塑料导线,3 根 16 mm² 加上 1 根 10 mm² 截面的导线,PC 是穿聚氯乙烯硬质管敷设,四根导线穿管径为 32 mm 的焊接钢,FC 是暗敷设在地面内。

② 照明灯具的表达方式

$$a \times b \frac{c \times d}{e} f$$

式中:a——灯具数;

　　　b——型号;

　　　c——每盏灯的灯泡数或灯管数;

　　　d——灯泡容量(W);

　　　e——安装高度(m);

　　　f——安装方式。

表示灯具安装方式的代号有:

CP——自在器线吊式;

CP_1——固定线吊式;

CP_2——防水线吊式;

Ch——链吊式;

P——管吊式;

W——壁装式;

S——吸顶式;

R——嵌入式;

CR——顶棚内安装。

一般灯具标注常不写型号,如 $6\frac{40}{2.8}$Ch,表示 6 个灯具,每盏灯为一个灯泡或一个灯管,容量为 40 W,安装高度为 2.8 m,链吊式。吊灯的安装高度是指灯具底部与地面的距离。

另外,常用电工及设备的文字符号如表 16-9 所示。

表 16-9　电气设备常用基本文字符号(部分)

文字符号	设备装置及元件	文字符号	设备装置及元件
C	电容器	R	电阻器
EL	照明灯	RP	电位器
FU	熔断器	SA	控制开关
KA	交流继电器	SB	按钮开关
L	电感器	SP	压力传感器
M	电动机	T	变压器
PA	电流表	TM	电力变压器
PJ	电度表	XP	插头
PV	电压表	XS	插座
QF	断路器	—	—

16.3.3　电气照明施工图

1）电气照明的一般知识

建筑物内部的电气照明,应由以下几部分组成:引向室内的供电线路(入户线)、照明配电箱、由配电箱引向灯具和插座的供电支线(配电线路)、灯具及插座的型号及布局等(见图 16-27、图 16-28)。

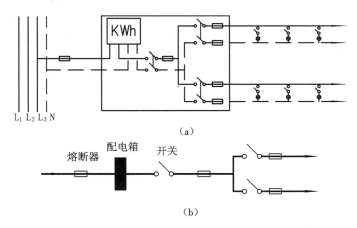

图 16-27　220V 单相二线制供电系统
(a)接线图;(b)系统图

供电的线路电压,除特殊需要外,通常都采用 380/220 V 三相四线制供电。由市电网的用户配电变压器或变配电室的低压侧引出 3 根相线(或称火线,以 L_1、L_2、L_3 表示)和 1 根零线(以 N 表示)。相线与相线之间的电压是 380 V,称为线电压;相

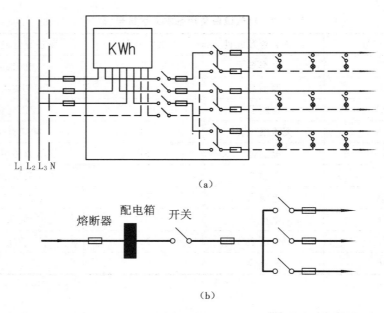

图 16-28　380V/220V 三相四线制供电系统
(a)接线图;(b)系统图

线与零线之间的电压是 220 V,称为相电压。

根据照明用电量的大小不同,供电方式可采用 220 V 单相二线制(见图 16-27)和 380/220 V 三相四线制(见图 16-28)两种系统。一般小容量的照明负载(计算电流在 30 A 以下),可用 220 V 单相二线制供电;对容量较大的照明负载(计算电流超过 30 A),常采用 380/220 V 三相四线制供电方式。采用三相四线制供电,可使各相线路的负载比较均衡。

给照明设施供电的照明配电箱,根据其外壳结构通常分墙挂式(明装)和嵌入安装式(暗装)两种,进线一般为三相四线,出线(分支线)主要是单相多回路的,也有用三相四线或二相三线的。

从图 16-27、图 16-28 中可以看到,电源经进户线进入室内,经过供电单位设置的总熔断丝盒后(或配电柜),进入配电箱,经配电箱分配成数条支路,分别引至室内各处的电灯、插座等用电设备上。配电箱对室内的用电进行总控制、保护、计量和分配。

配电箱内装有计量用电量的电度表、进行总控制的总开关和总保护熔断器(或限流及过压保护器)、各分支线的分开关和分路熔断器。由配电箱引出的数条分支线路,通过最短的路径,直接敷设到灯具和插座上,使用电设备器具尽可能均匀地分配在各支线上。每一支路的灯具和插座总数不应超过 20 个,负载电流不超过 15 A,支线长度不应超过下述范围:380/220 V 三相四线制为 70 m,220 V 单相二线制为 35 m。

室内照明线路的敷设方法有明线布线和暗线布线两种。明线敷设是将导线沿着墙壁或天棚的表面架设在绝缘的支撑(槽板、瓷夹、瓷瓶、线卡)上,暗线敷设是导线穿入绝缘管或金属管内(管子预设在墙内、楼板内或天棚内)。暗敷方式所用的绝缘导线,其绝缘强度不应低于 500 V 的交流电压。管内所穿导线总面积不应超过管孔面积的 40%,管内不允许有接头,同一管内的导线数量不超过 10 根。

　　灯开关分明装式和暗装式两类。按构造分有单联、双联和三联开关。可以一只开关控制一盏灯,或两只开关在两处控制一盏灯(如楼梯间灯的上下控制),前一种开关称为单联开关,后一种称为双联开关。电气照明基本线路接线方式如表 16-10 所示。

表 16-10　电气照明基本线路接线方式

接电图	电路图	线路接线方式及说明
		一支单联开关控制一盏灯,开关控制相线
		一支单联开关控制两盏灯或多盏灯,一支单联开关控制多盏灯时,要注意一关的容量应足够大
		一支单联开关控制一盏灯及插座
		两支单联开关分别控制两盏灯
		两支单联开关在两个地方控制一盏灯,如楼梯灯需楼上楼下同时控制,走廊灯需在走廊两端同时控制
		一支单联开关控制一盏灯但不控制插座

　　插座分双极插座和三极插座,双极插座又分双极两孔和双极三孔(其中一孔作地极)两种,三极插座有三极三孔和三极四孔(其中一孔接地用)两种。插座也有明装和暗装之分。

　　在建筑平面图上根据灯具、开关和插座的位置进行布线,各线路用单线图表示,以短斜线或数字表明同一走向的导线根数(见图 16-29)。

　　2) 照明平面图

　　照明平面图就是在按一定比例绘制的建筑平面图上,标明电源(供电导线)的实际进线位置、规格、穿线管径,配电箱的位置,配电线路的走向、编号、敷设方式,配电

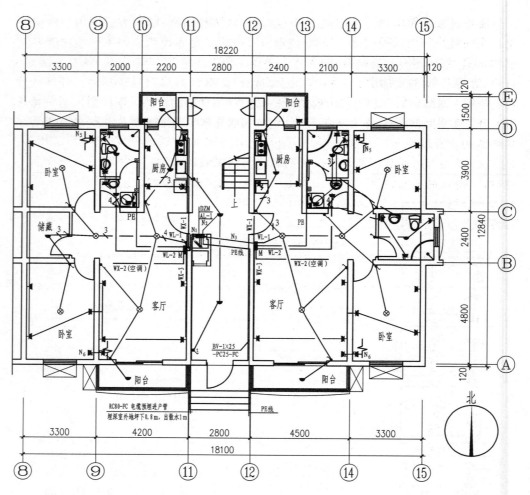

说明: 1. 本工程照明线均采用BV-500V型导线;

2. 表箱至户内开关箱导线为BV-3×16-PC40-FC/CC.

3. 户内开关箱至照明负荷为BV-2×2.5-PC25-FC/CC;

4. 至空调插座BV-3×4-PC25-FC/CC;

5. 至卫生间等电位接线盒为BV-1×4-PC20FC/CC.

首层照明平面图 1:100

图 16-29 首层照明平面图

线的规格、根数、穿线管径,开关、插座、照明器具的种类、型号、规格、安装方式、位置等。现以图 16-29 为例说明照明平面图是如何表达上述内容的。

图 16-29 是住宅楼首层照明平面图,进户电缆在南侧由－1.4 m 深处穿 80 mm 的水煤气钢管过 A 轴墙进入室内,至电缆换线箱 DZM(此段电缆由电力部门负责),由电缆换线箱随即接入配电箱"AL-1"(图中两箱画在一起),配电箱还接出一根线沿⑤轴至室外,注有 PE 线字样,表示有一根接地保护线。

配电箱"AL-1"旁有向上引线的图形符号,表示有导线从配电箱引出引向上一层。本层从配电箱引出三个回路：N1 向左单元、N2 向楼梯间照明、N3 向右单元供电。引向住户室内的导线进入户内后接户内配电箱（图中注有 M），户内配电箱接出照明回路 WL-1、WL-2，插座回路 WX-1、WX-2、WX-3 和 PE 线，其中 WL-1 供客厅、卧室、厨房及阳台照明用电。WL-2 供卫生间照明及洗衣机、排风扇、热水器插座用电。WX-1 回路向厨房和阳台中的插座供电，WX-2 向空调插座供电（图中仅画了局部），WX-3 回路向客厅、卧室的插座供电。PE 线连接卫生间的等电位插座。各回路的导线规格及敷设方式在图下注明，如户内开关箱至空调插座为 BV-3×4-PC25-FC/CC，即为 3 根横截面积为 4 mm^2 铜芯塑料绝缘线，穿在直径为 25 mm 的聚氯乙烯硬质管内，沿地面、楼板暗敷设。房间的灯具有白炽灯和吸顶灯（均为临时照明用，由住户装修时选择灯具），每盏灯均由暗装单极开关控制。表 16-11 为该电气图使用的图例及器件的安装要求。

表 16-11　照明平面图图例表　　　　　　　　单位：mm

图例	名　称	规　格	安装位置	备　注
▬	电度表箱		箱体下沿距地1.8m暗装	规格见系统图
▬	户内配电箱	300×250×90	箱体下沿距地1.8m暗装	
▬	DZM，电缆换线箱	320×500×160	箱体下沿距地0.3m暗装	
⊗	吊线灯口（吸顶座灯口）	220V 40W	距地2.5m（吸顶安装）	
◡	吸顶座灯口	220V 40W	吸顶安装	户内
◡	红外线感应吸顶灯	220V 40W	吸顶安装	走道内
⊻	安全型二三孔暗装插座	T426/10USL	面板底距地0.35m暗装	
⊻K	空调插座	T15/15CS	面板底距地2.0m暗装	带开关，起居室距地0.35m暗装
⊻X	洗衣机插座	T15/10S+T223DV	面板底距地1.6m暗装	带开关防溅型
⊻R	电热水器插座	T426/15CS+T223DV	面板底距地1.8m暗装	防溅型
⊻F	电吹风插座	T426/10USL+T223DV	面板底距地1.4m暗装	防溅型
⊻P	厨房插座	T426/10US3	面板底距地1.4m暗装	带开关
⊻B	电冰箱插座	T426/10US3	面板底距地1.6m暗装	带开关
⊻C	抽油烟机插座	T426/10US3	面板底距地1.8m暗装	带开关
⊻P	排气扇插座	T426U+T223DV	面板底距地2.4m暗装	防溅型
⟋t	延时触摸开关	TP31TS	面板底距地1.4m	
⟋	暗装单极开关	T31/1/2A	面板底距地1.4m	
⟋	暗装双极开关	T32/1/2A	面板底距地1.4m	
⟋	暗装三极开关	T33/1/2A	面板底距地1.4m	
▣	等电位接线盒	125×167×82	距室内地面0.5m暗装	首层电源入户处
		88×88×53	距地0.35m暗装	住宅卫生间内

绘制照明平面图应注意以下几点。

① 对建筑部分只用细实线画出墙柱、门窗位置等。

② 注写建筑物的定位轴线尺寸。

③ 绘图比例可与建筑平面图的比例相同。

④ 不必注明线路、灯具、插座的定位尺寸,具体位置施工时按有关规定确定。

⑤ 对电气设施平面布置相同的楼层,可用一个电气平面图表达,说明其适用层数。

⑥ 灯具开关的布置,要结合门的开户方向,安全方便。

3) 照明系统图

在照明平面图中,已清楚地表达了各层电气设备的水平及上下连接线路,对于平房或电气设备简单的建筑,只用照明平面图即可施工。而多层建筑或电气设备较多的整幢建筑的供配电状况,仅用照明平面图了解全貌就比较困难,为此,一般情况下都要画照明系统图。

照明系统图要画出整个建筑物的配电系统和容量分配情况,所用的配电装置,配电线路所用导线的型号、截面、敷设方式,所用管径,总的设备容量等。

系统图用来表示总体供电系统的组成和连接方式,通常用粗实线表示。系统图通常不表明电气设备的具体安装位置,所以不是投影图,没有比例关系,主要表明整个工程的供电全貌和接线关系。

现以与图 16-29 照明平面图相对应的住宅楼照明系统图(见图 16-30)为例,说明系统图的图示内容和表达方法。

图中进户线缆由配电柜引出穿直径 50 mm 的水煤气钢管至电缆换线箱,再由电缆换线箱引出 380/220 V 三相四线制电源,BV-500V-4×35-PC50-WC 表示用 3 根截面为 35 mm^2(相线)和 1 根截面为 35 mm^2(零线)的铜芯聚氯乙烯绝缘导线,穿在直径为 50 mm 的聚氯乙烯硬质管内,沿墙暗敷。导线接入干线 T 形接线箱后,除接至一层配电箱"AL−1"外,还向二三层引线。另有一根接地保护线(PE)从配电箱接出至室外接地。电表箱内有电度表,DD862a 是电度表的型号,10(40)A 表示工作电流为 10 A(短时允许最大电流 40 A)。电表后有一限流及过压保护开关(见图上方表中所注),然后接至户内的分户配电箱 M。

干线T形接线箱	层电能表箱		分户配电箱	
	电能表	限流及过压保护	容量	编号
	DD862a-10(40)A	C65N+DBG65-40A/2P (8 kw)		

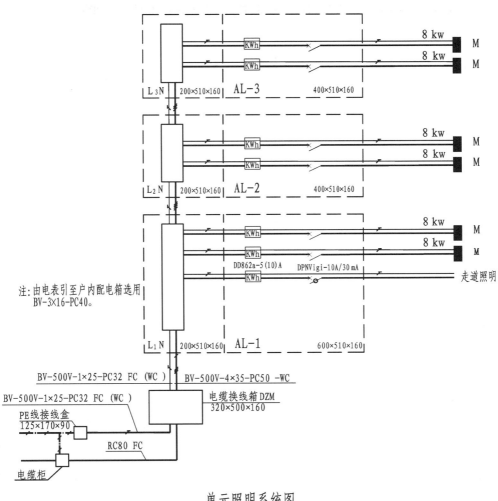

注: 由电表引至户内配电箱选用 BV-3×16-PC40。

单元照明系统图

图 16-30 照明系统图

【本章要点】

① 设备施工图(水施、暖施、电施)的基本知识与规定。

② 给水排水施工图的形成、图示内容、特点、识读和绘制的方法步骤。

③ 采暖施工图的形成、图示内容、特点、识读和绘制的方法步骤。

④ 建筑电气施工图的形成、图示内容、特点、识读和绘制的方法步骤。

第 17 章　道桥施工图

17.1　基本知识

17.1.1　道路

道路是一种承受车辆、行人等移动荷载反复作用的带状构筑物。道路的基本组成包括路基、路面、桥梁、涵洞、隧道、防护工程等构造物。

道路可以分为城市道路和公路。位于城市内的道路称为城市道路,位于城市以外和城市郊区的道路称为公路。道路的设计包括线形设计和结构设计两大部分。道路工程图一般包括道路平面图、道路纵断面图和道路横断面图。道路的线形与公路所经地带的地形、地物和地质条件密切相关,是一条空间曲线。因此,其工程图不同于一般的工程图样,而是以路线地形图作为平面图,路线纵断面图作为立面图,横断面图作为侧面图,它是修建道路的技术依据。为统一我国道路工程制图方法,交通部颁布了《道路工程制图标准》(GB 50162—1992),其中规定:道路工程图的图标外框线宽为 0.7 mm,内分格线为 0.25 mm,如图 17-1 所示。路线的尺寸以里程和标高计,里程单位为千米或公里,标高和曲线要素单位为米。视图的习惯画法:当土体或锥坡遮挡视线时将土体看作透明体,被土体遮挡的部分用实线表示。

图 17-1　图标

路线工程图采用缩小的比例绘制,为了在图中清晰地反映不同地形及路线的变化情况,可采取不同的比例。常用比例如表 17-1 所示。

表 17-1　路线工程图常用比例

图名	路线平面图		路线纵断面图		横断面图
	山岭区	平原地区和丘陵	山岭区	平原地区和丘陵	
常用比例	1：2000	1：5000 1：10000	纵向		1：200 1：100 1：50
			1：2000	1：5000	
			竖向		
			1：200	1：500	—
备注	—		竖向比纵向放大 10 倍		—

因为路线工程图采用小比例绘制,地物在图中一般用规定的符号表示,如表17-2所示。

表 17-2　路线平面图常用图例

名称	符号	名称	符号	名称	符号
路线中心线		桥梁	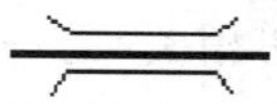	经济林	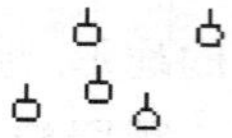
导线点		旱田	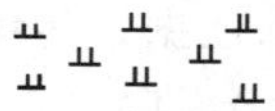	草地	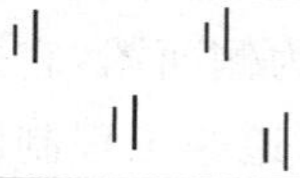
通信线		堤	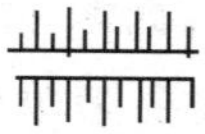	JD 编号	 JD编号
水准点	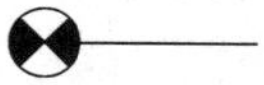	水田	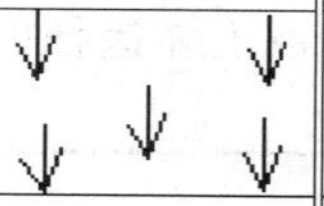	用材林	 松
房屋	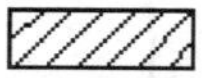	菜地	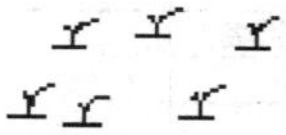	围墙	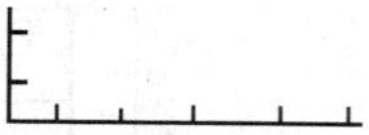
大车道		河流		坟地	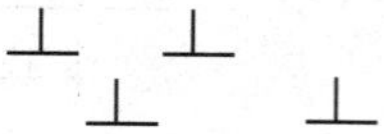
小路		沙地		篱笆	
涵洞		铁路		路堑	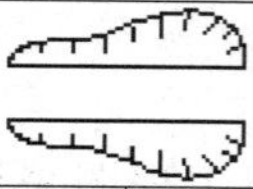

曲线起点	切线长度	曲线中点	曲线长度	曲线终点	缓和曲线长度	外矢矩	第一缓和曲线起点和终点		第二缓和曲线起点和终点	
ZY	T	QZ	L	YZ	Ls	E	ZH	HY	YH	HZ

17.1.2　桥梁

桥梁是道路的重要组成部分,包括上部结构、下部结构和附属结构三个组成部分。上部结构指梁和桥面;下部结构指桥墩、桥台和基础,如图 17-2 所示;附属结构指栏杆、灯柱和导流结构物。在桥梁两端连接路堤、支承上部结构,同时抵挡路堤土压力的建筑物称为桥台;位于多跨桥梁中部,两边都支承上部结构的建筑物称为桥墩,桥墩主要由基础、墩身和墩帽组成。一座桥梁桥台有两个,桥墩可以有多个或者没有。如果全桥只有一个孔,则只有两个桥台而没有桥墩。为了保护桥头填土,在桥台的两侧常做成石砌锥形护坡。

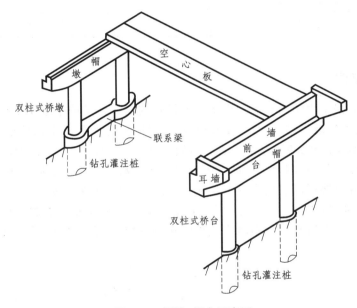

图 17-2　桥墩、桥台示意图

桥梁的形式有很多,按其用途可分为公路桥、铁路桥、专用桥等;按使用材料可分为钢桥、钢筋混凝土桥、石桥和木桥等;按结构形式可分为梁桥、拱桥、斜拉桥、悬索桥等。其中以钢筋混凝土梁结构在中小型桥梁结构中使用最为广泛。对于跨越河流的桥梁,河流中的水位是变化的,枯水季节的最低水位称为低水位,洪峰季节河流中的最高水位称为高水位。在桥梁设计中,按规定的设计洪水频率计算得到的高水位称为设计洪水位。设计洪水位上相邻两个桥墩或桥台之间的净距称为净跨径;对于梁式桥,设计洪水位上相邻两个桥墩或桥台中心线之间的距离称为跨径;桥梁两端两个桥台的侧墙后端点之间的距离称为桥梁的全长。

完成一座桥梁的设计需要许多图纸,从桥梁位置的确定到各个细部的情况,都需要用图来表达,图纸是桥梁施工的主要依据。一套完整的桥梁工程图一般包括桥位平面图、桥位地质断面图、桥形布置图、构件结构图等。由于桥梁的下部结构大部分位于土中或水中,画图时常把土和水看成是透明的,只画构件的投影;桥梁工程图采用小比例绘制,常用比例如表 17-3 所示。

表 17-3　桥梁工程图常用比例

图名	常用比例
桥位平面图	1：500、1：1000、1：2000
桥位地质断面图	纵向 1：500、1：1000、1：2000
桥形布置图	1：50、1：100、1：200、1：500
构件结构图	1：10、1：20、1：50
详图	1：3、1：4、1：5、1：10

17.1.3　涵洞

涵洞是公路工程中为宣泄地面水流而设置的横穿路基的小型排水构造物。我国《公路工程技术标准》(JTG B01—2014)规定:构造物的多孔跨径总长小于 8 m、单孔跨径小于 5 m(圆管涵和箱涵不论管径或跨径大小、孔数多少)均称为涵洞。各类涵洞都是由基础、洞身和洞口组成的。洞身是位于路堤中间保证水流通过的结构物;洞口是位于洞身两端用以连接洞身和路堤边坡的结构物,分为进水口和出水口,包括端墙、翼墙或护坡、截水墙和缘石等部分,主要是保护涵洞基础和两侧路基免受冲刷,使水流畅通;进、出水口常采用端墙式或翼墙式(俗称八字墙),如图 17-3 所示。

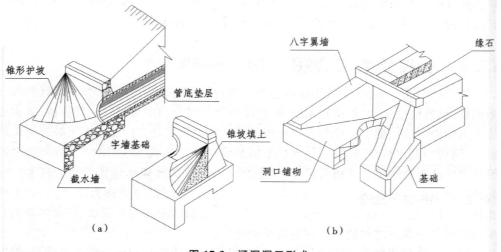

图 17-3　涵洞洞口形式
(a)端墙式;(b)翼墙式

　　涵洞的种类繁多,按建筑材料可分为石涵、混凝土涵洞、钢筋混凝土涵洞等;按构造形式可分为圆管涵、盖板涵、拱涵、箱涵等,洞身断面如图 17-4 所示;按断面形式可分为圆形涵、拱形涵、矩形涵等;按孔数可分为单孔、双孔和多孔等。在涵洞的习惯命名中一般将涵洞的孔数和材料及构造形式同时标明,比如"单孔钢筋混凝土盖板涵"等。

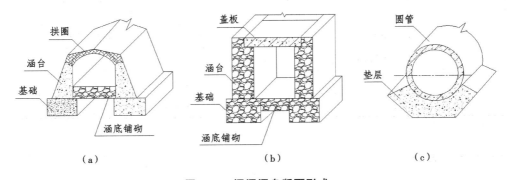

图 17-4　涵洞洞身断面形式
(a)拱涵;(b)盖板涵;(c)圆管涵

　　涵洞工程图通常包括平、立、剖三视图以及构件详图。涵洞是沿水流方向的狭长构筑物,故以水流方向为纵向,以纵剖面图代替立面图,剖切平面通过顺水流方向的洞身轴线;画平面图时为了表达清楚,将洞口覆土看作透明体,常以水平投影图或半剖视图表达,剖切平面通常设在基础顶面处;侧面图也就是洞口立面图,若进出口形状不同,则两个洞口的侧面图都要画出,也可以采用各画一半合成的进出口立面图,需要时也可以增加横剖面图(或将侧面图画成半剖视图),剖切平面垂直于水流方向。涵洞比桥梁小,所以涵洞工程图采用的比例比桥梁工程图的大。

17.2　公路路线工程图

　　道路工程图一般包括道路平面图、道路纵断面图和道路横断面图。因为道路工程图所涉及的工程范围较大,图纸较多,可根据每张图纸的里程桩号,明确所表示路段。各路段都应先阅读平面图以了解道路走向、长度、里程和沿线地形、地物等,然后结合纵断面图和横断面图读懂各路段,进而读懂完整的道路工程图。

17.2.1　路线平面图

　　路线平面图主要表达道路的走向、尺寸、路线上桥涵等人工构筑物的位置以及道路两侧一定范围内地形、地物的情况。由于道路平面图常采用较小的绘图比例,所以一般在地形图上沿设计路线中心线绘制一条加粗的实线来表示道路的走向及里程,而不需要表达路基的宽度,地形用等高线表示,地物用规定的图例表示。公路路线平面图如图 17-5 所示。

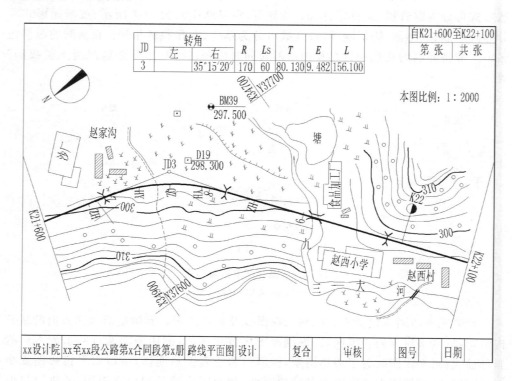

图 17-5 公路路线平面图

1) 平面图的图示内容及特点

（1）设计路线部分

① 路线。沿设计路线中心线绘制表示道路方向，宽度为粗等高线的 2 倍。

② 里程桩号。在图纸上规定从左向右为路线的前进方向。为表示道路总长度及各路段长度，一般沿路线前进方向左侧每隔 1 km 设置一个公里桩，以表示该处离开起点的公里数，符号为◑，标记为 K××，字头朝向路的垂直方向。如图 17-5 中 K22 即表示该处离开起点 22 km；同时沿路的前进方向右侧两个千米桩之间每隔 100 m 设一个百米桩，字头朝向路的前进方向，引出线与路线垂直。如图 17-5 中 JD3 附近的 8，即在 k21 公里桩后第 8 个百米桩，该点的里程为 21.8 km，写作 K21 +800。

③ 水准点。沿路线每隔一定距离需要设水准点，作为测量周围标高的依据。用符号"⊗"表示。每个水准点要编号，并注明标高。例如 ⊗ $\frac{BM39}{297.500}$，BM39 表示第 39 号水准点，其高程为 297.500 m。

④ 平曲线。在道路转弯处应用曲线来连接，由于这种曲线设在路的左右转弯

处,故称平曲线,最常见的较简单的平曲线为圆弧,用小圆圈标出每个转角点(路线上两相邻直线段的理论交点)的位置,并进行编号。如图 17-6 中 JD3 表示第 3 号转角点,并应注出曲线的起点 ZY(直圆)、中点 QZ(曲中)和终点 YZ(圆直)。对带有缓和曲线的路线则需标出 ZH(直缓)、HY(缓圆)、YH(圆缓)、HZ(缓直)的位置。同时,在平面图的适当位置需要列出平曲线表,以更详细地表明各转角点的位置,相邻转角点的间距和平曲线的几何要素,这些要素的意义如图 17-6 所示。以交点 3 为例,$\alpha=35°15'20''$,表示按路线前进方向右转 $\alpha=35°15'20''$,转弯半径 $R=170$ m,切线长度 $T=80.130$ m,圆弧曲线的长度为 $L=156.100$ m,交点到圆弧曲线中点的距离称为外矢距,用 E 表示,$E=9.482$ m。

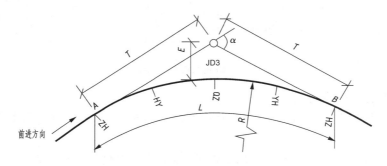

图 17-6　平曲线几何要素示意图

⑤ 导线点。用以测量的导线点用符号 $\bullet\frac{224329}{QI1095}$ 表示,QI1095 表示第 1095 号导线点,其标高为 224.329。

(2) 地形地物部分

① 比例。公路路线平面图一般采用较小的比例绘制,常用比例如表 17-1 所示。

② 指北针。用以指示道路在该地区的方位和走向,同时也为拼接图纸提供核对依据。

③ 地形。地形采用等高线表示,并标明等高线的高程,字头朝向上坡方向。地势越陡,等高线越密;地势越平缓,等高线越稀。一般每隔 10 m 画一条粗的等高线,称为计曲线。

④ 地物。地物统一用图例表示,可参阅有关标准,对于国家标准中没有列出的应予以说明。如表 17-2 所示为常用的图例符号,其中稻谷和经济作物等符号的注写位置均应朝向正北方向,涵洞等工程构造物除画出符号外,还应标出构造物的里程桩号。

(3) 其他

一般情况下公路都很长,不可能在同一张图纸上将整个路线平面图画出,这就需要将路线分段画在几张图纸上,路线宜在整数里程桩处断开,并在每张图纸中路线的起止处要画上与路线垂直的点画线作为接图线。在每张图的右上角要画一角标,角标内应注明该张图纸的序号和总张数。最后一张图纸的右下角还应画出图标。这样一来,按照每张图纸角标中的序号和接图线的位置,就可以将几张图纸拼接成一张完整的路线平面图,拼图时,每张图上的指北针亦可用来校对方向,如图 17-7 所示。

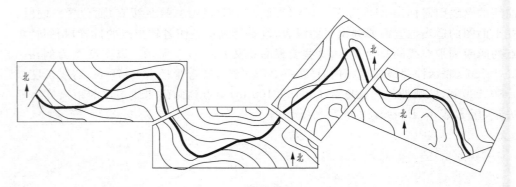

图 17-7 路线图幅拼接示意图

2) 平面图的绘制方法

① 先画地形图,后画路中心线。路中心线应从桩号 0+000 起点开始顺道路前进方向画。

② 等高线按先粗后细的步骤徒手画出,每条等高线的图线要光滑。

③ 画路中心线时先曲后直,两倍于计曲线的宽度。

④ 标注桩号和各种符号。平面图从左到右绘制,桩号左小右大;植物图例的方向应朝上或北向绘制。

3) 平面图中常用的图线(见表 17-4)

表 17-4 路线平面图中常用线型

图示内容	采用的线型
规划红线	粗双点画线
用地界限	中粗点画线
设计路线	特粗实线 $2b$
道路中心线	细点画线
路基边缘线	粗实线
切线、引出线、原有道路边线、边坡线	细实线
等高线	计曲线为粗实线 b,其他的用细实线

17.2.2　路线纵断面图

道路纵断面图是沿道路中心线作一假想铅垂面进行剖切,并将剖切面展开成平面所得到的图形,用以表达道路中心线处的地面起伏状况、地质情况和沿线桥涵等建筑物的概况等。道路纵断面图主要包括图样和资料表两部分内容。图样画在图纸的上方,资料表放在图纸的下方,上下对齐布置。

1) 路线纵断面图的图示内容和特点

(1) 图样部分

① 比例。路线的标高之差与纵向长度相比是很小的。在纵断面图中为了清楚地表达高差,路线的竖向比例一般是纵向比例的 10 倍。在纵断面的左侧一般还应按竖向比例画出高程标尺,以便画图和读图。

② 设计线。设计线是按照道路等级,根据《公路工程技术标准》(JTG B01—2014)设计出来的,用粗实线表示。在设计线不同坡度的连接处,设置圆形竖曲线以连接两个相邻的纵坡。竖曲线根据坡度变化情况分为凹形竖曲线和凸形竖曲线,符号分别为"⌐⊤¬"和"⌐⊥¬",用细实线绘制,竖曲线的画法如图 17-8 所示。绘制时,中央的长画线应对准变坡点位置,水平细实线两端应对准竖曲线的起点和终点,并在其水平线上方标出竖曲线要素的数值,即曲线半径、切线长度和外矢距。如图 17-9 所示,在桩号 K200＋230 处(变坡点处)设有半径 $R=6000$,切线长度 $T=172.28$,外矢距 $E=2.47$ 的凸形竖曲线,224.329 为纵坡交点的标高,纵坡交点的标高减去外矢距(凹形竖曲线应加上外矢距)即为竖曲线中点的标高,就是该点的设计标高。如在变坡点处不需要设竖曲线,则在图上该处注明不设。

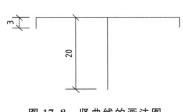

图 17-8　竖曲线的画法图

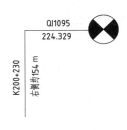

图 17-9　水准点的标注

③ 地面线。表示设计路线中心线处的原地面线。由一系列中心桩的地面高程依次连接而成,是用细实线画出的一条不规则折线。

④ 水准点。沿线所设水准点应按其所在里程在设计线上方或下方引出标注,标出其编号、高程和相对路线的位置。如图 17-10 所示,在 K200＋230 处右侧约 154 m 处设有标高为 224.329 的第 1095 号水准点。

⑤ 桥涵等建筑物。沿线上的桥涵可在设计线上方或下方与桥涵中心桩对正注

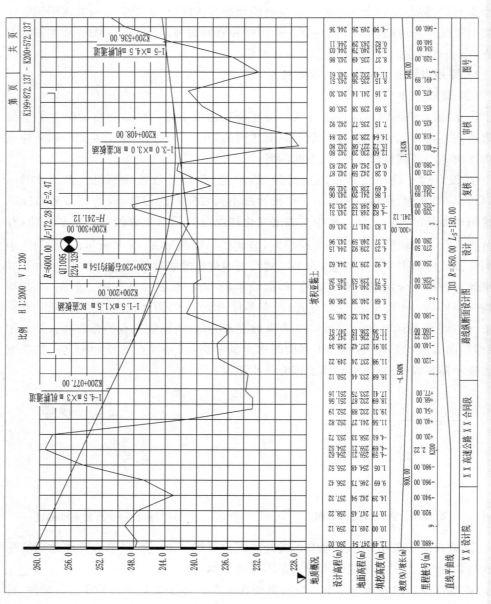

图 17 -10 道路纵断面图

出桥梁符号"Ⅱ"或者涵洞符号"○"及其名称、规格和里程桩号。如图 17-10 中,在桩号为 K200+200.00 处有一座截面为 1.5 m×1.5 mRC 的盖板涵;在桩号 K200+536.00 处有一个 5 m×4.5 m 的机耕通道。

（2）资料表部分

① 地质概况:简要说明沿线的地质情况,如坡积亚黏土。

② 坡度/坡长:指设计线的纵向坡度及该坡度路段的水平长度。每一分格表示一种坡度,对角线表示坡度方向,如先低后高表示上坡;若为无坡度路段,则用水平直线表示,上方写数字 0,下方注坡长。如图 17-10 中 1.243/540.00 表示坡度为 1.243%,坡长为 540 m 的上坡段;−4.500/800 表示坡度为 4.50%,坡长为 800 m 的下坡段。

③ 挖深和填高:表示原地形标高与设计标高的差值,单位为 m,应与挖方及填方路段的桩号对齐。设计高程和地面标高是表示设计线和地形线上对齐桩号处的标高,设计标高指设计线上各点的标高。

④ 里程桩号:为各桩点的里程数值,单位为 m。设计高程、地面高程、填高和挖深的数值的字底应对准相应的桩号,必要时可增设桩号。

⑤ 平曲线:为道路平面图的示意图。直线路段用水平细实线表示;向左及向右转弯,分别用下凹及上凸的细实线表示,折线的起点和终点应对准里程桩号栏中曲线起点和终点的位置,并在下凹及上凸处注出相应参数,即交点编号、半径和偏角。如图 17-10 中 JD3 $\alpha=35°15'20''$,$R=850.00$ 表示第 3 转角点处偏角为 $\alpha=35°15'20''$,半径为 $R=850.00$ m 的右转弯曲线。

2）纵断面图的绘制方法

路线纵断面图常常画在透明方格纸上,方格纸的格子纵横方向都是 1 mm,每隔 50 mm 处用粗线画出,绘图时宜画在方格纸的反面。纵断面图与路线平面图相同,也应从左到右按里程画出。

① 先画资料表中地质说明、地面标高、桩号及平曲线等项,图样部分的左侧竖向标尺（第 1 张图）。

② 根据每个桩号的地面标高画出地面线。

③ 画纵坡/坡度一项,设计标高一项。

④ 根据每个桩号的设计标高画出设计线。

⑤ 根据设计标高和地面标高计算出填、挖数据。

⑥ 标出水准点、竖曲线和桥涵等构筑物。

17.2.3　路线横断面图

1）路线横断面图的图示内容和特点

道路横断面图是假想用一个垂直于道路中心线的铅垂面将道路剖切后得到的断

面图,是计算公路土石方量和路基施工的依据。沿道路路线一般每隔 20 m 和道路路线各中心桩处(公里桩、百米桩、曲线的起始和终点桩)画一个路基横断面图。横断面的形式包括填方路基(路堤)、挖方路基(路堑)和半填半挖路基。在图形下方应注出该断面处的里程桩号,路线中心线处的填方高度 H_T(地面中心至路基中心的高差)、填方面积 A_T 或挖方高度 H_W、挖方面积 A_W,也可在相应断面图的旁边列表标注。高度单位为 m,面积单位为 m^2,还应标出中心标高、边坡坡度等。道路横断面图的纵横方向采用相同比例,一般为 1∶200、1∶100、1∶50。路基设计线用粗实线绘制,地面线用细实线绘制。断面的排列顺序为自下而上、由左向右。如图 17-11 和图 17-12 所示。

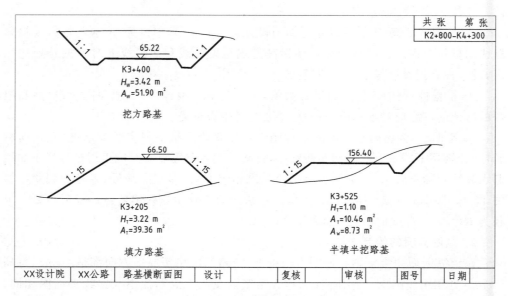

图 17-11 路基横断面的画法

2)路基横断面图的绘制方法

① 路基横断面图的布置顺序为:按中心线桩号从下到上、从左到右绘制。

② 原有地面线用细实线绘制,路面线(包括路肩线)、边坡线、护坡线、排水沟等用粗实线绘制。道路中线用细点画线表示。

③ 路基横断面常用透明方格纸绘制,既利于计算断面的填挖面积,又给施工放样带来方便。若用计算机绘制则很方便,可以不用方格纸。

④ 在每张图的右上角应有角标,注明图纸的序号和总张数。在最后一张图的右下角绘制图标。

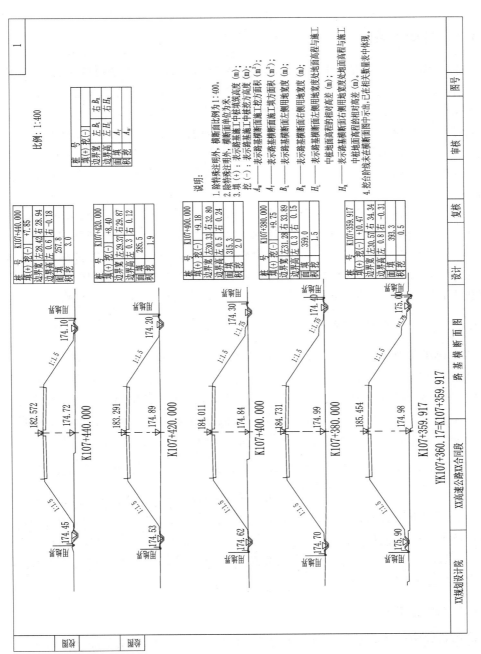

图 17-12 公路路基横断面画法

17.3 桥梁工程图

17.3.1 桥位平面图

　　桥位平面图是桥梁及其附近区域的水平投影图。它主要表明桥的位置、桥位附近的地形地物、水准点、钻孔位置以及桥与路线的连接情况;不良工程地质现象的分布位置,如滑坡、断层等;桥位与河流的平面关系;桥位与公路路线的平面关系及桥梁的中心里程。桥位平面图中的地形地物、水准点的表示方法与路线平面图相同。由于桥位平面图采用的比例比路线平面图的大,因此可表示出路线的宽度。此时,道路中心线采用细点画线表示,路基边缘线采用粗实线表示。设计路线用粗实线表示,桥用符号示意。

　　从图 17-13 中可以看出:该桥位于 K0+587.42 到 K0+712.58 处,南北走向,为主线下穿支线分离立交桥,与主线上行线交叉桩号为 K87+353.9。桥的起点桩号是 K0+587.42,终点桩号是 K0+712.58,中心桩号为 K0+650.00。桥台两侧均设锥坡与道路的路堤相连。桥梁位于开发路的直线段上,道路两侧有居民区和大片农田,公里桩 K1 附近有一个水准点。图中还表示出了钻孔的位置(孔 1、孔 2、孔 3、孔 4)。

17.3.2 桥位地质断面图

　　桥位地质断面图(见图 17-14)是沿桥梁中心线作铅垂剖面所得的断面图,它主要表达下列内容:钻孔桩号、钻孔深度、钻孔间距;设计水位、常水位、低水位的水位标高;桥位河床断面线;河床地层各分层土的类型和厚度等。桥位地质断面图可作为桥梁下部结构的布孔、埋置深度以及桥面中心最低标高确定的依据。为了清楚地表示河床断面及土层的深度变化状况,绘制桥位地质断面时,竖向比例比水平比例放大数倍绘制。钻孔的位置和深度用粗实线表示,如 $ZK_1 \dfrac{571.10}{10.5}$ 表示第一号钻孔,钻孔的标高为 571.10 m,钻孔的深度为 10.5 m。河床断面线用粗折线表示,钻孔深度范围内的土层用细折线表示。在图的左侧应附有标尺,各图层的深度变化可由标尺确定。在断面图的下方应附有钻孔表,从表中可以了解到钻孔的里程桩号和两个钻孔之间的距离,以及孔口的标高和钻孔深度。此外,也可采用桥梁工程地质状况柱状表表达上述设计信息,如图 17-15 所示。

17.3.3 桥型布置图

　　桥型布置图主要表明桥梁的形式、孔数、跨径、总体尺寸、各主要部分的相互位置及其里程和标高、总的技术说明等。此外,河床断面形状、常水位、设计水位以及地质断面情况等也都要在图中给出。图 17-16 所示就是桥梁的总体布置图,它包括三个

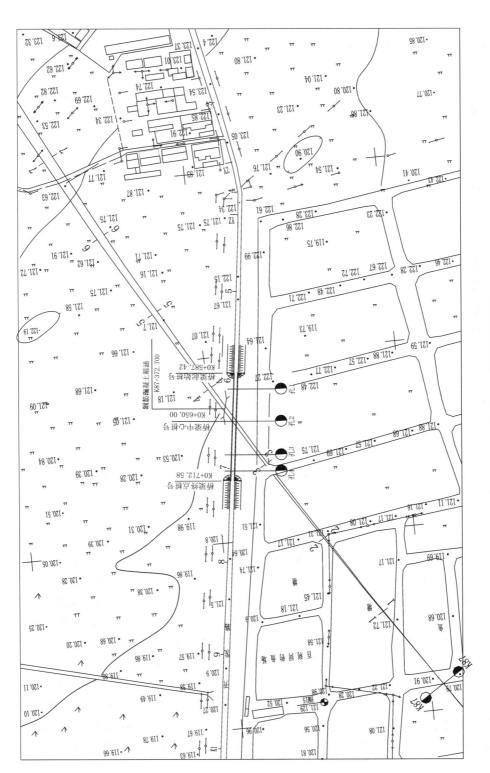

图 17-13 桥位平面布置图

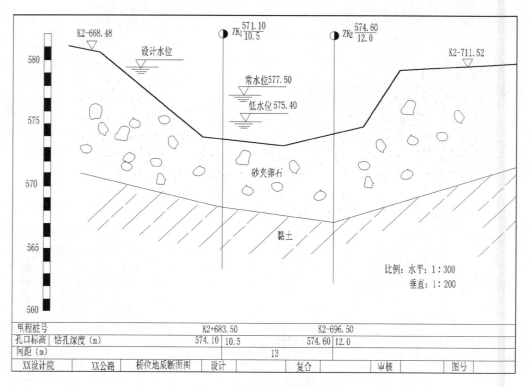

里程桩号			K2+683.50		K2-696.50	
孔口标高	钻孔深度（m）		574.10	10.5	574.60	12.0
间距（m）				13		
XX设计院	XX公路	桥位地质断面图	设计		复合	审核	图号

图 17-14 桥位地质断面图

基本视图和一个资料表,一般都采用剖面图的形式,通常采用小比例绘制(一般为 1:500～1:50),图中尺寸除了标高用米作为单位以外,其余的均以厘米作为单位。 图中线型可见轮廓线用粗线,宽度为 b;河床线用更粗一些的线,宽度大于 b;尺寸线、 中心线等用细线表示,约为 0.25b。

1）立面图

　　立面图是用于表明桥的整体立面形状的投影图,与下面的资料表对应,资料表中 应体现设计高程、坡度、坡长、地面高程以及桩号等内容。从图 17-16 中可以看出,该 桥的下部结构共由 3 个桥墩和 2 个桥台组成。全桥共 4 个孔,桥从起点桩号起跨径 组合为 24 m、35 m、35 m 和 24 m 的 PC 连续箱梁,桥的起止里程桩号分别为 K0+ 587.42 和 K0+712.58,全桥总长度为 125.16 m,考虑温度变化,共设 2 道伸缩缝。 桥梁各部分的标高已在图中给出,作为桥梁施工定位的依据。

　　桥墩和桥台的基础都采用钻孔灌注桩,在资料表中给出了各轴线的里程。桥台 桩长 33 m,桥墩桩长 34 m。由于各桩沿长度方向直径没有变化,为了节省图幅,画 图时可以将桩连同地质断面一起折断表示。图中还给出了一号钻孔的地质情况。在 立面图的左侧设的标尺可以校核尺寸,方便读图时了解某点的里程和标高。

钻孔号 ZK2　　钻孔里程及位置　K166+115左8　　孔口高程　94.74　钻孔深度　30.00　共　5孔　　初见水位　4.40　稳定水位　3.60　　钻孔完成日期　2006.03.21

层深 m 自	层深 m 至	层厚 m	层底高程 m	钻孔柱状图 比例尺 1:150	岩性描述 岩土名称及特征(颜色、湿度、密实度、颗粒成份、结构构造、风化程度、夹杂物)	野外标准贯入试验 N63.5 深度	野外标准贯入试验 N63.5 米/锤	取样深度 m	含水量 %	容重 kN/m³	干容重 kN/m³	比重 g/cm³	孔隙比	饱和度 %	液限 %	塑限 %	塑性指数	液性指数	筛分试验累计筛余百分含量% >20	>2	>0.5	>0.25	>0.1	<0.1	压缩性 压缩系数 MPa⁻¹	压缩性 压缩模量 MPa	抗剪指标 内聚力 kPa	抗剪指标 内摩擦角	抗压强度 MPa	容许承载力 kPa	极限摩阻力 kPa
0.00	0.20	0.20	94.54		人工填土,杂色,以碎石为主.																										
0.20	3.90	3.70	90.84		亚黏土,黑褐-灰色,湿,硬可塑状态			3.00-3.20	20.7	20.60	17.07	2.70	0.582	96.0	27.2	16.6	10.6	0.39							0.11	14.39				170	50
3.90	4.40	0.50	90.34		亚黏土,灰色,湿,软可塑状态																									130	40
4.40	5.80	1.40	88.94		砾砂,灰色,饱和,稍密状态,级配良好																									200	70
5.80	8.90	3.10	85.84		黏土,灰黄色,湿,硬可塑状态			6.00-6.20	24.7	20.20	16.20	2.72	0.679	98.9	38.0	20.3	17.7	0.25							0.19	8.62				180	55
21.90	23.30	1.40	71.44		砾石,灰色,饱和,中密状态,级配良好																									350	110
23.30	27.10	3.80	67.64		砾砂,灰色,饱和,中密状态,级配良好																									300	90
27.10	30.00	2.90	64.74		粗砂,灰色,饱和,中密状态,级配良好																									280	85

XX设计院	K166+155.3大桥工程地质柱状图	设计		复核		审核		图号		日期	

图 17-15　桥梁地质状况柱状表

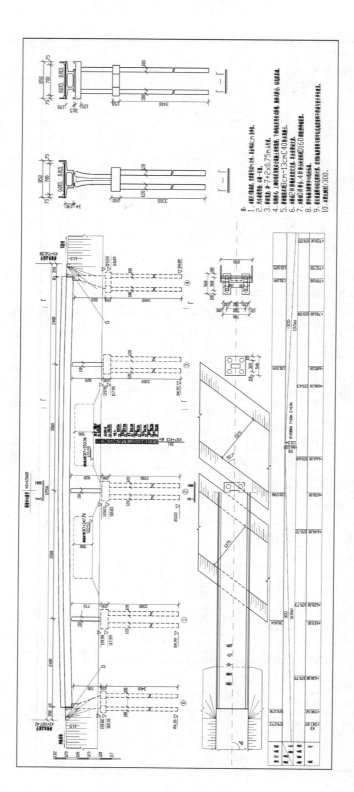

图 17-16 桥型布置图

2）平面图

平面图采用从左到右分段揭层的画法表达,因此无需标注剖切位置。平面图的左半部分为桥梁的护栏及桥面部分的半平面图;在右半部分采用剖面画法,表达了桥墩和桥台的平面尺寸及柱身与钻孔的位置,画出了 X 号桥墩和右侧桥台的平面位置和形状。在半平面图中显示出了桥台两侧的锥形护坡和桥面上两边栏杆的布置。

3）横剖面图

横剖面图是由Ⅰ—Ⅰ和Ⅱ—Ⅱ两个剖面组成的。剖切位置在立面图中标注,Ⅰ—Ⅰ剖面的剖切位置在两桥墩之间(从左向右看),Ⅱ—Ⅱ的剖切位置靠近桥台(从左向右看)。从图中可以看出桥面全宽 8.5 m,人行道各为 0.75 m。图中显示了灌注桩的横向位置。桥面双向排水,横坡 1.5%。

4）桥梁总体布置图的绘制

① 布置和画出各投影图的基线或构件的中心线。

② 画出各构件的主要轮廓线。

③ 画出各构件的细部。

④ 加深或上墨。

⑤ 画断面符号,标注尺寸和有关文字说明,并做复核。

17.3.4　构件图

在总体布置图中,桥梁各部分的构件是无法详细表达完整的,故只凭总体布置图无法进行施工,为此还必须分别把各构件的形状大小及其钢筋布置完整地表达出来才能进行施工。

桥梁的构件图很多,这里只介绍桥墩和桥台的构造。构件图又包括构造图和结构图两种。只画构件形状,不表示内部钢筋布置的图称为构造图(当外形简单时可以省略);主要表示钢筋的布置情况,同时也可以表示简单外形的图称为结构图(非主要轮廓线可以不画)。当桥台桥墩的外形复杂时,需要分别给出其构造图和配筋图。

1）桥台一般构造图

桥台构造如图 17-17 所示,由台帽(前墙和耳墙)、4 根柱身、4 个钢筋混凝土灌注桩组成。在桥台构造图中,有时候桥台的前后立面图都需要表达,其中桥台前面是指连接桥梁上部结构的一面或者桥台面对河流的一侧,桥台后面是指连接岸上路堤的一面。桥台桩径为 1 m,横向中心间距为 5 m,纵向中心间距为 3.6 m。

2）桥墩一般构造图

桥墩图(见图 17-18)主要表达整体的形状和大小,包括基础与墩身的形状和尺寸、墩帽的基本形状和主要尺寸,以及桥墩各部分的材料。由于桥墩的结构简单,一般采用三面投影图表达,必要时结合剖面图和断面图。

桥墩由墩帽、4 根立柱、4 个钢筋混凝土灌注桩和承台组成。这里绘制了桥墩的

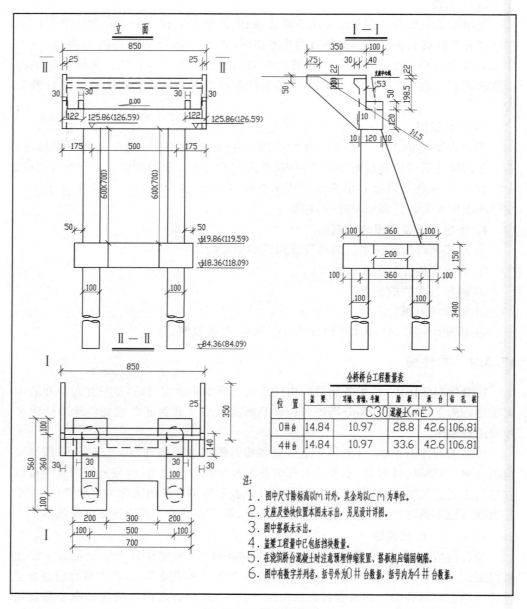

图中各项数据及全桥桥台工程数量表：

位 置	盖 梁	耳墙、背墙、牛腿	肋 板	承 台	钻 孔 桩
	C30混凝土(m³)				
0#台	14.84	10.97	28.8	42.6	106.81
4#台	14.84	10.97	33.6	42.6	106.81

注:
1. 图中尺寸除标高以m计外,其余均以cm为单位。
2. 支座及垫块位置本图未示出,另见设计详图。
3. 图中搭板未示出。
4. 盖梁工程量中已包括挡块数量。
5. 在浇筑桥台混凝土时注意预埋伸缩装置、搭板相应锚固钢筋。
6. 图中有数字并列者,括号外为0#台数据,括号内为4#台数据。

图 17-17　桥台构造图

立面图、侧面图和 A—A、B—B 剖面图。该桥墩采用 C30 混凝土浇筑而成。桥墩桩径为 1.2 m。

阅读桥墩的一般步骤:通过阅读标题栏和附注,了解桥墩类型、图样比例、尺寸单位和其他要求;通过对各图形间对应关系的分析,想象出桥墩各部分的形状和相对位

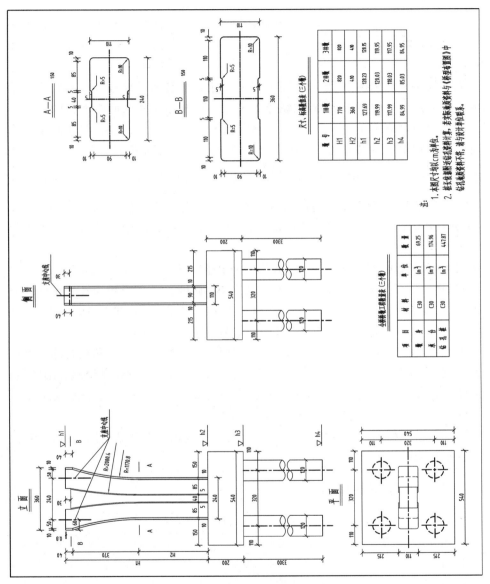

图 17-18　桥墩构造图

置;通过阅读尺寸标注和材料标注,明确桥墩各部分的大小、具体的定位关系和不同部分的材料;最后结合分析全图想象出桥墩的总体形状和大小。

3) 桩基础配筋图

钢筋混凝土桩的结构图由立面图和断面图组成,并绘有钢筋详图及钢筋数量表。由于桩的外形很简单,不需要绘制构造图,其外形可以在结构图中表达出来,如图17-19 所示。

在钢筋混凝土结构图中,常对不同类型和尺寸的钢筋加以编号并注明长度。钢筋的编号可以注写在引出线端部,在编号数字外画圈或标注在钢筋断面图的对应方格里。断面图中钢筋用小黑圆点表示,当钢筋重叠时,用小圆圈表示,并在断面图的外侧有受力筋和架立钢筋的地方画出小方格,写出对应的钢筋编号;用于钢筋编号的圆圈直径为 4~8 mm,如图 17-19 中 "$\dfrac{14\Phi22}{444}$ ③" 表示 14 根直径为 22 mm 的 II 级钢筋,每根钢筋长度为 444 cm。钢筋的编号有时习惯用在数字前冠以 N 字表示,如 14 N3 表示 14 根编号为 3 的钢筋,即 N3 等同于③,在同一张图纸上几种编号可以混用。

从图中可以看出,桩基加强筋 N3 设在主筋外侧,每 2 m 一道。定位钢筋 N6 每隔 2 m 设一组,每组 4 根,均匀设于桩基加强筋 N3 周围。①号筋和②号筋在桩顶向外弯折,在桩顶以下 19 m 的范围内布置 34 根纵向受力钢筋;自桩顶 19 m 以下,纵向钢筋截去一半,布置 17 根钢筋。④号筋和⑤号筋为螺旋箍筋。

在钢筋混凝土结构图中,钢筋混凝土结构物尺寸以厘米计,钢筋和钢材的长度以厘米计,钢筋直径和钢结构的断面尺寸以毫米计。结构的外形轮廓线绘制成细实线,受力钢筋用粗实线表示,宽度为 b,构造筋比受力筋要细些,构件的轮廓线用中粗线表示,宽度为 $0.5b$。尺寸线等用细实线表示,宽度约 $0.25b$。

以上介绍了桥梁的一些主要构件的画法,实际绘制构造图和结构图还有很多,但表示方法基本相同。

17.3.5 桥梁工程图的阅读方法

① 看桥位图,了解桥梁位置及与周围地形、地物的关系。

② 看桥形布置图,这是一个比较主要的图。一般先看立面图,了解桥形、孔数、跨径大小、墩台形式及树木、总体长度、河床断面等情况。再对照平面图、剖面图等,了解桥梁的宽度、人行道尺寸、上部结构的断面形式和数量等,同时要阅读图中说明,对桥梁的全貌有一个初步的认识。

③ 看构件构造图,分别看各构件(梁、板、墩、台、桩等)的构造图,看懂外形,弄清楚钢筋的布置情况。

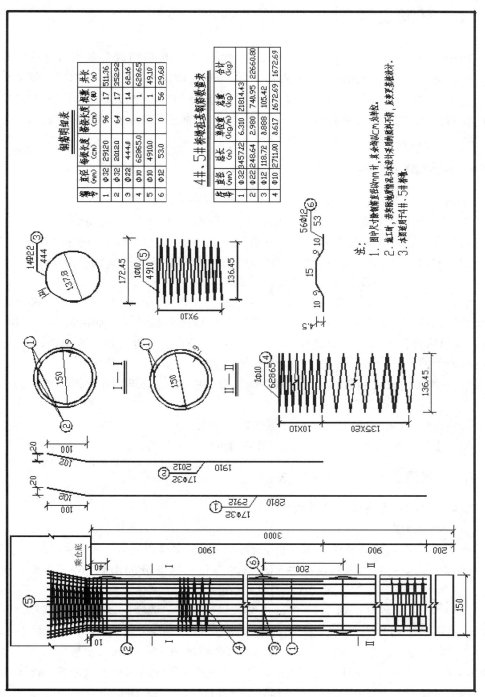

图 17-19　桩基础配筋图

17.4 涵洞工程图

涵洞一般用一张总图来表示,有时也单独画出洞口构造图或某些细节的构造详图。阅读涵洞工程图和阅读其他专业图一样,应首先阅读标题栏和附注,以了解涵洞的类型、孔径的大小、图样的比例、尺寸单位和各部分的材料等,然后根据各图形间对应的投影关系,逐一读懂各组成部分的形状、大小和相对位置,进而想象出涵洞的整体形状。

17.4.1 涵洞工程图示内容

涵洞工程图有如下主要特点。

① 表达涵洞构造的投影图通常是平面图、立面图、剖面图和断面图。涵洞以水流方向为纵向。涵洞平面图相当于揭去路堤土而画出的洞口和洞身的水平投影,与纵剖面图对应,平面图也应画成半剖面图,剖切平面一般从洞身基础顶面剖切,在平面图中习惯上画出路基边缘线和示坡线。

洞口正面图是涵洞洞口的投影图。洞身的不可见部分一般不画,只画出端墙和基础的轮廓线,锥形护坡和路基边缘线,并标明洞口的主要尺寸。如果进、出水口不一样,可将两侧洞口各画一半拼接成一个图形;一样时,也可以左半边画洞口,右半边画洞身断面图。

② 一段路中每个涵洞的位置已在路线工程图中标明,这里只标出涵洞本身的尺寸。

③ 涵洞的体量一般比桥梁小,绘图比例比桥梁大。

除了上述三种投影图外,还应画出钢筋构造图等构件详图。

17.4.2 涵洞工程图的阅读方法

现以图 17-20 为例(图中比例为 1：50)说明。

(1)纵剖面图

纵剖面图是通过洞身轴线剖开的,当涵洞进、出水口相同,涵洞两端对称时,纵剖面图可以只画一半。纵剖面图主要表明洞身和洞口部分的形状、尺寸和相对位置。

在图 17-20 的纵剖面图中,可以读出圆管端部嵌于端墙身内,墙身位于基础顶面之上。缘石位于墙身之上,涵管上部给出了路基部分,路基填土厚度等于或大于 50 cm,路基宽度为 8 m,边坡坡度为 1：1.5,圆管的纵坡为 1%(设计流水坡度),端节长 1.3 m,中节长 1 m,各洞身节之间设沉降缝,并在外面铺设防水层。在涵管的下面画出了涵管的垫层,为 15 号混凝土垫层,隔水墙高度为 0.8 m,洞口还可见端墙基础埋深和锥形护坡的情况,基础的埋深要根据具体的情况选择,本例中为 1.3 m。

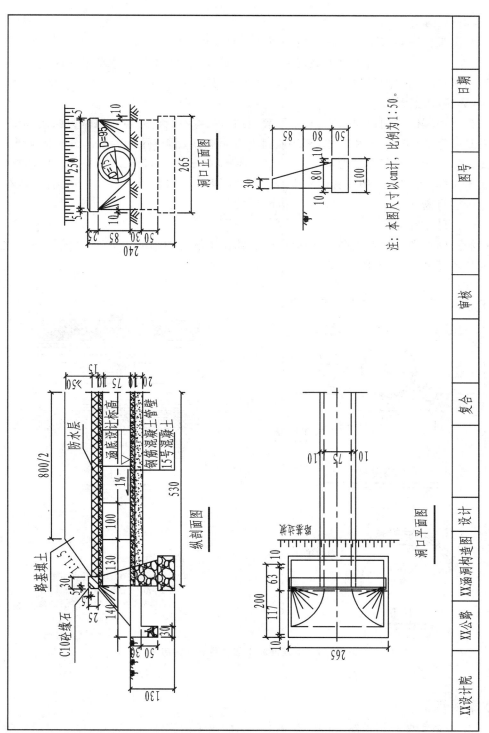

图 17-20 单孔钢筋混凝土圆管管涵布置图

（2）平面图

涵洞平面图相当于揭去路堤填土而画出洞口和洞身的水平投影。与纵剖面图配合，平面图也画出一半，画出了路基边缘线、示坡线、进出水口的形式和缘石的位置，并标明洞口处的重要尺寸。图中可见的轮廓线用粗实线表示。

（3）洞口正面图

侧立面图即为洞口立面图，它主要表达洞口的缘石、锥形护坡、路基边缘线、端墙及其基础等的相对位置和尺寸，天然地面以下画虚线，洞身的不可见部分一般不画，从图中可以读出圆管直径为 75 cm，壁厚 10 cm，基础宽 2.65 m。如果进、出水洞口形状不一样，可将两侧洞口各画一半拼成一个图形（一样时，也可以左半边画洞口，右半边画洞身断面图）。

（4）洞身断面图

洞身断面图实际就是洞身的横断面图，给出了洞身的细部构造，包括管底垫层的构造和各部分尺寸，如图 17-21 所示。

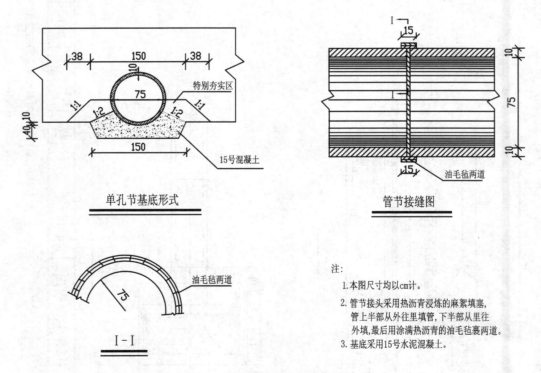

图 17-21　钢筋混凝土圆管涵洞身构造图

【本章要点】

① 本章主要介绍道路、桥梁、涵洞工程图的图示内容和图示特点，以及阅读这些

工程图的一般方法。

　　② 通过本章的学习,了解路桥工程图的形成、图示方法和图示特点,应该能够运用投影原理,结合路桥工程图的图示方法和图示特点,学会阅读道路工程图、桥梁工程图和涵洞工程图,并且学会用图样来表达所设计的道路、桥梁和涵洞。

第 18 章　计算机绘图

18.1　基本知识与基本操作

18.1.1　概述

计算机绘图是计算机辅助设计的重要组成部分,是工科学生必须掌握的基本技能之一。计算机绘图与手工绘图相比,显示器屏幕相当于图纸,各种命令相当于绘图工具,熟练应用这些命令就可以快速地绘制出所需要的图形。计算机绘制的图形便于保存、修改,能以不同的比例出图打印,极大地提高了工作效率,减轻了绘图工作强度。

计算机绘图是由绘图软件来实现的,在国内外工程上应用较为广泛的是 Auto-CAD,它是美国 Autodesk 公司开发的一个交互式图形软件系统,既可以绘制二维图形,也可以进行三维实体设计,是目前最流行的图形软件之一。该系统功能强大,命令繁多。由于篇幅所限,本章将只针对应用 AutoCAD 2004 中文版绘制二维图形来介绍。

1) AutoCAD 2004 系统的启动与退出

在计算机上安装 AutoCAD 2004 中文版软件后,一般在系统桌面上会建立一个图标,双击该图标,便可启动该软件。或者在任务栏中点击"开始"按钮,选择"所有程序(P)"→"Autodesk"→"AutoCAD 2004"启动软件。

AutoCAD 2004 系统的退出有下面几种方法。

① 单击"文件"下拉菜单,选择最下面的"退出",或用"Ctrl+Q"组合键。

② 点击程序界面右上角的"×"按钮。

③ 点击标题栏(位于程序界面最顶部)中最左边的 AutoCAD 2004 图标,弹出一个下拉菜单,选其中的"关闭",或者用组合键"Alt+F4"。

④ 命令行输入"Quit"后回车。

注意:系统关闭时,如果图形已发生改变且没有存盘,将弹出一个报警框,提示是否保存文件,以防数据丢失。

2) 工作界面介绍

AutoCAD 2004 中文版的工作界面包括以下 9 个部分。

(1) 标题栏

标题栏位于工作界面的最顶部,其左侧显示当前正在运行的程序名及当前绘图文件名,而右侧则有 3 个按钮可分别实现窗口的最小化、最大化和关闭等操作。

（2）菜单栏

菜单栏位于标题栏下方,默认方式下有 11 个下拉菜单,包含了绝大部分 Auto-CAD 命令。

（3）工具栏

工具栏通常位于菜单栏下方以及绘图区域的左右两侧,其上布置了很多按钮,每个按钮是 AutoCAD 的一条命令。工具栏的一端有两条平行线,用鼠标左键按住这两条线拖动,可将工具栏拖放到窗口中的任意位置。

工具栏打开的个数可由用户自己设定,常用方法有以下三种。

① 单击"视图"下拉菜单,选"工具栏",在弹出的"自定义"对话框中"工具栏"选项板下选中要打开的工具栏。

② 将鼠标指针移动到工作界面上已打开的任一个工具栏上,单击鼠标右键,在弹出的快捷菜单中勾选要打开的工具栏。

③ 单击"工具"下拉菜单,选"自定义"→"工具栏",在弹出的"自定义"对话框中"工具栏"选项板下选中要打开的工具栏。

AutoCAD 2004 安装后初次使用时,系统默认打开"标准""图层""对象特性""绘图""修改"等工具栏。用户对菜单栏、工具栏等的调整情况,系统会自动保存,下次启动时,会自动恢复到上次关闭系统前的状态。

（4）绘图区

除菜单栏、工具栏以外,屏幕中间的空白区域即为绘图区域,简称绘图区,它用于显示用户打开或绘制的图形。绘图区的背景颜色可通过"工具"下拉菜单→"选项"→"显示"加以改变。

（5）十字光标

在绘图区域,光标一般显示为十字形,表明当前光标所在的位置,十字的大小也可通过"工具"下拉菜单→"选项"→"显示"加以调整。

（6）UCS(用户坐标系)图标

用于显示坐标轴的方向,AutoCAD 2004 图形是在不可见的坐标系中绘制的,系统已定义好一个三维坐标网,用户所绘制的图形都处于这个坐标网中。UCS 图标的样式、在屏幕上的位置以及显示与否等可通过"视图"下拉菜单"显示"选项查看,可由用户自己设定。

（7）"模型/布局"视图标签

"模型"标签和"布局"标签在绘图区域的下边,方便用户对模型空间和布局空间（也叫图纸空间）进行切换。

（8）命令行

命令行一般位于绘图区域的下方,与工具栏类似,也有"固定"和"浮动"两种状态,但不可关闭,命令行用于用户输入命令和数据,并显示 AutoCAD 2004 系统的提示信息。

（9）状态栏

状态栏位于工作界面的最底部，其左侧用于显示当前光标所处位置的坐标值。中部包含一些开关按钮，使用这些按钮可以打开、关闭或设置常用的绘图辅助工具。这些工具包括捕捉、栅格、正交、极轴、对象捕捉、对象追踪、线宽、模型/图纸空间切换。这些按钮都是反复开关键，单击一次，按钮按下，工具打开，再单击一次，按钮弹起，工具关闭。用鼠标右键单击这些按钮，在弹出的快捷菜单中选"设置"，可对辅助工具的功能进行设置。在状态栏右侧的空白区域单击鼠标右键，在弹出的快捷菜单中可以选择显示或不显示哪些按钮。

3）键盘介绍

在应用 AutoCAD 2004 软件进行绘图时，键盘中应用最多的是数字键，其次是逗号键、小于号键、@符号键以及回车键，这些键的使用与其他软件没有什么不同，但在 AutoCAD 2004 系统中对 F1～F11 这些功能键有特殊的定义。表 18-1 列出了这些键的功能，这些功能在后续内容中将逐渐讲到。

表 18-1　功能键的作用

功能键	作　　用
F1	打开绘图帮助文档
F2	打开或关闭 AutoCAD 文本窗口
F3	打开或关闭对象捕捉功能
F4	打开或关闭数字化仪（只有安装了数字化仪才可用）
F5	变换等轴测平面（只有在等轴测状态下才起作用）
F6	控制状态行显示的坐标方式在动态坐标、静态坐标、极坐标间切换
F7	打开或关闭栅格显示
F8	打开或关闭正交模式
F9	打开或关闭捕捉模式
F10	打开或关闭极轴追踪模式
F11	打开或关闭对象捕捉追踪模式

4）鼠标的操作

常见的鼠标一般有左右两个按键，中间一个滚轮，在应用 AutoCAD 2004 软件时，鼠标左键可以在绘图区域拾取点、选择对象，点击工具栏上的按钮、下拉菜单等，本章中提到的"单击"一般指单击鼠标左键；鼠标右键通常用来进行一些功能设置或替代回车键，其功能设置可在"工具"下拉菜单→"选项"→"用户系统配置"中完成。

建议用鼠标右键代替回车键,这样,鼠标的左右键配合,可大大提高绘图速度;中间的滚轮起视图缩放的作用。

5)"文件"下拉菜单常用功能简介

(1)新建图形文件

选择"新建"命令后,系统将弹出"选择样板"对话框,用户可根据需要决定是建立带有样板图的图形文件,还是建立不带样板图的图形文件。若不需要样板图,可点击"打开"按钮旁边的黑三角,选择"无样板打开"。样板图的作用将在后续章节中讲到。

(2)打开图形文件

选择"打开"命令后,系统将弹出"选择文件"对话框,用户在此对话框中可选择要打开文件的存储路径,选择要打开的一个或多个文件。选择多个文件时,要按住 Ctrl 键,再点击要打开的文件。选择完文件后,再单击"打开"按钮,或点"打开"按钮旁的黑三角,选择局部打开或以只读方式打开文件。局部打开文件时可以只加载图形文件中的某些图层,但这种方式不太常用;以只读方式打开文件,打开后的图形文件不能被修改。

(3)保存文件

保存文件命令可将用户所绘制的图形保存到磁盘或用户所指定的其他存储设备中。用户建立图形文件后,第一次点"保存"按钮,将弹出"图形另存为"对话框,在此对话框中,用户可为所保存的文件指定存储路径以及文件名。第一次保存过后,以后再点"保存"命令,不再弹出"图形另存为"对话框。

(4)另存为

本命令允许用户为本图形文件更改存储路径或文件名后,再进行保存。

(5)输出

本选项允许用户将图形输出为其他格式,如图元文件格式($*$.wmf)、位图格式($*$.bmp)、3D Studio 格式($*$.3ds)等,以供其他图形处理程序继续使用。

18.1.2　命令输入方式

在计算机绘图时,任何一个操作都由一条命令控制着,这些命令的输入必须由人来完成。在应用 AutoCAD 2004 绘图时,命令的输入主要有以下四种方式。

(1)利用下拉菜单

在对应的下拉菜单中选择要使用的命令。

(2)利用工具栏按钮

根据需要点击相应的工具栏中的按钮。此种方式便捷,深为初学者所喜爱。本章讲解各命令的使用方法时,将以此种方法为例来输入命令。

(3)在命令行输入命令名称

直接在命令行输入命令的英文名称或命令的英文简写,然后回车即可执行该命令。

（4）直接回车

在命令行直接敲回车键，或在绘图区域直接单击鼠标右键，在弹出的快捷菜单中点击"重复××"，系统将调用上一次执行的命令。此方法是重复调用刚执行过的命令的最快捷的方法。

（5）命令的中止

在执行命令的过程中，只要按下 ESC 键，即可中止该命令的执行。

18.1.3　数据的输入方法

在计算机绘图过程中，不论是绘制还是编辑图形实体，都需要一些数据来精确控制图形的形状和尺寸，这是绘图的关键。在 AutoCAD 2004 中，数据包括两种形式，即点和距离值。

1）点的输入方法

绘图过程中，经常要输入点的位置，AutoCAD 2004 提供了如下几种输入方法。

（1）用鼠标直接点取

此种方法是在需要输入点的时候，在绘图区域单击鼠标左键，即可输入光标所处位置的坐标值。此种方法经常用于绘制图形的第一点，以及不要求图形准确尺寸的情况。并经常与正交模式配合，能快速地绘制水平线或竖直线。

（2）在命令行输入点的坐标

在需要输入点的时候，可在命令行输入点的坐标值，然后回车，该点即可输入。在 AutoCAD 2004 中绘制二维图形时，点的坐标有两种类型，即直角坐标和极坐标。每种类型中又有两种方式，即绝对坐标方式和相对坐标方式。

绝对直角坐标以 x、y、z 三个坐标轴的坐标值表示，以逗号分隔，二维绘图中只需输入 x、y 两个坐标值。坐标值有正负之分，x 轴正方向为正值，负方向为负值，y 轴同样。默认状态下，在屏幕上 x 轴水平向右，y 轴竖直向上。

绝对极坐标以一个距离和一个角度表示，以小于号分隔。距离为该点距坐标原点的距离，角度为该点和坐标原点的连线与 x 轴正方向所成的夹角。角度有正有负，默认状态下，x 轴正方向水平向右，沿逆时针旋转所成角度为正值，沿顺时针旋转所成角度为负值。

相对坐标和绝对坐标的区别在于两点：①表示方法不同，相对坐标前要加上"@"符号；②表示意义不同，绝对坐标始终相对于坐标系原点，而相对坐标始终相对于上一点。在实际绘图过程中很少用绝对坐标，一般都是用相对坐标或其他方法。表18-2 列出了每种坐标方式的书写格式以及所表示的意义。

注意：输入点的坐标时，一定要关闭中文标点符号的输入功能，否则，输入坐标无效。

（3）利用对象捕捉工具，捕捉图形上的特殊点

利用 AutoCAD 2004 的对象捕捉功能，可以方便地捕捉到屏幕上已有图形对象

表 18-2　坐标输入方式

坐标	书写格式举例	所表示含义
绝对直角坐标	20,30	相对于当前坐标系原点，x 坐标为 20，y 坐标为 30 的点
相对直角坐标	@20,30	相对于上次输入的点，即以上次输入点为坐标原点，x 坐标为 20，y 坐标为 30 的点
绝对极坐标	20<30	相对于当前坐标系原点，长度为 20，沿逆时针旋转与 x 轴正向成 30°夹角的点
相对极坐标	@20<30	相对于上次输入的点，长度为 20，沿逆时针旋转与 x 轴正向成 30°夹角的点

的特殊点，如端点、中点、交点、切点等。对象捕捉工具的使用将在后面章节中讲到。

（4）利用鼠标定向、键盘定值的方法输入点

在 AutoCAD 2004 提示用户输入点时，拖动鼠标，调整确定输入点所在的方向后，用键盘直接输入一个距离值，则处于该方向与上一点距离为所输入距离值的点被输入。

2）长度值的输入方法

在绘图过程中有时需要提供长度、宽度、高度、半径等长度值，AutoCAD 为用户提供了两种长度值的输入方法：

① 在命令行直接输入距离值；

② 在屏幕上用鼠标点取两点，系统将以两点间的距离作为距离值。

18.1.4　几个常用命令

为了便于讲述和练习后续章节的内容，先介绍几个在计算机绘图过程中最常用的命令。

1）画线、画圆命令

（1）画线命令：Line

单击绘图工具栏第一个按钮，则进入画直线状态，命令行提示如下。

命令：_ line 指定第一点：　（用鼠标在屏幕上点取一点）

指定下一点或［放弃(U)］：　（用鼠标在屏幕上再点取一点，则画出一段直线）

指定下一点或［放弃(U)］：　（继续用鼠标在屏幕上点取一点，则画出第二段直线）

指定下一点或［闭合(C)/放弃(U)］：　（绘制两段直线之后，提示多了一个"闭合(C)"选项，此时若输入"C"，回车，则将最后一点和第一点用直线闭合起来，命令结束；若继续输入点，则继续画线，继续提示同样内容。如果想结束画线而不闭合图形，

则回车。)

在画线过程中,如果输入点错误,可输入"U",回车,则取消上一点,此选项可重复使用,直至取消第一点。

【例 18-1】 绘制 A3 图纸图幅线。

① 方法一(用绝对坐标)。

命令:_ line 指定第一点:0,0↙

指定下一点或 [放弃(U)]:420,0↙

指定下一点或 [放弃(U)]:420,297↙

指定下一点或 [闭合(C)/放弃(U)]:0,297↙

指定下一点或 [闭合(C)/放弃(U)]:C↙

② 方法二(用相对坐标)。

命令:_ line 指定第一点: (用鼠标在屏幕上任意点取一点)

指定下一点或 [放弃(U)]:@420,0↙

指定下一点或 [放弃(U)]:@0,297↙

指定下一点或 [闭合(C)/放弃(U)]:@-420,0↙

指定下一点或 [闭合(C)/放弃(U)]:C↙

③ 方法三(鼠标定向,键盘定值)。

命令:_ line 指定第一点: (用鼠标在屏幕上任意点取一点)

指定下一点或 [放弃(U)]: <正交 开>420↙ (按下 F8 键,打开正交,拖动鼠标,使橡皮筋线水平向右,用键盘输入长度值 420 后回车。)

指定下一点或 [放弃(U)]:297↙ (移动鼠标,使橡皮筋线竖直向上,用键盘输入长度值 297 后回车)

指定下一点或 [闭合(C)/放弃(U)]:420↙ (移动鼠标,使橡皮筋线水平向左,用键盘输入长度值 420 后回车)

指定下一点或 [闭合(C)/放弃(U)]:C↙

(2) 画圆命令:circle

单击绘图工具栏第七个按钮,则进入画圆状态,命令行提示如下。

命令:_ circle 指定圆的圆心或 [三点(3P)/两点(2P)/相切、相切、半径(T)]:(用鼠标在屏幕上任意位置单击一点,则提示:)

指定圆的半径或[直径(D)]:50↙ (输入 50 后回车,则绘出半径为 50 的圆)

在画圆状态下,根据命令行提示可知,画圆的方式有以下四种:

① 默认方式,指定圆的圆心及半径或直径;

② 3P,指定圆周上 3 个点,则经过这 3 个点画出一个圆;

③ 2P,指定圆直径的 2 个端点,则经过这 2 个点画出一个圆;

④ T,指定与所绘圆相切的 2 个对象及圆的半径,可画出一个圆。

这 4 种画圆方式中,②和③经常与对象捕捉配合。另外,在绘图下拉菜单中,画圆的方式还有一种"相切,相切,相切"的方式,其实质是"3P"方式,只不过这 3 个点是 3 个切点。

2) 设置图形界限

利用 AutoCAD 绘制工程图时,一般要根据所画对象的实际情况,先确定图形的绘制比例和图形界限。在 AutoCAD 中,用户输入的长度是没有单位的,比如长 500,是指长 500 个单位,而每个单位所对应的实际尺寸可在出图时设置,可以设 1 单位=1 mm,或 10 单位=1 mm,或 1 单位=1 英寸等,但习惯上,在绘图时常认为 1 单位=1 mm,这样可与我们手工绘图的习惯相一致。

绘图比例确定后,根据图形的总尺寸即可计算出所需图纸幅面的大小,从而确定图形界限的大小。图形界限的设定,可在命令行输入 Limits 后回车,或单击"格式"下拉菜单选择"图形界限",命令行提示如下。

命令:limits

重新设置模型空间界限:

指定左下角点或［开(ON)/关(OFF)］<0.0000,0.0000>:［图形界限为一个矩形空间,通过指定其对角点坐标来设定,可输入左下角点的坐标值或直接回车以(0,0)为左下角点。给定左下角点后,命令行又提示:］

指定右上角点 <420.0000,297.0000>:(再输入右上角点的坐标值,即可设定图形界限,AutoCAD 2004 新建文件默认图形界限为 A3 图幅)

图形界限设定之后,屏幕上不会有任何变化,它只是设定了一个绘图区域,这个区域不可见,只有打开栅格显示功能时,才可在图形界限内看到栅格点,图形界限之外没有栅格点。并且,默认状态下,设定图形界限后并不限制图形界限之外的绘图,只有打开图形界限的限制功能,才会禁止用户到图形界限之外绘图。打开图形界限的限制功能,需再执行 Limits 命令,在提示"指定左下角点"时,输入"on"并回车。

3) 视图控制命令

在利用 AutoCAD 进行绘图时,由于屏幕大小是固定的,而图形大小或比例不同,可能使图形在屏幕上显示过大超出屏幕或显示过小看不清楚。所以,对视图进行控制是方便绘图必不可少的一个工具。

对视图进行控制包括视图缩放和视图平移两个操作,由以下几种途径操作实现。

① 利用"标准"工具栏中的"实时平移""实时缩放""窗口缩放""缩放上一个"四个按钮 。

点击"实时平移"按钮后,鼠标指针变成手状,此时按住鼠标左键拖动鼠标,即可将视图拖动。要退出"实时平移",可点击 Esc 键,或点鼠标右键,在弹出的快捷菜单中选择"退出"。

点击"实时缩放"按钮后,鼠标指针变成放大镜形状,此时,按住鼠标左键向下拖动则缩小视图,向上拖动则放大视图。退出"实时缩放"的方法与"实时平移"相同。

点击"窗口缩放"按钮后,命令行将提示"指定第一角点",输入第一角点后,将提示"指定第二角点",再输入第二角点后,刚刚选定的矩形区域将在屏幕上最大显示,命令自动结束。

点击"缩放上一个"按钮后,屏幕上将显示上一次显示范围。

在视图控制过程中,随时点击鼠标右键,即可弹出快捷菜单,在快捷菜单中选择"平移""缩放"或"窗口缩放",可在"实时平移""实时缩放""窗口缩放"等功能间切换。

② 利用 Zoom 命令。

在命令行输入"Zoom"或"Z"后,回车,命令行提示如下。

Zoom

指定窗口角点,输入比例因子(nX 或 nXP),或

[全部(A)/中心点(C)/动态(D)/范围(E)/上一个(P)/比例(S)/窗口(W)]＜实时＞:

此时,直接回车,则进入"实时缩放"状态;若输入"A",则有两种情形:如果所有图形都没有超出图形界限,则将图形界限所限定的整个区域在屏幕上显示出来;如果有图形超出图界,则将所有图形及图形界限所限定的区域在屏幕上显示出来。Zoom 命令的这一选项在绘图过程中经常使用,便于找图。

18.2 绘图辅助工具

对于 AutoCAD 来说,绘图辅助工具是精确、快速绘图的关键。AutoCAD 2004 提供了"栅格和捕捉""正交""对象捕捉""极轴追踪""对象捕捉追踪"5 个辅助工具,合理巧妙地应用这 5 个工具,可大大提高绘图的精度和速度。

这 5 个辅助工具中,除了"正交"外,其余 4 个都合成在"草图设置"对话框中,如图 18-1 所示,由"捕捉和栅格""极轴追踪""对象捕捉"3 个选项板组成。"草图设置"对话框一般可通过以下两种方式调出。

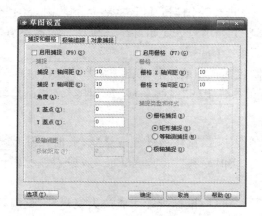

图 18-1 "草图设置"对话框

① 选择"工具"→"草图设置"命令。

② 用鼠标右键单击状态行上的"捕捉""栅格""极轴""对象捕捉"或"对象追踪"按钮,在弹出的快捷菜单中选择"设置"。

18.2.1　栅格和捕捉

"栅格和捕捉"是"栅格显示"和"捕捉模式"的简称,栅格是由指定间距的点构成的图案,栅格显示与否由"栅格显示"开关控制,按下状态行上的"栅格"按钮,或按功能键 F7 键,或者在"草图设置"对话框的"捕捉和栅格"选项板中勾选"启用栅格",则打开栅格显示功能。栅格点的间距可在"捕捉和栅格"选项板中设定,即设定"栅格 X 轴间距"和"栅格 Y 轴间距"。栅格点不是图形内容,不能打印输出,仅为作图方便而设,栅格点只在图形界限之内显示。

捕捉模式用于控制十字光标,使其按照用户定义的间距移动。当捕捉模式打开时,光标只能在某些点上跳跃,而不能平滑移动。捕捉点的间距可在"捕捉和栅格"选项板中设定,即设定"捕捉 X 轴间距"和"捕捉 Y 轴间距"。通常作图时,为了使捕捉点直观可见,常将捕捉间距与栅格间距设为相同,这样捕捉点与栅格点就重合一致了。或者将栅格 X 轴与 Y 轴间距都设为"0",这样栅格间距就随捕捉间距的改变而改变了。

"栅格和捕捉"工具常用来辅助绘制规律性尺寸的图样。

【例 18-2】　绘制楼梯梯段的剖面图,该梯段有 10 级,踢面高 150,踏面宽 260,如图 18-2 所示。

绘制过程如下。

鼠标右键单击状态行的"捕捉"按钮,在弹出的快捷菜单中选"设置",在"草图设置"对话框中"捕捉和栅格"选项板上,设置"捕捉 X 轴间距"和"捕捉 Y 轴间距"分别为 260、150;设定"栅格 X 轴间距"和"栅格 Y 轴间距"均为 0;勾选"启用捕捉""启用栅格"。

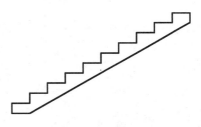

图 18-2　楼梯梯段剖面图

设置完成后,点"确定"按钮关闭对话框,单击 ✎ 绘直线命令,从任意一个栅格点开始绘图,水平绘制到相邻的下一个栅格点,再垂直绘制到相邻的上一个栅格点,如此反复,直至绘完 10 级踏步,再将图形封闭起来。

在捕捉模式中还有等轴测捕捉,利用其可以绘制等轴测图。

18.2.2　正交

正交是"正交模式"的简称,打开正交模式,不管鼠标如何移动,只能绘制出与坐标轴平行的线段,而不能绘出与坐标轴成其他角度的线段。

正交模式的打开或关闭,可以单击状态行"正交"按钮,或按功能键 F8 键。

18.2.3 对象捕捉

对象捕捉工具在 AutoCAD 绘图过程中经常使用,其作用就是在绘制或编辑图形过程中捕捉已有图形对象上的一些特殊点。

对象捕捉有两种方式:一种是自动对象捕捉,适用于需要多次捕捉图形当中的一些特殊点的情况;一种是临时对象捕捉,该方式仅对本次捕捉点有效,用完即失效,下次再需要时,需再次调用临时对象捕捉工具。

1) 自动对象捕捉

自动对象捕捉方式中可以捕捉到的特殊点如图 18-3 所示,图中每一个特殊点左侧的符号是该特殊点被捕捉到时在屏幕上显示的图标,用户可将经常需要捕捉的多个特殊点同时勾选上,在绘图过程中,程序会自动分析光标附近存在的需要捕捉的特殊点。但切记要只选常用的特殊点,比如"端点""交点"等,不能贪多,因为在同一个图形对象上这些特殊点离得太近会对用户产生干扰,容易出错,尤其是其中的"最近点"一般情况下不要选。

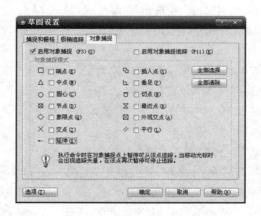

图 18-3　自动对象捕捉

这些特殊点所表示的含义如表 18-3 所示。

表 18-3　对象捕捉的特殊点的含义

对象捕捉种类	捕捉到的点
端点	对象端点
中点	对象中点
圆心	圆、圆弧及椭圆的中心
节点	用 Point 命令绘制的点及 Divide、Measure 命令绘制的等分点
象限点	圆、圆弧上与象限轴相交的点,椭圆上长短轴的端点

续表

对象捕捉种类	捕捉到的点
交点	对象的交点
延伸	对象延长线上的点
插入点	块、文字等的插入点
垂足	对象上与所绘直线成垂直的点
切点	圆或圆弧上与所绘图形成相切的点
最近点	对象上与十字光标最近的点
外观交点	对象的外观交点
平行	对齐路径上一点，与选定对象平行

自动对象捕捉方式的设置可以有三种方法实现：

① "工具"下拉菜单→"草图设置"→"对象捕捉"选项板；

② 鼠标右键单击状态行"对象捕捉"按钮，在弹出的快捷菜单中选"设置"；

③ 按住 Shift 键，在绘图区单击鼠标右键，在弹出的快捷菜单中选最底行的"对象捕捉设置"。

自动对象捕捉方式有时需要关闭，其对应的开关键为功能键 F3 键，或状态行"对象捕捉"按钮，按钮按下表示"自动对象捕捉"打开，按钮弹起表示"自动对象捕捉"关闭。

【例 18-3】　绘制如图 18-4 所示的图形，图中正方形边长为 50。

绘图过程如下。

点击画线命令，命令行提示如下。

命令：_ line 指定第一点：（在屏幕上任点一点）

指定下一点或 ［放弃(U)］：@50<-45↙

指定下一点或 ［放弃(U)］：@50<-135↙

指定下一点或 ［闭合(C)/放弃(U)］：@50<135↙

指定下一点或 ［闭合(C)/放弃(U)］：c↙

命令结束。

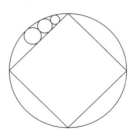

图 18-4　利用自动对象捕捉绘图

设置自动对象捕捉，只选择端点。

点击画圆命令，命令行提示如下。

命令：_ circle 指定圆的圆心或 ［三点(3P)/两点(2P)/相切、相切、半径(T)］：3P↙

指定圆上的第一个点：（捕捉正方形一个端点）

指定圆上的第二个点：（捕捉正方形第二个端点）

指定圆上的第三个点：（捕捉正方形第三端点，绘出正方形外接圆）

命令结束。

设置自动对象捕捉,只选择切点。

点击画圆命令,命令行提示如下。

命令:_ circle 指定圆的圆心或[三点(3P)/两点(2P)/相切、相切、半径(T)]:2P↙

指定圆直径的第一个端点:(捕捉正方形边上的一个切点)

指定圆直径的第二个端点:(捕捉对应圆弧上的一个切点,画出一个最大圆)

回车,再次调用画圆命令,命令行提示如下。

Circle 指定圆的圆心或[三点(3P)/两点(2P)/相切、相切、半径(T)]:3P↙

指定圆上的第一个点:(捕捉正方形边上的一个切点)

指定圆上的第二个点:(捕捉刚画的圆上的一个切点)

指定圆上的第三个点:(捕捉对应圆弧上的一个切点)

回车,再次调用画圆命令,命令行提示如下。

Circle 指定圆的圆心或[三点(3P)/两点(2P)/相切、相切、半径(T)]:3P↙

指定圆上的第一个点:(捕捉正方形边上的一个切点)

指定圆上的第二个点:(捕捉刚画的圆上的一个切点)

指定圆上的第三个点:(捕捉对应圆弧上的一个切点)

2) 临时对象捕捉

临时对象捕捉即在绘图过程中,当 AutoCAD 提示输入一点时,调用临时对象捕捉工具,选择所要捕捉的特殊点。临时对象捕捉工具的调用一般常用以下三种方法。

① 利用"对象捕捉"工具栏。默认状态下,"对象捕捉"工具栏关闭,要将其打开,可用鼠标右键单击已打开的任一个工具栏,在弹出的快捷菜单中选"对象捕捉"。"对象捕捉"工具栏如图 18-5 所示。

图 18-5　对象捕捉工具栏

其上按钮所对应的功能从左至右依次为临时追踪点、捕捉自、捕捉端点、捕捉中点、捕捉交点、捕捉外观交点、捕捉延长线上的点、捕捉圆心、捕捉象限点、捕捉切点、捕捉垂足、捕捉平行线、捕捉插入点、捕捉节点、捕捉最近点、无捕捉、自动对象捕捉设置。

临时对象捕捉的特殊点与自动对象捕捉的特殊点的含义一样,但在临时对象捕捉中多了两个特殊点,即"临时追踪点"和"自动对象捕捉"。在 AutoCAD 2004 中,"临时追踪点"的功能可由"对象捕捉追踪"更加方便地实现,所以在此不作赘述。但"自动对象捕捉"的功能很实用,在某些情况下,利用"自动对象捕捉"可使绘图很简便。利用"自动对象捕捉",用户可以捕捉到与某一已知点相对位置确定的点。下面以实例说明。

【例 18-4】 绘制定位轴线及编号圆,如图 18-6 所
示。编号圆半径为 4,直线对正圆心,与圆周刚好相
接。

图 18-6 定位轴线编号圆

绘制过程如下。

点击绘图工具栏上画直线按钮。

命令: _ line 指定第一点:(在屏幕上任点一点)

指定下一点或 [放弃(U)]: ＜正交 开＞10↙(按 F8 键打开正交,拖动鼠标使
橡皮筋线竖直向下,输入长度 10,回车)

指定下一点或 [放弃(U)]:↙(回车结束命令)

设置自动对象捕捉,勾选端点,并打开自动对象捕捉。

点击绘图工具栏上画圆按钮。

命令: _ circle 指定圆的圆心或 [三点(3P)/两点(2P)/相切、相切、半径(T)]:_
from

基点:＜偏移＞:@0,－4(在提示"指定圆的圆心"时,用鼠标左键点击"对象捕
捉"工具栏中的"捕捉自"按钮,提示"_ from 基点:",此时将光标移动到刚绘制的线段
下半段,会自动捕捉到下端点,单击鼠标左键拾取该端点,又提示:"＜偏移＞:",此时
再输入圆心距该端点的相对坐标"@0,－4",即确定了圆心的位置)

指定圆的半径或 [直径(D)]:4↙(输入圆的半径 4,即可绘出定位轴线编号圆)

② 利用快捷菜单。按住 Shift 键,再单击鼠标右键,可弹出对象捕捉的快捷菜
单,从中可以选择要捕捉的特殊点,快捷菜单中的内容与"对象捕捉"工具栏中的内容
基本相同,只是用文字代替了符号。

③ 利用弹出式工具按钮。默认状态下,屏幕上不显示"对象捕捉"的弹出式工具
按钮,用户可将其自定义出来。

18.2.4 极轴追踪

极轴追踪的作用就是使用户可以追踪某一角度上的点来进行绘图,追踪的角度
(极轴角)可由用户设定,当追踪到该角度时,屏幕上会显示一条由无数点组成的线
(称作极轴追踪矢量),表示追踪到了该角度,并且该角度仿佛有一定的磁性,光标到
其附近时,会自动吸附到该角度上。极轴追踪常与自动对象捕捉配合,使绘图更简
便。

极轴角的设定在"草图设置"对话框"极轴追踪"选项板中,可用鼠标右键单击状
态行"极轴"按钮,即可弹出"草图设置"对话框,如图 18-7 所示。

"草图设置"对话框中,勾选"启用极轴追踪"选项,即打开极轴追踪功能,键盘上
的功能键为 F10,以及状态行"极轴"按钮,都是"极轴追踪"的开关。

极轴角的设置包括增量角和附加角两种。增量角即极轴追踪的角度是该角度的
整数倍,比如增量角设为 45,则绘图时,每到 45°、90°、135°等 45°的整数倍时,即开始

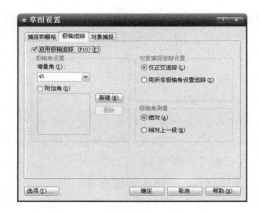

图 18-7　极轴追踪的设置

极轴追踪。增量角的值可在下拉列表框中选择,也可由用户输入;附加角是固定的角度,即光标到了该角度附近时开始极轴追踪,附加角可以有多个,通过"新建"按钮添加。

极轴角的测量有两种方式:一种是绝对角度,即与系统的角度测量相一致;另一种是相对上一段的角度,即极轴角测量时 0°角位置始终是上一段线的位置。

【例 18-5】　利用极轴追踪工具辅助绘制图 18-8 所示正方形,正方形边长为 50。

绘制过程如下。

先进行极轴追踪的设置,设增量角为 45,极轴角测量为"绝对",打开极轴追踪功能。

点击画直线命令,命令行提示如下。

命令:_line 指定第一点: (在屏幕上任点一点)

指定下一点或[放弃(U)]:50 ↙(移动鼠标至 45°位置附近,屏幕上出现极轴追踪矢量,保持此位置,输入长度值 50,回车)

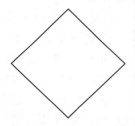

图 18-8　正方形的绘制

指定下一点或 [放弃(U)]:50 ↙(移动鼠标至 135°位置附近,屏幕上再次出现极轴追踪矢量,保持此位置,输入长度值 50,回车)

指定下一点或 [闭合(C)/放弃(U)]:50 ↙(移动鼠标至 225°位置附近,屏幕上再次出现极轴追踪矢量,保持此位置,输入长度值 50,回车)

指定下一点或 [闭合(C)/放弃(U)]:C ↙ (输入"C",闭合图形)

注意:极轴追踪与正交不能同时使用,打开极轴追踪功能时,正交功能关闭,打开正交功能时,极轴追踪功能关闭。

18.2.5　对象捕捉追踪

对象捕捉追踪必须与自动对象捕捉相配合才能起作用,也就是说,要使用"对象捕捉追踪"的功能,必须同时打开"自动对象捕捉"与"对象捕捉追踪"两个工具,"对象捕捉追踪"只能从捕捉到的特殊点开始,沿用户指定的角度去追踪。"对象捕捉追踪"起作用时,屏幕上会出现一条由无数点组成的线(称为全屏追踪矢量),用户可以利用"对象捕捉追踪"与"极轴追踪"相配合,或者利用"对象捕捉追踪"与"正交"相配合,也可以利用两次"对象捕捉追踪"相配合,来确定一些点的位置。

"对象捕捉追踪"工具的打开或关闭,可以使用功能键 F11,或单击状态行"对象追踪"按钮,或是在"草图设置"对话框"对象捕捉"选项板中设置。

"对象捕捉追踪"的追踪方式有两种,一种是仅正交追踪,一种是用所有极轴角设置追踪,默认状态下,是按正交方式追踪。追踪方式的改变可以在"草图设置"对话框"极轴追踪"选项板下进行。

利用"对象捕捉追踪"工具时,要先将十字光标移动到要追踪的特殊点附近,捕捉到该特殊点,但不要点击鼠标拾取该点,而是在捕捉到该点后稍移动鼠标,此时,该点上会出现一个小十字标记,表示将从该点开始追踪,移动鼠标至出现全屏追踪矢量,表示"对象捕捉追踪"开始起作用。下面以实例说明"对象捕捉追踪"工具的用法。

【例 18-6】　绘制如图 18-9 所示图形,矩形的长度任意,圆的圆心位于矩形中心,且与矩形相切。

绘制过程如下。

先打开"草图设置"对话框,在"对象捕捉"选项板中勾选"端点"和"中点""启用对象捕捉""启用对象捕捉追踪"。在"极轴追踪"选项板中设置"对象捕捉追踪"方式为"仅正交追踪"。打开正交开关。

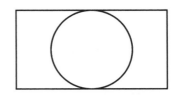

图 18-9　利用对象捕捉追踪绘图

点击画直线命令,命令行提示如下。

命令:_ line 指定第一点: (在屏幕上任点一点)

指定下一点或 [放弃(U)]: (水平向右拖动鼠标至一定长度后,点击鼠标左键,拾取一点)

指定下一点或 [放弃(U)]: (水平向上拖动鼠标至一定长度后,点击鼠标左键,拾取一点)

指定下一点或 [闭合(C)/放弃(U)]: (移动鼠标至第一段线的起点,捕捉到该点后,稍向上移动鼠标至出现全屏追踪矢量后单击鼠标左键,拾取一点)

指定下一点或 [闭合(C)/放弃(U)]: (移动鼠标至第一段线的起点,单击鼠标左键,拾取该点)

指定下一点或 [闭合(C)/放弃(U)]:↙(回车结束命令)

点击画圆命令,命令行提示如下。

命令:_ circle 指定圆的圆心或 [三点(3P)/两点(2P)/相切、相切、半径(T)]: (将鼠标移动到矩形左边线上,捕捉到中点后(不要拾取该点)再将鼠标移动到矩形上边线上,再捕捉到中点后,将鼠标向矩形中心移动,至同时出现两条全屏追踪矢量时,

单击鼠标左键,即拾取到矩形中心)

指定圆的半径或[直径(D)]<10.0000>：（将鼠标移动到矩形上边线上,捕捉并拾取中点)

18.3　绘制图形

在 AutoCAD 中绘制图形要使用绘图命令,在 AutoCAD 2004 中,"绘图"下拉菜单中包含了所有的绘图命令,而默认的"绘图"工具栏中只是包含了大部分常用的绘图命令,其余的绘图命令用户可根据需要到"绘图"工具栏中去选择。

绘图命令的应用比较简单,用户在绘图过程中只要随时注意命令行的提示,根据提示操作即可。本章节中将根据绘制建筑工程图的需要,对常用的一些命令作简单介绍。

1) 画点命令 (Point、Divide、Measure)

在 AutoCAD 中,画点有四种方式,分别对应"绘图"下拉菜单→点→单点、多点、定数等分、定距等分。在绘制建筑工程图时,若需等分一些线段,可用定数等分命令。画点命令所绘制的点,在对象捕捉中对应的特殊点名称为"节点"。

默认状态下,所画出的点非常小,几乎看不见,可通过选择"格式"下拉菜单→点样式,调出"点样式"对话框,在其中设置点的样式及大小。

2) 圆环命令 (Donut)

在绘制建筑总平面图时,常用黑圆点表示楼层数,或在绘制结构施工图时,用黑圆点表示钢筋断面。在 AutoCAD 中,黑圆点的绘制由圆环命令来完成。圆环命令只在"绘图"下拉菜单中有,默认的"绘图"工具栏中没有。圆环命令通过设置圆环的内径和外径来设置圆环的大小,内径和外径都是指圆的直径。若将内径设为 0,即可绘出实心圆。

3) 圆弧命令 (Arc)

"绘图"工具栏对应按钮 ⌒ 。

在 AutoCAD 中画圆弧有多种方式,系统默认的是三点画弧,即给定圆弧的起点、圆弧上任一点、圆弧的终点来画弧,此种方法画弧比较简便,但所画圆弧的半径及圆心位置不易确定。如果对圆弧的形状及尺寸有一定要求,可通过给出圆弧的起点、圆心、终点或给出圆弧的起点、圆心、圆心角的方法来绘制。默认情况下,圆弧从起点沿逆时针画到终点,若要改变画弧的方向,可通过圆心角的正负来调整,圆心角为负值时,圆弧从起点沿顺时针画到终点。

【例 18-7】　绘制如图 18-10 所示扇形,扇形边长为 50,圆心角为 120°。

绘制过程如下。

自动对象捕捉设置,选择端点。

打开正交。

点击画直线命令,命令行提示。

命令:_line 指定第一点:（在屏幕上任点一点)

指定下一点或［放弃(U)］:50↙（移动鼠标,使橡皮筋线水平向左,输入长度 50)

指定下一点或［放弃(U)］:@50<120(输入下一点的相对极坐标)

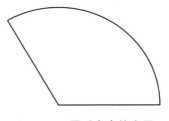

图 18-10　圆弧命令的应用

指定下一点或［闭合(C)/放弃(U)］:↙（回车,结束画线)

点击画圆弧命令的工具栏按钮。

命令:_arc 指定圆弧的起点或［圆心(C)］:（捕捉刚画的水平线的右端点)

指定圆弧的第二个点或［圆心(C)/端点(E)］:C↙(输入选项"C",指定圆心)

指定圆弧的圆心:（捕捉刚画的水平线的左端点)

指定圆弧的端点或［角度(A)/弦长(L)］:（捕捉另一直线的端点)

注意:若画圆弧时,起点捕捉了扇形左边线的上端点,则有如下的绘制过程。

点击画圆弧命令的工具栏按钮。

命令:_arc 指定圆弧的起点或［圆心(C)］:（捕捉刚画的斜线的上端点)

指定圆弧的第二个点或［圆心(C)/端点(E)］:C↙(输入选项"C",指定圆心)

指定圆弧的圆心:（捕捉刚画的水平线的左端点)

指定圆弧的端点或［角度(A)/弦长(L)］:A↙(输入选项"A",给定圆心角)

指定包含角:-120↙(输入-120°,沿顺时针画弧)

4) 多段线命令（Pline）

"绘图"工具栏对应按钮 ⤴。

多段线命令功能强大:第一,它可以替代直线(Line)命令和画弧(Arc)命令,并且画线和画弧可以交替进行;第二,多段线命令可以设置线宽,可以绘制变宽线;第三,一次多段线命令绘制的所有线段是一个整体,便于选择和编辑。

调用多段线命令之后,命令行提示如下。

命令:_pline

指定起点:(输入起点后,命令行又提示:)

当前线宽为 0.0000　（当前线宽提示)

指定下一个点或［圆弧(A)/半宽(H)/长度(L)/放弃(U)/宽度(W)］:（若画直线,可直接输入下一点坐标;若要设定线的宽度,则选择方括号中的"宽度(W)"选项,输入"W"后回车,然后根据提示分别设定线的起点宽度和端点宽度;若要画圆弧,则选择方括号中的"圆弧(A)"选项,输入"A"后回车,命令行又提示:)

指定圆弧的端点或

［角度(A)/圆心(CE)/闭合(CL)/方向(D)/半宽(H)/直线(L)/半径(R)/第二

个点(S)/放弃(U)/宽度(W)]：

利用多段线命令画圆弧时,默认的画弧方式是"起点、起点切向、端点"方式,由这三个参数控制圆弧的大小和位置,默认状态下,起点切向始终与上一段多段线的终点切向一致。如果要改变画弧方式,可以选择方括号中的某一个选项,其中"角度(A)"是指圆心角,"方向(D)"是指圆弧的起点切线方向,"第二个点(S)"是指用"三点法"画弧,"放弃(U)"是取消上一个点的输入,"宽度(W)"是指设定弧线的宽度,"直线(L)"是指由画弧状态回到画线状态。

【例 18-8】 绘制如图 18-11 所示指北针。

绘制过程如下。

点画圆命令,命令行提示。

命令：_ circle 指定圆的圆心或 [三点(3P)/两点(2P)/

相切、相切、半径(T)]：(任点一点作为圆心)

指定圆的半径或 [直径(D)]:12↙(指北针圆的半径为12,输入后回车)

图 18-11 指北针

点多段线命令按钮。

命令：_ pline

指定起点：_ qua 于(捕捉圆上方的象限点)

当前线宽为 1.0000(命令行当前线宽提示)

指定下一个点或 [圆弧(A)/半宽(H)/长度(L)/放弃(U)/宽度(W)]：W↙(输入"W",设定线宽)

指定起点宽度 <1.0000>:0↙(起点宽度设为 0)

指定端点宽度 <0.0000>:3↙(终点宽度设为 3)

指定下一个点或 [圆弧(A)/半宽(H)/长度(L)/放弃(U)/宽度(W)]：_ qua 于(捕捉圆下方的象限点)

指定下一点或 [圆弧(A)/闭合(C)/半宽(H)/长度(L)/放弃(U)/宽度(W)]：↙(回车结束命令)

【例 18-9】 绘制如图 18-12 所示箭头。

绘制过程如下。

点多段线命令按钮。

指定起点：(屏幕上任意位置点一点)

当前线宽为 0.0000

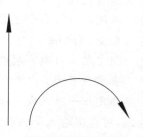

指定下一个点或 [圆弧(A)/半宽(H)/长度(L)/放弃(U)/宽度(W)]：<正交 开>20↙

(打开正交,拖动鼠标使橡皮筋线竖直向上,输入长度 20 后回车)

图 18-12 箭头的绘制

指定下一点或 [圆弧(A)/闭合(C)/半宽(H)/长度(L)/放弃(U)/宽度(W)]:W

↙(输入"W"后回车)

指定起点宽度＜0.0000＞:1↙(输入"1"后回车)

指定端点宽度＜1.0000＞:0↙(输入"0"后回车)

指定下一点或［圆弧(A)/闭合(C)/半宽(H)/长度(L)/放弃(U)/宽度(W)］:4 ↙(拖动鼠标使橡皮筋线竖直向上,输入长度 4 后回车)

指定下一点或［圆弧(A)/闭合(C)/半宽(H)/长度(L)/放弃(U)/宽度(W)］:↙ (回车结束命令)

回车,再次调用多段线命令。

指定起点：(在刚画的直箭头附近点一点)

当前线宽为 0.0000

指定下一个点或［圆弧(A)/半宽(H)/长度(L)/放弃(U)/宽度(W)］:A ↙ (输入"A"后回车,进入画弧状态)

指定圆弧的端点或

［角度(A)/圆心(CE)/方向(D)/半宽(H)/直线(L)/半径(R)/第二个点(S)/放弃(U)/宽度(W)］:CE↙(输入"CE"后回车,指定圆心位置)

指定圆弧的圆心:@10,0(输入圆心的相对坐标)

指定圆弧的端点或［角度(A)/长度(L)］:A ↙(输入"A",通过设定圆心角画弧)

指定包含角:−150↙(圆心角设为−150,沿顺时针方向画弧,所对圆心角为 150°)

指定圆弧的端点或

［角度(A)/圆心(CE)/闭合(CL)/方向(D)/半宽(H)/直线(L)/半径(R)/第二个点(S)/放弃(U)/宽度(W)］:L↙(输入"L"后回车,返回画线状态)

指定下一点或［圆弧(A)/闭合(C)/半宽(H)/长度(L)/放弃(U)/宽度(W)］:w ↙(输入"W"后回车,设定线宽)

指定起点宽度＜0.0000＞:1↙

指定端点宽度＜1.0000＞:0↙

指定下一点或［圆弧(A)/闭合(C)/半宽(H)/长度(L)/放弃(U)/宽度(W)］:L ↙(输入"L"后回车,选择方括号中的"长度"选项)

指定直线的长度:4↙(输入直线的长度 4 后回车,将沿上一段多段线的终点切线方向绘制长度为 4 的直线)

指定下一点或［圆弧(A)/闭合(C)/半宽(H)/长度(L)/放弃(U)/宽度(W)］:↙ (回车结束命令)

5) 矩形命令 (Rectang)

"绘图"工具栏对应按钮 ▭ 。

矩形命令非常简单,它通过指定矩形的两个对角点来确定矩形的大小和位置,执行一次命令只能画一个矩形,所画矩形为一个由多段线组成的闭合图形。调用矩形命令后,命令行提示如下。

命令:_ rectang

指定第一个角点或［倒角(C)/标高(E)/圆角(F)/厚度(T)/宽度(W)］：（输入第一个角点）

指定另一个角点或［尺寸(D)］：（再输入第二个角点,矩形即画出）

矩形命令还可以绘制带有倒直角、倒圆角或有一定线宽的矩形,在输入第一个角点之前,选择方括号中的“倒角(C)”,可以设定倒直角的两个边长,选择“圆角(F)”,可以设定倒圆角的半径,选择“宽度(W)”,可以设定矩形的线宽。若要回到原来状态,可以将倒直角的边长、倒圆角的半径以及线宽再设为 0。

6）正多边形命令（Polygon）

“绘图”工具栏对应按钮 ⬠ 。

正多边形命令画出的也是一个闭合的多段线图形,可以用多段线编辑命令编辑其线宽、顶点等。正多边形命令可以绘制 3～1024 边的正多边形,通过两种方式来绘制：①指定多边形中心；②指定多边形一个边的位置。默认的方式是第一种,最常用。

在指定多边形中心的方式中,还有两种方法来确定多边形的大小,即所绘多边形是内接于圆还是外切于圆,其大小由其外接圆或内切圆的半径决定。

调用正多边形命令之后,命令行提示如下。

命令:_ polygon 输入边的数目 <5>：（输入边数后回车）

指定正多边形的中心点或［边(E)］：（在屏幕上点取一点或输入一点坐标后回车）

输入选项［内接于圆(I)/外切于圆(C)］<I>：（输入 I 或者 C 后回车）

指定圆的半径：（输入正多边形外接圆或内切圆的半径后回车或用鼠标在屏幕上点取一点确定半径大小）

选择 I(内接于圆)或 C(外切于圆)选项后,从多边形中心拉出一条橡皮筋线,其形状如图 18-13 所示,左图为选 I 选项,右图为选 C 选项,要使橡皮筋线竖直或水平,可用正交工具帮助。

图 18-13　“I”和“C”选项的区别

通过指定多边形一个边位置的方式绘制正多边形时,需在输入正多边形边数之后,在命令行提示“指定正多边形的中心点或［边(E)］：”时,输入“E”后回车,命令行继续提示如下。

指定边的第一个端点：（输入第一个端点后,继续提示）

指定边的第二个端点：（再输入第二个端点后,正多边形绘出,以刚输入的两点作为正多边形一个边的两个端点）

7）椭圆命令（Ellipse）

“绘图”工具栏对应按钮 ⬭ 。

绘制椭圆有两种方式：①指定椭圆的长短轴端点；②先指定椭圆中心，再指定椭圆的长短轴半轴长度。这两种方式都比较简单，根据命令行的提示操作即可。调用绘椭圆命令之后，命令行提示如下。

命令：_ ellipse

指定椭圆的轴端点或［圆弧（A）/中心点（C）］：（输入椭圆的长轴或短轴的一个端点）

指定轴的另一个端点：（输入该轴的另一个端点）

指定另一条半轴长度或［旋转（R）］：（输入另一轴的一个端点或通过旋转绘制椭圆，输入"R"回车后，又提示）

指定绕长轴旋转的角度：（角度可以为非 90 整数倍的任意值，但 0°～90°之间的角度值，包含了所有的椭圆形状，角度为 0°时，绘制一个正圆，角度越接近于 90°，椭圆短轴越短）

8）样条曲线命令（Spline）

"绘图"工具栏对应按钮 。

样条曲线命令可以绘制一些不规则的曲线图形，例如木桩的截面、池塘的平面形状等，其绘制过程即通过用户指定的若干个点连出一条平滑曲线，绘制结束时，回车，会要求指定起点切向和终点切向，若图形需闭合，则在输入最后一个点后，输入"C"回车，将图形闭合起来，此时会要求指定切向，来调整图形的形状。

9）多线命令

"多线"是指可以同时绘制多条平行线，这对于绘制建筑平面图来说，非常实用，掌握其使用技巧可大大提高绘图效率。

（1）多线样式的设置

要应用多线命令，必须先进行多线样式的设置。

单击"格式"下拉菜单，选择"多线样式"，弹出"多线样式"对话框，如图 18-14 所示。

在"名称"框中输入所要设置的多线样式的名称，起名要简单形象，尽量不用汉字，比如用来绘制 24 墙的多线可起名为 24，用来绘制 36 墙的多线可起名为 36，等等。

图 18-14　多线样式对话框

之后点"添加"按钮，刚起的多线样式名称就会添加到当前框中。

然后点"元素特性"按钮，弹出"元素特性"对话框，如图 18-15 所示。

在"元素特性"对话框中可以设置平行线条数以及各条平行线的相对位置。多线最多可以设置 16 条平行线，每点一次"添加"按钮就在"0.0"位置增加一条平行线，要改变某条平行线的位置，可将其选中，然后在"偏移"框中修改其偏移值，偏移值都是相对于"0.0"位置，有正有负。若要删除某条平行线，将其选中后点"删除"按钮。设置完成后,点"确定"按钮,"元素特性"对话框关闭,返回到"多线样式"对话框。

然后再点"多线特性"按钮,弹出"多线特性"对话框,如图 18-16 所示。

图 18-15　元素特性对话框

图 18-16　多线特性对话框

在"多线特性"对话框中,主要控制多线的起点和终点的封口状况。一般情况下,用来绘制平面图中墙线的多线,要将起点和终点用直线封口,用鼠标在其对应框中单击勾选,表示选中。设置完成后,点"确定"按钮,"多线特性"对话框关闭,返回到"多线样式"对话框。

为了防止所设置的多线样式丢失,点"保存"按钮,可将多线样式保存到系统默认的文件中,或保存到由用户指定的保存路径及文件中。

经过以上过程,一个多线样式就设置完成了,若还需其他的多线样式,可再重复以上步骤。最后,点"确定"按钮,关闭"多线样式"对话框。

(2) 绘制多线(Mline)

绘制多线命令在默认的"绘图"工具栏中没有,用户可通过自定义添加,也可用"绘图"下拉菜单中的"多线"选项。调用多线命令后,命令行提示如下。

命令:_ mline

当前设置:对正＝上,比例＝20.00,样式＝STANDARD

指定起点或[对正(J)/比例(S)/样式(ST)]:

其中中间一行显示的是当前多线绘制时的一些状态,"对正"是指绘制多线时多线与输入点的对齐方式,"比例"是指绘出的平行线之间的间距与多线样式中设置的间距之间的比例关系,"样式"是指当前所采用的多线样式,它与"多线样式"对话框"当前"框中的多线样式名称一致。这些状态的改变可在输入起点之前,通过输入"J"、"S"或"ST"来实现。

① 输入 J 后回车,命令行会提示如下。

输入对正类型[上(T)/无(Z)/下(B)]＜上＞:

各种对正方式的含义如下。

"上(T)":表示以多线中最"上"边一条为绘图基线,与输入点对齐,"上"的定义为:用户朝向多线的走向,左侧为上。

"下(B)":表示以多线中最"下"边一条为绘图基线,与输入点对齐,"下"的定义为：用户朝向多线的走向，右侧为下。

"无（Z）"：Z 实际上是 Zero 的第一个字母，表示以多线样式中"0.0"位置为绘图基线，与输入点对齐。

三种对正方式的效果可以用图 18-17 来说明，图中对正方式分别为"上""下""无"时从点 A 向左和向右绘制多线时的样子。

图 18-17　对正方式比较

选择一种对正方式后回车，返回到之前状态。

② 输入"S"后回车，命令行提示如下。

输入多线比例 ＜20.00＞：

输入合适的比例，即可控制实际画出的多条平行线之间的间距。比如，多线样式中设置的最外两条平行线的间距为 1，这里的比例设为 2.4，那么，实际画出的多线最外两条平行线的间距就是 1×2.4＝2.4。输入比例后回车，返回到之前状态。

③ 输入"ST"后回车，根据提示输入所需多线样式名称，可改变多线样式，输入名称后回车，又返回到之前状态。

这些状态都根据需要设置完成后，即可开始绘图，输入起点后，命令行提示如下。

指定下一点：（再输入一点）

指定下一点或［放弃（U）］：（再输入一点）

指定下一点或［闭合（C）/放弃（U）］：（以后都是此提示，其中"闭合（C）"选项，可将多线从起点至终点闭合起来，"放弃（U）"选项，可取消上一点）

【例 18-10】　按 1：100 的比例绘制如图 18-18 所示平面图。

绘制过程如下。

① 绘制四根轴线。

命令：_line 指定第一点：（屏幕上任一位置点一点）

指定下一点或［放弃（U）］：＜正交 开＞80↙（打开正交，拖动鼠标使橡皮筋线竖直向上，输入长度值 80 后回车）

指定下一点或［放弃（U）］：↙（回车结束命令）

命令：↙（直接回车再次调用画线命令）

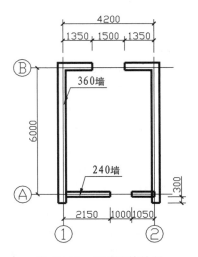

图 18-18　平面图的绘制

LINE 指定第一点：@42,0(输入相对坐标)

指定下一点或［放弃(U)]:80↙(使橡皮筋线竖直向下,输入长度值 80 后回车)

指定下一点或［放弃(U)]:↙(回车结束命令)

命令:↙(直接回车再次调用画线命令)

命令:_ line 指定第一点:(在①轴线下端附近左侧位置拾取一点)

指定下一点或[放弃(U)]:60↙(使橡皮筋线竖直向右,输入长度值 60 后回车)

指定下一点或[放弃(U)]:↙(回车结束命令)

命令:↙(直接回车再次调用画线命令)

LINE 指定第一点:@0,60(输入相对坐标)

指定下一点或[放弃(U)]:60↙(使橡皮筋线竖直向左,输入长度值 60 后回车)

指定下一点或[放弃(U)]:↙(回车结束命令)

② 设置多线样式。

画 360 mm 墙的多线起名为"36",画 240 mm 墙的多线起名为"24"。

"36"多线样式元素特性偏移值分别为 1.2 和－2.4,直角封口;"24"多线样式元素特性偏移值分别为 1.2 和－1.2,直角封口。

③ 绘制墙线。

调用画多线命令。设置多线样式为"36",比例为 1,对正方式为"Z"。打开自动对象捕捉,设置自动对象捕捉只捕捉交点。

命令:_ mline

当前设置:对正＝无,比例＝1.00,样式＝36

指定起点或 ［对正(J)/比例(S)/样式(ST)]:_ from 基点:＜偏移＞:@0,－4.2↙

(按住 Shift 键单击鼠标右键,在弹出的快捷菜单中选"自",提示基点时,捕捉②轴与 A 轴的交点,提示偏移时,输入相对坐标后回车。)

指定下一点: (捕捉②轴与 B 轴的交点)

指定下一点或[放弃(U)]:13.5 ↙（使橡皮筋线水平向左,输入长度后回车)

指定下一点或[闭合(C)/放弃(U)]: ↙ (回车结束命令)

命令:↙（直接回车,再次调用画多线命令)

MLINE

当前设置:对正＝无,比例＝1.00,样式＝36

指定起点或 ［对正(J)/比例(S)/样式(ST)]: 15↙（打开对象捕捉追踪,移动鼠标至刚画的多线结束位置,自动捕捉到多线与⑧轴的交点(不要点击鼠标),稍向左移动鼠标至出现一条追踪矢量线,此时输入长度值 15 后回车。)

指定下一点:(捕捉①轴与⑧轴的交点)

指定下一点或[放弃(U)]:(捕捉①轴与Ⓐ轴的交点)

指定下一点或[闭合(C)/放弃(U)]:4.2↙（使橡皮筋线竖直向下,输入长度后

回车)

指定下一点或[闭合(C)/放弃(U)]: ↙（回车结束命令）

命令: ↙（直接回车,再次调用画多线命令）

命令:_ mline

当前设置: 对正＝无,比例＝1.00,样式＝36

指定起点或［对正(J)/比例(S)/样式(ST)］:ST↙

输入多线样式名或［?］: 24↙（更换多线样式）

当前设置: 对正＝无,比例＝1.00,样式＝24

指定起点或［对正(J)/比例(S)/样式(ST)］:（捕捉①轴与Ⓐ轴的交点）

指定下一点: 21.5↙（使橡皮筋线水平向右,输入长度后回车）

指定下一点或［放弃(U)］: ↙（回车结束命令）

命令: ↙（直接回车,再次调用画多线命令）

MLINE

当前设置: 对正＝无,比例＝1.00,样式＝24

指定起点或［对正(J)/比例(S)/样式(ST)］: 10↙（移动鼠标至刚画的多线结束位置,自动捕捉到多线与Ⓐ轴的交点(不要点击鼠标),稍向右移动鼠标至出现一条追踪矢量线,此时输入长度值 10 后回车。)

指定下一点:（捕捉②轴与Ⓐ轴的交点）

指定下一点或［放弃(U)］: ↙（回车结束命令）

整个绘图过程结束。

10）区域填充（Bhatch）

"绘图"工具栏对应按钮 ⊞ 。

区域填充命令很简单,调用该命令后,会弹出图 18-19 所示的对话框。

图 18-19　区域填充对话框

在对话框中点击"样例"框,可以选择填充图案,在下面的角度和比例框内,可以设定填充图案的方向以及图案的密度。填充时一般点右侧第一个"拾取点"按钮,点击该按钮后,回到绘图界面,在要填充区域内任意位置上点取一点,程序会自动在该点周围寻找一个闭合的边界,之后又回到"边界图案填充"对话框,此时,对话框底部的"预览"和"确定"按钮变为可用状态,点"预览"按钮可以观察填充效果。如果不合适,可按 Esc 键返回,改变填充比例或填充角度,或更换填充图案,点"确定"按钮,则填充所选区域,命令结束。

区域填充命令要求在所要填充的区域周围必须要有一个封闭的边界,否则,填充可能会出错。

18.4　编辑图形

AutoCAD 有很强的编辑功能,由于篇幅所限,这里只对一些常用编辑命令的基本用法做个简单介绍。常用编辑命令可通过如图 18-20 所示"修改"工具栏来实现。

图 18-20　修改工具栏

工具栏中从左至右依次为删除、复制、镜像、偏移、阵列、移动、旋转、缩放、拉伸、打断、设断点、修剪、延伸、倒角、圆角、分解命令。

调用编辑命令,可用鼠标左键单击相应命令按钮,之后命令行会提示选择对象。选择对象常用三种方法:① 指点法,即用鼠标逐个单击选择对象;② 开实线窗口法,即在提示选择对象时,单击鼠标拾取一点后,通过向右拖动鼠标,开出一个实线窗口,完全在窗口内的对象被选中;③ 开虚线窗口法,即在提示选择对象时,单击鼠标左键拾取一点后,通过向左拖动鼠标,开出一虚线窗口,完全在窗口内以及被虚线框压住的对象被选中。

多数编辑命令允许多次选择对象,直至输入回车,表示选择对象结束。

(1) 删除(Erase)

选完对象后,一回车,所选中的对象从图形中被删掉。

(2) 复制(Copy)

对于相同的图形,可以利用复制命令来实现,复制命令允许一次复制多个,但一定要在给定基点前选择"重复(M)"。复制命令中的基点是复制操作的基准点,如图 18-21 中,要复制一个圆,使圆的圆心落在两条直线的交点上,复制过程如下。

图 18-21　复制过程中的基点

命令:_ copy

选择对象:找到 1 个　　(选择圆)

选择对象:↙　(回车结束选择对象)

指定基点或位移,或者［重复(M)］:_ cen 于(捕捉圆的圆心作为基点)

指定位移的第二点或 ＜用第一点作位移＞:_ int 于(捕捉两条直线的交点)

(3) 镜像(Mirror)

镜像命令可用来画一些对称的图形,命令应用的关键点是对称轴的指定,可利用正交辅助工具,使对称轴处于水平或竖直位置。

(4) 偏移(Offset)

偏移命令经常用来绘制轴线,它可以按照用户指定的距离进行偏移。例如绘制如图 18-22 所示的间隔分别为 3300、3300、3600 的四条轴线,在绘制了第一条轴线后,其余三条轴线就可用偏移命令绘制出来,其过程如下。

命令:_ offset

指定偏移距离或［通过(T)］＜3600.0000＞:3300↙

(输入第一个距离后回车)

图 18-22　偏移命令的应用

选择要偏移的对象或 ＜退出＞:(选择第一条轴线)

指定点以确定偏移所在一侧:(在第一条轴线右侧点一下鼠标)

选择要偏移的对象或 ＜退出＞:(选择第二条轴线)

指定点以确定偏移所在一侧:(在第二条轴线右侧点一下鼠标)

选择要偏移的对象或 ＜退出＞:↙(回车结束)

命令:↙(直接回车再次调用偏移命令)

Offset

指定偏移距离或［通过(T)］＜3300.0000＞:3600↙(输入第二个距离后回车)

选择要偏移的对象或 ＜退出＞:(选择第三条轴线)

指定点以确定偏移所在一侧:(在第三条轴线右侧点一下鼠标)

选择要偏移的对象或 ＜退出＞:↙(回车结束)

偏移命令除了可偏移直线外,还可偏移圆弧、圆、多段线、矩形、正多边形、椭圆等。

(5) 阵列(Array)

阵列命令可以将选中的对象按行列式复制或围绕某一中心进行复制,在绘制建筑工程图时,经常用其绘制建筑立面图上的窗户。

调用阵列命令后,弹出"阵列"对话框,如图 18-23 所示。

图中第一行是选择矩形阵列还是环形阵列,矩形阵列即按行列式方式进行复制,环形阵列即围绕某一中心进行复制,图中所示是矩形阵列方式。再下一行可设定行列式的行数和列数。行偏移是指被选中对象上某一点到同列相邻一行对象上同一点之间的距离,在绘制建筑立面图上的窗户时相当于层高尺寸,行偏移为正值时,向上阵列,反之向下阵列;列偏移是指被选中对象上某一点到同行相邻一列对象上同一点之间的距离,在绘制建筑立面图上的窗户时相当于开间尺寸,列偏移为正值时,向右阵列,反之向左阵列。行偏移和列偏移的值还可以用其右侧的按钮在绘图屏幕上拾取,大的按钮可以同时拾取行偏移和列偏移的值。"阵列角度"选项使阵列可按一定角度方向进行。这些参数设置完之后,点击右上角的"选择对象"按钮,选择要阵列的图形对象。其下侧是一个预览窗口。最后点"确定"按钮,执行命令。

图 18-23　矩形阵列对话框　　　　　　图 18-24　环形阵列对话框

环形阵列对话框如图 18-24 所示。

"中心点"选项可以指定环形阵列的中心,一般通过其右侧的按钮在绘图屏幕上拾取。其下面的内容可以设定环形阵列的个数及阵列角度等。若在左下角的"复制时旋转项目"前的方框中勾选,则选中对象在环形复制过程中随阵列角度进行旋转,若未勾选,则选中对象在环形复制过程中仍保持原方向。

（6）移动(Move)

移动命令使用频繁,也非常简单,一般通过指定其基点来进行,基点的作用与复制命令中基点的作用相似。

（7）旋转(Rotate)

旋转命令可将已画出的图形旋转某一角度,操作过程根据命令行的提示即可进行,其中基点的作用相当于旋转轴,默认情况下,正角度按逆时针方向旋转,负角度按顺时针方向旋转。若旋转角度不确定时,可采用参照的方式进行。如图 18-25所示的正六边形画歪了,要将其摆正,但旋转角度未知,其操作过程如下。

图 18-25　利用参照
方式旋转

命令:＿rotate

UCS 当前的正角方向: ANGDIR＝逆时针 ANG-BASE＝0

选择对象:指定对角点:找到 1 个(选择正六边形)

选择对象:↙(回车结束选择对象)

指定基点：_ endp 于（捕捉 1 点作为基点）

指定旋转角度或［参照（R）］：R（输入 R，变到参照方式旋转）

指定参照角 ＜0＞：_ endp 于（捕捉 1 点作为参照角的起点）

指定第二点：_ endp 于（捕捉 2 点作为参照角的终点）

指定新角度： ＜正交 开＞ （打开正交，使橡皮筋线水平向右，点取一点，使新角度为水平方向）

（8）缩放（Scale）

缩放命令可将图形尺寸放大或缩小，其操作过程是针对图形上各点到基点的距离进行缩放，比例因子大于 1 时放大，比例因子小于 1 时缩小。此外，缩放也可按参照方式进行，由系统计算新长度与参照长度之间的比例因子。

（9）拉伸（Stretch）

拉伸命令在修改建筑施工图时非常实用，它可以拉动一个顶点的位置，也可以使几条平行线伸长或缩短，而图形的其他部分保持不动。拉伸命令应用的关键是选择对象时一定要用开虚线窗口的方法，被虚线框压住的部分将进行伸缩，完全在虚线窗口内的部分将进行平移。如图 18-26 所示为一个房间的平面图，如需将进深尺寸加大 600，可如图 18-27 所示开虚线窗口选择对象，操作过程如下。

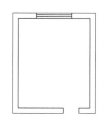

图 18-26　房间平面图

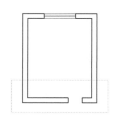

图 18-27　加大进深时所开虚线窗口

命令：_ stretch

以交叉窗口或交叉多边形选择要拉伸的对象

选择对象：指定对角点：找到 2 个

选择对象：↙（回车结束选择对象）

指定基点或位移：（任意指定一点作为基点）

指定位移的第二个点或 ＜用第一个点作位移＞：600↙（打开正交，拖动鼠标使橡皮筋线竖直向下，输入长度 600，回车）

若需将门的宽度变为 800，操作过程如下。

命令：_ stretch

以交叉窗口或交叉多边形选择要拉伸的对象

选择对象：指定对角点：找到 1 个 （如图 18-28 所示开虚线窗口）

选择对象：↙（回车结束选择对象）

指定基点或位移：_ endp 于（捕捉 1 点作为基点）

指定位移的第二个点或 ＜用第一个点作位移＞：（按住 Shift 键点鼠标右键，在弹出的快捷菜单中选"自"）

_ from 基点：_ endp 于（捕捉 2 点）

＜偏移＞：@－800,0↙（输入新点相对于 2 点的相对坐标）

拉伸命令拉伸圆弧时，弦长变化，但弦高不变。

拉伸命令拉伸文字、圆等对象时，只能使它们发生位移，不能使它们变形。

（10）打断（Break）

打断命令应用不多，这里只对其作简要介绍。执行打断命令时，选择对象只能用指点法，选中对象的同时，所点的位置也作为打断的第一个断点，再点取一点，即将两点之间断开。打断命令断开圆弧时，从第一点沿逆时针方向转至第二点之间的部分断开。

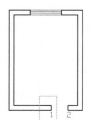

图 18-28　调整门宽时所开虚线窗口

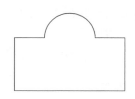

图 18-29　修剪命令的应用

（11）修剪（Trim）

修剪命令可以一个或多个图形对象作为边界，将边界之外的或两个边界之间的图形部分剪掉，这在实际绘图中非常需要。修剪命令操作过程中要两次选择对象，第一次是选择边界，选择完对象后回车，则进入第二次选择，如果不选择对象直接回车，则以所有图形对象作为边界，进入第二次选择。第二次选择是选择要修剪掉的部分，点选哪部分则哪部分被修剪掉。例如绘制如图 18-29 所示的图形，可先绘制一个矩形和一个圆，然后将下半圆及圆周内的直线部分剪掉。

（12）延伸（Extend）

延伸命令好比是修剪命令的反过程，也需要进行两次选择对象，第一次是选择边界，即要延伸到的位置，选完对象后回车，进入第二次选择，或者不选对象直接回车，则以所有图形作为边界进入第二次选择，第二次选择是选择需要延长的对象，使其延伸到最近的边界，再点选一次，即延伸到下一个边界。

（13）倒角（Chamfer）

倒角命令可以在两条直线之间作一个倒角连接，倒角的尺寸可由用户设定，调用倒角命令后，命令行提示如下。

命令：_ chamfer

（"修剪"模式）当前倒角距离 1＝2.0000，距离 2＝2.0000

选择第一条直线或［多段线（P）/距离（D）/角度（A）/修剪（T）/方式（M）/多个（U）］：

通过"距离（D）"选项可设定两个倒角边的距离，然后再选择需要作倒角连接的两条直线。

若需将一条多段线的所有顶点处都倒角，可在设定倒角距离后，选择"多段线（P）"选项，然后再选择需倒角的多段线，这样，执行一次命令就可将所有顶点处倒角。

（14）圆角（Fillet）

圆角命令与倒角命令类似，只是将"倒角距离"选项换成了"倒角半径"。

（15）分解（Explode）

分解命令又称炸开命令，其作用是将作为一体的图形对象分解为基本的图形对象，它可将多段线、矩形、正多边形、多线分解成普通的 Line 线，可将尺寸标注、图块分解成基本图形。

分解命令的操作十分简单，选择完要分解的对象后，回车即可。

（16）编辑多线命令（Mledit）

前面所讲述的 15 条命令都是"修改"工具栏当中的命令，此外，还有一个专门编辑多线的命令比较实用，它的位置在"修改"下拉菜单→"对象"→"多线"，调用此命令后，弹出"多线编辑工具"对话框，如图 18-30 所示。

图 18-30　多线编辑工具对话框

图中第一行第三个以及第二行第二个在绘制建筑平面图时比较常用，它们都是编辑后要达到的效果图样，选中其中之一后，点确定按钮，就可根据命令行提示进行多线的编辑。编辑多线命令与多线命令互相配合，给绘制建筑平面图带来很大的方便。

18.5　图层与图块

18.5.1　图层设置与操作

在 AutoCAD 2004 中，图层是组织复杂图形的主要工具。图层可以想象为没有厚度的透明纸，上面画着属于该层的图形实体。所有层叠放在一起就组成一个完整的 AutoCAD 图形。

图层设置可通过"格式"下拉菜单→"图层"，或通过点"图层"工具栏最左侧的按钮来实现，如图 18-31 所示。

调用命令后，弹出"图层特性管理器"对话框，如图 18-32 所示。

图中"0"层是系统自带图层,不可重命名,不可删除。点"新建"按钮,可新建图层,默认层名为"图层1",依次向下排列,用户在新建图层时可修改层名,也可在以后某个时间通过双击

图 18-31　图层工具栏

图 18-32　图层特性管理器对话框

层名来修改,层名尽量要简单明了,可用汉字或拼音。

图层设置中主要有 6 个选项,单击相应选项可改变该选项的状态。① 图层打开或关闭,对应图标为一个小灯泡,小灯泡变灰,表示图层关闭,绘图屏幕上看不到该层上的图形;② 冻结与否,对应图标为小太阳或雪花,小太阳表示该层未冻结,雪花表示该层被冻结,冻结后,绘图屏幕上看不到该层上的图形,该层上的图形也不参与系统计算;③ 锁定与否,对应图标为一把锁,锁处于打开状态,表示图层未锁定,锁处于关闭状态,表示图层被锁定,锁定后,该层上的图形可见但不能被编辑;④ 颜色,该层上图形的颜色;⑤ 线型,该层上图形的线型,即实线、虚线、点画线等;⑥ 线宽,该层上图形的线宽。一般建筑施工图当中的图层设置可参考图 18-33。

要使图层设置中的"颜色""线型""线宽"这三个选项起作用,必须在"对象特性"工具栏的"颜色""线型""线宽"三个下拉框中都选择"Bylayer"选项,如图 18-34 所示。否则,将按"对象特性"工具栏的"颜色""线型""线宽"设置执行。

图层操作非常简单,需在哪一层上画图,将其设为当前层即可。更换当前层,可单击"图层"工具栏(见图 18-31)下拉框,选中欲置为当前层的图层即可。图层的打开、关闭、锁定等操作也可在"图层"工具栏中进行,点开下拉框,单击相应图层的选项图标即可。

已画完的图形,要改变其所在图层,可将这部分图形选中,然后单击"图层"工具栏的下拉框,选择欲将图形放置其上的图层,然后再按 Esc 键取消选择。

图 18-33 图层设置举例

图 18-34 对象特性工具栏

18.5.2 图块操作

在 AutoCAD 中,可将一些图形设为图块,作为一个整体来使用,设置图块需要先将所需图形绘制出来,然后点"绘图"下拉菜单→"块"→"创建(M)"……将弹出"块定义"对话框,然后根据对话框内容操作即可,这里不作详述。图块定义完之后,用可 Insert 命令插入图块,插入过程中,可分别设定图块的 x、y 方向的缩放比例及图块旋转角度。

18.6 文字标注

18.6.1 文字样式的设置

在 AutoCAD 中要标注文字需先设置文字样式,单击"格式"下拉菜单→"文字样式(S)"……弹出"文字样式"对话框,如图 18-35 所示。

点"新建"按钮,弹出"新建文字样式"对话框,如图 18-36 所示,在其中可为所建文字样式起名,文字样式的名称要简单明了,尽量用拼音或英文字母,少用汉字。比如想书写宋体字,其样式名可起为"Songti"。样式名称输入后,点"确定"按钮,返回"文字样式"对话框。

图 18-35　文字样式对话框

图 18-36　新建文字样式对话框

　　在"字体名"下拉框中拖动滚动条,为新建文字样式指定所需字体,字体有两种:一种文件名前带"@"符号,表示该字体是竖向书写;一种文件名前不带"@"符号,表示其为常规书写方式。

　　"高度"框中一般设为"0",在输入文字时再指定字高。

　　"宽度比例"选项可为汉字指定宽高比,比如书写长仿宋字,其值可设为 0.7。

　　如果不设置文字样式,或所设置文字样式对应的字体不是汉字体,则汉字输入之后显示为问号或方块。

18.6.2　文字标注

　　文字标注有两种方式,即单行文字标注与多行文字标注。

1)　单行文字标注

　　单行文字标注在绘制建筑施工图时应用较多,因其有多种对正方式,可满足不同要求,并且可以不连续多点标注,每一个都作为单独实体,修改方便。调用单行文字标注命令时,可在命令行输入"DT"后回车,或点"绘图"下拉菜单→"文字"→"单行文字"。调用命令后,命令行提示如下。

　　命令:_ dtext

　　当前文字样式:Standard

　　当前文字高度:2.5000

　　指定文字的起点或[对正(J)/样式(S)]:(输入"S",可更换文字样式,输入"J",可选择对正方式,直接拾取一点即指定了文字的起点)

　　指定高度 <2.5000>:(输入字高,输入后回车)

　　指定文字的旋转角度 <0>:(输入文字行的旋转角度,输入后回车)

　　输入文字:(输入文字内容,输入一行后回车,则换到下一行,若需在其他位置输入文字,可将光标点到所需位置,继续输入文字)

　　输入文字:(若想结束命令,连续两次回车,结束文字输入)

　　单行文字标注的对正方式有很多种,输入"J"之后,命令行提示如下。

　　输入选项[对齐(A)/调整(F)/中心(C)/中间(M)/右(R)/左上(TL)/中上

（TC）/右上（TR）/左中（ML）/正中（MC）/右中（MR）/左下（BL）/中下（BC）/右下（BR）]：

其中"对齐（A）""调整（F）""中间（M）"和默认方式最常用。

中华儿女　　中华儿女　　Ⓐ　　坡度6%

图 18-37　几种不同的对正方式

如上图 18-37 中，左侧第一个为"对齐"对正方式，其过程如下。
……（前面过程略）
输入选项［对齐（A）/调整（F）/中心（C）/…… /右下（BR）]：A↙
指定文字基线的第一个端点：（捕捉直线的左端点）
指定文字基线的第二个端点：（捕捉直线的右端点）
输入文字：中华儿女↙
输入文字：↙
第二个为"调整"对正方式，其过程如下。
……
输入选项［对齐（A）/调整（F）/中心（C）/…… /右下（BR）]：F↙
指定文字基线的第一个端点：（捕捉矩形的左下角）
指定文字基线的第二个端点：（捕捉矩形的右下角）
指定高度＜22.7976＞：（捕捉矩形的左上角）
输入文字：中华儿女↙
输入文字：↙
第三个图为"中间"对正方式，其过程如下。
……
输入选项［对齐（A）/调整（F）/中心（C）/中间（M）/…… /右下（BR）]：M↙
指定文字的中间点：_ cen 于（捕捉圆的圆心）
指定高度＜19.8000＞：10 ↙（定义字高为 10）
指定文字的旋转角度＜0＞：↙
输入文字：A↙
输入文字：↙
第四个为默认对正方式，其过程如下。
……
指定文字的起点或［对正（J）/样式（S）]：（捕捉三角形斜边下端点）
指定高度＜10.0000＞：↙（直接回车，执行当前字高 10）
指定文字的旋转角度＜0＞：（捕捉斜边的另一个端点）

输入文字:坡度 6%↙

输入文字:↙

2）多行文字标注

多行文字标注类似于 Word 软件,可以根据用户指定宽度自动换行,可方便地设置不同的字体和字高。多行文字标注的调用可点"绘图"下拉菜单→"文字"→"多行文字",或点"绘图"工具栏的按钮 **A**,然后根据提示操作即可。

18.7　尺寸标注

18.7.1　标注样式设置

进行尺寸标注之前,必须设置标注样式,才能使标注出来的结果符合"国标"规定。由于篇幅所限,这里对设置内容不作过多解释,只以图片形式将常用设置过程表现出来。

标注样式的设置,可单击"格式"下拉菜单,选择"标注样式",弹出"标注样式管理器"对话框,如图 18-38 所示。

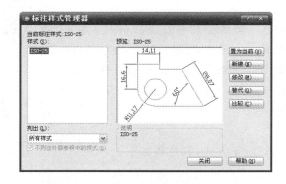

图 18-38　"标注样式管理器"对话框

单击"新建"按钮,弹出"创建新标注样式"对话框,将新建标注样式命名为"jianzhu",如图 18-39 所示。单击"继续"按钮,弹出"新建标注样式:jianzhu"对话框,在该对话框中依次对"直线和箭头""文字""调整""主单位"四个选项板进行设置,设置结果如图 18-40 至图 18-43 所示。

设置完成后,单击"确定"按钮,返回"标注样式管理器"对话框,再次单击"新建"按钮,在弹出的"创建新标注样式"对话框中,单击"用于"下拉框,选择其中的"线性标注",如图 18-44 所示。

单击"继续"按钮,在弹出的"新建标注样式:jianzhu:线性"对话框中单击"直线和箭头"选项板,作如图 18-45 所示的设置。

单击"确定"按钮,返回"标注样式管理器"对话框,如图 18-46 所示,此时,在

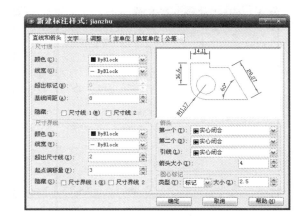

图 18-39　"创建新标注样式"对话框　　　　图 18-40　"直线和箭头"选项板

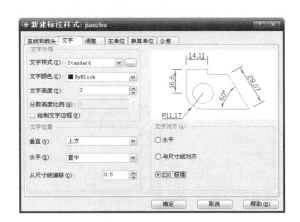

图 18-41　"文字"选项板

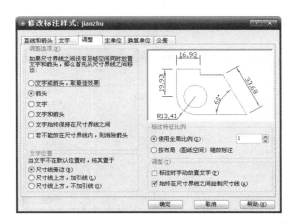

图 18-42　"调整"选项板

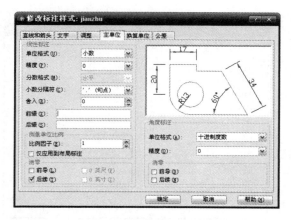

图 18-43 "主单位"选项板

图 18-44 新建线性标注

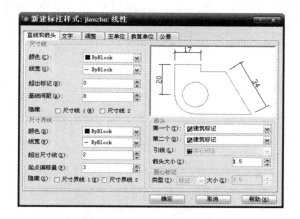

图 18-45 线性标注设置

"jianzhu"标注样式下有一个子级的"线性"标注设置。选中"jianzhu"标注样式,单击"置为当前"按钮,将其设为当前标注样式。

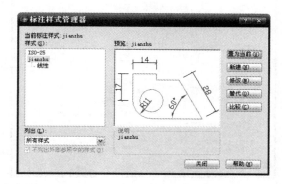

图 18-46 线性标注设置

18.7.2　尺寸标注

标注样式设置好之后,即可进行尺寸标注。单击"标注"下拉菜单,展开如图18-47所示内容。

在绘制建筑工程图时,经常用到的主要有"线性""对齐""直径""连续""基线"等。

"线性"标注可以标注水平、竖直方向上的长度尺寸。

"对齐"标注可以标注不在水平、竖直方向上的尺寸,尺寸线与对象平行。如图18-48所示,两个直角边为"线性"标注的结果,斜边为"对齐"标注的结果。

图 18-47　"标注"下拉
菜单

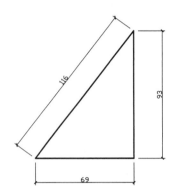

图 18-48　"线性"与"对齐"标注

标注过程:单击"标注"下拉菜单,选中所需的标注方式后,利用对象捕捉工具,捕捉标注对象的起点和终点,然后确定尺寸线的位置即可。尺寸数字值系统会自动测量出来。

"直径"标注用来标注圆或圆弧的直径时,调用"直径"标注后,选择所要标注的圆或圆弧,然后确定尺寸的位置即可,直径长度系统会自动测量出来,并且自动标上直径符号,如图18-49所示。

"连续"标注和"基线"标注都要在已有的一个标注基础之上进行。如图18-50所示,要先用"线性"标注一段尺寸,然后再用"连续"标注。

图 18-49　"直径"标注

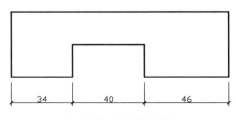

图 18-50　"连续"标注

在"连续"标注或"基线"标注时,直接回车,就可以选择"连续"标注或"基线"标注的起始标注。

18.8 样板图

在绘制建筑施工图时,可能每张图中都要用到图层、文字标注、尺寸标注、图框等内容,若每张图都重复这些繁琐的工作,就会增加工作负担,降低劳动效率,通过设置样板图可以使这一问题简化。

设置样板图即将图形当中共用的一些内容都设置好,然后将其存为样板图,点"文件"下拉菜单→"保存"或"另存为",在弹出的"图形另存为"对话框中,单击"文件类型"下拉框,从中选择"AutoCAD 图形样板(* . dwt)",在"文件名"框中为样板图起个名,存储路径可选择默认路径或由用户指定都可,然后点"保存"就可以了。

以后每次新建图形时,都选择用户所建立的样板图,然后打开就可以了。

【本章要点】
① 计算机绘图命令及点的输入方法。
② 绘图辅助工具的使用方法。
③ 基本绘图命令及编辑命令。
④ 图层的设置及操作。
⑤ 文字样式及标注样式的设置,文字标注及尺寸标注。

参 考 文 献

［1］ 何斌,陈锦昌,陈炽坤.建筑制图［M］.5 版.北京:高等教育出版社,2005.

［2］ 中华人民共和国建设部.GB/T 50001—2010 房屋建筑制图统一标准［S］.北京:中国计划出版社,2011.

［3］ 中华人民共和国建设部.GB/T 50104—2010 建筑制图标准［S］.北京:中国计划出版社,2011.

［4］ 中华人民共和国建设部.GB/T 50105—2010 建筑结构制图标准［S］.北京:中国计划出版社,2011.

［5］ 中华人民共和国建设部.GB/T 50106—2010 建筑给水排水制图标准［S］.北京:中国计划出版社,2011.

［6］ 中华人民共和国建设部.GB/T 50114—2001 暖通空调制图标准［S］.北京:中国计划出版社,2011.

［7］ 中华人民共和国交通部.GB 50162—1992 道路工程制图标准［S］.北京:中国计划出版社,1993.

［8］ 何铭新.画法几何及土木工程制图［M］.3 版.武汉:武汉理工大学出版社,2005.

［9］ 易幼平.土木工程制图［M］.北京:中国建材工业出版社,2002.

［10］ 谢步瀛.土木工程制图［M］.上海:同济大学出版社,2006.

［11］ 陈永喜,任德记.土木工程图学［M］.武汉:武汉大学出版社,2004.

［12］ 刘庆国,刘力.计算机绘图［M］.北京:高等教育出版社,2004.

［13］ 刘继海.计算机辅助设计绘图［M］.北京:国防工业出版社,2004.

［14］ 和丕壮,王鲁宁.交通土建工程制图［M］.北京:人民交通出版社,2001.

［15］ 王桂梅.土木建筑工程设计制图［M］.天津:天津大学出版社,2002.

［16］ 王桂梅,刘继海.土木工程图读绘基础［M］.2 版.北京:高等教育出版社,2006.